电工技能入门与突破

主　编　陈海波　孔令昊　陈　光
副主编　张开宇　张振宁

机械工业出版社

本书系统地介绍了常用低压电器和电气电路的工作原理、安装方法及安装工艺。本书还通过实例的形式介绍了一些电路的调试和维修过程，使读者通过本书的学习，综合技能水平可以快速提高。本书内容包括常用低压电器和电子元器件、低压电源及照明电路、指示仪表、三相交流异步电动机、电动机控制电路的调试方法与调试实例、直流电动机、电气故障检查方法与故障检修实例、安全用电。

本书内容丰富、图文并茂、形象直观，融实用性、启发性、资料性于一体，可供广大电工和电工技术初学者阅读，也可作为各类电工培训班的教材。

图书在版编目（CIP）数据

电工技能入门与突破/陈海波等主编．—北京：机械工业出版社，2013.10（2015.1重印）

ISBN 978-7-111-44053-6

Ⅰ.①电…　Ⅱ.①陈…　Ⅲ.①电工技术—基本知识　Ⅳ.①TM

中国版本图书馆CIP数据核字（2013）第216984号

机械工业出版社（北京市百万庄大街22号　邮政编码100037）
策划编辑：林春泉　责任编辑：赵　任
版式设计：常天培　责任校对：肖　琳
封面设计：路恩中　责任印制：李　洋
北京宝昌彩色印刷有限公司印刷
2015年1月第1版·第2次印刷
184mm×260mm·15.75印张·384千字
3001—5000册
标准书号：ISBN 978-7-111-44053-6
定价：39.00元

凡购本书，如有缺页、倒页、脱页，由本社发行部调换
电话服务　网络服务
社服务中心：(010)88361066　教材网：http://www.cmpedu.com
销售一部：(010)68326294　机工官网：http://www.cmpbook.com
销售二部：(010)88379649　机工官博：http://weibo.com/cmp1952
读者购书热线：(010)88379203　**封面无防伪标均为盗版**

前　言

随着我国电气化水平和人民生活水平的不断提高，各种电气设备得到了广泛的应用，因而电气设备的安装、调试和维护需要大批的电工。为了帮助广大电工快速提高理论水平和实际操作技能，我们编写了这本《电工技能入门与突破》。

本书按照由浅入深、循序渐进的原则，先向读者介绍了常用低压电器及电气电路的工作原理、安装工艺、方法等基础知识，引导读者轻松入门，并在此基础上详细介绍了电路的调修方法和调修实例。书中所采用的方法新颖灵活，所列举的实例具有较强的代表性，使读者学习以后能够举一反三，触类旁通，快速掌握科学规范的安装、调试和维修方法，成为维修电工中的行家。

本书由陈海波、孔令昊、陈光主编，陈海波负责统稿，张开宇、张振宁为副主编。其中第一章、第六章由中国地质大学孔令昊编写，第二章、第四章、第八章由河南科技大学陈光编写，第三章由张振宁编写，第五章、第七章由张开宇编写，参加编写的还有许海涛、孔蕊、李珍、何栓、柳瑞林、晁攸良、孔斐、聂磊、何融冰、李强、陈俊峰、张文正、李新法等。在编写过程中，得到了河南省置地房地产集团、河南省置地建设工程集团有限公司的大力帮助，在此向参编者和帮助本书出版的同志表示衷心的感谢。

由于作者水平有限，时间仓促，书中难免有不妥之处，敬请广大读者批评指正。

作　者

2013 年 6 月

目　录

第一章

常用低压电器和电子元器件

第一节　常用低压电器

一、低压刀开关

低压刀开关是一种应用最广、结构较简单的低压电器，主要用于成套电器设备中起隔离电源的作用，以保证检修人员在检修设备时的安全。有些低压开关也可不频繁地接通与分断额定电流以下的负载，如照明电路、小容量交流异步电动机等。常用的低压刀开关有胶盖瓷底刀开关（又叫负载开关，开关上安装有熔丝）、板用刀开关（需外配熔丝）、熔断器式刀开关（熔断器与刀开关的组合电器）。

常用低压刀开关的外形和电路符号如图 1-1 所示。

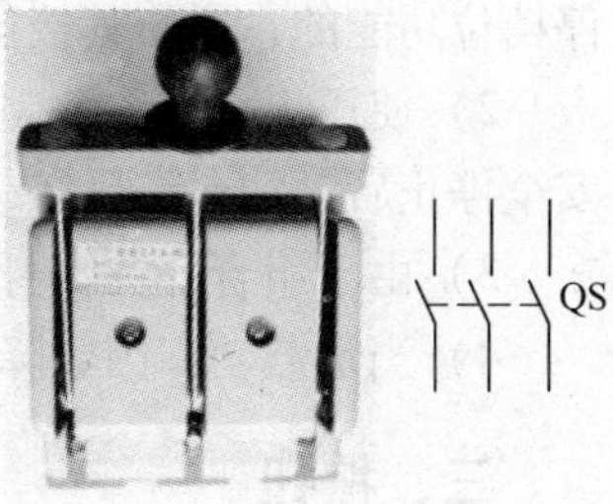

图 1-1　常用低压刀开关的外形和电路符号

1. 选择

1）刀开关的额定电压不应低于电路电压。

2）刀开关的额定电流不应小于所控负载额定电流的总和，并应保证短路电流不致引起刀开关损坏。一般照明电路，应使刀开关的额定电流大于所控制的负载额定电流总和；电动机等动力负载，一般可按电动机额定负载的 3 ~ 5 倍来选择，如电动机经常起动，应选择大一级的刀开关。

3）从人身安全和维护方便来选择刀开关的结构型式及操作方式：有灭弧室或速动触刀的刀开关可以切断额定电流，无灭弧室或速动触刀的刀开关只能作隔离开关；此外还应根据是正面操作还是侧面操作、是板前接线还是板后接线来选择结构型式。

2. 安装、使用

1）为防止刀开关在断开状态时，静触刀由于重力作用误接触静触头，刀开关应垂直安装于开关板上，并且静触头座在上方，静触刀座在下方。

2）注意刀开关及所接母线应与周围导电体保持一定的安全距离。

3）连接母线与刀开关相连接时，不应有较大的扭应力，以防止损伤触头和发生事故。对连接点应经常检查，如有松动，应立即紧固，防止接触不良而影响使用寿命。

4）安装中央杠杆操作机构的刀开关，应经过仔细调整，保证分、合闸到位，操作灵活；对于三极刀开关，应保证三相动作的同期性。

5）当刀开关与不相同金属（如铝线）连接时，应采用铜铝过渡接线端子，并在导线连接部位涂少许导电膏，防止接触处发生电化锈蚀。

6）按照刀开关的使用条件来分、合开关。不带灭弧罩的刀开关，不应分断负载电流；带灭弧罩的刀开关，应保持灭弧罩的完好，且灭弧罩的安放位置应正确。

7）刀开关与其他可带负载的电气设备配套使用时，应先合刀开关，后合带负载的其他器件；分闸时，操作顺序相反。

8）对触头、触刀表面产生的氧化层而造成接触电阻增大，应及时清除，但对接触部分的镀银层不要去掉。为防止接触面氧化和便于操作，可在触刀的接触部分涂上一层很薄的中性凡士林。

二、组合开关

1. 外形及应用

组合开关又称转换开关，它体积小，寿命长，使用方便可靠，广泛用于不频繁地分合电路、控制电源和负载的连接方式，对小容量笼型电动机的起停、变速、可逆运行等非常方便。

常用组合开关的外形和电路符号如图 1-2 所示。

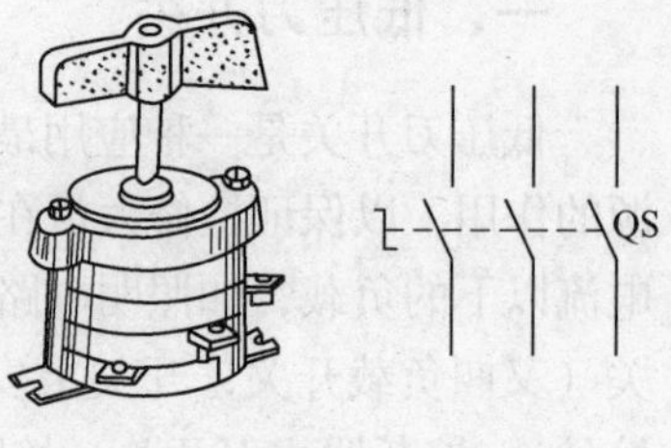

图 1-2　常用组合开关的外形和电路符号

2. 安装、使用

1）安装时，最好保持操作手柄为水平旋转，有倒、顺、停档位功能的，应使其档位标示与电动机运转方向一致。

2）使用组合开关控制电动机可逆运行时，必须使电动机安全停止后，才允许反向起动。

3）由于组合开关本身不具备过载和短路保护，因此必须另外设置其他保护电器。

4）当负载功率因数降低时，组合开关应降低容量使用。

三、按钮

1. 认识按钮

按钮有单触点和双触点之分，按钮的外形如图 1-3 所示，其电路符号如图 1-4 所示。单触点按钮通常只有一个常开触点，按下按钮，触点接通；松开按钮，触点断开。门铃上用的就是这种按钮。

单触点按钮　　复合按钮

图 1-3　按钮的外形

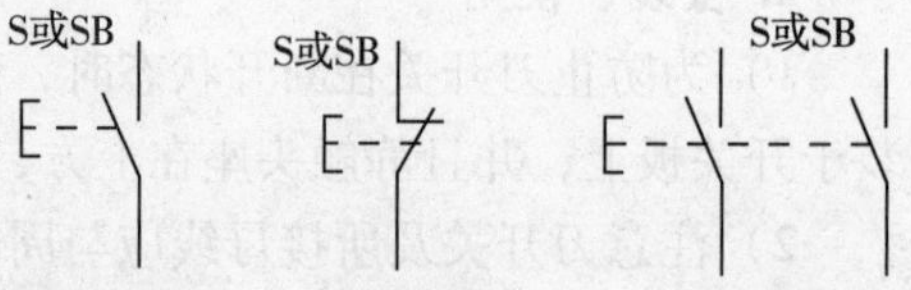

图 1-4　按钮的电路符号

复合按钮有两对触点，一对为常开触点，另一对为常闭触点。按下按钮，常开触点闭合，常闭触点断开；松开按钮，触点复位（即常开触点断开，常闭触点闭合），这种按钮主要用于机床、起重机等设备上。

2. 按钮触点动作过程解说

常开触点：常开触点是指不按开关，其触点处于断开状态；按下开关，其触点闭合，即动（按动）则合，所以常开触点又称为动合触点。如图 1-5 所示的电路中，按下按钮 SB，内部触点接通，指示灯 HL 点亮，松开按钮 SB，其内部的触点在弹簧的作用下复位，指示灯熄灭。

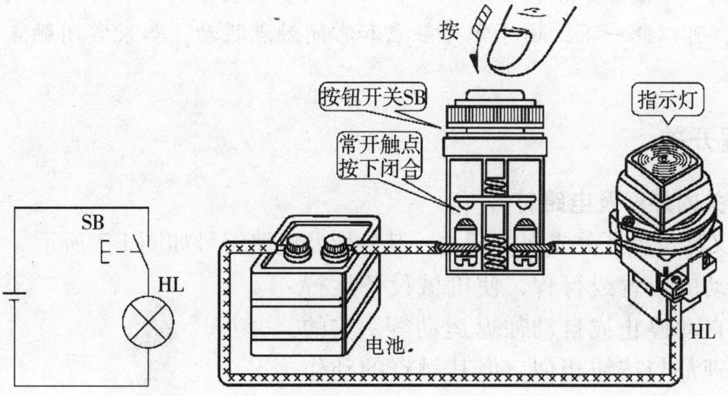

a） b）

图 1-5 按钮常开触点动作过程解说

a）原理图 b）实物接线图

常闭触点：常闭触点与常开触点的动作相反，即不按开关时，其触点闭合；按下开关，其触点断开，即动（按动）则断，所以常闭触点又称为动断触点。

复合触点：复合触点包含一对常开触点和一对常闭触点。如图 1-6 所示的电路，不按动

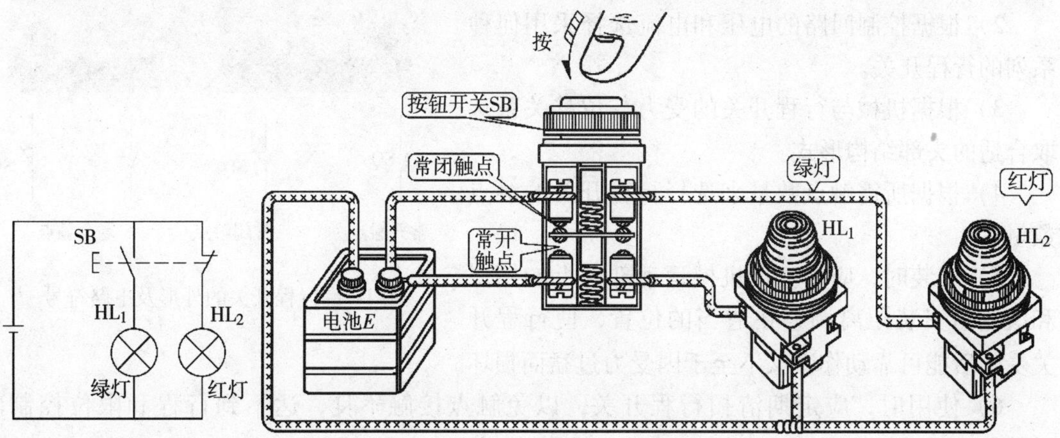

a） b）

图 1-6 按钮复合触点动作过程解说

a）原理图 b）实物接线图

按钮时，SB 上面的常闭触点是闭合的，红灯 HL_2亮，而 SB 下面的常开触点是断开的，绿灯 HL_1灭；当按下按钮时，SB 上面的常闭触点先断开，红灯灭，SB 下面的常开触点后闭合，绿灯亮；松开按钮后，按钮复位，红灯亮，绿灯灭。

复合触点的动作顺序是：常闭触点断开后，常开触点才能闭合，因为常开触点和常闭触点是连动的，这一动作过程由于很快，平时我们一般不注意，观察指示灯也不易看出，但电路分析时要用到，希望大家能够记住。

想一想、看一看

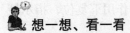

建议大家找一个复合按钮，按动按钮，用万用表测量常开触点和常闭触点的动作顺序。如果你找不到，可以想一下，由于常开触点和常闭触点联动，如果常闭触点不断开，常开触点会闭合吗！

四、行程开关

1. 行程开关的外形及电路符号

行程开关又称位置开关或限位开关，其外形及电路符号如图 1-7 所示。行程开关主要用来限制机械运动的位置或行程，使机械设备运行到规定位置后自动停止或自动往返运动等。它的结构和工作原理都与按钮相似，但其触点的动作不是像按钮一样用手操作，而是利用机械设备某些运动部件的直接接触或碰撞。当撞块碰撞行程开关时，其常开触点闭合，常闭触点断开；当撞块离开行程开关时，其触点复位。

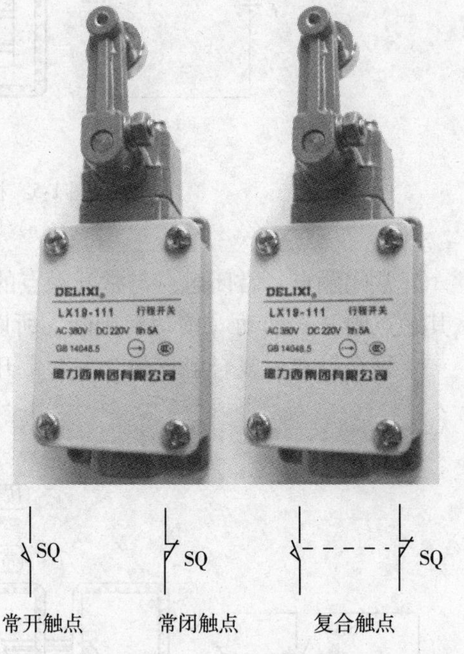

图 1-7 行程开关的外形及电路符号

2. 行程开关的选择和使用

1）应按照使用场所的外界环境选择其防护形式（开启式、防护式）。

2）根据控制回路的电压和电流选择采用何种系列的行程开关。

3）根据机械与行程开关的受力与位移关系选取合适的头部结构形式。

4）根据所需触点数量来选择行程开关的触点数量。

5）安装时，应将生产机械运动部件上的挡块和滚轮的安装距离调整在适当的位置，使行程开关受力后能可靠动作，又不至于因受力过猛而损坏。

6）使用时，应定期清扫行程开关，以免触点接触不良，达不到行程和限位控制的目的。

3. 接近开关

接近开关又称无触点行程开关，它的作用与行程开关相同，不同的是生产机械并不碰到开关本体，而是在机械接近开关的感应头时，接近开关就自动动作，从而接通或断开被控电路。接近开关具有体积小、寿命长、定位精度高、安装调整方便等优点，广泛用于控制运动机构的行程、方向变换和速度变换。

五、低压熔断器

低压熔断器由熔体和熔体座组成，常用的熔断器的外形和电路符号如图 1-8 所示。它是低压电网中结构最简单的电流保护器件，它串联在被保护电路中，当电路或电气设备的电流超过熔断器熔体的熔断电流时，熔体熔断，从而起到过载或短路保护作用。

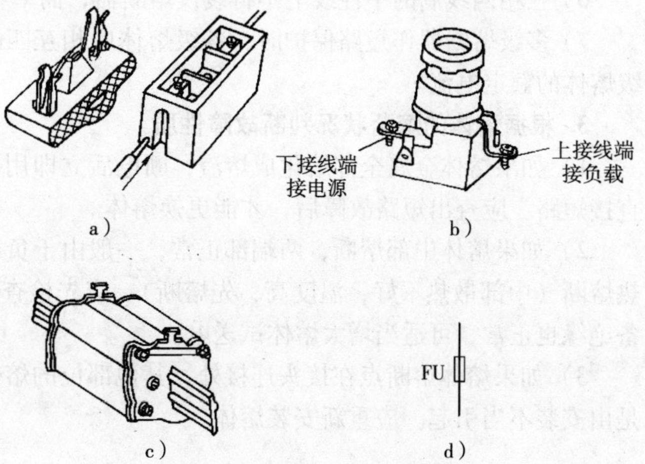

图 1-8　熔断器的外形和电路符号

a）瓷插式　b）螺旋式

c）RT0 系列有填料封闭管式　d）电路符号

1. 选择

1）根据实际使用场合、负载情况及最大故障电流综合考虑来确定熔断器的类型。

2）根据负载性质和运行状况确定熔断器熔体的额定电流，熔体的额定电流一般按照以下几点来选择：

① 一般照明及电热电路，熔体的额定电流应等于或稍大于实际负载的最大工作电流。上下级采用同一型号的熔断器时，其电流等级以相差两级为宜，避免越级动作。

② 电动机保护用的熔断器：

a. 对于单台直接起动的电动机，熔体额定电流应为电动机额定电流的 1.5 ~ 2.5 倍，起动时间短的可按低倍率选取，起动时间长的可按高倍率选取。

b. 对于频繁起动的电动机，熔体额定电流应为电动机额定电流的 2.5 ~ 3.5 倍，以免频繁起动导致熔体熔断。

c. 对于多台直接起动的电动机，熔体的额定电流应为最大一台电动机额定电流为 1.5 ~ 2.5 倍加上其余电动机的额定电流。

d. 对于减压起动的电动机，熔体额定电流应为电动机额定电流的 1.05 倍。

e. 绕线转子电动机和直流电动机，熔体额定电流应为电动机额定电流的 1.2 ~ 1.5 倍。

3）熔断器的选择：

① 熔断器的额定电压必须大于或等于电路额定电压。

② 熔断器的额定电流必须大于或等于所装熔体的额定电流。

2. 安装、使用

1）安装螺旋式熔断器时，应将电气设备的连接线接到金属螺纹管的上接线端，电源进线接到瓷底座的下接线端。

2）安装熔丝时，熔丝端头绕向应正确，不要折弯和扭伤熔丝，不要过松或过紧，以免熔丝的额定电流降低或发热量增加，导致熔丝局部过热误熔断，要使熔丝自然成形。图 1-9 所

图 1-9　熔丝的松紧度和端头的绕法示意图

示为熔丝的松紧度和端头的绕法示意图。

3）保证熔断器各部件接触良好，防止氧化腐蚀使熔体额定电流降低而误熔断。

4）熔体熔断后，一定要清理金属颗粒等异物，装有石英砂的熔断器，更换熔丝时，需更换干燥的石英砂。

5）更换熔体或熔管时，一定要切断电源，不要带电作业。

6）三相四线制的中性线上不得装设熔断器，而单相两线制的中性线上应安装熔断器。

7）多级熔断器作短路保护时，各级熔体应相互匹配，即下一级熔体的额定电流小于上级熔体的额定电流。

3. 根据熔体的熔断状况判断故障性质

1）如果熔体金属全部熔化成熔渣，断电后立即用手摸熔断器感觉特别烫手，说明电路直接短路。应查出短路故障后，才能更换熔体。

2）如果熔体中部熔断，两端部正常，一般由于负载过重或熔体选择过小使熔体中部发热熔断（中部散热不好，温度高，先熔断）。应先检查负载是否过重，若负载正常，测量设备绝缘也正常，可适当增大熔体试送电。

3）如果熔体熔断点在接头连接处，其他部位的熔体正常，则表明熔体本身存在缺陷或是由安装不当引起。应重新安装熔体。

六、低压断路器

低压断路器是一种具有保护功能，可以手动或自动分、合负载电路的低压电器。按结构形式可分为塑壳式和万能式，其内部一般有过电流脱扣器、热脱扣器、失压脱扣器。过电流脱扣器用于电路的短路保护，热脱扣器用于电路的过载保护，失压脱扣器用于电路的失压保护。

低压断路器外形、接线方法和电路符号如图 1-10 所示。

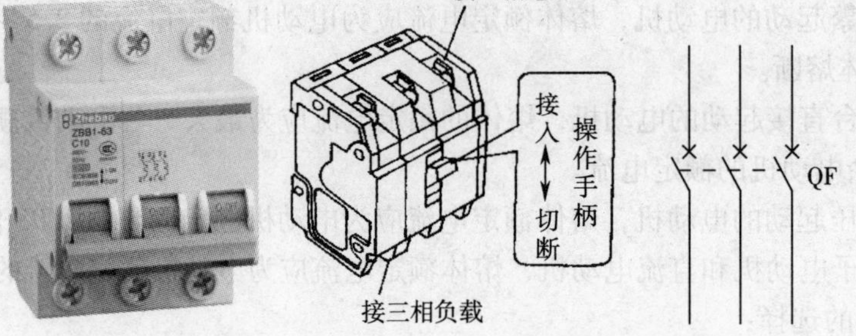

图 1-10　低压断路器外形、接线方法和电路符号

1. 选择

1）断路器的极数应和它所控制电路的相数相等。一般三极断路器用于三相负载，二极常用于照明电路或单相动力负载，单极常用于分支线保护。

2）断路器的额定电压和额定电流不应小于被保护电路的正常工作电压和负载电流。

3）断路器的极限通断能力不应小于电路最大的短路电流。若不能满足，将会引起断路器炸毁。

4）欠电压脱扣器的额定电压应等于所在电路的额定电压。但对于供电质量较差的场合，如果断路器带欠电压保护，会经常跳闸，所以不易选用带欠电压保护的断路器。

2. 安装、使用

1）安装前应将低压断路器操作数次，检查操动机构动作是否灵活，分、合是否可靠。

2）使用500V绝缘电阻表测量断路器的绝缘电阻不应小于10MΩ，否则，应干燥处理。

3）多个小型低压断路器成排安装时，可以使用汇流排将上端连接起来，然后只需接三根相线即可，这样不但美观，还可以减小很多短接线，如图1-11所示。有的读者可能要问了，图1-11b中的3个断路器的电源进线是怎样并连起来的呢？原来汇流排是由连接片和绝缘板组成，连接片将同一相连接起来，绝缘板又将三相间绝缘开来，两者有机的结合，即起到很多短接线才能起到的作用。

a）

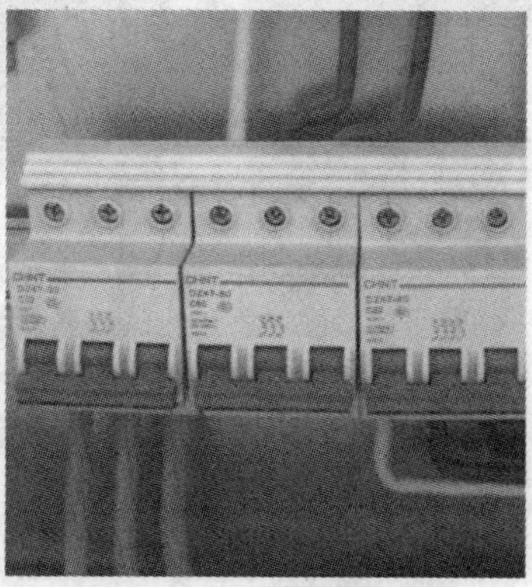

b）

图1-11 小型断路器通过汇流排安装
a）汇流排的外形 b）安装示例

4）应垂直安装在配电板上，在灭弧罩上部留有一定的飞弧空间；断路器如果较大，需要用铜排或铝排作电源线时，尽量上端平齐，以方便排线的安装，如图1-12、图1-13所示。

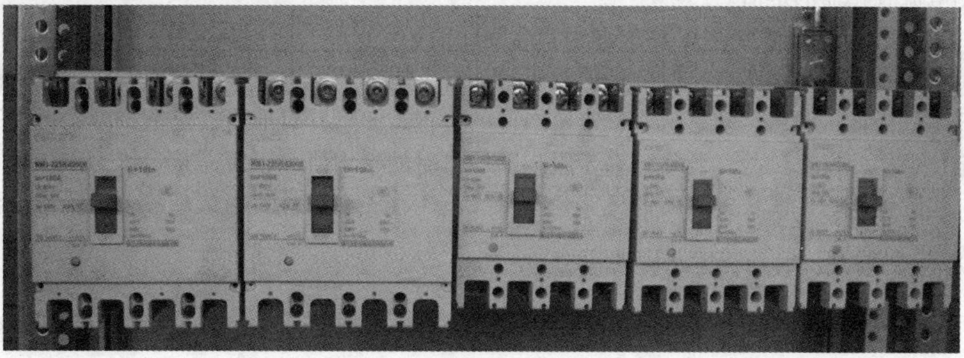

图1-12 断路器使用铝排时的布置

5）电源进线应接在上接线端，出线应接在下接线端，导线应按规定选取。

6）应定期清除断路器上的灰尘，给操作机构添加润滑油，及时清除其内壁或栅片上的金属熔粒和黑烟，以避免引起相间弧光短路；定期检查紧固螺钉有无松动，触头有无变色现象；更换灭弧罩时，应进行烘干处理。

3. 技能点一点

（1）过电流电磁脱扣器的校验

按图1-14所示接线（过电流脱扣器线圈串联断路器触点后接于升流器输出端），合上被整定的断路器。

图 1-13　铝排的安装

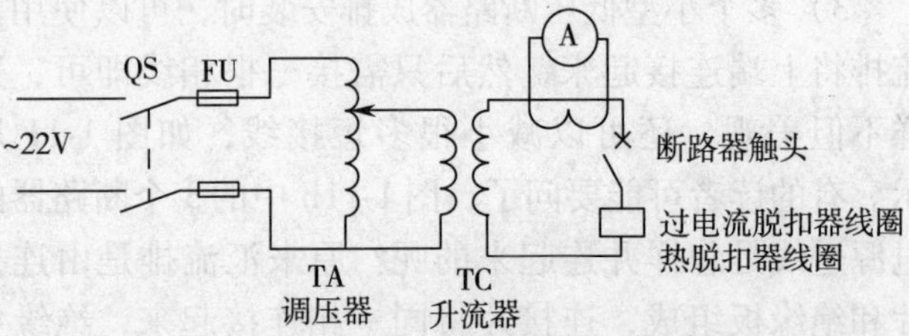

图 1-14　过电流脱扣器或热脱器定值的校验

将调压器 TA 置零位，合上电源开关 QS。

将调压器由零位快速上调，并观察电流的变化，电流指示值接近整定值（指针对应的刻度）时，减速升流，直到电流脱扣器动作使断路器跳闸，记下此时电流表的示值，就是所测电流脱扣器的定值。

重复试验 3 ~5 次，取平均值即为实际动作值。

对万能式低压断路器，如测量值与要求不符，应断开电源，下拉定值调整螺母，使螺母离开防松销棍，然后转动它来调整定值指针的位置，使指针对准所需定值刻度，再放开螺母并定位，如此反复试验、调整，直至脱扣器动作时的平均值等于所需整定值为止。

注意：由于电流较大，大电流导体要裸露，连接点要拧紧，测试时，大电流不要持续过长时间。

（2）热脱扣器的校验

按图 1-14 接线，将热脱扣器的线圈串联接入升流器电流回路，升流至热元件整定值，热脱扣器应长期不动作，然后升流至 1. 2 倍热元件定值，热脱扣器应在 20min 内动作，再升流至 1. 5 倍热元件定值，热脱扣器应在 2min 内动作。冷却后重复试验 3 次，计算 4 次动作的平均值即为实际动作值。

（3）失电压脱扣器动作值的校验

由于失电压脱扣器线圈并联于断路器 QF 接线端，所以接线时，直接将调压器 TA 输出电压接在断路器上接线端，指示灯 HL 接于 QF 的下接线端，如图 1-15 所示。闭合开关 QS，将调压器从零起升压，待电压升至 70% U_e后，缓慢升压，试合断路器，看断路器

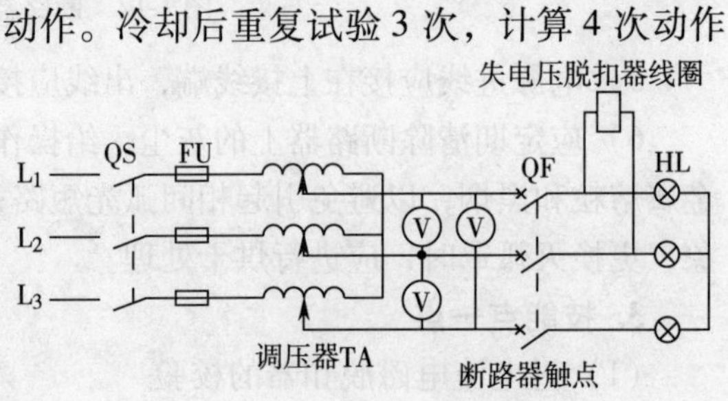

图 1-15　失电压脱扣器定值的校验

能否可靠闭合，如不能可靠闭合，再稍微调高电压至可靠闭合为止，并记录断路器可靠闭合的动作值，此时信号灯 HL 亮。继续将调压器调至额定电压 U_e。

缓慢往反方向调节调压器，当电压降至一定程度时，失压脱扣器不能维持吸合，断路器跳闸，信号灯 HL 灭，记录此时的电压值。

重复上述试验 3 次，分别计算 4 次吸合的平均值和释放的平均值。

在正常情况下，大于 75% U_e时应可靠吸合，小于 35% U_e时应可靠释放；否则说明断路器不合格。

七、热继电器

热继电器一般与接触器配合使用，主要作交流异步电动机的过载和断相保护。当电动机中有过载或堵转等异常电流通过时，热继电器的热元件受热弯曲，与其联动的触点机构动作，切断接触器线圈的控制电路，防止电动机烧损。常用的热继电器是双金属片式的，它是具有反时限特性的低压保护类电器。

接线时，热元件接在主电路上，辅助触点接在控制回路中。其外形、结构及接线方法如图 1-16 所示（图示为两相结构，三相结构三相主触点分别接于三相交流电源）。

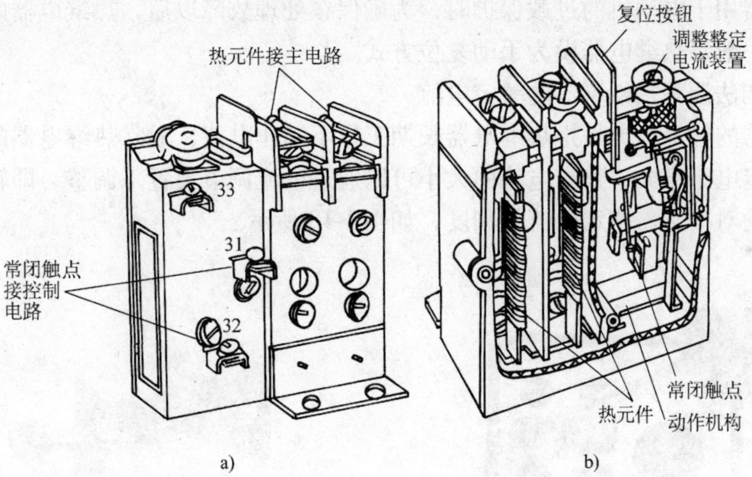

图 1-16　热继电器外形、结构及接线方法

a）外形及接线方法　b）结构

1. 安装、使用

1）热继电器只能作为电动机的过载和断相保护，不能作短路保护。

2）安装点的选择。热继电器安装处与被保护设备安装处温差不能过大；安装点不能有振动源；热继电器与其他电器装在一起时，为使其动作特性不受其他发热电器的影响，应将它装在下方。

3）热继电器的安装方向应与产品说明书规定的方向相同，偏差不得大于5°。

4）热继电器配用的连接导线应符合规定。连接导线截面过小，轴向传热慢，热继电器会误动；连接导线过粗，轴向导热快，热继电器动作缓慢或拒动；导线的材质一般为铜线，若用铝心导线，端头应搪锡。

5）热继电器的接线螺钉应拧紧，否则接触电阻增大，热元件温升增高，会引起热继电器误动作。

6）自动复位的热继电器应调到自动位置，保护动作后经 3 ~ 5min 后会自动复位；手动复位的热继电器，保护动作后应当按下复位按钮。

2. 技能点一点

（1）热继电器复位方式的调整方法

热继电器的复位方式有手动复位和自动复位两种方式。手动复位是指：热继电器过载保护动作后，必须用手按下复位按钮，才能使其常闭触点恢复闭合，手动复位应等 2 ~ 3min 后才能进行；自动复位是指：热继电器保护动作后，常闭触点自动闭合，一般自动复位的时间不大于 5min。

复位方式可通过复位调节螺钉来选择，即用一字形螺钉旋具伸入热继电器下侧的调节孔，顺时针拧紧复位调整螺钉（调到底），即为自动复位方式；逆时针拧松复位调整螺钉，使螺钉旋出一定距离，又变为手动复位。

新式的热继电器一般在其上盖上面有调节钮，如图 1-17 所示，当调节钮转到 H 时为手动复位，当调节钮转到 A 时为自动复位。

热继电器用于电动机的过载保护时，为确保在处理故障以后，热继电器的常闭触点才能复位闭合，一般将热继电器设为手动复位方式。

（2）试调法调整热继电器的整定电流

热继电器的整定电流是指热继电器长期工作不动作电流，通常热继电器的额定电流应比电动机的额定电流略大，整定电流的大小可以通过电流调节装置来调整，即转动整定值的调节钮，使凸轮对准所需整定电流值刻度，如图 1-18 所示。

图 1-17　热继电器复位方式的调整方法

图 1-18　调整热继电器的整定电流

如果没有试验设备，对于容量不大的异步电动机，一般可用试调法调整。具体步骤是：先将电流定值调节旋钮调到大电流方向，电动机起动后加上额定负载，经过约 1h 的热稳定后，将凸轮缓慢地向小电流方向调节，直到热继电器动作，再将定值调节旋钮稍微向大电流方向调一点即可。

（3）测试热继电器的整定电流

热继电器的整定电流一般应与电动机额定电流调整一致；对于过载能力差的电动机，应适当减少定值，热元件的整定值一般调整为电动机额定电流的 0.7 倍左右；对起动时间长或带冲击性负载的电动机，应适当增大定值，一般调整到电动机额定电流的 1.1～1.2 倍。

热元件的分相试验：先将热继电器清理干净，用手拨动脱扣机构两次，检查调整部件有无松动，若有松动，应拧紧其紧固零件，然后按图 1-19 所示的电路接线。接线时应使连接线的截面积、材料与使用时的相同，使环境温度保持在（20 ±5）℃，如不能保持温度，也可在温度不低于 10℃的室内进行。

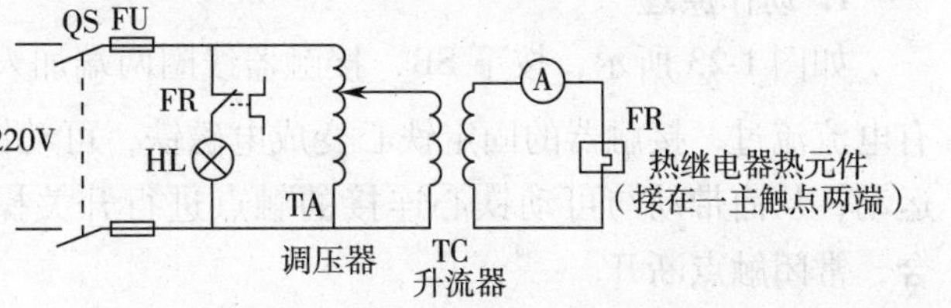

图 1-19　热元件的分相试验

闭合开关 QS，调节调压器 TA，向热继电器通入额定电流，这时热继电器应不动作，接着通入 1.05 倍额定电流，发热稳定后再将电流升高到额定电流的 1.2 倍，经 2～4min 后，调节热继电器的调节凸轮，使热继电器动作（灯泡 HL 熄灭），此时的电流值就是所要测试的热继电器的整定电流，然后断电冷却到室温，重复试验三次，三次测量值都应符合要求。

同法对热继电器的其他相分别进行测试，各相动作值应基本平衡。

将各相串联试验，按图 1-20 所示的方法，将各相的热元件串联后重新试验，其动作值应与分相值一致。

（4）热继电器作限电保护电路

图 1-21 所示为热继电器作限电保护电路。

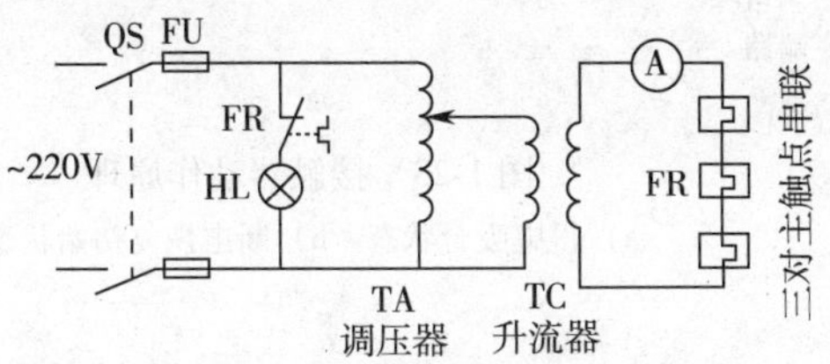

图 1-20　热元件的串联试验

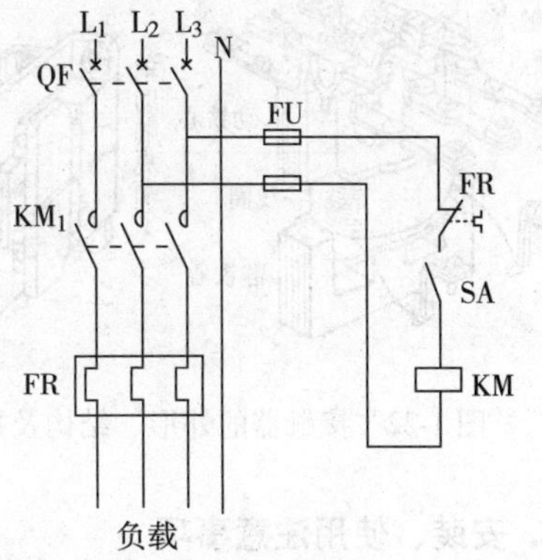

图 1-21　热继电器作限电保护电路

该电路用热继电器作限电器，电路简单，用在一些集体场合非常方便，使用时，把热继电器复位按钮螺钉旋出，热元件的整定电流应与用户的额定电流一致。合上断路器 QF 和控制开关 SA，接触器 KM 吸合，向负载供电。当负载电流长期超过整定值时，热继电器 FR 动作，接触器 KM 断电释放，切断了用户的电源，起到限电的目的。

八、接触器

接触器是一种适于远距离、频繁地接通和分断交、直流电路的电器器件。它具有控制容量大、能实现自动控制、使用方便等优点，但不能直接切断故障电流，需与熔断器、热继电器等保护类电器配合使用。

接触器的外形、结构及接线方法如图 1-22 所示。从图中可以看出，接触器的触点包括可以通过大电流的主触点和与其同步动作的只能通过小电流的辅助触点。接线时，主触点接在主电路中，辅助触点接在控制回路中，线圈通过按钮及接触器的辅助触点来控制。

1. 动作原理

如图 1-23 所示，按下 SB，接触器线圈两端加入额定电压（80～110% U_e），电磁线圈中有电流流过，接触器的固定铁心变成电磁铁，可动铁心被电磁铁吸引，在电磁线圈内做直线运动，从而带动与可动铁心连接的触点进行开关操作（接触器得电吸合），其常开触点闭合，常闭触点断开。

松开 SB，线圈两端电压消失，在复位弹簧的作用下，可动铁心回到上方，接触器释放，其触点全部恢复至初始状态，即常闭触点闭合，常开触点断开。

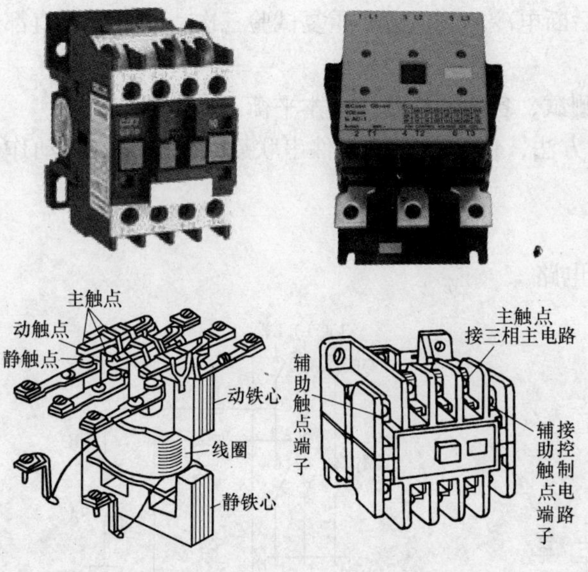

图 1-22　接触器的外形、结构及接线方法

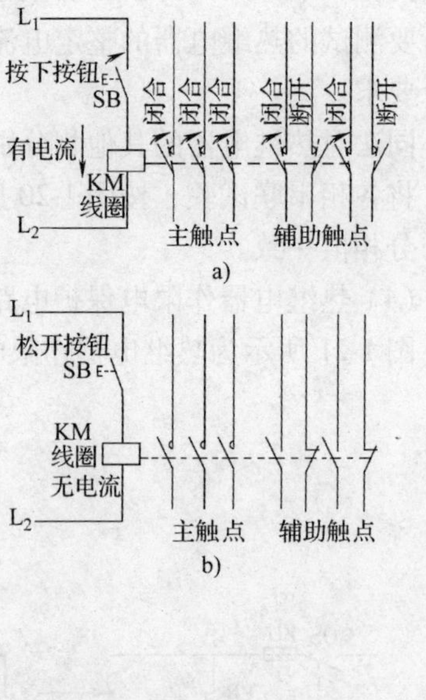

图 1-23　接触器动作原理

a）得电吸合状态　b）断电恢复初始状态

2. 安装、使用注意事项

1）安装前应选好安装位置，使接触器两侧与其他物体留有一定距离，以方便接线；检查线圈电压（常用的有 24V、36V、48V、110V、220V、380V）是否与电源电压一致，触头接触是否良好、有无卡阻现象，灭弧罩是否完好，然后除去铁心接触面上的防锈油，把底座垂直地面安装并紧固好，倾斜度应小于 5°，有散热孔的接触器还应将有孔的两面放在上下位置，以利于散热。

2）接线时，应旋紧所有的接线螺钉，未接线的螺钉也应拧紧，以防止振动而失落，同时还应防止垫圈、线头等异物落入接触器内，以免造成机械卡阻和短路故障。

3）运行时，保持接触器周围环境通风、干燥，防止有害气体腐蚀；保证触头吸合紧密，不得有过大的交流声；保证铁心接触面的清洁和对齐。

知识扩展

接触器触点的扩展——外加辅助触点

安装或调试设备时，时常会遇到辅助触点不够用的情况，这时可以外加辅助触点，其外形如图 1-24a 所示。使用时将辅助触点扣在接触器的上盖上，外加的辅助触点就会同接触器的一起动作。

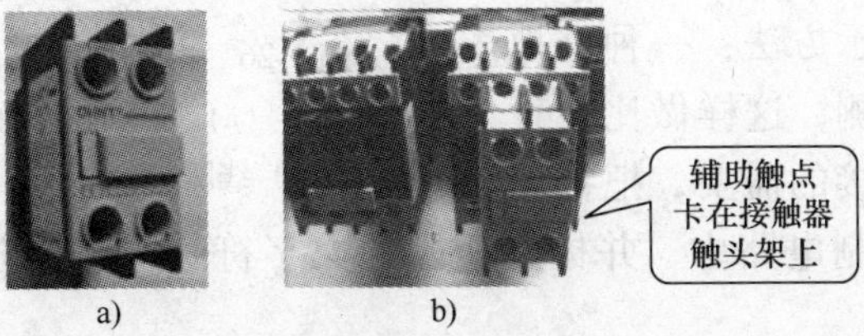

图 1-24　接触器辅助触点的扩展

a）辅助触点　b）辅助触点的安装

九、电磁式继电器

1. 认识电磁式继电器

电磁式继电器是根据某一输入量（电压、电流、时间）的变化来接通或分断小电流电路的控制器件，在电路中起控制、放大、联锁、保护和调节作用。由于继电器触头不再分主、辅触头，且断流容量较小，一般不直接控制主电路，而是通过接触器对主电路进行控制。

图 1-25 所示为电磁式继电器的外形及内部结构。从其结构图可以看出，它一般由铁心、

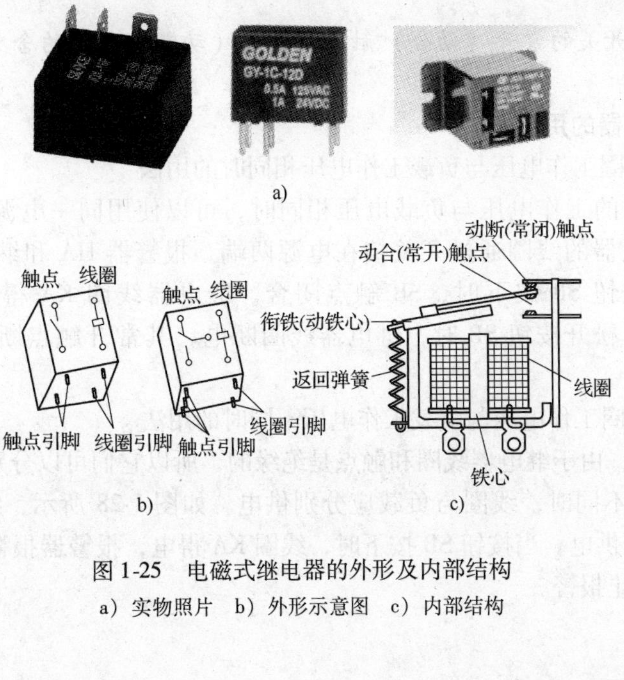

图 1-25　电磁式继电器的外形及内部结构

a）实物照片　b）外形示意图　c）内部结构

线圈、衔铁、触点、簧片等组成。当线圈通电后，其常开（动合）触点吸合，常闭（动断）触点断开；当绕组断电后，其触点恢复到初始状态。

电磁继电器的文字符号常用 K 或 KA 表示，其图形符号如图 1-26 所示，线圈用一个长方框符号表示，同时在长方框旁标上这个继电器的文字符号“K”或“KA”。继电器的触点有两种表示方法：一种是把它直接画在长方框的一侧，这样做比较直观；另一种是按电路连接的需要，把各个接点分别画在各自的控制电路中，并标注相同的文字符号，这样对分析和理解电路是有利的。

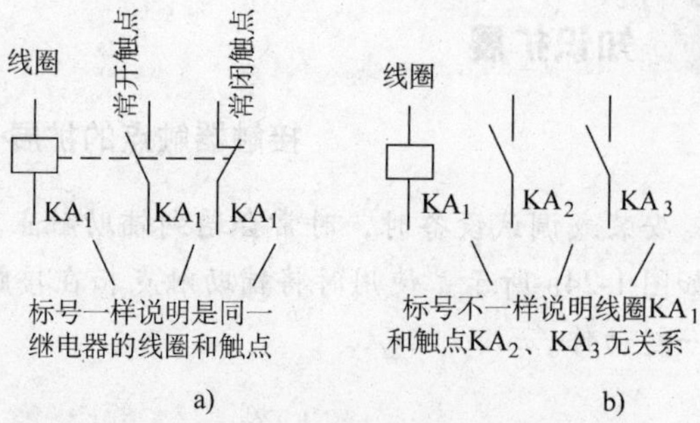

图 1-26　电磁继电器的符号及标注方法

a）同一继电器的线圈和触点

b）线圈 KA$_1$ 和触点 KA$_2$、KA$_3$ 无关系

注意：

1）同一继电器的线圈和触点旁边，注上相同的文字符号（只有一只继电器时，KA$_1$ 中的 1 常省略，用 KA 表示）；不同的继电器通常在文字符号后加数字 1、2、3、4 来表示，如 KA$_1$、KA$_2$、KA$_3$、KA$_4$ 一般表示的是 4 只不同的继电器，这一点要记牢。

2）按有关规定，在电路中触点的状态是按线圈不通电时的原始状态画出的。

增强记忆

继电器的常开触点是指继电器线圈不带电时，触点是断开的；线圈得电吸合后，常开触点闭合，即动则合。而常闭触点是指继电器线圈不带电时，触点是闭合的；线圈得电吸合后，常闭触点断开，即动则断。所以我们可以按“常开常开，平时断开；常闭常闭，平时闭合”来记忆。

这一点与前面开关的常开（动合）触点、常闭（动断）触点的含义相似，因为继电器也是一种低压开关。

2. 电磁式继电器的用法

（1）继电器线圈工作电压与负载工作电压相同时的用法

当继电器线圈的工作电压与负载电压相同时，可以使用同一电源，如图 1-27 所示。接线时电磁式继电器的线圈通过开关接在电源两端，报警器 HA 和继电器触点串联后接于同一电源。当按钮 SB 按下时，SB 触点闭合，继电器线圈 KA 得电，其常开触点闭合，报警器报警，松开按钮 SB 时，继电器线圈断电，其常开触点断开，报警器停止报警。

（2）继电器线圈工作电压与负载工作电压不同时的用法

前面我们说过，由于继电器线圈和触点是绝缘的，所以它们可以分别供电。当线圈的工作电压与负载电压不同时，线圈与负载应分别供电。如图 1-28 所示，线圈采用电池供电，报警器采用 ~220V 供电。当按钮 SB 按下时，线圈 KA 得电，报警器报警；松开按钮时，线圈断电，报警器停止报警。

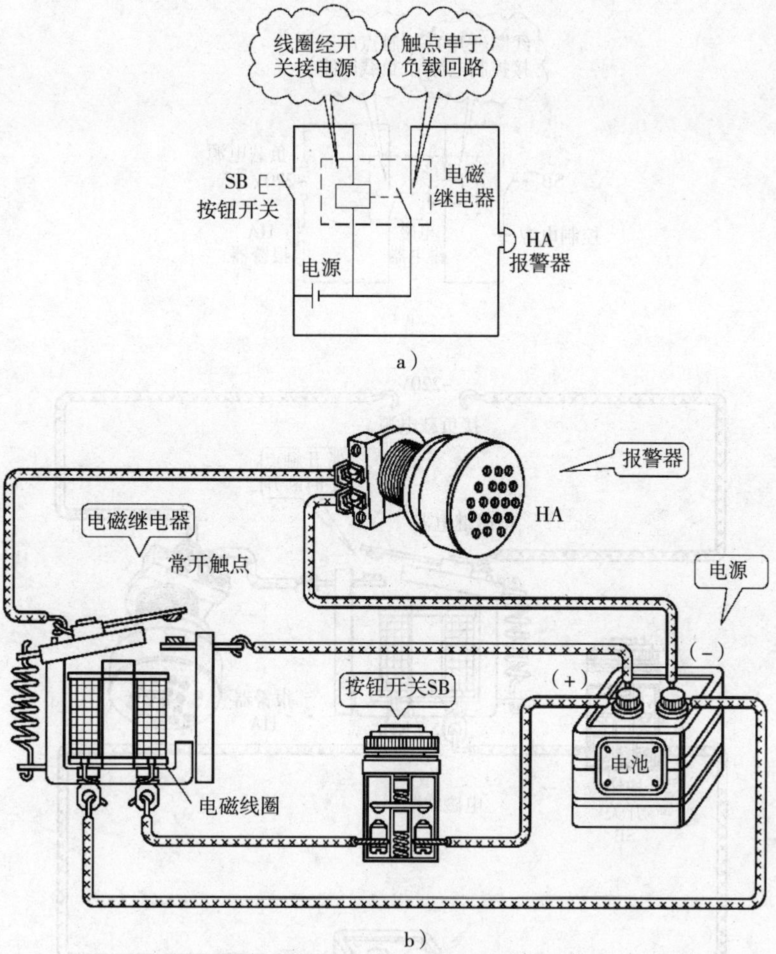

图 1-27 线圈工作电压与负载工作电压相同时的用法

a）原理图 b）实物接线图

经典实例

（3）电缆防盗报警器电路

图 1-29 所示为电缆防盗报警器电路，此电路为继电器线圈工作电压与负载工作电压不同时的典型用法。电路用一只报警器、一只 24V 变压器（考虑电缆的压降，变压器的电压可以稍高一点）和一只 24V 继电器构成。

接通电源，继电器 KA 得电吸合，其常闭触点断开，报警器 HA 不报警；当电缆被盗贼剪断时，继电器 KA 断电释放，其常闭触点闭合，报警器报警，提醒值班人员注意。

此报警器也可采用 36V、12V 变压器供电，只是应改用相应额定电压的继电器，但不能直接用 ~220V，因为 ~220V 不是安全电压，易电伤偷盗电缆者。

（4）电子电路中电磁式继电器的用法

在电子自动控制电路中，常常将线圈的一端接电源，另一端接自动控制电路，如图 1-30 所示。当线圈得电时，其常开触点闭合，灯泡点亮。KA 为保护二极管，又称续流二极管，

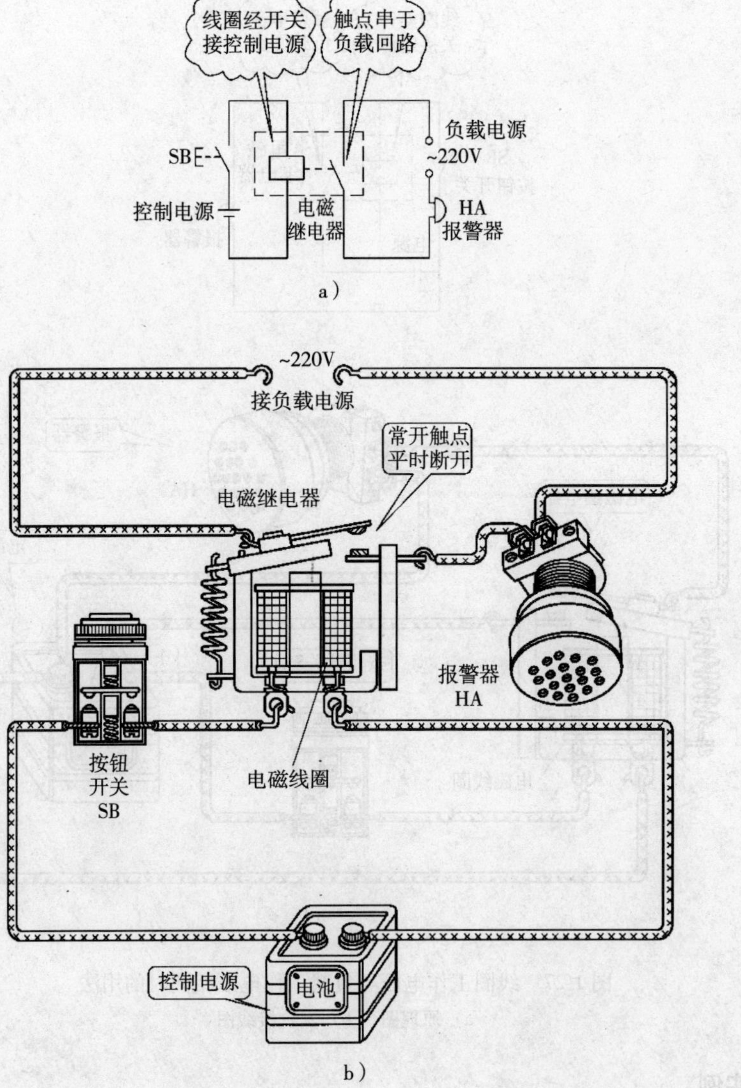

图 1-28 线圈工作电压与负载工作电压不同时的用法

a）原理图 b）实物接线图

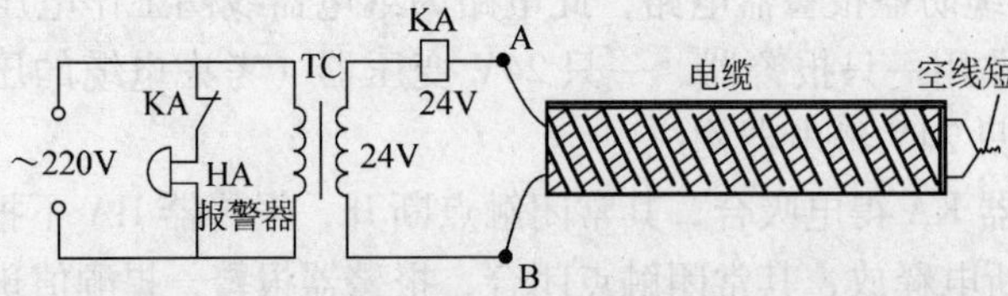

图 1-29 电缆防盗报警器电路

由于继电器线圈在断电的瞬间，线圈两端将产生较高的自感电压，这个电压如果加到控制电路中其他电子元器件上，很可能损坏其他电子元器件，加上续流二极管 VD 后，电磁线圈断电时产生的自感电动势就通过 VD 形成电流通路，从而保护了控制电路。在电子电路中，凡是有直流继电器的地方，都需要与其线圈端反向并联一个二极管。

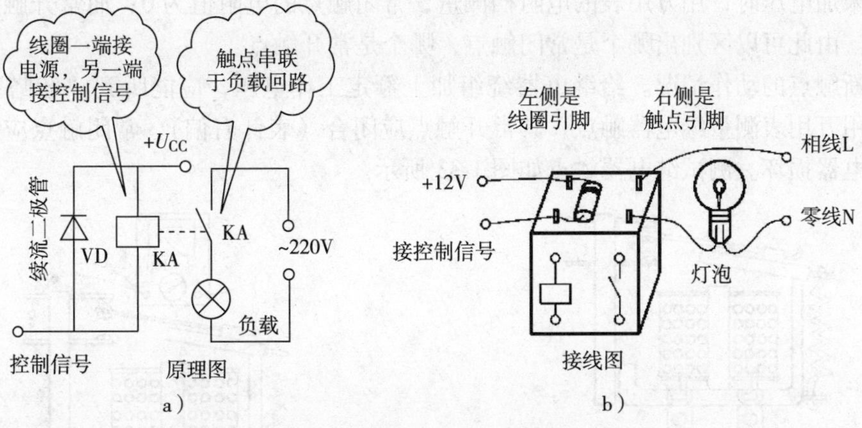

图 1-30 电子自动控制电路中电磁式继电器的用法

a）原理图 b）接线示意图

（5）继电器的安装

安装继电器时，可以将继电器直接焊接在印制电路板上，也可以将继电器插在继电器插座上，然后从继电器座引出接线，如图 1-31 所示为继电器插在继电器插座上。

a） b）

图 1-31 继电器的安装

a）继电器插座 b）继电器插入插座

技能拓展

（6）检测电磁式继电器

1）检查电磁式继电器线圈。

把线圈两端任意一侧外部的接线拆开，以切断线圈与外电路的联系。将万用表置于 R×10 或 R×100 档，两表笔测继电器线圈的两引脚，读取测量值，与继电器标称电阻相比较，若两者大致相同，表明线圈正常；若电阻明显偏小，表明线圈短路；若电阻为“∞”，表示线圈断路。测试继电器线圈如图 1-32 所示。

2）检查电磁继电器触点。

① 判断常开、常闭触点。把继电器触点上的接线拆开，以切断与外电路的联系。在继电器绕组未加电压时，用万用表的电阻档测量，常闭触点的电阻值为0；而常开触点的阻值为无穷大。由此可以区别出哪个是常闭触点，哪个是常开触点。

②判断触点的动作情况。给继电器绕组加上额定工作电压，应能听到“咔嗒”的吸合声，这时用万用表测量继电器触点，其常开触点应闭合（表针右偏），常闭触点应断开，否则说明继电器损坏。测试继电器触点如图1-33所示。

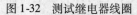

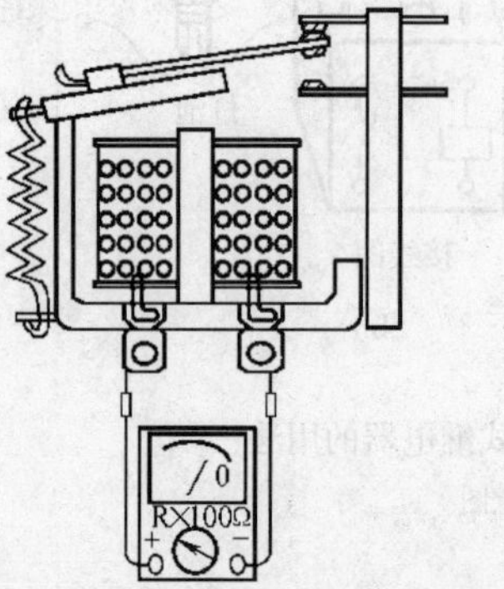

图1-32　测试继电器线圈

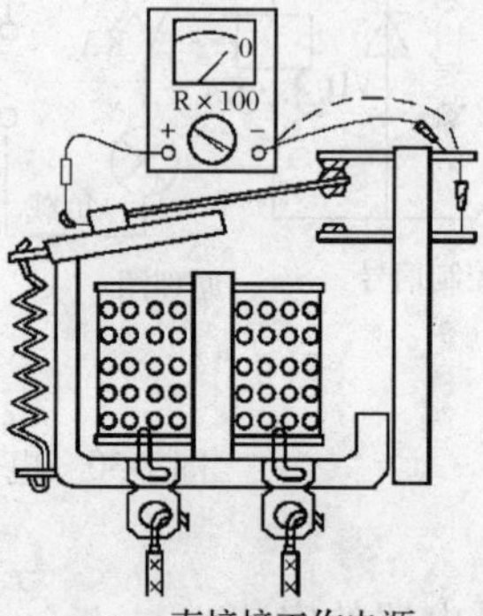

图1-33　测试继电器触点

（7）电磁式继电器、接触器的常见故障及处理方法

电磁式继电器、接触器的常见故障及处理方法见表1-1。

表1-1　电磁式继电器、接触器的常见故障及处理方法

故障现象	故障原因	处理方法
吸合不上	1）电源电压过低或容量不足 2）控制回路断线或接触不良 3）线圈电压与控制电路不一致 4）转轴等机械可动部分卡阻 5）触头弹簧压力、反力弹簧力等参数不合格	1）提高电源电压或增大电源容量 2）检修控制回路 3）更换线圈或改变接线 4）消除卡阻 5）按要求调整
不能释放或释放缓慢	1）触头熔焊 2）触头弹簧压力过小 3）反力弹簧弹性弱 4）铁心极面有油污（长期使用的）或油脂（新装的） 5）铁心端面间隙过小	1）修理或更换 2）调整触头压力或更换弹簧 3）应更换 4）应清理铁心极面的油污或油脂 5）应调整铁心端面间隙
线圈过热	1）电源电压过低或过高 2）线圈短路或线圈参数与电源参数不符 3）操作频率过高 4）空气潮湿或含有腐蚀性气体 5）铁心表面不平或铁轭卡住	1）应调整电源电压至额定值 2）应更换 3）应调换 4）应用特种绝缘的线圈和产品或采取防潮、防蚀措施 5）应更换铁心或消除卡阻

（续）

故障现象	故障原因	处理方法
电磁铁噪声过大	1）电源电压过低 2）铁心表面磨损严重或上下错位 3）铁心极面锈蚀、不清洁 4）运动部位卡阻，铁心不能吸平 5）短路环断裂	1）提高控制回路电压至额定值 2）修理或更换铁心 3）应清理铁心极面 4）应采用加油等措施排除卡阻 5）应更换铁心
相间短路	1）灭弧罩碎裂 2）尘埃、油垢过多 3）可逆运行的接触器联锁不可靠，致使两台接触器同时动作造成相间短路	1）更换灭弧罩 2）应经常清理 3）应检修控制电路、增加联锁功能或延长转换时间
触点不通	1）触点不清洁或脱落 2）运动部件卡阻 3）触点开距过大 4）触点弹簧压力不足	1）应清洁或更换触点 2）应消除卡阻 3）应调整触点参数 4）应调整触点弹簧压力
触点熔焊	1）控制回路电压过低 2）负载过重或操作频率过高 3）触点弹簧压力不足或有突起的金属颗粒 4）负载短路 5）机械卡阻、吸合中有停滞现象，触点处在刚接触的位置 6）触点动作不同步	1）应提高控制回路电压 2）应更换合适的继电器或接触器 3）应调整触点弹簧压力或清理触点 4）应查出并消除短路 5）应消除卡阻，使触点吸合可靠 6）应调整动、静触点间隙至触点动作同步

十、时间继电器

通常，一般的电磁式继电器，当电磁线圈中有额定电流流过时，它的所有常开触点均闭合，所有常闭触点均断开，而时间继电器却不同，它从得到信号后，除瞬动触点外，延时触点要经过一定时间的延时才能动作。它的种类很多，按延时方式分为通电延时时间继电器（只有通电延时触点）、带瞬动触点的通电延时时间继电器（有瞬动触点和通电延时触点）、断电延时时间继电器（只有断电延时触点）等；按动作原理分为电磁式、空气阻尼式与电子式时间继电器，其外形和电路符号如图 1-34 所示。

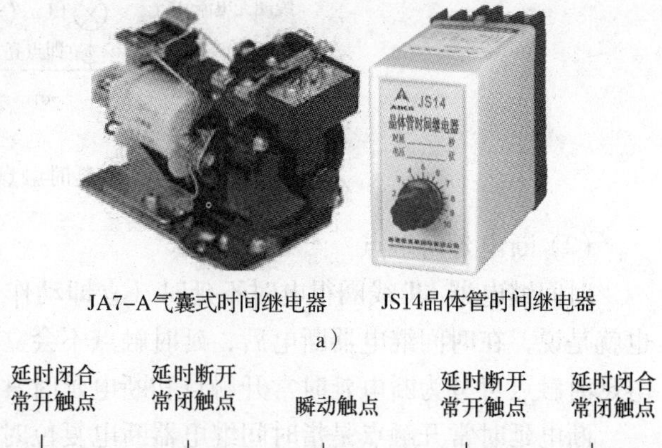

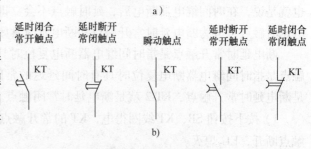

图 1-34 时间继电器外形和电路符号
a）外形 b）电路符号

下面重点介绍时间继电器触点的动作情况。

（1）通电延时触点

时间继电器 KT 线圈得电后，延时触点需经过一定时间的延迟才能动作，而复位时不延时（立即复位）。通电延时触点可分为通电延时常开触点和通电延时常闭触点。

通电延时常开触点是指，线圈无电时断开，通电时延迟闭合的触点。通电延时常闭触点是指线圈无电时闭合，通电时延迟断开的触点。如图 1-35 所示的电路中，KT-1 是通电延时常开触点，KT-2 就是通电延时的常闭触点。其动作情况如下：

1）按下按钮 SB，KT 线圈得电，但其触点不会立即切换，这时 EL_1不亮，EL_2点亮，即指示灯的状态不变，经过整定的延时时间后，其触点才能切换，即常开触点闭合，常闭触点断开，指示灯 EL_1点亮，EL_2熄灭。

2）松开按钮 SB，KT 线圈失电，其触点立即切换，即 EL_1立即熄灭，而 EL_2立即点亮（恢复到初始状态）。

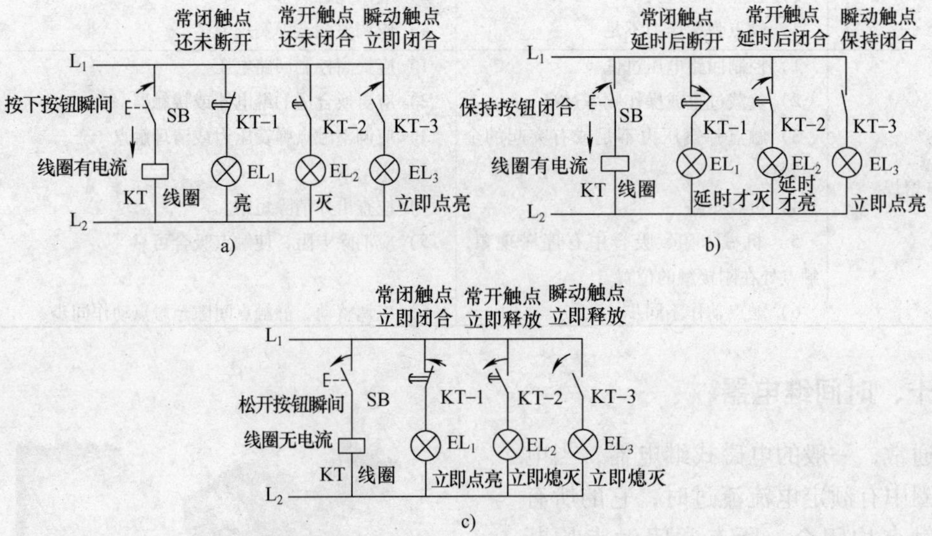

图 1-35　通电延时触点的动作情况

（2）断电延时触点

时间继电器 KT 线圈得电时不延时（立即动作），而在 KT 线圈断电复位时延时的触点。也就是说，在时间继电器断电后，延时触点不会立即切换，而是经过一段时间才能切换。断电延时触点可分为断电延时常开触点和断电延时常闭触点。

断电延时常开触点是指时间继电器断电复位时具有时间延迟的常开触点。断电延时常闭触点是指时间继电器断电复位时具有时间延迟的常闭触点。如图 1-36 所示的电路中，KT-1 是断电延时常开触点，KT-2 就是断电延时常闭触点。其动作情况如下：

1）按下按钮 SB，KT 线圈得电，KT 的常开触点闭合，EL_1点亮，与此同时，KT 的常闭触点断开，EL_2熄灭。

2）松开按钮 SB，KT 线圈失电，但其触点不会立即切换，这时指示灯的状态不变，经过整定的延时时间后，其触点动作，常开触点恢复初始的断开位置，常闭触点恢复闭合，这

时的 EL_1 才熄灭，EL_2 才点亮。

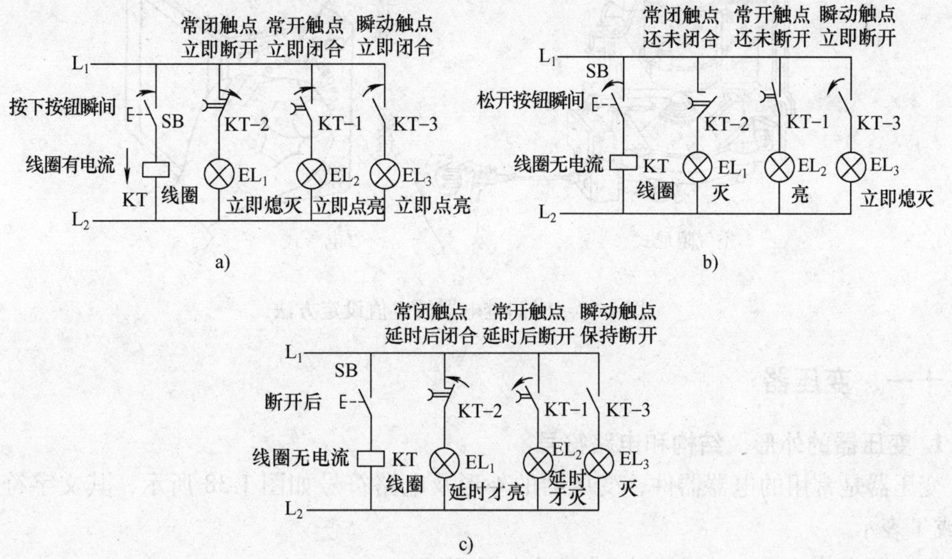

图 1-36　断电延时触点的动作情况

（3）瞬动触点

无论是得电延时时间继电器还是断电延时时间继电器，瞬动触点在吸合或释放时都不经延时的触点。在图 1-35 和图 1-36 中，KT-3 就为瞬动触点，按下按钮 SB，EL_3 立即点亮，松开按钮 SB，EL_3 立即熄灭。

增强记忆

通电延时触点的动作规律可以从其名称来记忆：线圈通电吸合时触点延时才动作，线圈断电释放时触点不延时。这可从“通电延时”四字来理解记忆。

断电延时触点的动作规律可以从其名称来记忆：线圈通电吸合时触点不延时，线圈断电释放时触点延时动作，这可以通过“断电延时”四字来记忆。

瞬动触点在线圈吸合或释放时都不经延时，这一动作规律可以通过“瞬动”二字来记忆。

调试技能乐园

时间继电器定值的设定方法

时间继电器的定值设定方法如图 1-37 所示，即按所需延时时间，使指针或缺口对准刻度盘上所标的刻度，并在试车时校对实际延时时间与所需延时时间是否相符。如不符，应重新调整并校验，直到实际延时时间与所需延时时间一致。

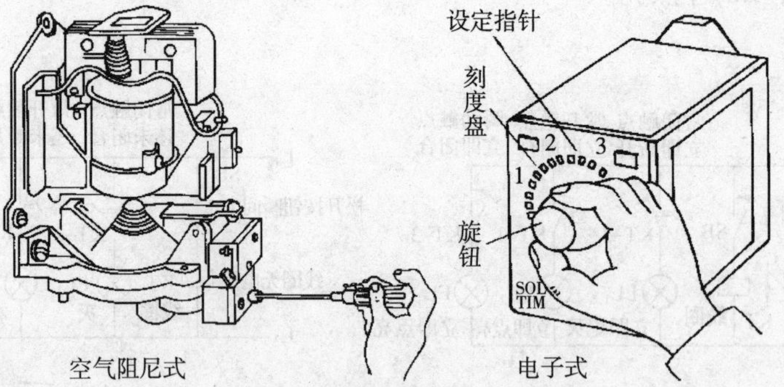

图 1-37　时间继电器的定值设定方法

十一、变压器

1. 变压器的外形、结构和电路符号

变压器是常用的电器器件，变压器的外形及电路符号如图 1-38 所示，其文字符号常用 TC 或 T 表示。

变压器主要由铁心、绕组组成。铁心是形成变压器磁路的通道，也是绕组的支撑骨。为了减少漏磁和损耗，铁心大多采用厚度为 0. 35mm 或 0. 5mm 表面涂有绝缘漆的硅钢片叠压而成。

绕组是变压器的电路部分，它是采用绝缘良好的漆包线绕制而成。绕组分为一次绕组和二次绕组，与输入电源（或输入信号）相连的称为一次绕组，和负载（或输出信号）相连的称为二次绕组。

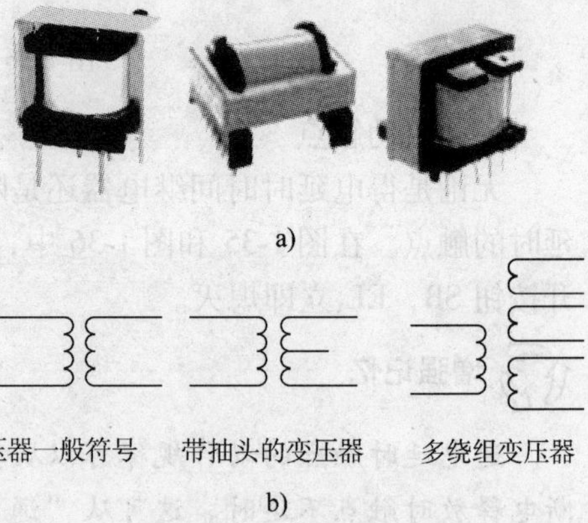

图 1-38　变压器的外形及电路符号
a）外形　b）电路符号

2. 变压器的工作原理

变压器是用互感作用实现能量传输和信号传递的。两线圈之间不是通过导线直接接通，而是通过磁场耦合，使电能得以转换，这种电磁感应现象称为互感现象。

如图 1-39 所示，当变压器一次侧接上交流电压时，一次绕组中便产生交变的磁通（电能→磁能），该磁通切割二次绕组时，就会产生互感电动势（磁能→电能），二次绕组两端就会有交流电压，且输出电压与一次输入电压频率相同，变化规律一样。可见，变压器的工作过程实际是相邻线圈磁的耦合，通过磁的耦合实现电能→磁能→电能转化。

3. 变压器的主要参数

（1）电压比

变压器的电压之比称为电压比。变压器的电压比 K 与一、二次绕组的匝数和电压有效值之间的关系如下：

$$K = N_1/N_2 = U_1/U_2$$

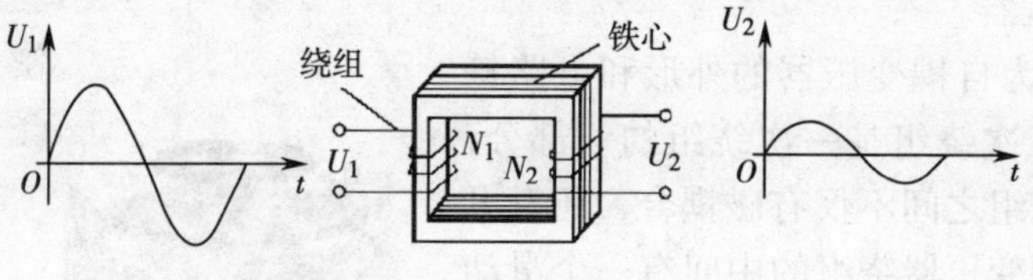

图 1-39　变压器的工作原理

式中　N_1——变压器一次绕组的匝数；

N_2——变压器二次绕组的匝数；

U_1——变压器一次绕组两端的电压；

U_2——变压器二次绕组两端的电压。

当变压器额定运行时，若忽略空载损耗，可得变压器一、二次侧电流有效值的关系为

$$I_1/I_2 = N_2/N_1 = 1/K$$

由上面的电压、电流电压比公式可知，当变压器额定运行时，一、二次侧电压之比近似等于其匝数比；一、二次侧电流之比近似等于其匝数比的倒数。所以改变一、二次绕组的匝数可改变一、二次绕组电压之比和电流之比，这就是变压器的电压、电流变换作用。

由公式可以看出，K 值可能大于 1、小于 1 或等于 1。不同 K 值时，变压器一次、二次参数间的关系见表 1-2。

表 1-2　不同 *K* 值时，变压器一次、二次参数间的关系

K 值	变压器型式	匝数关系	电压关系	电流关系	功率关系
$K>1$	降压变压器	$N_1>N_2$	$U_1>U_2$	$I_1<I_2$	相等
$K<1$	升压变压器	$N_1<N_2$	$U_1<U_2$	$I_1>I_2$	
$K=1$	1/1 隔离变	$N_1=N_2$	$U_2=U_1$	$I_1=I_2$	

（2）额定功率

它是指在规定的工作频率和电压下，变压器能长期工作而不超过规定温升时的输出功率。此参数是电源变压器的一项重要参数，它反映了变压器所能传送电功率的能力。

额定功率与铁心截面积、漆包线直径等有关。变压器的铁心截面积大，漆包线直径粗，输出功率也大。

4. 常用变压器

变压器的种类很多，根据用途分为电源变压器、自耦变压器、隔离变压器等。

（1）电源变压器

电源变压器是最常用的一类变压器，主要起升压、降压或隔离电源之用，其中升压用的称为升压变压器，降压用的称为降压变压器，隔离电源用的称为隔离变压器。

有些电源变压器有两个二次绕组，且两个二次绕组不连接，这种电源变压器称为多绕组电源变压器。多绕组电源变压器的各个二次绕组和一次绕组间的电压关系仍符合电压比公式。

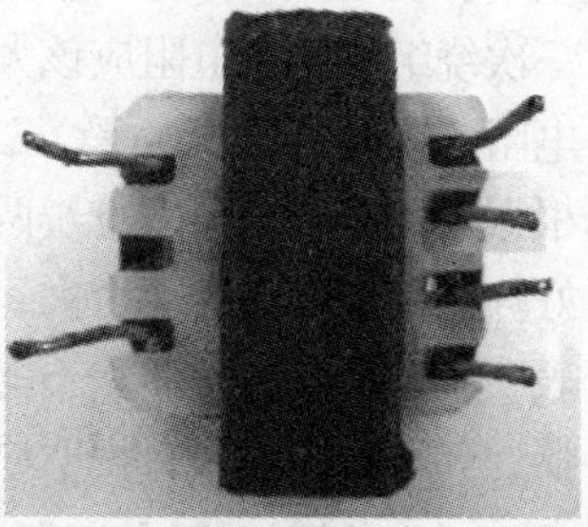

图 1-40　二次多绕组变压器

如图 1-40 所示的二次多绕组变压器，它有 6V、12V 两种输出电压，使用时可根据需要选用具有符合要求的二次电压。

（2）自耦变压器

图 1-41 所示为自耦变压器的外形和电路符号。自耦变压器二次绕组是一次绕组的一部分，一次绕组与二次绕组之间不仅有磁耦合，还有电的直接联系。自耦变压器绕组的中间有一个滑动炭刷接头，可以调节输出电压，所以又称调压器。自耦变压器与普通变压器相比，只有一个绕组，用铜量少，体积小，损耗小，效率高，较为经济，通常用在实验设备上。

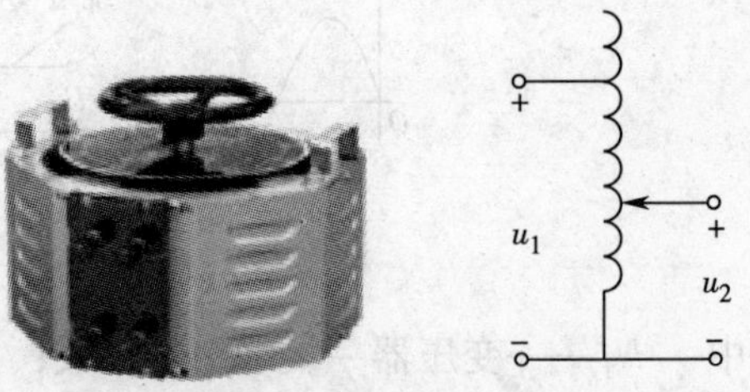

图 1-41 自耦变压器的外形和电路符号

使用注意事项：

1）由于自耦变压器一、二次绕组之间既有磁的联系又有电的联系，所以不能用于要求一、二次侧电路隔离的场合，否则易于发生触电事故。例如，我们用自耦变压器输出 24V 安全电压，如果相线 L 接 1 端，零线 N 接 2 端，这时的输出电压安全，如图 1-42a 所示；当相线与零线接反时，虽然输出端的电压不变，但输出端的对地电压分别为 220V 和 196V，如图 1-42b 所示；如果零线断线，相线经自耦变压器线圈也会使另一侧带上较高电压，如图 1-42c 所示。后面两种情况下，如果有人触及任一输出线头都有可能触电。

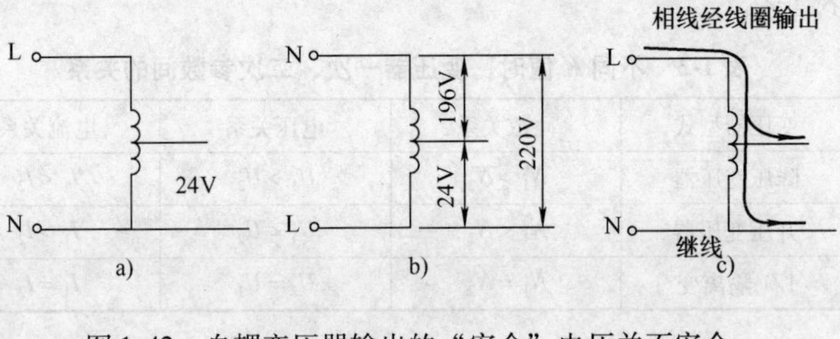

图 1-42 自耦变压器输出的“安全”电压并不安全

a）安全 b）相线与零线接反时不安全 c）零线断线也不安全

2）自耦变压器的一、二次绕组不能调换使用，一次绕组接输入电压，二次绕组接输出电压，否则可能烧坏绕组。

5. 变压器的检测

（1）绕组断路或短路的检查

由于一般降压变压器绕组的阻值不是很大，所以可以用万用表 R×1 或 R×10 档，分别测量一次绕组和二次绕组的直流电阻，如图 1-43 所示，正常时，一次绕组的直流电阻应该大于二次绕组的直流电阻（一次绕组的电阻值为几十至几百欧，二次绕组的电阻值为几欧至几十欧），根据这一点不但可以分辨两绕组，而且可以检测一、二次绕组的好坏。如果电阻为无穷大，则表明绕组断路；如果电阻为零，则表明绕组短路，但此法不能测量局部短路，可更换同型号的变压器，如果故障消失，说明原来的变压器存在短路故障。

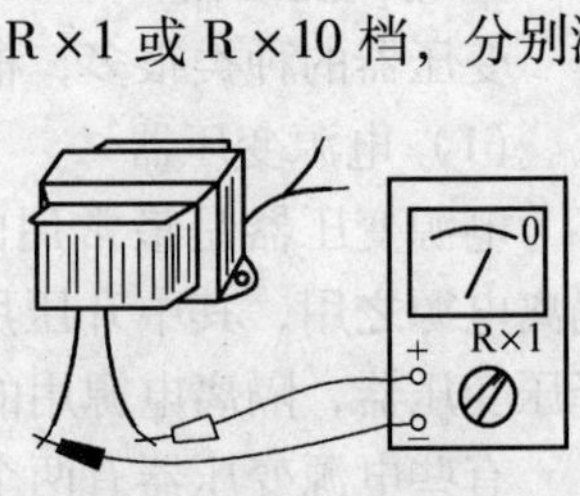

图 1-43 绕组断路或短路的检查

（2）判别电源变压器一次与二次绕组

常用的电源变压器多是降低变压器，它的输出电压比输入电压低得多，如果接线端标记不清，如何判别呢？

由变压器的电压比公式

$$N_1/N_2 = U_1/U_2$$

可知，变压器一次、二次电压与其匝数成正比，电压高的一次绕组 N_1 匝数多，电阻也就大；而电压低的二次绕组 N_2 匝数少，电阻也就小。

所以可以用万用表分别测量一次、二次的电阻来判断，例如一只 220/12V 变压器，阻值大的就是 ~220V 绕组，阻值小的就是 ~12V 绕组。

十二、接插件、接线端子和端子排

1. 接插件

（1）认识接插件

接插件都由插头和插座组成，即插头与插座均是成双成对的。常用接插件的外形和电路符号如图 1-44 所示，其文字符号用 X 表示，其中插头的文字符号为“XP”，插座的文字符号为“XS”。接插件的作用是将不同电路连接起来，它相当于电路里的“桥梁”，起着承上启下、承前启后的作用。

接插件的规格很多，按机械连接分为卡口、螺口、平口。其中，卡口是在插头插入插座后，依靠插座外的卡子使它们紧密连接，并可防止松动；螺口就像螺口灯泡一样，拧紧后才能使插头插入插座；平口没有紧固装置，插头与插座采用紧配合。

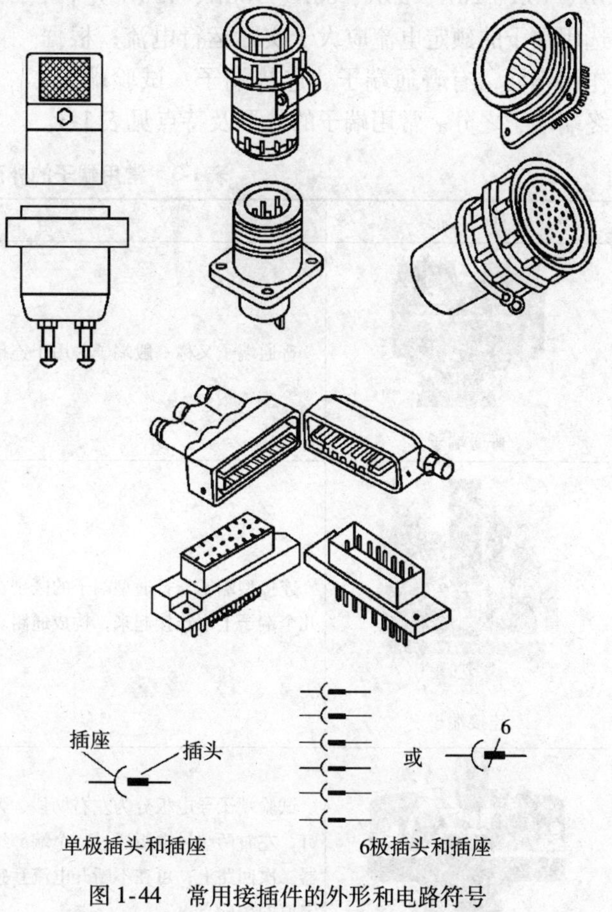

图 1-44　常用接插件的外形和电路符号

（2）接插件的选用与代换

1）选用接插件时，要根据接插件的用途、安装位置、接插对的数目以及接插件额定电压、额定电流等条件来定。接插对的数目可以稍有剩余，额定电压、额定电流要留有余量。

2）维修中如发现某个接插对损坏，如果有多余的接插对，可以将原接插对上的引线调换到备用的接插对上，但应注意检查原接插对的绝缘是否损坏，对临近的插脚有无影响。

3）如果出现两根以上的引线断线，应查对接线后，才能焊接，以免引起其他故障。

4）原则上应采用相同规格、相同型号的接插件代换，如没有相同规格的，可采用外形尺寸、安装尺寸、额定电流、额定电压相同的接插件代换。当然尺寸相同，额定电流、额定电压高的都能满足要求；电流过小时，也可以将两对触点并联使用。

5）更换后的接插件，插座要固定紧，否则插拔插头时，会折断插座上的引线或铜箔焊点；如果插头有固定夹，同样要固定，否则更容易断线。

2. 接线端子

接线端子又称端子板，主要用于设备与外电路之间的连接，或设备内部各单元电路之间的连接，因为电气设备的不同部件之间也要通过接线端子来连接。二次回路导线不允许有接头，但测量和试验时又要接入仪器，所以都要用到接线端子。

接线端子的结构很简单，其外形、结构和电路符号如图1-45所示，其文字符号常用X或XT表示。

接线端子有很多型号，根据电流大小不同有5A、10A、20A、25A、60A、100A、150A几种，选用端子的额定电流应大于实际运行电流；根据作用不同，有普通端子、连接端子、试验端子、终端端子之分。常用端子的外形及特点见表1-3。

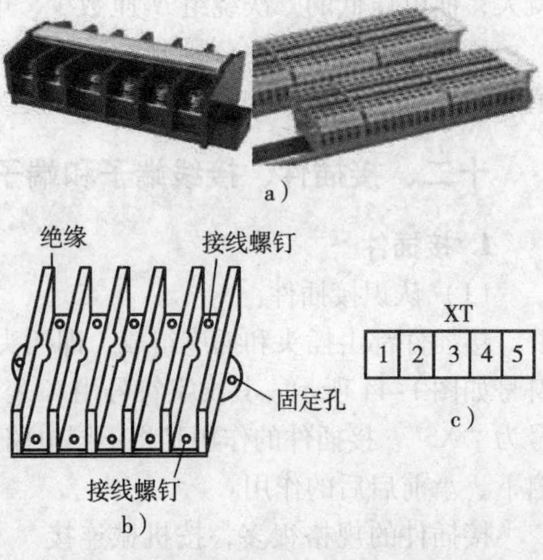

图1-45　接线端子的外形、结构和电路符号
a）外形　b）结构　c）电路符号

表1-3　常用端子的外形及特点

外　形	特　点
 普通端子	普通端子又称一般端子，用于连接配电设备内外的导线，这种端子的侧绝缘板无缺口
 连接端子	连接型端子与普通型端子的区别在于导电板中间加了连接螺钉，通过连接螺钉可以将几个端子上下连接起来，构成通路。连接端子用于连接有分支的电路
 试验端子	试验端子导电板分为左右两段，两段上分别增设一个可单独接线的导电板及接线螺钉，左右两端导电板通过一个端部绝缘的铜制长螺钉连接。试验端子主要用在电流互感器二次回路上，可在不断开电流互感器二次回路的情况下，对互感器、仪表、继电保护定值的校验

（续）

外　形	特　点
 终端端子	终端端子又称标记型端子，它的上面没有接线螺钉，它固定在一节端子的两端。上面的一个用于标记安装单位编号和设备编号，以便于检查；下面的终端端子起分隔安装单位或固定端子的作用

接线端子损坏后，应用同型号或额定电压和额定电流接近的代换，不同额定电流的接线端子一般不能代换。

3. 端子排

将接线端子组合起来固定在端子板上，便称为端子排。端子排一般位于屏的左右两侧。

应用时，为节约导线，便于安装和检查，端子排应按下列回路依次排列：交流电流回路、交流电压回路、信号回路、直流回路、其他回路、转接回路。图 1-46 所示为某电气设备的端子排。

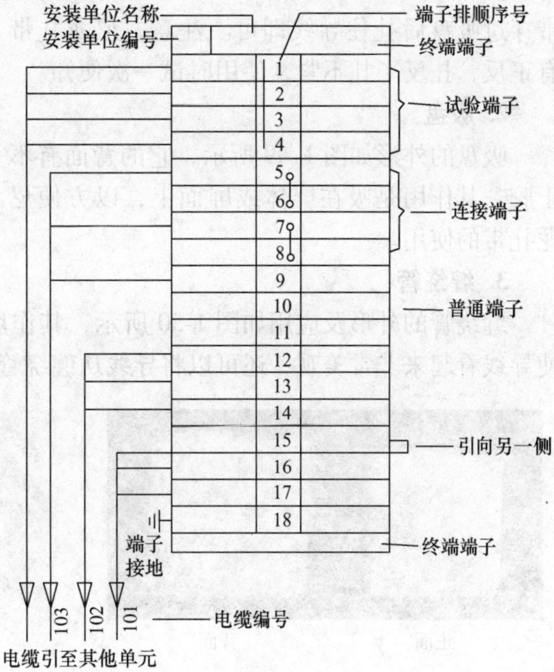

图 1-46　端子排示例

图中，1、2、3、4 号端子为试验端子，它接在电流互感器二次回路上。如果试验端子接的是电流互感器二次闭合回路，为校验该回路的电流表或电度表，应先将标准电流表接到试验端子的两个端钮上，再将端子中间带绝缘钮的连接螺钉拧松，标准电流表就串接入该回路中。5、6、7、8 是连接端子，5 和 6 、7 和 8 分别构成通路；上、下两个没有标号的端子为终端端子；其余为普通端子，其中 15 号端子用于将端子右侧的接线转到左侧。

4. 连接片

连接片起电气连接作用，其外形及电路符号如图 1-47 所示，其文字符号常用 X 或 XB 表示。

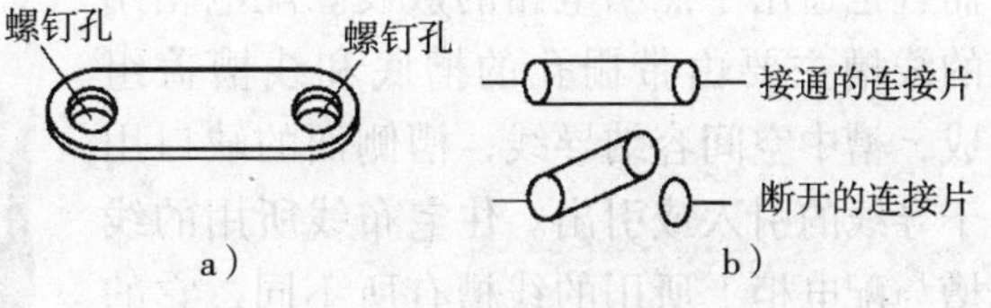

图 1-47　连接片的外形及电路符号

a）外形　b）电路符号

连接片的结构很简单，它是在合金金属片的两端开两个小孔，将相邻的接线端子上下连接，这样相连的接线端子两侧的所有导线都是连接关系。

连接片本身故障很少，多由于两侧接插点或连接螺钉接触不良所致。检测时，用万用表 R×1 档测量，正常时所连接的端子或插针之间的电阻应为零，否则说明接触不良。

代换时，应用同型号或额定电压和额定电流接近的连接片代换。

十三、尼龙扎带、吸盘和缠绕管

尼龙扎带、吸盘和缠绕管三者主要用于配电柜或配电箱上，起固定或保护导线的作用。

1. 尼龙扎带

尼龙扎带的外形及应用如图 1-48 所示。它的上面有一道道的小齿，其作用主要是用来扎紧导线，它可以直接扎在柜体的固定架上，也可以和吸盘配合使用。与吸盘配合使用时，先将吸盘吸在要扎的导线的下面，然后将尼龙扎带穿过吸盘后扎住导线即可。注意，尼龙扎带有正反，扎反了扎不紧，使用时试一次便知。

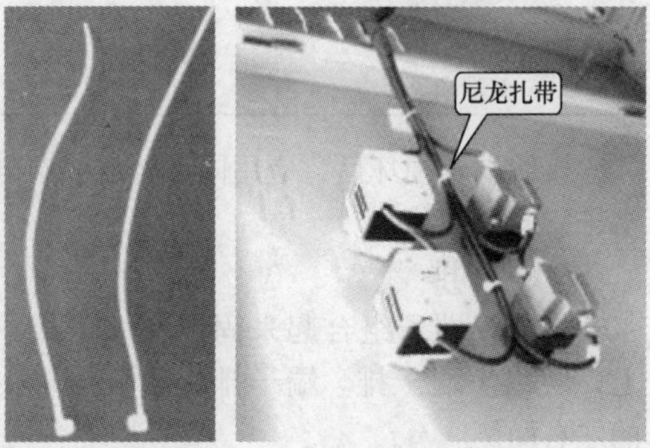

图 1-48　尼龙扎带的外形及应用

2. 吸盘

吸盘的外形如图 1-49 所示，它的背面有不干胶，其作用是吸在屏体或屏面上，以方便尼龙扎带的使用。

3. 缠绕管

缠绕管的外形及应用如图 1-50 所示，其作用是将导线缠绕起来，既可以保护导线，又使导线看起来非常美观，还可以将导线从缠绕管的间隙中分出来，以方便接线和检修。

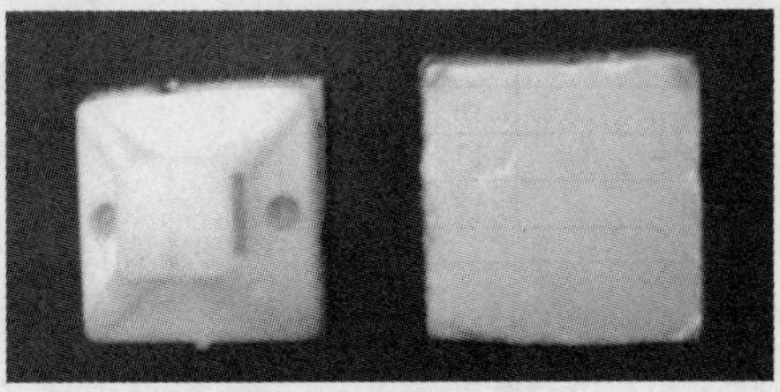

正面　　背面

图 1-49　吸盘的外形

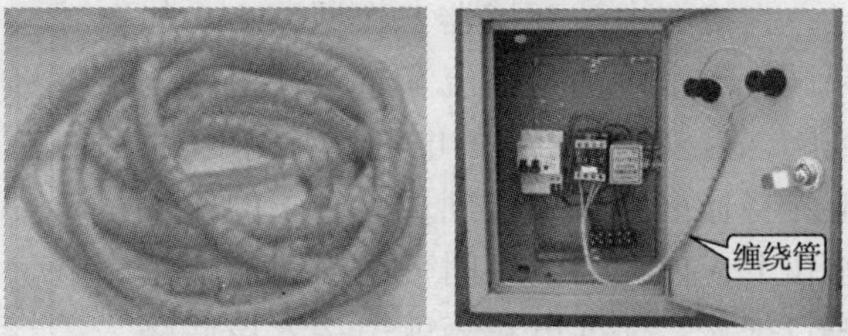

图 1-50　缠绕管的外形及应用

十四、塑料线槽

塑料线槽的外形如图 1-51 所示。线槽不仅可以用于配电柜、配电箱等电气设备的安装，而且也适用于照明电路的敷设。配电箱用的线槽主要由带栅孔的槽底和线槽盖组成，槽中空间容纳导线，槽侧面的缺口用于导线的引入或引出。住宅布线所用的线槽与配电柜上所用的线槽有所不同，它的底板上无栅格。

配电屏用线槽（带栅孔）　　住宅布线用线槽（无栅孔）

图 1-51　塑料线槽的外形

采用线槽配线具有如下优点：

（1）配线迅速

通常线槽内的导线工艺要求不像线槽外的那么严格，配线完毕后，将线槽盖盖上即可，非常美观。

线槽配线不但可以用于配电柜柜体内，还可以用于柜门上，因为柜门控制线复杂时，不用线槽接线非常困难，如果有了线槽，各种按钮或指示灯的连接线都可入槽了，如图 1-52 所示。

图 1-52 线槽配线

（2）检修方便

检修时，将线槽盖打开，更换元器件，将线接好后不要再经扎线环节，这样不但提高了检修效率，而且不会影响线路的美观。

第二节 常用电子元器件

一、电阻器

电阻是电子在物体里流动所受到的阻力，电阻器的外形及电路符号如图 1-53 所示，其单位有 Ω、kΩ 和 MΩ。1MΩ = 1000kΩ，1kΩ = 1000Ω。

1. 电阻器的表示法

一种是将电阻器的阻值直接标注在电阻器上，如图 1-54a 所示；另一种是用色环表示法来表示电阻器的大小。色环表示法是用不同的颜色表示电阻器阻值的方法，通常，从电阻器的一端依次有四或五道色环，不同的色环所代表的有效数值可以通过下面的口诀来记忆。

增强记忆

棕 1、红 2、橙 3、黄 4、绿 5、蓝 6、紫 7、灰 8、白 9、黑 0

另外，在电阻器的最后（一般较前面色环的间距大一些）还有金色或银色，它们是表示电阻器误差的百分数，其读数如图 1-54b 所示。图 1-54b 中所标 10 的乘方值即是有效数值后应加“0”的个数。

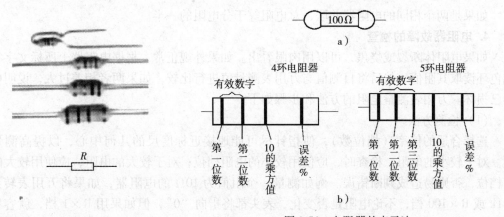

图 1-53 电阻器的外形及电路符号

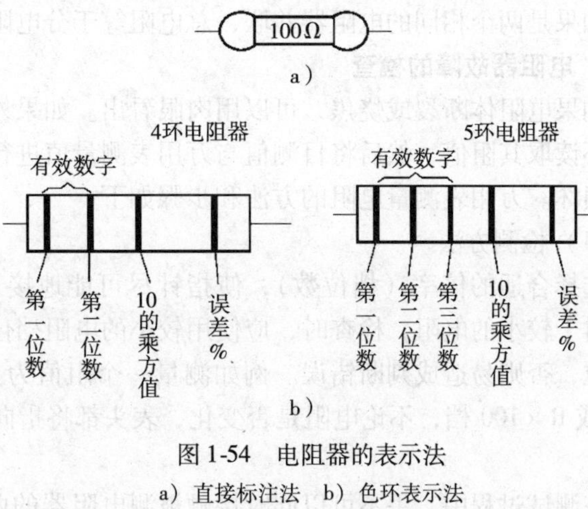

图 1-54 电阻器的表示法

a）直接标注法 b）色环表示法

例如：某电阻器 4 个色环依次为棕、绿、黄、银四种颜色，则该电阻器为 $15\times10^3\Omega$，即 15k，误差为 ±10%。又如：某电阻器的色环为蓝、灰、黑、橙、金，则此电阻器为 680k，误差为 ±5%。

2. 电阻器的串联

将两个或两个以上的电阻器头、尾相连，使电流形成一条通路，这种连接法叫电阻器的串联，如图 1-55 所示。

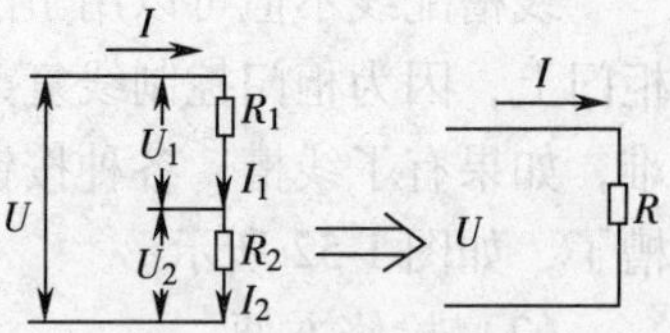

图 1-55　电阻器的串联

串联电路具有如下特点：

1）电阻器串联后的电阻值等于各串联电阻之和，即

$$R = R_1 + R_2$$

2）串联电路中的电流都相等，即

$$I = I_1 = I_2$$

3）串联电路的总电阻等于各段电阻之和，即“电阻越串越大”。其计算公式为

$$R = R_1 + R_2$$

4）串联电路中每个电阻上分得的电压，决定于这个电阻与总电阻之比，电阻越大，分得的电压越大。即

$$U_1/U = R_1/(R_1 + R_2)$$

3. 电阻器的并联

如图 1-56 所示，把两个或两个以上的电阻器并排地联在一起，电流可以从几条途径同时流过各个电阻器，这种连接法叫电阻器的并联。

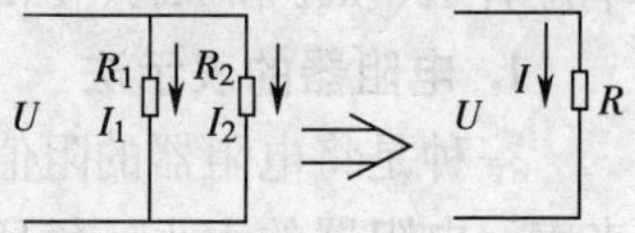

图 1-56　电阻器的并联

电阻器并联具有如下特点：

1）并联电路中各电阻器两端的电压相等，即

$$U = U_1 = U_2$$

2）并联电路中的总电流等于各支路电流之和，即

$$I = I_1 + I_2$$

3）并联电路总电阻的倒数等于各个电阻的倒数之和，所以“电阻越并越小”，即

$$1/R = 1/R_1 + 1/R_2$$

如果是两个相同的电阻器并联，总电阻等于分电阻的一半。

4. 电阻器故障的检查

如果电阻体断裂或烧焦，可以用肉眼看出。如果外观正常，根据电阻器上所标文字符号或色环读取其阻值，然后将目测值与万用表测量值进行比较，如果两者相差过大，说明电阻器已损坏。万用表测量电阻的方法和步骤如下：

（1）检测方法

选择合适的倍率（档位数），使指针尽可能地接近标度尺的几何中心，以提高测量精度。对于较小的电阻，检查时，应使用较小的电阻档位；对于较大的电阻，应使用较大的电阻档位，否则易造成判断错误。例如测量一个阻值为 10Ω 的电阻器，如果将万用表转到 R×1k 或 R×100 档，不论电阻是否变化，表头都将指向“0”，但如果用 R×1 档，就容易读数了。

在测试过程中，手不可以同时接触被测电阻器的两个脚，否则相当于并联了人体电阻，在测量大阻值电阻器时，会影响测试精度。

（2）读数

测量值为指示值乘以倍率。

例如：测某电阻器的指示值为 15，档位开关在 R×1k 档，该电阻器为 15kΩ。又如，测某电阻器的指示值为 15，档位在 R×10 档，该电阻器为 150Ω，如图 1-57 所示。

二、电容器

1. 电容器的外形、单位

电容器是一种能储存电能的元器件，图 1-58 所示为电容器的外形和电路符号，其文字符号用 *C* 表示。常用的单位有 F、μF、nF 和 pF。1F = 1000000μF，1μF = 1000nf，1μF = 1000000pF。

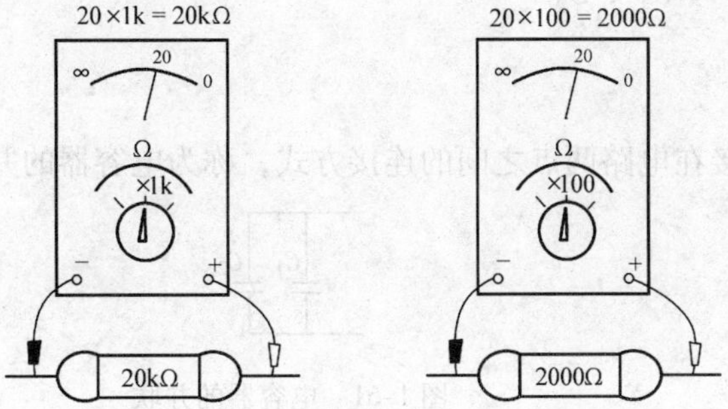

图 1-57　电阻器阻值的测量与读数实例

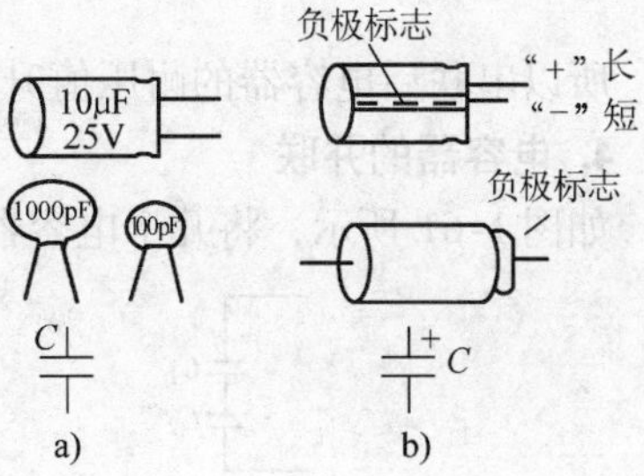

图 1-58　电容器的外形和电路符号

a）普通电容器　b）极性电容器

电容器的额定电压

电容器的额定电压也称电容器的耐压，它是表示电容器能长期安全工作的最高电压（单位为 V 和 kV），如果加在电容器上的电压超过其额定电压，电容器可能被击穿短路。所以工作中应使其额定电压大于工作电压并留有较大的余量，否则会造成电容器损坏。

2. 电容器的标注方法

（1）直标法

直标法是把电容器的电容量和耐压用数字和字母组合直接标注在电容器外壳上，如图 1-59 所示的第一只电容器采用的就是直标法。

（2）数字标注法

容量较小的电容器常用三位数字表示，其单位为 pF。用三位数字表示时，第一、二位数字为有效数字，表示容量值的有效数，第三位为倍率，表示有效数字后应加零的个数，如图 1-59 所示的后三只电容器采用的都是数字标注法。

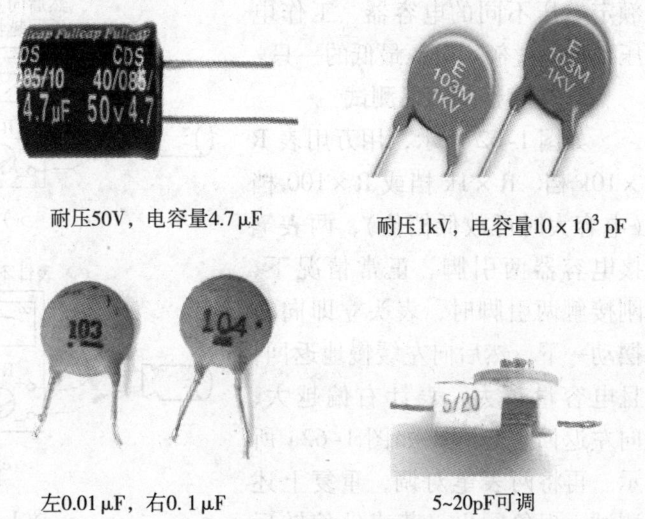

耐压50V，电容量4.7 μF　　耐压1kV，电容量10×10^3 pF

左0.01 μF，右0. 1 μF　　5~20pF可调

图 1-59　电容器的标注法实例

例如：120 表示电容量为 120pF，102 表示电容量为 10×10^2 pF $=0.001\mu F$，103 表示电容量为 10×10^3pF $=0.01\mu F$，104 表示电容量为 10×10^4pF $=0.1\mu F$，105 表示电容量为 10×10^5pF $=1\mu F$，5 ~20 表示此电容量在 5 ~20pF 之间连续可调等。

3. 电容器的串联

如图 1-60 所示，将几个电容器首尾相连且中间无分支的连接，称为电容器的串联。

电容器串联的特点如下：

1）电容器串联后，总容量的倒数等于各电容量倒数之和，即

$$1/C = 1/C_1 + 1/C_2$$

所以“电容越串越小”，这与电阻串联相反。

2）电容器串联后的额定电压，等于各电容器端电压之和，即

$$U = U_1 + U_2$$

所以串联后电容器的耐压值升高。

4. 电容器的并联

如图 1-61 所示，将几个电容器同时接在电路两点之间的连接方式，称为电容器的并联。

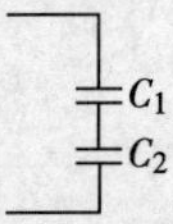

图 1-60　电容器的串联

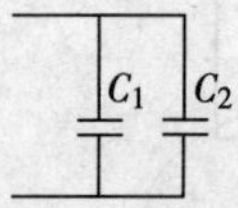

图 1-61　电容器的并联

电容器并联的特点如下：

1）电容器并联的总电容量增大，并等于各电容量之和，即

$$C = C_1 + C_2$$

所以“电容越并越大”，与电阻并联相反。

2）电容器并联时，每只电容器所承受的电压相等，并等于外加电压。也就是说电容器并联后，耐压值不变，所以几只额定电压不同的电容器，工作电压不应超过额定电压最低的一只。

5. 电容器的简易测试

如图 1-62 所示，用万用表 R ×10k 档、R ×1k 档或 R ×100 档（电容大时可放低档位），两表笔接电容器两引脚。正常情况下，刚接触两引脚时，表头立即向右摆动一下，然后向左缓慢地返回，且电容量越大，表针右偏越大，向左返回也越慢，如图 1-62a 所示。再将两表笔对调，重复上述测试，现象同上。若表针偏转后返回到某一较小的标度值，则表

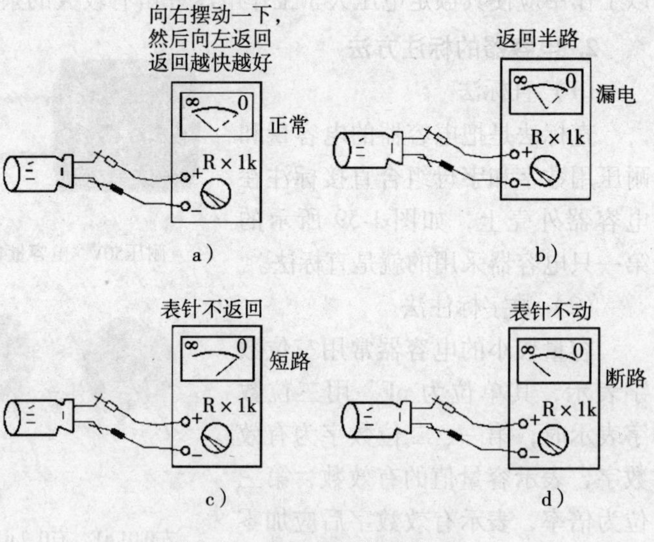

图 1-62　电容器的简易测试

a）正常　b）漏电　c）短路　d）断路

明此电容器漏电，如图 1-62b 所示。若表针向右偏转后不返回，一直指“0”，则表明电容器击穿短路，如图 1-62c 所示。若测量时表针不动，说明该电容器断路，如图 1-62d 所示。

增强记忆

可以通过口诀来记忆：正反测量表不动，电容内部有断路；正反测量都指零，电容内部有短路；返回越快越健康，返回半路有漏电。

对于容量小于 0.1μF 的电容器，用万用表只能测量它是否漏电或短路，当万用表指示无穷大才正常。如果不是无穷大，则表示漏电；如果指零，则表示短路。

三、电感器

1. 电感器的外形、单位及作用

（1）电感器的外形、单位

电感器又称电感或电感线圈，它是用漆包线绕在磁心或铁心上构成的，起通直流、阻交流的作用，是常用的电子元器件之一，其外形如图 1-63 所示。电感器的单位有：亨（H）、毫亨（mH）和微亨（μH），1H = 1000mH，1mH = 1000μH。

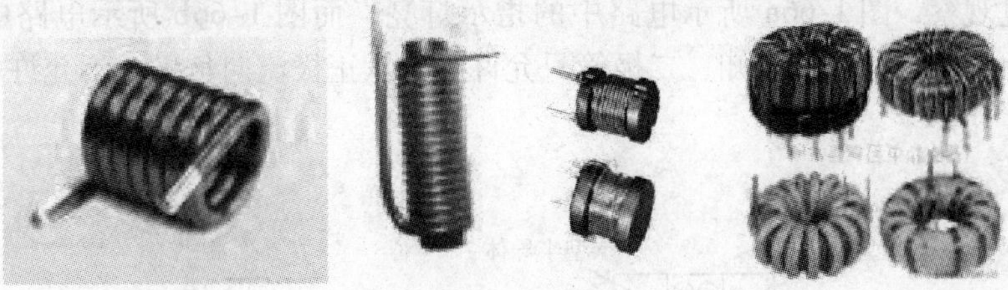

a）　　　　b）　　　　c）

图 1-63　电感器的外形

a）空心电感器　b）磁心电感器　c）环形电感器

（2）电感器的作用

1）滤波。电感器有通直流、阻交流的电特性，而电容器有隔直流、通交流的特性，如果将两者配合使用就可以构成滤波器，以滤除脉动直流中的交流成分。

2）与电容器构成谐振电路。电感器和电容器都是储能元件，如果将两者按一定关系连接起来，可构成谐振电路，用于选频或产生自激振荡。

3）利用电磁感应特性制成各种磁性元件，如磁头、电磁铁等。

知识链接

2. 电阻器、电容器、电感器对交、直流信号的阻碍作用（特性）比较

电阻器对交、直流电具有相同的阻碍作用；电容器有隔直流、通交流的特性；电感器有通直流、阻交流的特性，电感器的这一特性与电容器刚好相反。

3. 检查电感器

（1）检查外观

电感器绕线不应松散或变形，外皮不应有破皮，磁心应转动灵活但不应有破损、松动现象。

（2）检查电感器的电阻

如图 1-64 所示，将万用表置于合适的电阻档，两表笔分别测量电感器的两引脚，一般高频电感器的电阻为零至几欧；中频电感器的电阻为几十欧至几百欧；低频电感器的电阻为几百欧至几千欧。如果万用表表针不动，说明电感器开路。

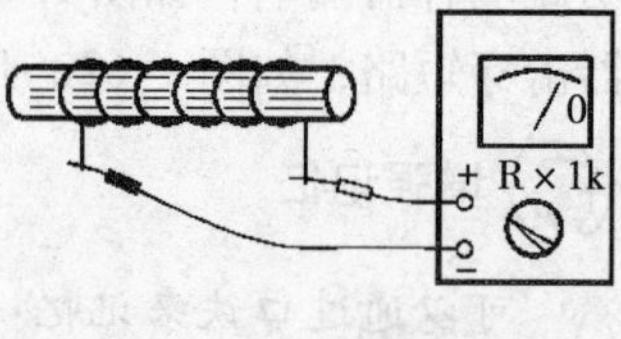

图 1-64　检查电感器的电阻

（3）检查电感器的绝缘

对于有铁心的电感器，用万用表 R × 10k 档测量电感器引出线与铁心间的电阻应为“∞”，否则表明所测电感器绝缘不良。

四、二极管

1. 二极管的结构及单向导电性

二极管是由一个 PN 结组成的，有两个电极，即二极管的正极和负极，其结构与图形符号如图 1-65 所示。

二极管最明显的特性就是它的单向导电特性，即二极管加正向电压时导通，有电流流过，加反向电压时截止，无电流流过。为了观察二极管的导电性能，可按图 1-66 所示的电路实验。通过观察，图 1-66a 所示电路中的指示灯亮，而图 1-66b 所示电路中的指示灯不亮。通过以上的实验和观察可知，二极管只允许电流从正极流向负极，不允许电流从负极流向正极。

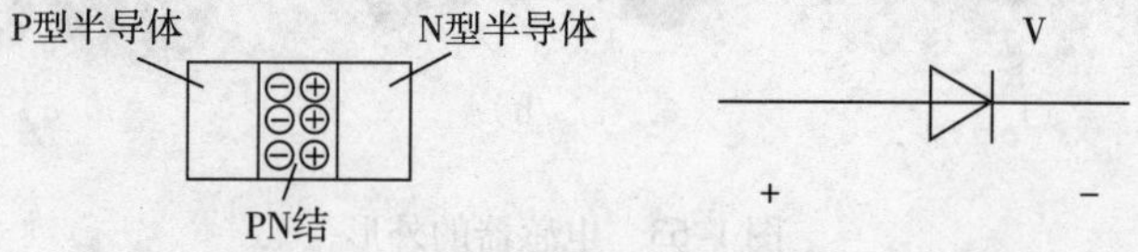

图 1-65　二极管的结构与图形符号

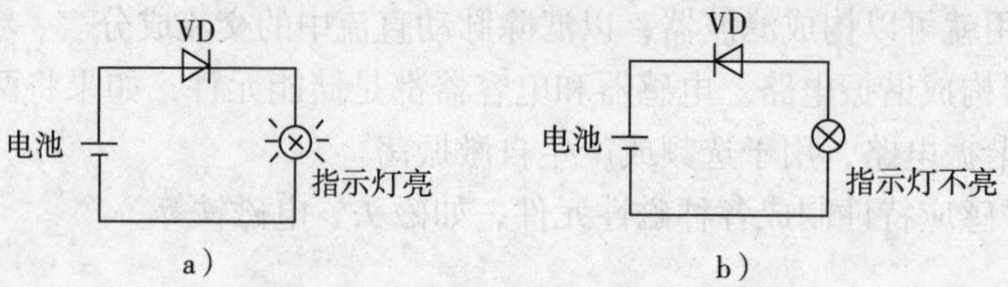

图 1-66　二极管的单向导电性试验

2. 常用二极管

按功能不同，二极管可分为检波二极管（普通二极管）、整流二极管、稳压二极管、发光二极管、光敏二极管等。按所用材料不同，二极管可分为锗二极管和硅二极管。硅二极管与锗二极管相比，硅二极管一般反向电流较小，正向压降较大，硅二极管在电源整流及电工设备中应用较多，锗二极管通常用于高频小信号检波电路。常用的二极管的外形及特点见表 1-4。

表 1-4　常用的二极管的外形及特点

名　称	图　示	特　点
整流二极管	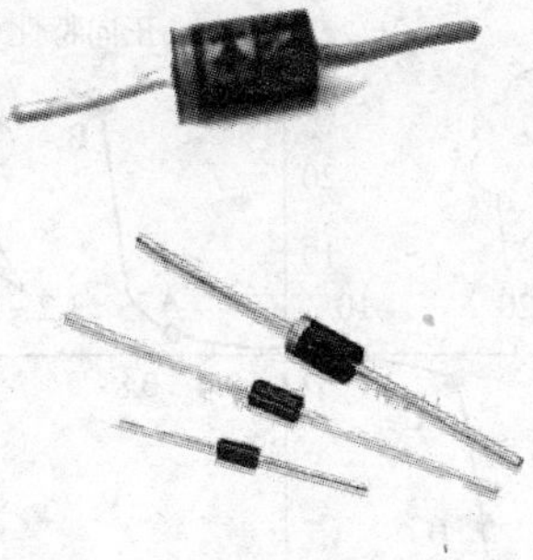	整流二极管主要用于各种电源设备中，其作用是将交流电变为脉动的直流电，以提供电路所需的直流电源。整流二极管按工作频率可分为高频整流二极管、低频整流二极管；按功率可分为大功率整流二极管、中功率整流二极管和小功率整流二极管。常用型号有1N、2CZ 系列
检波二极管	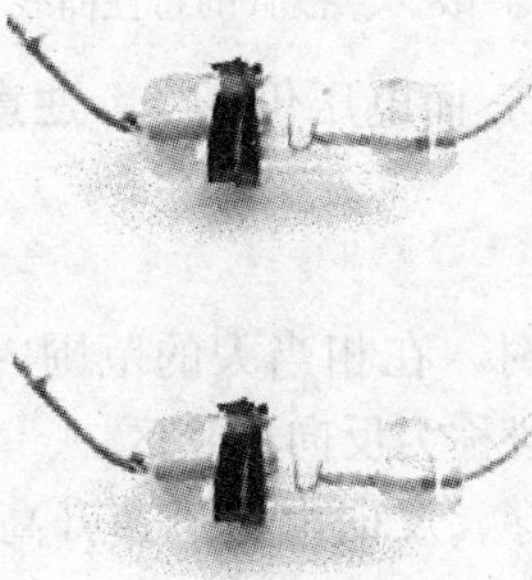	检波二极管一般是正向电阻小、反向电阻大、截止频率高的锗二极管，其作用是把已经完成运载音频信号任务的中频信号去掉，而把音频信号检取出来 常用的检波二极管有 2AP 系列，检波二极管广泛用于半导体收音机、电视机及通信等小信号电路中
发光二极管	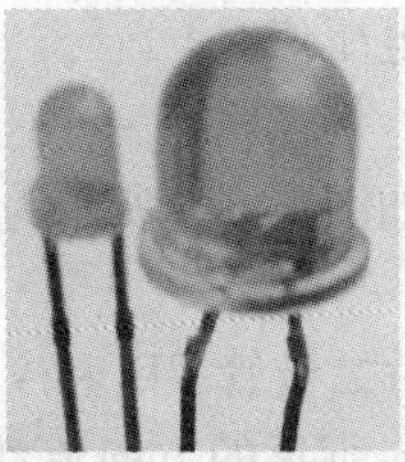	发光二极管是一种把电能转变成光能的半导体器件，它不但具有普通二极管的伏安特性，而且给管子施加合适的正向电压（其导通电压比普通二极管高，约 1.6～2V）管子还会发光。发光二极管有红色、黄色、蓝色、白色等，另外还有双色和变色发光二极管 发光二极管常用于各种指示电路，例如各种家电上的指示灯就是发光二极管
稳压二极管	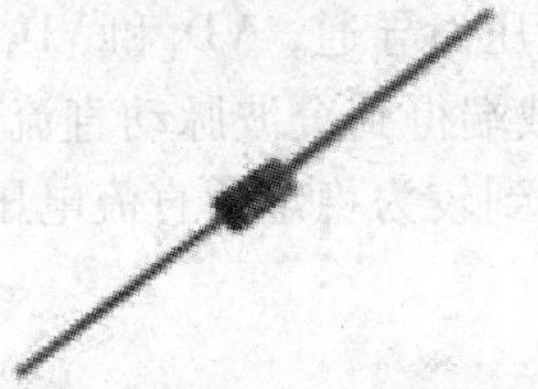	稳压二极管是一种特殊工艺制成的硅二极管，通常工作于特性曲线的反向击穿区，但只要反向电流不超过其最大工作电流，管子并不损坏，这是稳压二极管的重要特性，也是它与普通二极管的根本区别。使用时，应将稳压二极管反向并联在整流电路的输出端，即将其正极接直流电源的正极，负极接直流电源的负极
光敏二极管		光敏二极管通常工作在反向电压状态。其作用是将光信号转换为电信号，它的最大特点是对光敏感 光敏二极管有两端（如左图下面两个）和三端（如上面一个）两种形式。它的管壳上有一个透明的受光玻璃窗口（或受光面），入射光穿过此窗口照射到 PN 结上时，其内阻会发生改变。当没有光照时反向电阻很大，当有光照射时，反向电阻减小 光敏二极管常见的管型有 2CU 和 2DU 系列。光敏二极管广泛应用于光测量、光电自动控制

3. 二极管的特性曲线

二极管的特性曲线是反映二极管两端电压与流过二极管的电流对应关系的曲线，如图 1-67 所示。二极管怎样才能导通，怎样才能截止，都可以通过其特性曲线反映出来。

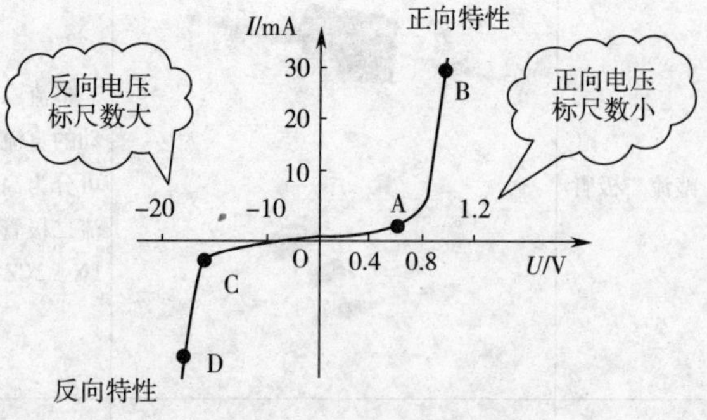

图 1-67　二极管的特性曲线

(1) 正向特性

正向特性曲线位于图中横轴的上侧。当外加正向电压较小时，二极管呈现的电阻较大，正向电流接近于零，如图 1-67 所示的 OA 段。当正向电压超过其死区电压（硅管 0.5 ~ 0.7V，锗管 0.2 ~ 0.3V）以后，二极管才能导通，如图 1-67 所示的 AB 段。二极管导通后，其电流在相当大的范围内变化，而电压仍不变。**注意：**二极管在正向工作时，正向电流不能超过允许值，以免烧坏管子。

(2) 反向特性

反向特性曲线位于横轴的下侧。二极管加反向电压时，在相当大的范围内，其电阻很大，只有很小的反向电流，如图 1-67 所示的 OC 段，此段称为反向截止区。

二极管的反向电压超过一定值时，就会使二极管击穿，反向电流迅速升高，如图 1-67 所示的 CD 段称为反向击穿区，C 点对应的电压即为反向击穿电压 U_{RM}。因此，要使用或替换的二极管，其反向击穿电压必须高于电路中可能出现的电压值。

4. 二极管构成的整流电路

利用二极管的单向导电性可把交流电转变为直流电，如图 1-68a 所示为常用的桥式整流电路。

其整流原理是：正半周时，A 端为正，B 端为负，这时二极管 VD_1 和 VD_3 承受正向电压而导通，VD_2 和 VD_4 承受反向电压而截止，电流按图 1-68b 所示的方向流动；负半周时，B 端为正，A 端为负，这时二极管 VD_2 和 VD_4 承受正向电压而导通，VD_1 和 VD_3 承受反向电压而截止，电流按图 1-68c 所示的方向流动。这样在负载端得到全波脉动直流电压，如图 1-68d 所示，此电压再经电容器 C 的充电与放电，就可得到较为稳定的直流电压，如图 1-68e 所示。图中变压器 TC 起降压、隔离作用。

5. 整流桥堆

整流桥堆实际上是由 4 只整流二极管按桥式整流电路的形式连接成后，用绝缘瓷、环氧树脂等外壳封装而成的，其作用是将交流电变为直流电。常用整流桥堆的外形如图 1-69 所示。从图中可以看出它有 4 个引出端，其中一个脚上标有“+”，它是正极输出端，另一个脚上标有“−”，它是负极输出端，剩下的两个引脚是交流输出端，交流端常标注 AC。

6. 二极管的简易测试

(1) 二极管极性的判别

通常二极管的正、负极在管子上用颜色标出，如螺栓形二极管螺栓端为正极，小型整流二极管负极的一端通常有一银白色的细线，有的将电路符号印在二极管上等，如图 1-70 所

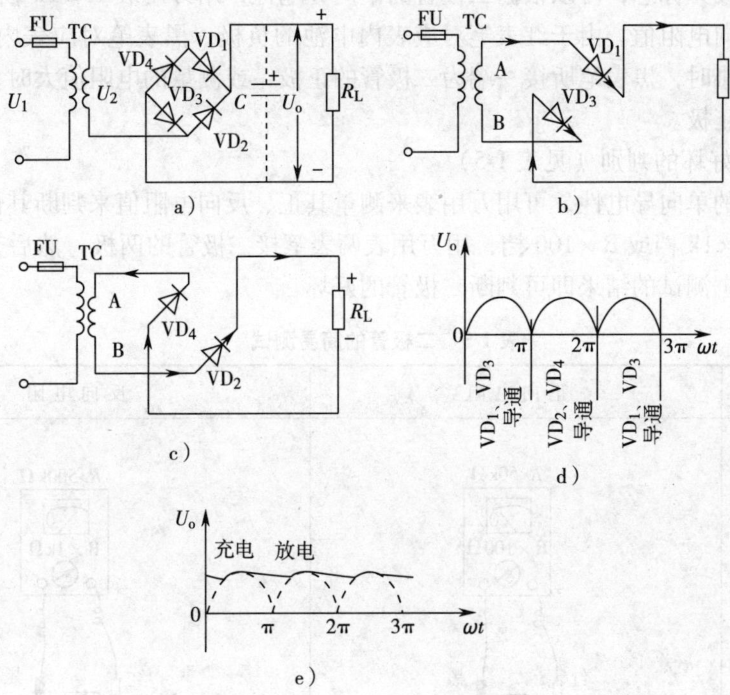

图 1-68　桥式整流电路及波形

a）桥式整流电路　b）二极管正半周情况　c）二极管负半周情况

d）整流后的波形图　e）电容器滤波后输出波形

图 1-69　整流桥堆的外形

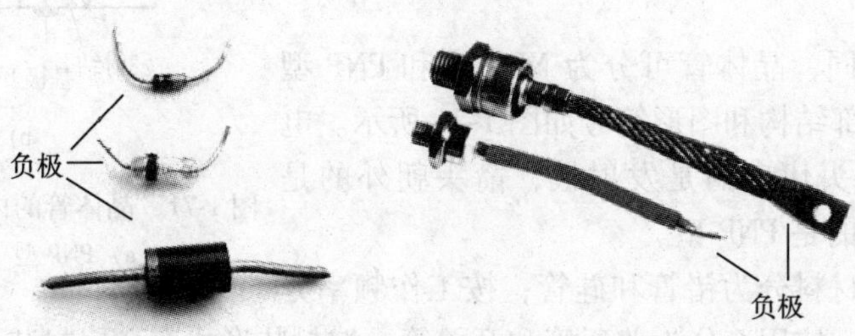

图 1-70　二极管极性标记

示。如标记不清或无标志，可以根据二极管的单向导电性，用万用表 R×1k 档或 R×100 档来测量其正、反向电阻值。由于红表笔对应表内电池的负极，黑表笔对应表内电池的正极，当测量的电阻值小时，黑表笔所接一端为二极管的正极，或测量的电阻值大时，红表笔所接一端为二极管的正极。

（2）二极管好坏的判别（见表 1-5）

根据二极管的单向导电性，可用万用表来测量其正、反向电阻值来判断其性能，测试时将万用表置于 R×1k 档或 R×100 档，用万用表两表笔接二极管的两极，然后交换两表笔再次测量一次，根据测试的结果即可判断二极管的好坏。

表 1-5　二极管的简易测试

测试项目	正向电阻	反向电阻
测试方法	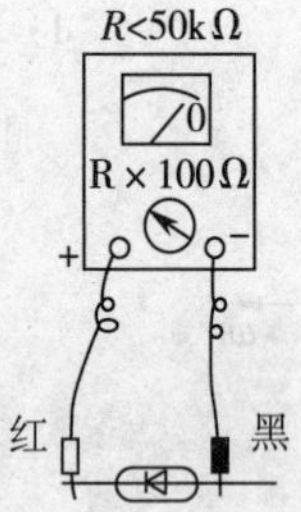	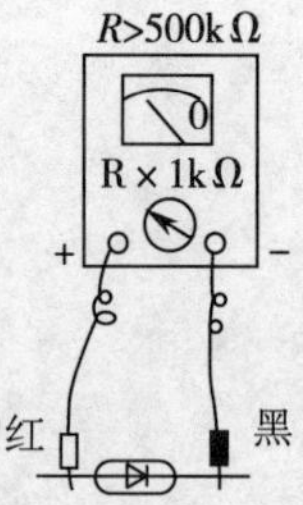
判断方法	如果正、反两次测量电阻值相差不大，表示二极管性能变差；如果两次测量的电阻值都很大或表针在“∞”处不动，表明二极管已断路；如果两次测量的电阻值都很小或电阻值接近于零，表明二极管已短路	

五、晶体管

1. 晶体管的结构及符号

晶体管俗称三极管，它的内部有发射区、基区和集电区 3 个区，从 3 个区分别引出发射极 e、基极 b 和集电极 c。在 3 个区的交界面形成两个 PN 结，在发射区与基区的交界处形成发射结，基区与集电区的交界处形成集电结。

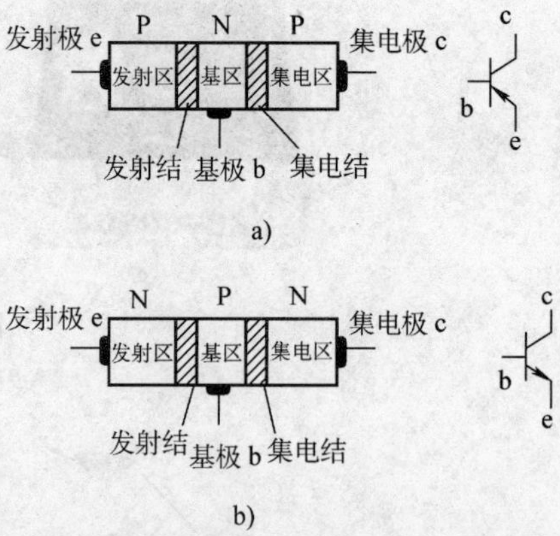

图 1-71　晶体管的内部结构和图形符号

a）PNP 型　b）NPN 型

按内部结构不同，晶体管可分为 NPN 型和 PNP 型两大类，它们的内部结构和图形符号如图 1-71 所示。电路符号中有一个箭头代表的是发射极，箭头朝外的是 NPN 型，箭头朝内的是 PNP 型。

晶体管按所用材料分为锗管和硅管；按工作频率分为低频管和高频管；按用途分为普通管和开关管；按封装形式有金属封装、塑料封装、玻璃壳封装、表面封装（贴片式）等。常用晶体管的外形及特点见表 1-6。

表 1-6　常用晶体管的外形及特点

名称及实物图	说　明
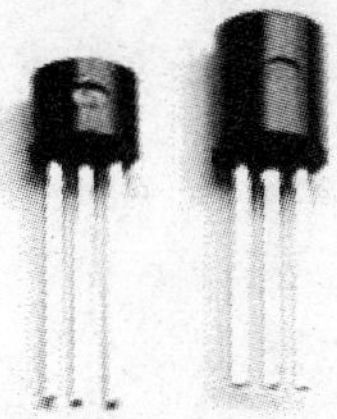 普通塑封小功率晶体管	小功率晶体管的外形很多，引脚分布也有多种。它是应用最多的一种晶体管，主要用于各种中、低频电压放大电路和各种自动控制电路中。常用的国产小功率晶体管有 3AX1 ~ 3AX15、3AX31、3BX31、3AX81、3AX83、3AX51 ~ 3AX55 等；常用的进口小功率晶体管有 2SB134、2SB135、2N2944 ~ 2N2946 等
 塑封大功率晶体管	塑封大功率晶体管大都工作在大电流状态，容易发热，所以它的背面有散热片，为增加散热效果，有时使用时还要加上一个散热器 一般晶体管体积越大，其功率也越大。常用的国产大功率晶体管有 3DD102、3DD14、3DD15、3AD30、3AD58 等；常用的进口大功率晶体管有 2SA670、2SB337、2SB686、2SD880 等
 金属封装大功率晶体管	一般的晶体管都有 3 个引脚，但金属封装大功率晶体管只有两个引脚，因为它的外壳是集电极，在管壳上开有两个孔，用来固定晶体管，且集电极的引线可以从固定管子的螺钉上引出。识别时底朝下，脚向上，距离两脚近些的孔在左侧（如下图所示），这时下面的一根是基极，上面是发射极
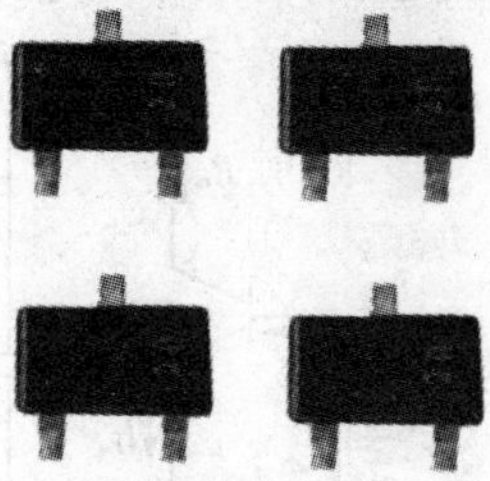 贴片晶体管	贴片晶体管上面的一个引脚是基极，下面的两个引脚是集电极和发射极。贴片晶体管和贴片电阻器、贴片电容器一样，贴装在印制电路板铜箔线路的一面
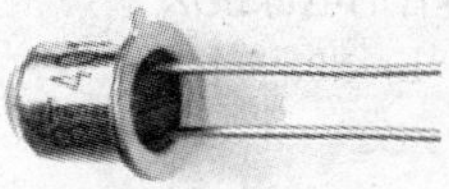 光敏晶体管	光敏晶体管是一种常用的光敏器件，有两个引脚和 3 个管脚之分。与普通晶体管不同，光敏晶体管不但有光电转换作用，还能对电信号进行放大。当无光照射时，处于截止状态，无电信号输出；当有光照射时，光敏晶体管导通 使用光敏晶体管时，除了管子实际运行时的电参数不能超限外，还应考虑入射光的强度是否恰当，光谱范围是否合适。因为过强的入射光将使管芯的温度上升，影响管子工作时的稳定性，不合光谱的入射光，将得不到所希望的光电流。例如：硅光敏晶体管的光谱响应范围为 0.4 ~ 1.1 mm 波长的光波，若用荧光灯作光源，结果就很不理想

2. 晶体管的特性曲线

晶体管的特性曲线是反映各电极电流和极间电压关系的曲线。常用的共发射极接法的特性曲线如图 1-72 所示。

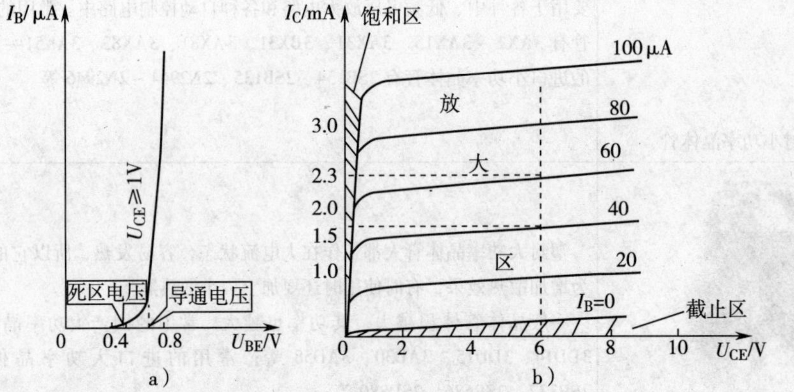

图 1-72 晶体管的特性曲线

a）输入特性曲线 b）输出特性曲线

（1）输入特性曲线

晶体管的输入特性曲线是反映晶体管输入回路中基极电流 I_B 与基极-发射极电压 U_{BE} 之间关系的曲线，如图 1-72a 所示。由图可以看出，在输入电压 U_{BE} 较小时，基极电流 I_B 几乎为零。只有当 U_{BE} 大于死区电压（对硅管约为 0.5V，锗管约为 0.2V）时才有基极电流 I_B。

（2）晶体管的输出特性

晶体管的输出特性曲线分为放大区、截止区、饱和区，如图 1-72b 所示。

1）放大区。要使晶体管起放大作用，其工作电源的接法是：晶体管的发射结加正向电压；集电结加反向电压。从电位上来分析，PNP 型晶体管 3 个电极的电位要求是：$U_E > U_B > U_C$，即发射极的电位比基极高，基极的电位比集电极高；NPN 型晶体管的电位则恰好相反。晶体管的电源接法如图 1-73 所示。

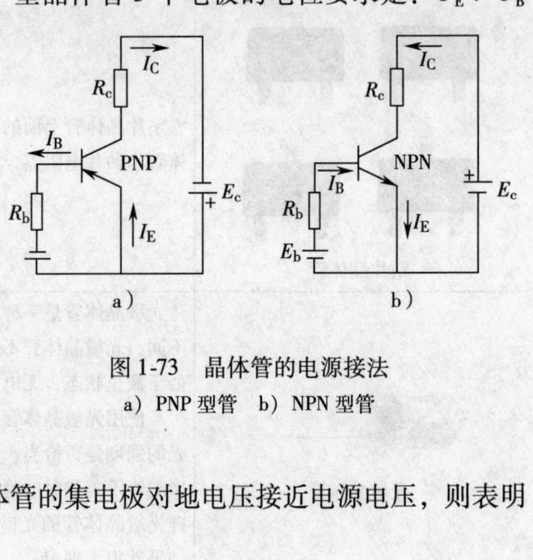

图 1-73 晶体管的电源接法

a）PNP 型管 b）NPN 型管

处于放大区的晶体管，集电极电流和基极电流成正比，即 $I_C=\beta I_B$。式中 β 为晶体管的电流放大倍数。基极电流 I_B 很小的变化，就会引起集电极电流 I_C 和发射极电流 I_E 的变化，这就是晶体管的放大作用。

2）截止区。截止区是输出特性 $I_B=0$ 曲线以下的区域，在该区域晶体管工作在截止状态，$I_B=0$，I_C 很小。此时晶体管的集电极-发射极间呈高阻，相当于开关断开。若测得晶体管的集电极对地电压接近电源电压，则表明晶体管处于截止状态。

3）饱和区。在输出特性曲线左侧，I_C接近于直线上升的区域，晶体管工作于饱和状态，在此区，集电极电流 I_C和基极电流 I_B不成正比关系，I_B的变化对 I_C的影响较小，晶体管失去电流放大作用。处于截止区的晶体管，集电极-发射极间呈低阻，相当于开关闭合。若测得晶体管的集电极对地电压接近于零，则表明管子处于饱和状态。

3. 晶体管的电流分配关系

基极电流 I_B与集电极电流 I_C之和等于发射极电流 I_E，即 $I_E = I_B + I_C$

集电极电流 I_C约等于发射极电流 I_E，而基极电流很小，即 $I_C \approx I_E \geqslant I_B$

4. 晶体管的简易测试

晶体管电极和管型的判别方法见表 1-7，晶体管性能的判别方法见表 1-8。

表 1-7 晶体管电极和管型的判别方法

测试项目		测试方法	说明
管型和基极的判别	PNP 型	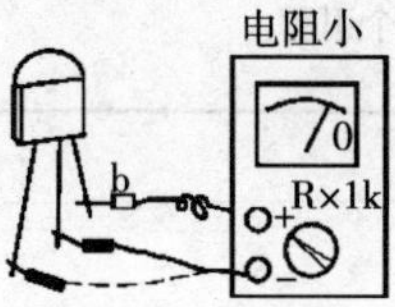	可把晶体管看作两个二极管来分析。即将万用表置于 R×100 档或 R×1k 档（下同），红表笔接晶体管的某一引脚，黑表笔分别接晶体管的另外两个引脚，测得三组（每组两次）读数，若其中一组两个电阻值都很小时，则此晶体管为 PNP 型，红表笔所接引脚为基极 b
	NPN 型	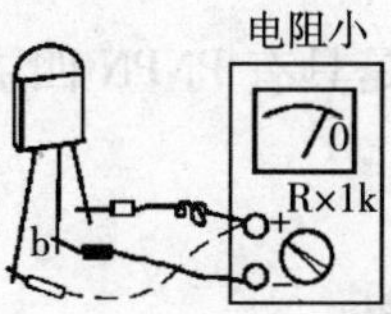	方法同上，但以黑表笔为准，用红表笔分别接另外两引脚，若其中一组两次测出的电阻值都较小时，则此晶体管为 NPN 型，黑表笔所接为基极 b
锗管和硅管的判别		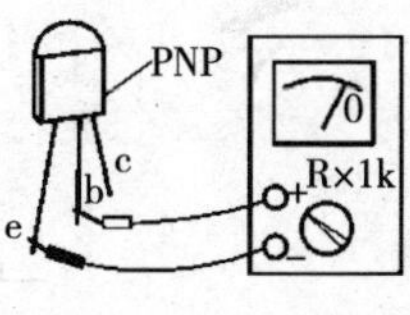	测量 b-e 结正向电阻可区分锗管和硅管。对于 PNP 型管，红表笔接基极 b，黑表笔接发射极 c，若测得的电阻在 5～10kΩ，则被测管为硅管；若测得的电阻为几百欧以内，则被测管为锗管。对于 NPN 型管，黑表笔接基极 b，红表笔接发射极 e，判断方法同 PNP 型管
集电极和发射极的判别		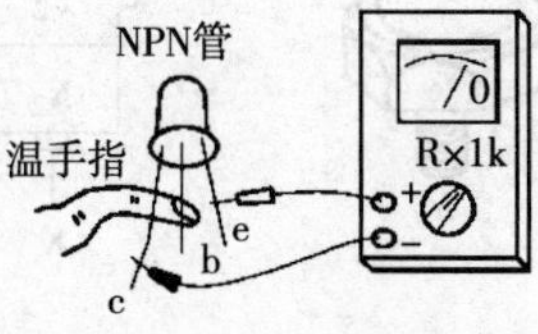	将两表笔分别接基极以外的两个电极，比较用手指捏住基极与另一引脚和松开基极与另一引脚两种情况下所测的电阻值。对于 PNP 型管，电阻值较小的那次，红表笔所接为集电极；对于 NPN 型管，阻值小的那次，黑表笔所接为集电极

表 1-8　晶体管性能的判别方法

测试项目	测试方法	说　明
好坏的判别	测量晶体管两个 PN 结是否正常，大致判断晶体管是否损坏	在测量基极 b 与发射极 e 间的电阻时，如果正、反两次测量值都很小，表明 b-e 短路；如果正、反两次测量值都很大，说明 b-e 开路；同法可以测量基极 b 和集电极 c 间的电阻来判断 b-c 结的好坏；由于 c-e 间不是一个 PN 结，正、反两次的电阻值都应很大，否则说明晶体管损坏。**注意**：万用表的工作电源与晶体管在电路中的工作电源有很大差别，有些晶体管在冷态或低电压下测试时是好的，但在热态或额定电压下测量性能就变差了
放大倍数 β	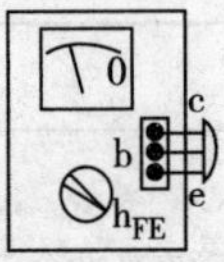	判断出基极和管型后，将万用表置于 β 或 h_{FE} 档，将晶体管各引脚插入与管型标记一致的插座中（b 脚插准，另两个脚先插入一次，交换位置再测一次），两次测量中读数大的一次（晶体管处于放大状态值）即为 β 值，也可使用此法判断晶体管的 3 个引脚

六、晶闸管

常用的晶闸管有单向晶闸管、双向晶闸管。

1. 单向晶闸管

（1）外形及结构

单向晶闸管的外形及结构如图 1-74 所示，它是具有 PNPN 四层半导体结构的开关器件，有 3 个 PN 结和阳极 A、阴极 K 和门极（控制极）G3 个电极。

（2）单向晶闸管的工作特性

单向晶闸管具有可控的单向导电性。如图 1-75 所示的电路中，只有图 1-75a 所示的晶闸管正向导通，灯泡点亮，另两种接法，晶闸管都不导通。

1）正向导通特性。晶闸管加上正向电压，且门极有足够大电流，晶闸管会在较低的正向阳极电压下导通，如图 1-75a 所示。

2）正向阻断特性。当门极无触发电压时，晶闸管虽有正向阳极电压，但不能导通，灯泡不亮，这时的晶闸管处于正向阻断状态，如图 1-75b 所示。

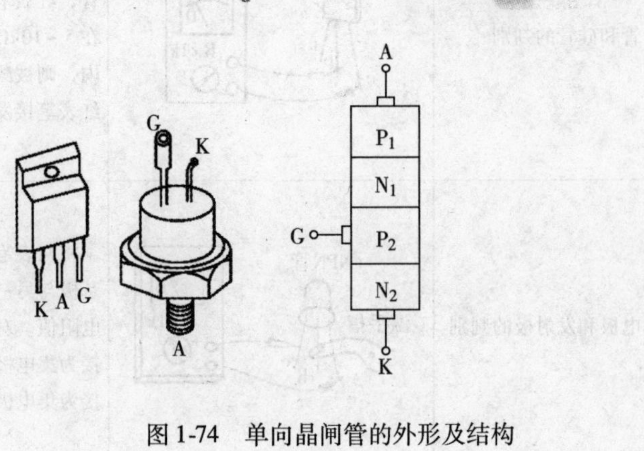

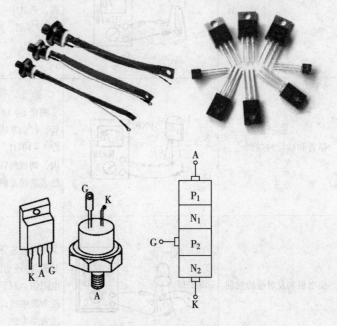

图 1-74　单向晶闸管的外形及结构

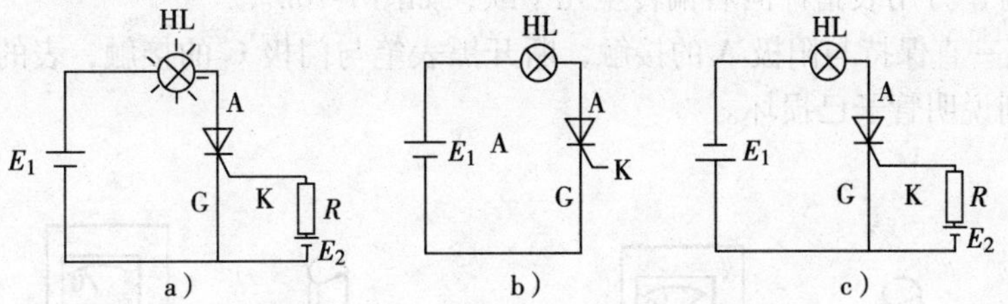

图 1-75　单向晶闸管的工作特性

a）正向导通　b）正向阻断　c）反向阻断

3）反向阻断特性。当晶闸管两端加反向电压时，即使控制极有触发电压，晶闸管也不会导通，灯泡不亮，晶闸管处于反向阻断状态，如图 1-75c 所示。

（3）单向晶闸管通、断转化条件

通过前面的分析我们知道，晶闸管的通、断工作状态是随着阳极电压、阳极电流和控制极电流等条件相互转化的，具体见表 1-9。

表 1-9　单向晶闸管通、断转化条件

从断到通条件	维持导通条件	从通到断条件
1）阳极电位高于阴极电位 2）控制极有足够的正向电压和电流	1）阳极电位比阴极电位高 2）阳极电流大于维持电流	1）阳极电流小于维持电流 2）阳极电位比阴极电位低
以上两条件应同时具备	以上两条件应同时具备	具备以上两条件的其中一个

2. 双向晶闸管

双向晶闸管是具有 NPNPN 五层结构的半导体器件，相当于一对反向并联的单向晶闸管，它也有 3 个电极，即门极 G 和两个主电极 T_1、T_2，其外形同单向晶闸管相似。双向晶闸管可控制双向导通电流，它的两个主电极无论加正向电压还是反向电压，其控制极的触发信号无论是正向还是反向，晶闸管都能触发导通。

双向晶闸管由导通转为截止的条件是：将 T_1、T_2 间的电压降低到不足以维持导通，或 T_1、T_2 间电压改变的同时，又失去触发电压。

3. 晶闸管的测试

（1）单向小功率晶闸管的简易测试

1）判断晶闸管的极性。由于单向晶闸管的 G-K 极间是一个 PN 结，而其他极间不是一个 PN 结，分别测量各极间的正、反向电阻，只有一次测量的阻值最小，表针指向几十欧，而其他极间的电阻又很大，则表明该晶闸管基本是好的。所测电阻最小时，黑表笔所接为晶闸管的门极 G，红表笔所接为晶闸管的阴极 K，剩下的电极为晶闸管的阳极 A。

2）导通性能的测试。对于小功率晶闸管（一般不超过 10A），可按图 1-76 所示的步骤测试。

① 将万用表置于 R×10 档，黑表笔接阳极 A，红表笔接阴极 K，此时表针指示“∞”，如图 1-76a。

② 用黑表笔在不断开阳极的情况下，将 A、G 短接（相当于给晶闸管的门极加一触发电压），正常时，万用表指针向右偏转至几十欧，如图 1-76b。

③ 黑表笔一直保持与阳极 A 的接触，断开黑表笔与门极 G 的接触，表的指示不变，如图 1-76c，否则说明管子已损坏。

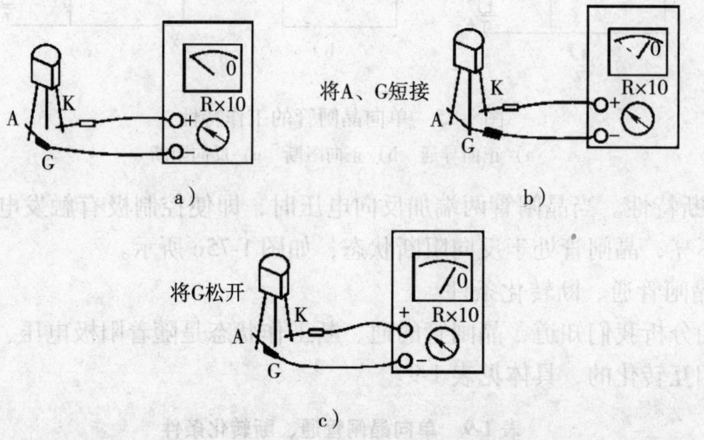

图 1-76　单向小功率晶闸管导通性能的测试

(2) 单向大功率晶闸管的测试

由于大功率单向晶闸管通态压降较大，一般的万用表不能提供管子导通所需的电流，所以可在万用表外加串 1 ~2 节 1.5V 的干电池（注意电池极性），其检测步骤同单向小功率晶闸管，如图 1-77 所示（图中只画出了第一步）。

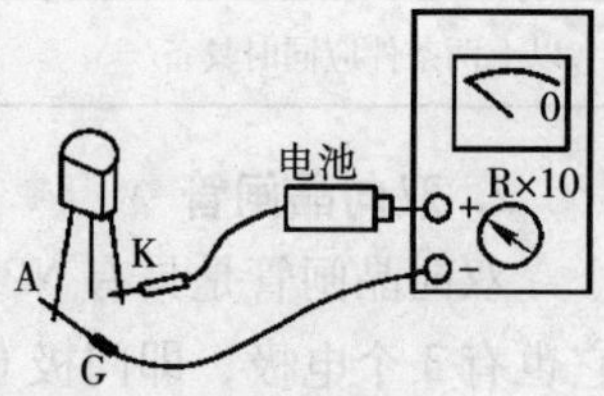

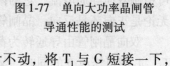

图 1-77　单向大功率晶闸管导通性能的测试

(3) 双向小功率晶闸管的简易测试

1) 查出 T_2 极。双向晶闸管 T_1 与 G 极间的正、反向电阻都很小，用万用表的 R×1 档分别测双向晶闸管的 3 个引脚，当某两个脚为几十欧时，剩下的引脚即是 T_2 极。

2) 测出 T_1 和 G 极并判断晶闸管的好坏。用万用表红表笔接 T_2，黑表笔接剩下的一个引脚（设为 T_1），此时万用表指针不动，将 T_1 与 G 短接一下，如果万用表指针向右摆动并保持在几十欧，说明假设正确，同时也说明此晶闸管是好的，否则可能是假设错误或晶闸管已损坏。

(4) 双向大功率晶闸管的简易测试

较大功率的双向晶闸管，可用万用表外串电池来检测，其检测方法同双向小功率晶闸管。

七、常用三端稳压器

1. 三端固定式输出稳压器

常用的三端固定式输出稳压器有 W78 和 W79 系列，常用固定式三端稳压器的型号及主要参数见表 1-10。

表 1-10 常用固定式三端稳压器的型号及主要参数

型号	输出电压/V	输入电压/V	最小输入电压/V	最大输入电压/V	最大输出电流/A
W7805	5	10	7	35	1.5
W7806	6	11	8		
W7809	9	14	11		
W7812	12	19	15		
W7815	15	23	18		
W7824	24	32	27	40	
W7905	−5	−10	−7	−35	
W7906	−6	−11	−8		
W7909	−9V	−14	−11		
W7912	−12	−19	−15		
W7915	−15	−23	−18		
W7924	−24	−32	−27	−40	

两个系列的稳压器都有 3 个接线端，即输入端、公共端和输出端，但两个系列的稳压器的接法不同。W78 系列是正电压输出，通常是在整流滤波电路之后接上三端稳压器，正输入电压接在①脚，接地端（负极）接②脚，正输出电压从③脚输出；而 W79 系列是负电压输出，负输入电压接在②脚，接地端接在①脚，负输出电压从③脚输出。图 1-78 所示为 W78 和 W79 系列稳压器的外形及电路符号，图 1-79 所示为 W7812 和 W7912 系列稳压器的接线图。

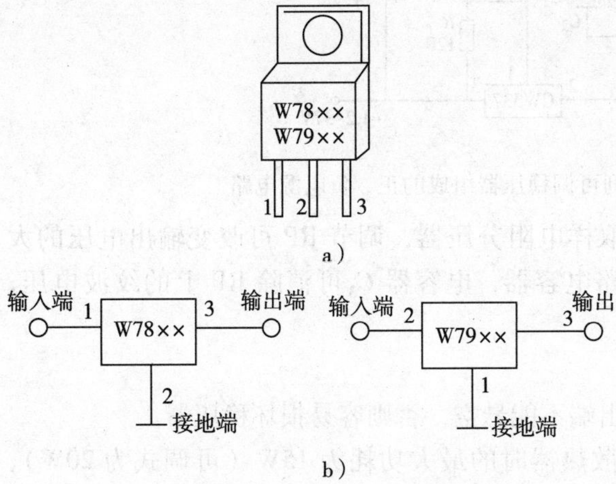

图 1-78 W78 和 W79 系列稳压器的外形及电路符号

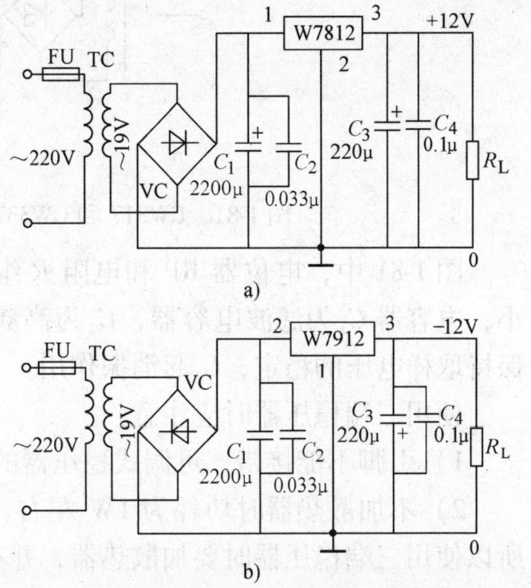

图 1-79 W7812 和 W7912 系列稳压器的接线图

a）W7812 稳压器接法 b）W7912 稳压器接法

图 1-79 中，C_1为整流后的滤波电容器；C_2为防止高频旁路电容器，以防高频干扰；C_3是为缓冲负载突变，改善暂态响应；C_4为输出电容器，以改善暂态响应，并有消振作用。

2. 可调式三端稳压器

可调式三端稳压器也有正电压输出（如 CW117、CW217、CW317 等）和负电压输出（如 CW137、CW237、CW337 等）两类，所不同的是它们的输出电压在一定范围内（1.2～37V）可调，输出电流可达 1.5A，且保护功能更全。图 1-80 所示为可调式三端稳压器的外形及电路符号，图 1-81 所示为 CW317 和 CW337 系列可调稳压器组成的正、负电源电路（只用正电源时可取上半部分，只用负电源时取下半部分）。

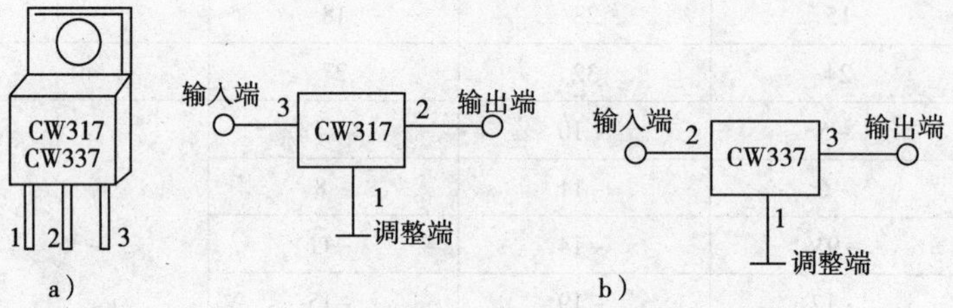

图 1-80　可调式三端稳压器的外形及电路符号

a）外形　b）电路符号

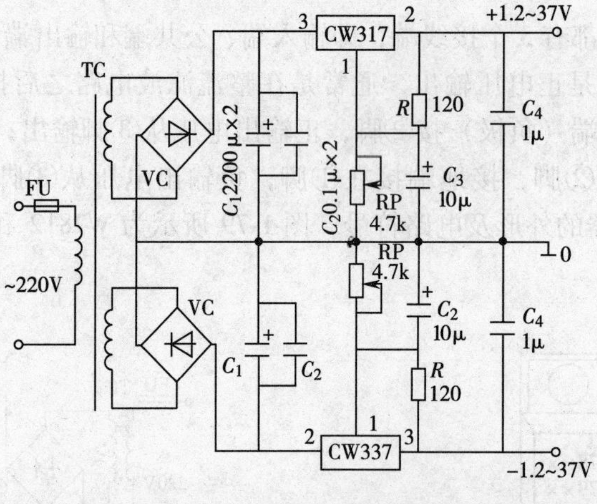

图 1-81　CW317 和 CW337 系列可调稳压器组成的正、负电源电路

图 1-81 中，电位器 RP 和电阻 R 组成取样电阻分压器，调节 RP 可改变输出电压的大小，电容器 C_1为滤波电容器，C_2为高频旁路电容器，电容器 C_3可消除 RP 上的纹波电压，保持取样电压的稳定，C_4起消振作用。

使用三端稳压器时应注意：

1）引脚不能接错，可调式稳压器的输出端不能悬空，否则容易损坏稳压器。

2）不加散热器时功耗为 1W 左右，加散热器时的最大功耗为 15W（可调式为 20W），所以使用三端稳压器时要加散热器，并在散热器上加硅脂，以降低热阻。

3. 三端稳压器的简易测试

（1）三端固定稳压器的检测

1）断电测量。对 W78 和 W79 系列三端稳压器，在不通电时，用万用表 R×100 档分别测量其输入、输出端的正、反向电阻值，正常时阻值相差在几千欧以上；若阻值接近或全为零，则说明稳压器已损坏。

2）通电试验。如图 1-82 所示，在三端稳压器的输入端加上工作电压，带上正常负载（有些三端稳压器空载时正常，但稍加负载即不稳压），若输出电压不是稳压器的标称输出电压，则此稳压器损坏。

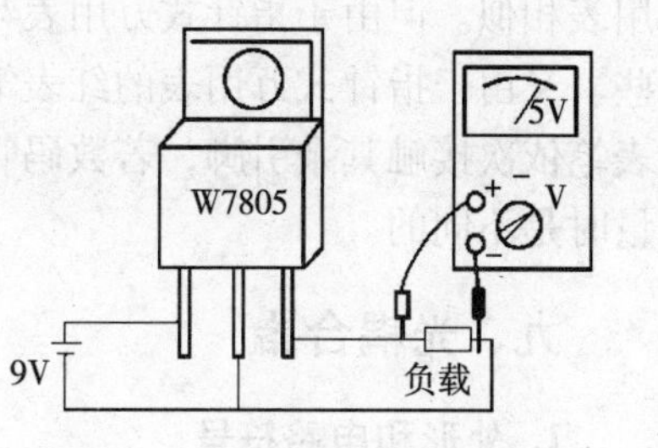

图 1-82　三端固定稳压器的测试

（2）三端可调集成稳压器的检测

1）断电测量。用万用表分别测量各脚之间的正、反向电阻值，与正常稳压器相比较。例如，正常时 LM317 输入端与输出端的正、反向电阻值为几欧，如果电阻值为“0”或为“∞”，则表示稳压器损坏。

2）通电试验。按图 1-81 所示电路接线（只测正稳压器时可取上半部分，只测负稳压器时只取下半部分），带上正常负载，调节电位器，其输出电压应在正常范围内可调。

八、数码管

1. 数码管的外形及内部结构

数码管是常用的数字显示器件，图 1-83 所示为常用数码管的外形。马路上的红绿灯时间指示牌、银行的储蓄利率指示牌用的都是数码管。

数码管由 a、b、c、d、e、f、g 七段数字笔划组成，h 表示小数点，有共阴极（阴极接电源的负极）和共阳极（阳极接电源的正极）之分。共阴极数码引脚排列如图 1-84 所示。

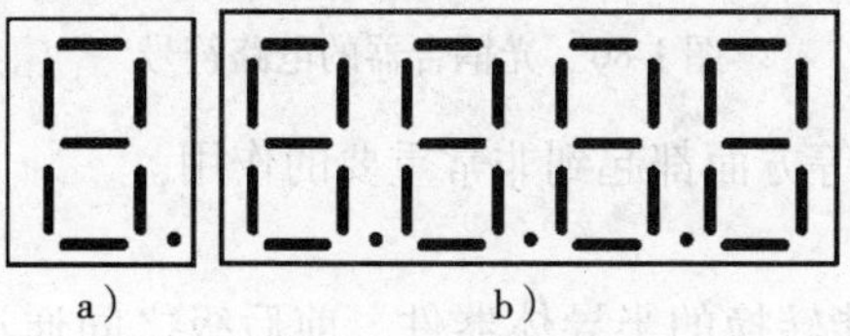

图 1-83　常用数码管的外形
a）单个数码管　b）组合数码管

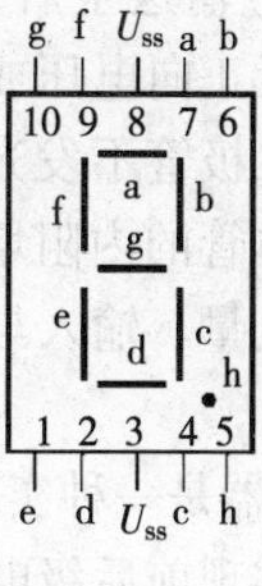

图 1-84　共阴极数码管的引脚排列

2. 数码管的测试方法

（1）数字万用表检查

1）判断共阴与共阳。将数字万用表置于“·))) ⊣⊢”档，将黑表笔（表内电池的负极）接公共端，红表笔接其余任一引脚，若数码管亮，表明被测数码管是共阴的，否则可将两表笔交换，若数码管亮，则表明数码管为共阳的。

2）判断数码管的好坏。知道了数码管是共阴、共阳后，若为共阴管，应将数字万用表的黑表笔接其公共端，红表笔依次点触其余引脚，若各段分别显示出所对应的数码笔划，表明数码管是好的；若发光较暗，表明数码管发光效率低或已老化；若某段不亮，则表明数码管已局部损坏。

（2）用指针式万用表检查

将万用表置于 R×10k 档（R×10k 档所用工作电池为 9V，其他档的工作电池为 1.5V，而数码管的工作电压高于 1.5V，所以只能用 R×10k 档检测数码管），其判断方法同数字万用表相似。但由于指针式万用表与数字万用表的内部结构不同，测量时，数码管发光效率低些。又由于指针式万用表的红表笔与表内电池的负极相连，所以如果红表笔接公共端时，黑表笔依次接触其余引脚，若数码管亮，表明所测数码管是共阴的，这一点与用数字万用表测量时是不同的。

九、光耦合器

1. 外形和电路符号

光耦合器简称光耦，其内部由发光二极管和光敏器件（包括光敏晶体管、场效应晶体管、光控晶闸管等）两个相互独立的部分组成，图 1-85 所示为光耦合器的外形，图 1-86 所示为光耦合器的电路符号。

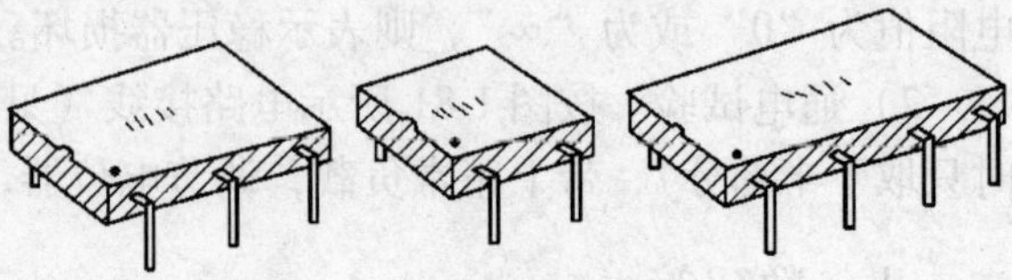

图 1-85　光耦合器的外形

2. 原理、作用和特点

(1) 原理与作用

光敏晶体管的导通与截止是由发光二极管所加电压来控制的。当发光二极管加正向电压时，发光二极管将输入的电信号转换为光信号，该光信号照射在光敏晶体管上，导致光敏晶体管内阻减小而导通，又还原为电信号输送至后级电路。反之，当发光二极管无正向电压或所加正向电压很小时，发光二极管不发光或发光强度减弱，使光敏晶体管的内阻增大而截止。所以其在控制、测量、输入与输出信号回路的隔离等方面都起到非常重要的作用。

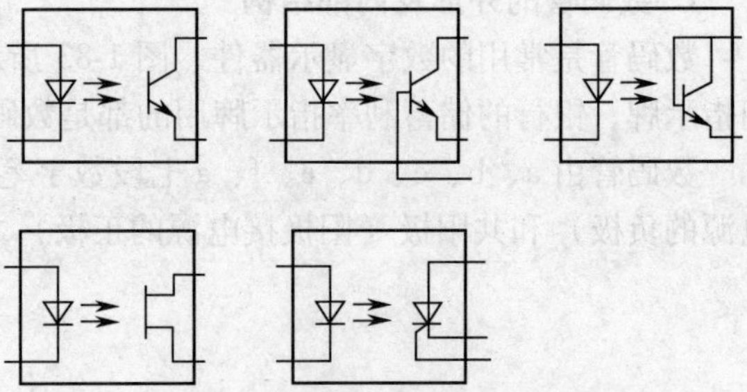

图 1-86　光耦合器的电路符号

(2) 特点

1）光耦合器是一种实现从电能→光能→电能转换的半导体器件，前后级之间通过光来传输，所以可实现前后级电路电的隔离。

2）信号只能单向传输，响应速度快，工作稳定可靠，寿命长，无接触振动，但有电气噪声等问题。

3）光耦合器既可以传输直流信号又可以传输交流信号，所以在自动控制、测量、输入与输出信号回路的隔离等电路中都有广泛应用。

3. 检测

由于光耦合器中发光二极管与光敏晶体管是相互独立的两部分，因此可以分别测量检查。

(1) 检测输入部分

如图 1-87 所示，用万用表 R ×1k 档或 R ×100 档测量光耦合器输入端的正、反向电阻值，正常时其正向电阻值为 1.5 ~2kΩ，反向电阻值为无穷大，表明输入端是好的。如果正、反向电阻值接近，说明发光二极管性能欠佳或已损坏。

(2) 检测输出部分

在输入端悬空时，测其输出端的正、反向电阻值，正常时均应接近无穷大（一次大些，

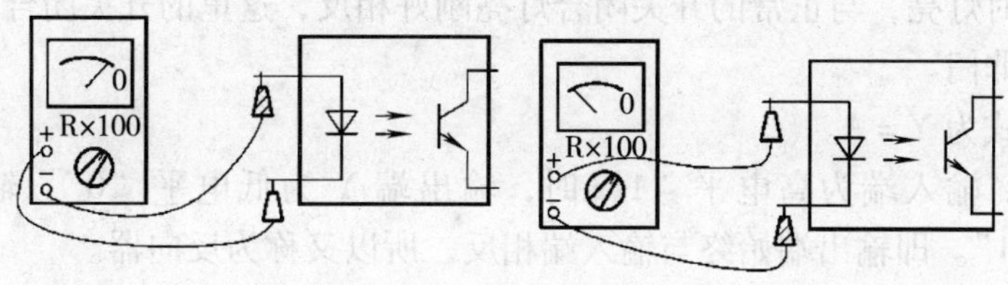

图 1-87　光耦合器输入部分的检测

一次小一些）。

十、逻辑门电路

逻辑门电路是指能够实现各种基本逻辑关系的开关电路，它的输出端与输入端之间的关系不是放大关系，而是一种逻辑关系。当输入端满足一定条件时，门电路便允许信号通过，否则就不允许信号通过。

在逻辑电路中，常用高、低电平（只有这两种电平）表示其逻辑关系，高电平（3～5V）用“1”表示，低电平（0～0.4V）用“0”表示。它可以具有一个或多个输入端，而输出端只有一个。

基本的门电路包括与门、或门、非门。另外还常由基本逻辑门电路组成多种复合逻辑门，如与非门、或非门等。

1. 与门电路

如图 1-88 所示的电路中，当开关 A、B 同时接通时，灯泡发光，若其中任一个开关断开，灯泡熄灭，这里开关 A、B 闭合与灯亮的关系就是逻辑与，简称与门。

其逻辑表达式为：$Y = AB$

与门有两个输入端时为二输入与门，有 3 个输入端为三输入与门。只有当所有输入端均为高电平“1”时，输出端 Y 才为高电平“1”，否则输出端变为低电平“0”。

2. 或门电路

如图 1-89 所示的电路中，当开关 A、B 中的任一个接通时，灯泡发光，只有当所有的开关都断开时，灯泡才熄灭。这种开关闭合与灯亮的关系称为逻辑或，简称或门。

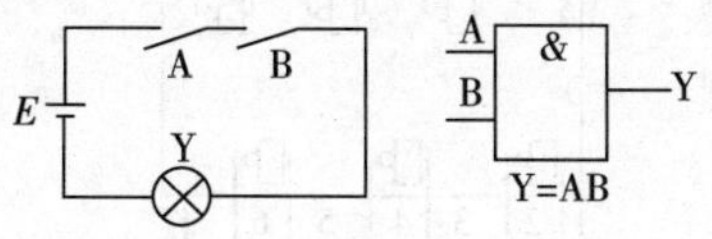

图 1-88　与门示意图及电路符号

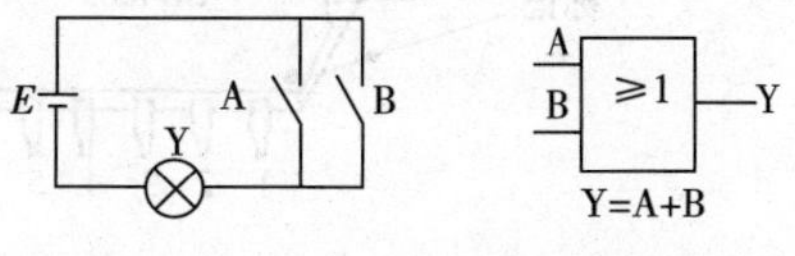

图 1-89　或门示意图及电路符号

其逻辑表达式为 $Y = A + B$

或门电路中，只要输入端 A、B 中任一个为高电平“1”，输出端 Y 就为高电平“1”，只有所有输入端均为低电平“0”时，Y 才为“0”。即有“1”出“1”，全“0”出“0”。

3. 非门

如图 1-90 所示，开关与灯泡串联，开关闭合时

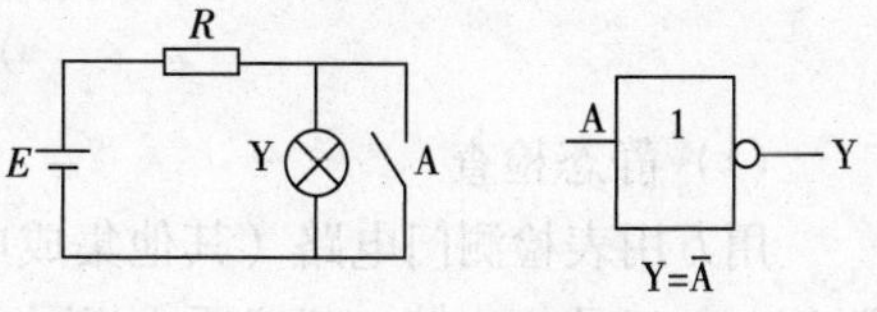

图 1-90　非门示意图及电路符号

灯暗，开关断开时灯亮，与正常的开关闭合灯亮刚好相反，这里的开关闭合与灯灭的关系称为逻辑非，简称非门。

其逻辑表达式为 $Y=\overline{A}$。

非门电路中，输入端为高电平"1"时，输出端 Y 为低电平"0"；输入端为低电平"0"时，Y 为"1"。即输出端始终与输入端相反，所以又称为反向器。

4. 与非门

与非门的电路符号如图 1-91 所示。其逻辑表达式为 $Y=\overline{AB}$。与非门相当于在与门后串联非门，即输入信号经过与门后再经过非门（"与后再非"），所以说只有当 A、B 均为"1"时，输出端才为"0"，否则 Y 为"1"，即有"0"出"1"，全"1"为"0"。

5. 或非门

或非门的电路符号如图 1-92 所示。其逻辑关系为 $Y=\overline{A+B}$。或非门相当于在或门后串联非门，即输入信号经过或门后再经过非门（"或了再非"），所以只要 A、B 中任一个为"1"时，输出端即为"0"，所有输入端均为"0"，Y 才为"1"，即有"1"出"0"，全"0"为"1"。

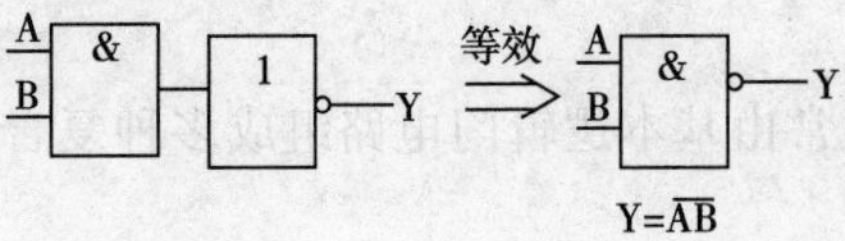

图 1-91　与非门电路符号

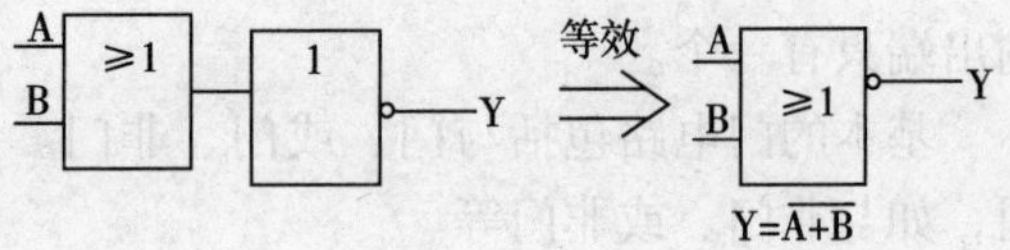

图 1-92　或非门电路符号

6. 门电路的检查方法

图 1-93a 所示为六反向器（非门）CD4069 的引脚排列图（其他扁平封装双列直插式集成电路引脚排列顺序也是如此，即面对集成电路印有型号的一面，从有标记端的左侧第 1 脚起逆时针依次为 1、2、3……，直到最后一个引脚）。图 1-93b 所示为其逻辑图。

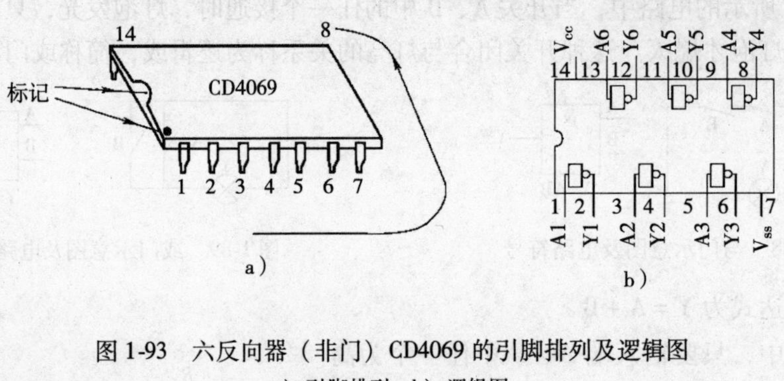

图 1-93　六反向器（非门）CD4069 的引脚排列及逻辑图

a）引脚排列　b）逻辑图

（1）静态检查

用万用表检测门电路（其他集成电路也可采用）各引脚与接地引脚之间的正、反向电阻值，与正品相比较。若接近或相同，可认为是好的；若相差较大，可以确定被测门电路已损坏。

（2）通电检查

在电源正常时，通过测量其输入端与输出端的逻辑电位关系（其他数字集成电路也可根据其输入引脚与输出引脚之间的逻辑关系）来检查。

若测量 CD4069 第一组反向器的输入端①脚为高电位，则对应的输出端②脚必为低电位，同理若测量第二组反向器的输出端④脚为高电位，则可推断其输入端③脚为低电位，否则表明此组反向器已损坏（但并不影响其他组的正常使用）。

又如，三与门电路的 3 个输入端都为高电位，测量其输出端则必为高电位，否则说明三与门电路已损坏。

第二章

交流电路及照明电路

第一节　电路及其工作状态

一、电路

所谓电路，简单地说就是电流流通的路径，其作用是进行电能的传输和转换，或是实现信号的传递和处理。一个完整的电路是由电源、负载、开关、导线等元器件按照一定方式组合而成的，这些元器件按照功能不同可分成电源、负载和中间环节3个部分，其中电源是提供电能的设备，是电路工作的能源，电池、发电机都是电源；负载是用电器，是电路中的主要耗电器件，它将电源提供的电能转化为我们所需要的其他形式的能量。灯泡、电动机等都是用电器。中间环节是指电源与负载之间的部分，包括连接导线、开关器件和保护电路等。图2-1所示就是照明电路，交流电源是~220V电源，灯泡是负载，开关、导线就是中间连接控制部分。当开关S闭合时，照明灯EL点，当开关S断开时，灯泡熄灭。

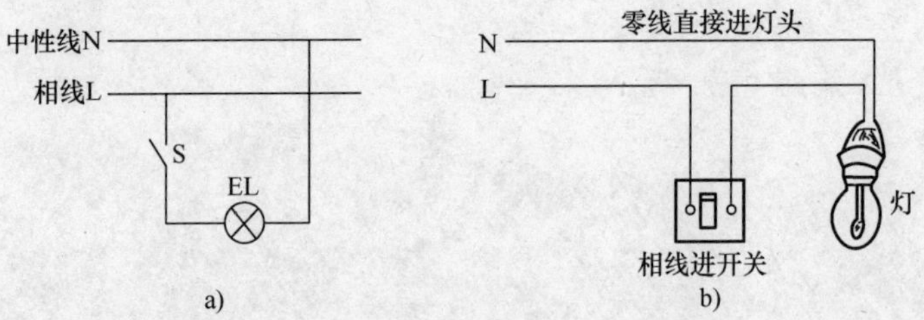

图2-1　照明电路

a）原理图　b）实物图

二、电路的工作状态

电路的工作状态见表2-1。

表2-1　电路的工作状态

工作状态	解　说
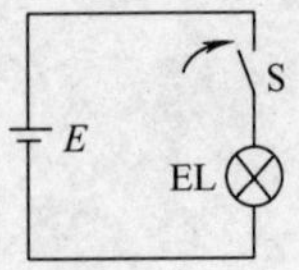 通路	通路是指电路各部分连接成闭合回路，有电流通过负载，图中的灯泡EL能正常发光，通路是电路的正常工作状态

（续）

工作状态	解　说
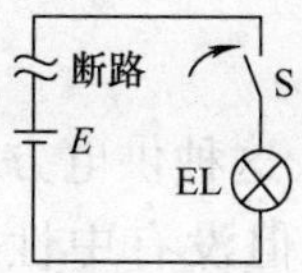 断路	断路又称为开路，是指全部电路或部分电路无电流流过而停止工作，这种现象包括元器件本身的引线断开、虚焊或漏焊等。出现断路故障时，即使开关 S 闭合，灯泡 EL 也不能正常工作
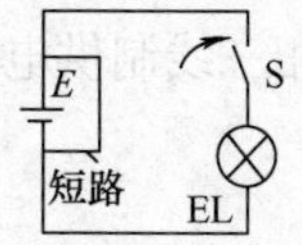 短路	电路中的电流不流经耗能元器件，直接从电源的一端通过导线流至电源的另一端，短路时电流要比正常时大许多倍，可能造成电源或其他元器件损坏，例如照明电路导线烧坏、电视机变压器烧坏就是常见的短路故障。为了防止短路电流烧毁电源线和变压器，通常在电路中安装熔断器或其他自动保护装置
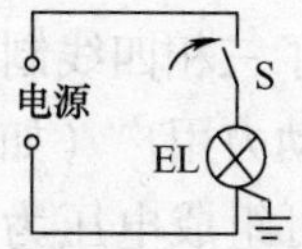 接地	这里所说的接地是指电路或电气设备的非正常接地，例如灯座的引脚接触金属外壳、导线绝缘损坏等都是接地故障
接触不良	接触不良是指电路中的开关、导线接头、接插件等不是可靠接触，而是似断非断，一会儿接触上了，一会儿又接触不上了，这种现象称为接触不良。例如照明电路一会儿灯灭了，一会儿灯又亮了，这说明照明电路存在接触不良故障

第二节　交流电的基本知识

大小与方向均随时间作周期性变化的电流（电压、电动势）叫交流电。交流电的变化规律按正弦函数变化的称为正弦交流电。工程上用的一般都是正弦交流电，工作在交流电下的电路称为交流电路。

一、三相交流电路

三相交流发电机发出的三相交流电是对称的三相交流电，即频率相等、振幅相同，但在相位上互差 120°。图 2-2 所示为对称三相交流电动势的波形图和矢量图。

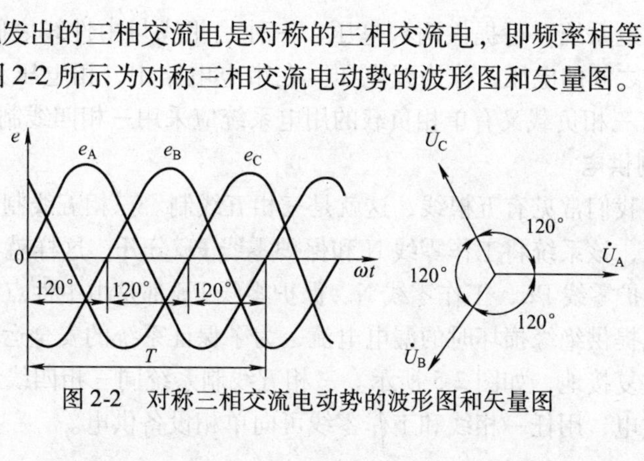

图 2-2　对称三相交流电动势的波形图和矢量图

二、三相电源的供电方式

三相交流电的供电方式有两种，即三相三线制供电和三相四线制供电。

1. 三相三线制供电

如图 2-3 所示，以三条相线向负载供电的方式，称为三相三线制供电。这种供电方式的配电变压器的中性点不接地，在配电变压器低压侧有三条相线引出，但没有中性线（零线）。三相三线制供电，只能提供线电压，只能向三相用电器供电，不能向单向用户供电。

三相三线制适用于高压配电系统，如变电所、高压三相电动机等都用三相三线制供电。

低压三相三线制供电方式如图 2-3 所示。

2. 三相四线制供电

三相四线制供电是最常用的低压电路的供电方式，这种供电方式的配电变压器的绕组接成Y形，三相绕组相连的尾端即形成了Y形联结的中性点，且中性点直接接地，由中性点引出的电源线就是我们常说的中性线。由中性线和三条相线向负载供电就构成了三相四线制供电，如图 2-4 所示。三相四线制供电可以从干线上分支引出三条相线向三相动力用户（如三相电动机）供电；也可以分支引出单相 ~220V 电源，每根相线和中性线均可组成电压为 ~220V 的单相电源，向单相负载（如照明、单相电动机等）供电。为使三相负载对称，单相负载应尽可能均匀地分配在三相电路中。

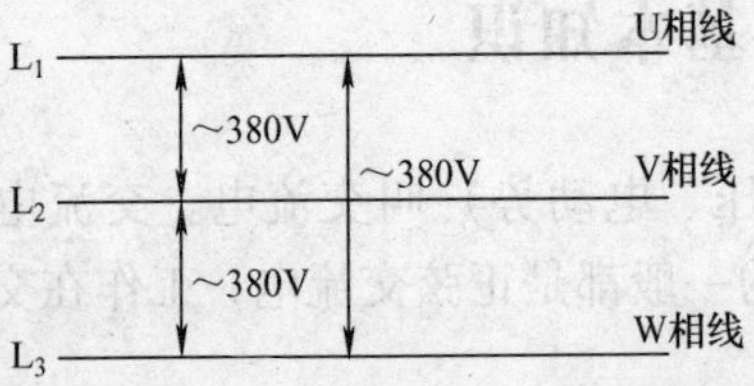

图 2-3　低压三相三线制供电方式

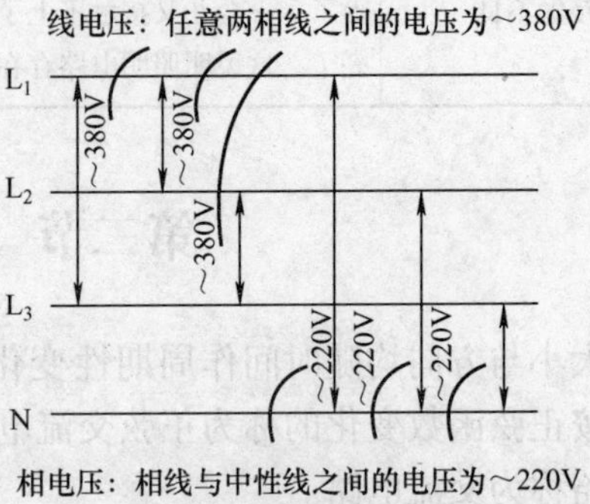

图 2-4　低压三相四线制供电方式

三相四线制供电系统，可提供两种电压，一种是相线与中性线之间的电压，称为相电压；另一种是相线之间的电压，称为线电压。在市电电路中，相电压为 ~220V，线电压为 ~380V。对于既有三相负载又有单相负载的用电系统应采用三相四线制的供电方式。

3. 三相五线制供电

在单元楼中，我们常见有五根线，这就是三相五线制。三相五线制是低压配电系统最安全的一种供电方式，该系统将工作零线 N 和保护零线 PE 分开，这样就有三根相线、一根工作零线 N、一根保护零线 PE，工作零线 N、保护零线 PE 都是由中性点引出，中性线通过工作电流，保护零线提供绝缘损坏时的漏电电流，为了保证系统的安全运行，中性线和保护零线在规定地点应重复接地，如图 2-5 所示。三相五线制系统同三相四线制系统一样可用三条相线为三相设备供电，用任一相线和工作零线可向单相设备供电。

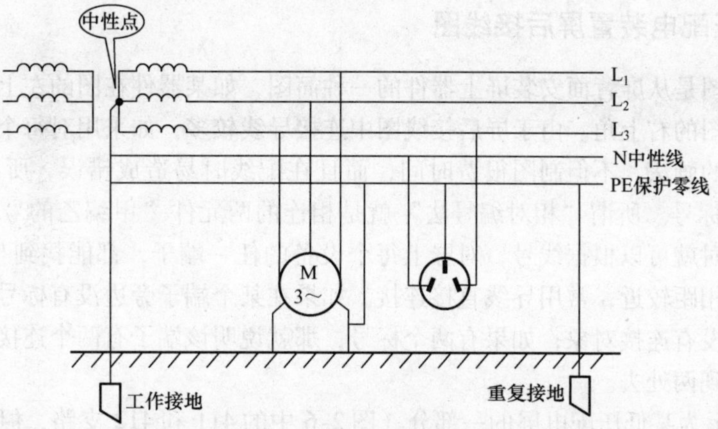

图 2-5 三相五线制供电

第三节 低压配电装置的识图

一、低压配电装置系统图

电能从电源变压器经供电干线传来后，需要向各支路进行分配，这就要通过低压配电装置来完成。怎样识读低压配电装置系统图呢?

下面我们介绍一下低压配电装置系统图的识图方法。

图 2-6 所示是某低压配电装置的系统图。图中在一竖线上画三条斜线，是一种单线表示三相电路的常用方法。

1. 看电源进线

电源经变压器 T 降压后向低压电路供电。低压干线由刀开关 QS 的上接线端引入，经熔断器 FU、电流互感器 TA 至 0.4kV 母线。刀开关主要起电气隔离作用，以保证断开时有足够的安全距离，熔断器 FU 作总短路保护，互感器组 TA 用于总电能计量。

2. 看母线下侧的各支路

411 支路是经支路刀开关 1QS、熔断器 1FU 向支路供电的；与 411 支路相似，412 支路是经 2QS、熔断器 2FU 向后级负载供电的；413 支路无熔断器而是用断路器作电路的短路保护；414 支路中的电容器组 *C* 为低压配电装置的无功分散补偿电路，白炽灯 HL 是电容器组 *C* 的放电装置，电容器组的投切和短路保护采用刀熔开关 3QS。在各支路中都有计量互感器。

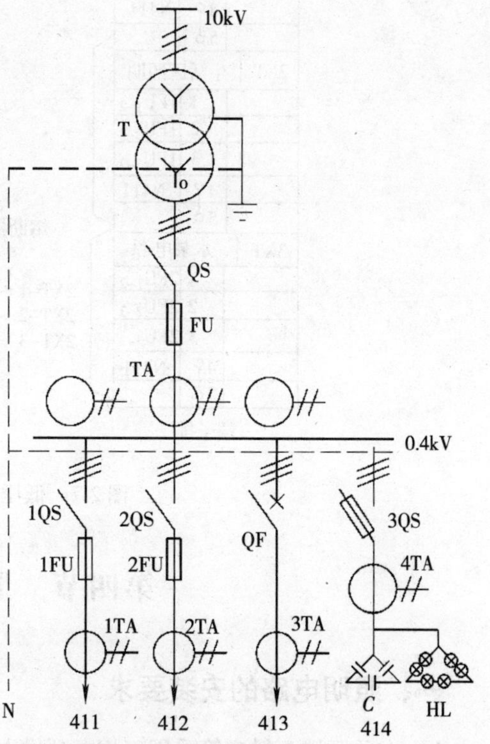

图 2-6 低压配电装置系统图

二、低压配电装置屏后接线图

屏后接线图是从屏背面安装屏上器件的一种简图，如某器件在图的左上角，从屏的正面看时此器件在图的右上角。由于屏后接线图中连接导线较多，如采用对每个连接导线都用线条直接连起来的画法，不但制图很费时间，而且在配线时易造成错误，所以常采用“相对编号法”进行标号。所谓“相对编号法”就是相连的两元件“甲编乙的号，乙编甲的号”。这样，在配线时就可以根据线号，对屏上每个设备的任一端子，都能找到与它连接的对象，但如果两元件相距较近，常用导线直接连接。如果在某个端子旁边没有标号，那就说明该端子是空着的，没有连接对象；如果有两个标号，那就说明该端子有两个连接对象，配线时应用两根导线接到两处去。

图 2-7 所示为某低压配电屏的一部分（图 2-6 中的 411 和 412 支路，但去掉了电流互感器），结合系统图和接线图可以看出，1XT 端子接到开关 1QS 和 2QS 的进线端。其中，1QS 的出线接在 1FU 的进线端上，1FU 的出线端又引至 2XT 端子，供生活区照明；2QS 的出线接在 2FU 的进线端上，2FU 的出线端又引至 3XT 端子，供水泵电源。

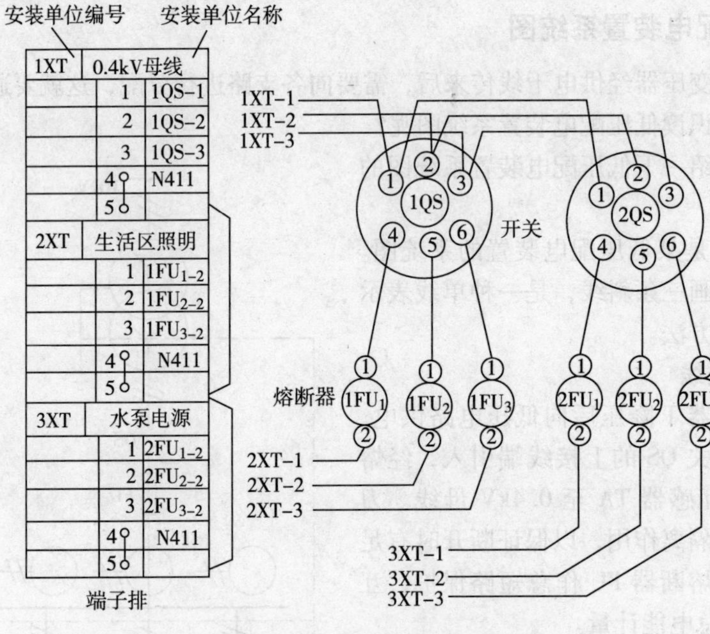

图 2-7 低压配电装置屏后接线图

第四节 照明电路的安装

一、照明电路的安装要求

1）在单元楼、村庄等采用三相电源供电的场所，应使三相负载分配均匀，分支电路以最短为宜。除医院手术室等特殊场所外，同一室内的照明电路必须由同一电源供电，以防发生事故。

2）照明电路的功率应满足电路负载的要求；截面积应满足导线的机械强度和允许的载

流量的要求，固定敷设的绝缘铜线不小于1.0mm^2，铝线不小于2.5mm^2；绝缘导线的耐压水平应在500V以上，耐压为250V的胶质线或花线，只能用作吊灯导线，不能用于布线。

3）室内布线分为明装和暗装。明装一般采用护套线，导线沿建筑物的墙壁、天花板等表面敷设；暗装是将导线经PVC管或钢管在地面、楼板中敷设。

4）一般场所，可采用塑料护套管布线；在易触到的场所，应采用线管布线；在高洁净场所，导线不宜采用明敷设，宜采用暗敷设，插座不用时，应能自动盖住插孔。

5）在潮湿、腐蚀、易燃、易爆的场所，禁止采用明线敷设，应根据不同场所来定。潮湿场所，为提高其绝缘水平，最好用瓷瓶布线。在腐蚀场所，宜采用单芯绝缘铜线暗装于硬塑料管内，采用钢管时应涂防腐油漆。在易爆危险场所，最好采用钢管布线，接线盒也应采用隔爆型，导线宜采用铠装电缆。在建筑物顶棚内，严禁采用瓷（塑料）夹板、瓷柱（包括鼓形绝缘子及针式绝缘子）布线。在易燃场所，宜采用钢管或电线管布线，导线应采用不延燃性护套的绝缘导线，如采用电缆，应采用不延燃性外护层的电缆。

6）导线应“横平竖直”，自由成形，尽可能减少转角或弯曲，转角越多，穿线走线越困难。暗装导线穿过楼板时，应将导线穿入钢管或硬塑料管内保护，导线不准有接头；明装导线尽量避免接头，必用接头时，应采用焊接，并包以绝缘。当导线须穿墙时，应加装保护管，并使保护管两端伸出墙面20~30mm，以防止导线与墙壁磨损而漏电。

7）水平敷设，距地面的高度低于2m时，应穿管布线；垂直敷设，距地面高度低于1.8m时，也应穿管布线。

8）导线要与冷热水管、暖气管等保持规定距离，如果它们之间的距离过近，应做好隔热处理。

9）照明装置的金属外壳、构架、金属管等应按规定可靠接地。

二、导线的连接及绝缘修复

1. 导线的连接

在敷设电路或接线时，时常会遇到导线连接的问题，例如导线长度不够或需要分接支路时，就要把导线与导线连接起来，在导线进入电器时也要与接线端子连接。导线接头应按规定的方式连接起来，接头的机械强度不应小于导线机械强度的80%，其绝缘强度应与原导线一样。

1）单芯导线的连接，应先把绝缘层剥去5~10mm，然后根据需要，按一字接法、丁字接法等进行连接，如图2-8所示。

2）软线与单芯导线的连接如图2-9所示。

3）多芯导线的连接如图2-10所示。

2. 导线与接线桩的连接

导线与接线桩的连接形式有螺钉平压式和针孔式。线心截面较小（一般不超过4mm^2）的导线，可与接线桩直接连接，连接时应注意以下几点：

单股小截面导线与平压式接线桩连接时，应把线头弯成比螺钉直径稍大的圆圈，弯曲的方向应与螺钉拧紧的方向一致，如图2-11a所示；多股导线与平压式接线桩连接时，应先将线头绞紧后，按螺钉拧紧的方向绕一圈，并在根部再绕一圈，以保证连接牢固，如图2-11b所示。多股芯线的线头，应绞紧后再与针孔式接线桩连接，镀锡后再连接更好；芯线直径太

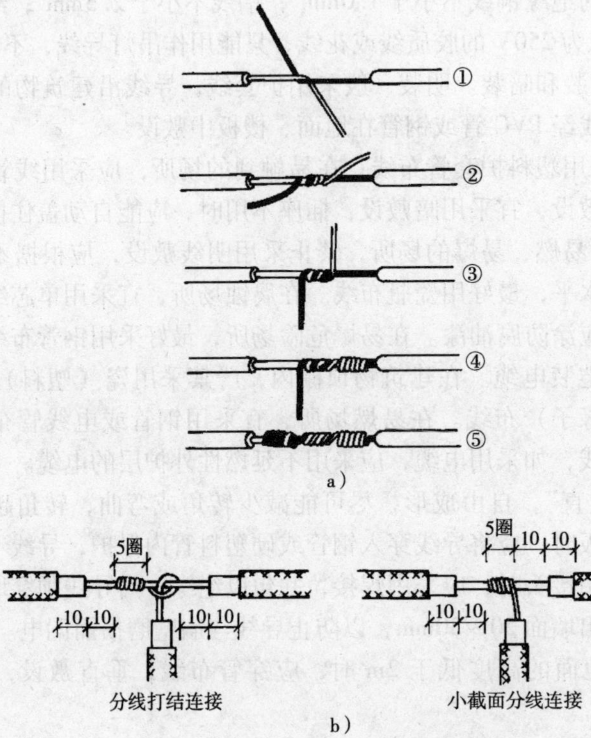

图 2-8　单芯导线的连接

a）一字接法　b）丁字接法

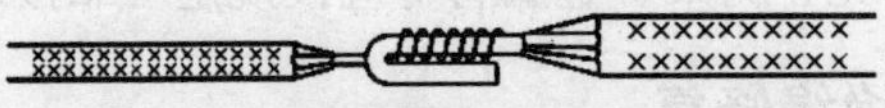

图 2-9　软线与单芯导线的连接

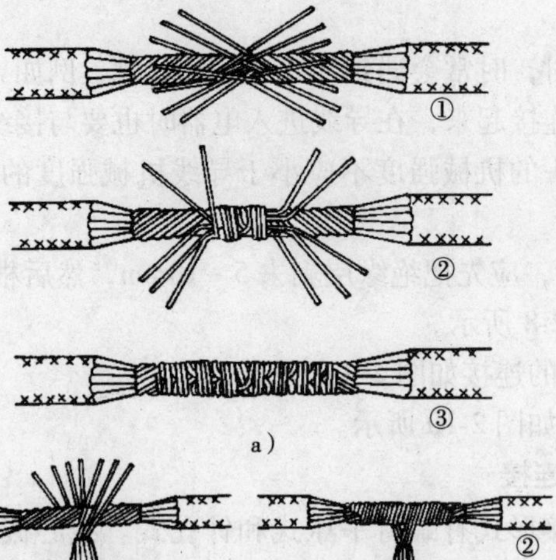

图 2-10　多芯导线的连接

a）一字接法　b）丁字接法

小的单股芯线，应折弯后再插入针孔，以便压接可靠，如图 2-11c 所示。

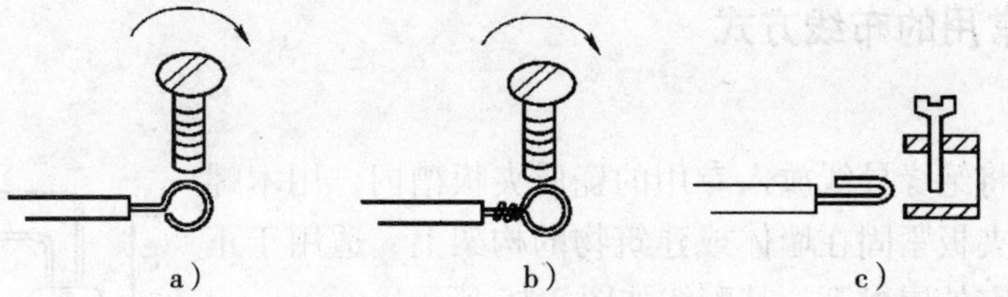

图 2-11 导线与接线桩的连接

a）单股导线与平压式接线桩的连接 b）多股导线与平压式接线桩的连接 c）细单股导线与针式接线桩的连接

3. 导线与接线鼻的连接

电气设备的接线桩多为铜制的，对于导线截面较大的多股铝心导线，如果将铝线与铜接线桩连接，易产生电化腐蚀，造成接触不良，为了保证接点连接可靠，一般应通过铜铝过渡接线鼻与电气设备的端子排连接。其操作步骤如下：

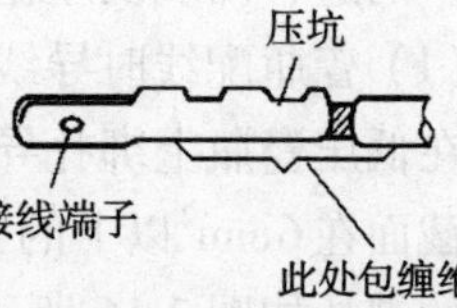

图 2-12 导线与接线鼻的连接

1）剥去绝缘层，将铝心线刷去表面的氧化层并涂上凡士林，插入铜铝过渡接线鼻的接线孔（铝质），用压接钳压接两个孔（先压靠近插线孔侧的），如图 2-12 所示。然后从导线绝缘层至铜接线端子根部包上绝缘带，再将接线鼻的铜端接在设备的接线桩上。

2）对于导线截面较大的多股铜心导线，可直接将芯线刷去表面的氧化层后涂上凡士林，插入铜接线鼻的接线孔，用压接钳压接两个孔，也可将接线鼻放在熔化的焊锅里（或直接用大功率电烙铁）进行锡焊，然后从导线绝缘层至铜接线端子根部包上绝缘带，再将接线鼻接在设备的接线桩上。

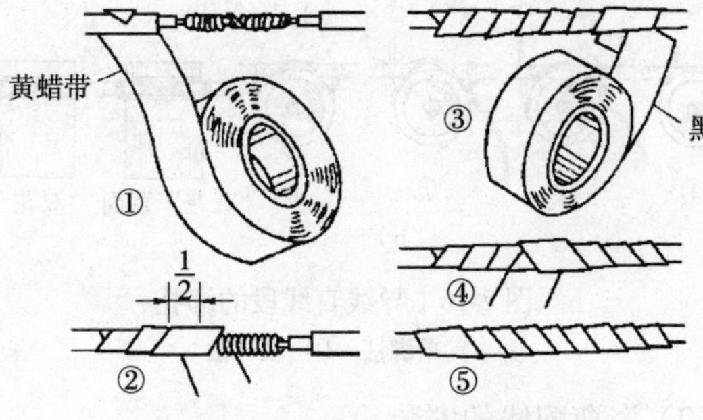

图 2-13 一字接头的绝缘包缠方法

4. 导线绝缘的恢复

导线绝缘层损坏或导线连接后，用绝缘强度不低于原绝缘层的绝缘胶带（不能用失去黏性的黑胶带或医用胶布）包缠数层。即先从完好的保护层上的左侧向右开始包缠，每圈的重叠部分为带宽的一半，包缠一层，然后从另一侧（接在第一层的尾端）反方向包缠一层，再用绝缘带自身套结扎紧，对 220V 以上的低压绝缘电线包缠绝缘层时，应先包黄蜡绸带，然后再按上述方法包黑胶带。图 2-13 所示为一字接头的绝缘包缠方法，图 2-14 所示为丁字

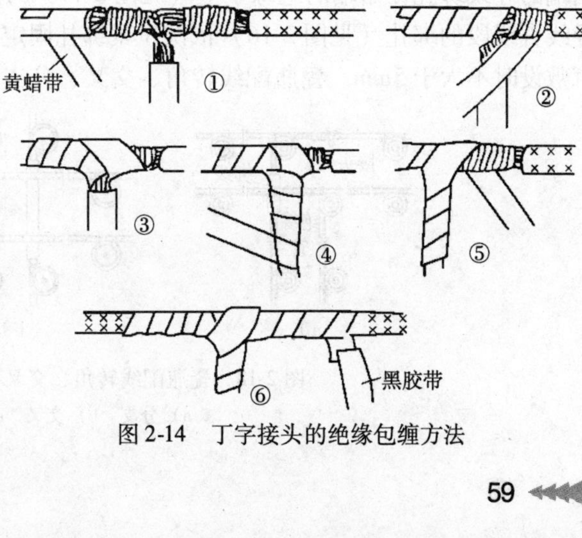

图 2-14 丁字接头的绝缘包缠方法

接头的绝缘包缠方法。

三、几种常用的布线方式

1. 夹板配线

夹板配线是将绝缘导线放入专用的瓷质夹板槽内，用木螺钉或胀管螺钉将夹板紧固在墙体或建筑物的构架上，适用于正常环境的室内或室外屋檐下，其配线如图2-15所示。

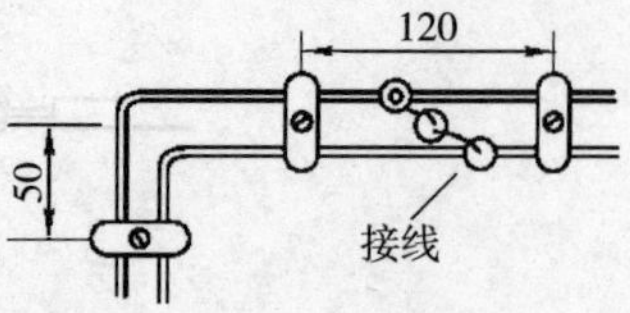

图2-15 夹板配线

2. 瓷瓶配线

瓷瓶配线适用于用电量较大及用电处潮湿的场合，还常用于用户的进、出线及屋檐下的布线。

（1）瓷瓶配线时导线的绑扎

在低压瓷瓶上绑扎导线直线段的方法有单绑法和双绑法两种，这应根据导线的截面来定：截面在6mm²以下的导线宜采用单绑法，截面在6mm²以上的导线宜采用双绑法。导线直线段的绑扎如图2-16所示。

导线的始端或末端在绝缘子上应绑回头线，如图2-17所示。

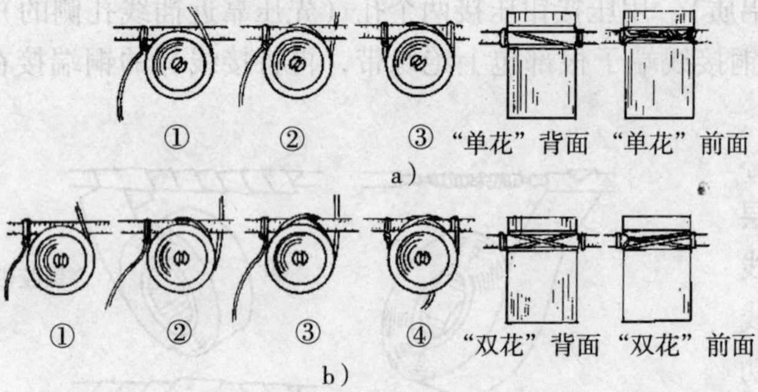

图2-16 导线直线段的绑扎

a）单绑法 b）双绑法

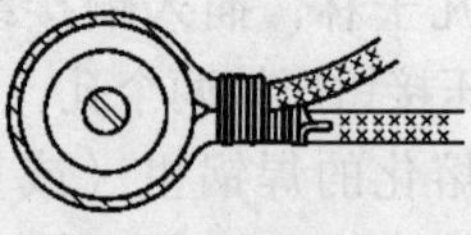

图2-17 导线终端线（回头线）绑法

（2）瓷瓶配线的安装

安装步骤是划线定位、凿眼打孔、安装绝缘子、敷线、安装灯具、开关。敷线时应先将始端的导线绑扎在始端的绝缘子上（见图2-17），用螺钉旋具将导线理直，然后将另一端按导线直线段的绑扎（见图2-16）依次拉紧绑扎固定，使水平方向上的弛度不大于10mm，垂直敷设时不大于5mm。瓷瓶配线转角、交叉、分支的安装工艺如图2-18所示。

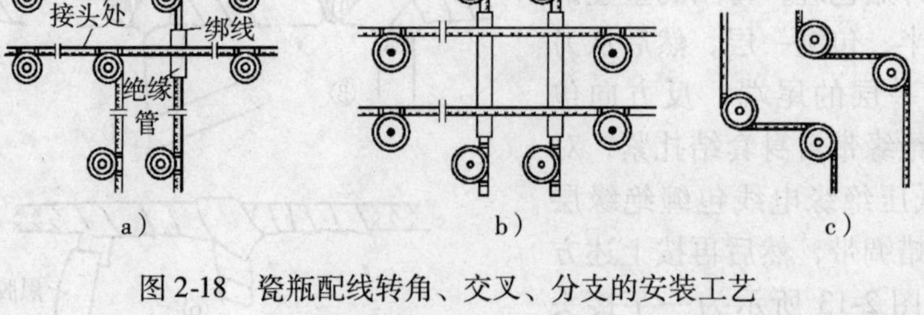

图2-18 瓷瓶配线转角、交叉、分支的安装工艺

a）分支 b）交叉 c）转角

瓷瓶配线时应注意：

1）导线间距及固定点的间距要符合有关安全规定。

2）水平敷设时，导线要在绝缘子的同一侧绑扎，如是两个绝缘子，也可绑扎在两绝缘子的外侧，不要扎在两个绝缘子的内侧，如图2-19所示。

3）垂直敷设时，导线应在绝缘子的同一上侧绑扎。

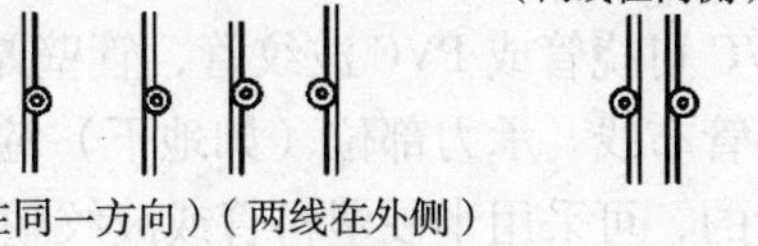

图2-19　平行线在绝缘子上的绑扎

a）正确　b）错误

3. 护套线的布线

护套线是一种具有保护层的双芯或多芯绝缘导线，它具有防潮、耐腐蚀等优点，目前较为常用的是塑料护套线，它可直接敷设在空心楼板内和墙壁表面，但严禁埋入抹灰层内敷设。在空心楼板内穿线时不应损伤导线的护套层，导线在楼板内不得有接头，接头应放在接线盒内，穿过梁、墙等处应有保护管。

敷设在墙壁表面时，应平直、整齐、固定可靠。一般用铝片线卡固定（先将线卡用钉子钉牢），也可用相应宽度的塑料线钉来固定。当导线较长时，可在此线段的另一端用细绳子将导线临时吊起，以免影响敷设的平直度；转角处应有适当的弧度，以免损伤导线。其划线与瓷瓶配线相同，只是间距要小得多（直线部分的间距 $L_1=150\sim200$，转角、交叉或进入木台处的间距 $L_2=50\sim100$）。护套线支持点的位置如图2-20所示。

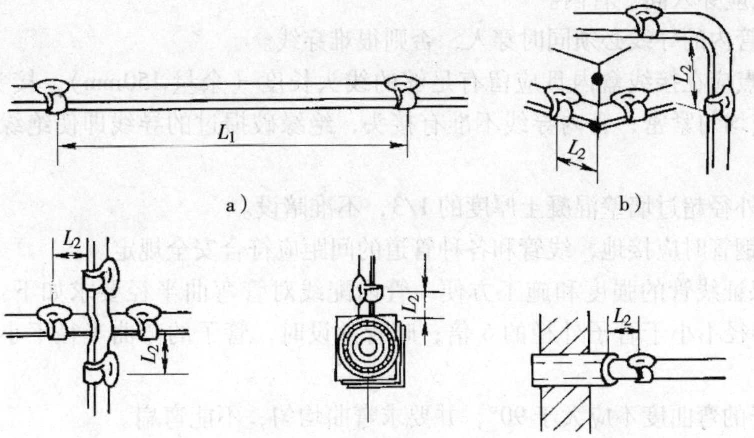

图2-20　护套线支持点的位置

a）直线部分　b）转角部分　c）交叉　d）进入木台　e）进入管子

四、管内布线

把绝缘导线穿在钢管或PVC管内的敷设方式称为管内布线，这种布线方式适用于动力布线或潮湿的场所，新建住宅多采用阻燃型PVC管布线。管内布线有明敷和暗敷两种，明敷是用管卡把管子固定在墙壁外边；暗敷是把线管敷设在建筑结构内部，然后将导线通过铁丝穿入线管。线管暗敷布线美观、防水防潮、导线不易受损伤，使用年限长，但预埋工作量大，需与土建施工密切配合，造价高、维修不便。

1. 管内布线的技术要求和线管的选择

（1）线管的选择

布线常用的管子有钢管和塑料管两种。目前，室内布线大多采用塑料管，钢管主要用于易燃易爆及承受外力的场所。具体来说：一般用电环境，沿墙暗设的可采用阻燃型 PVC 管、PVC 可挠管或 PVC 波纹管，管壁厚度不应小于 1mm；在易燃易爆场所明敷时，禁止使用塑料管布线。承力部位（如地下）应采用厚壁钢管、铁管或防液型可挠金属管；现埋沿墙暗设的，可采用半硬塑料管或波纹塑料管。

（2）管内布线的技术要求

1）钢管管口应加装护圈，硬塑料线管管口应无毛刺。暗敷塑料线管入盒，可不装锁紧螺母或管螺母，但需用水泥封牢。

2）穿线管的导线总截面不得大于穿线管孔径的 40%。

3）线管铺设应尽可能减少使用弯头次数，当管线长度超过 15m 或有两个直角弯时，应增设接线暗盒或拉线盒。不得在转弯时采用 90°弯头和三通配件。

4）室内进入落地式柜、台、箱、盘内的线管管口，应高出柜、台、箱、盘的基础面 60mm 左右，以防积水进入管内。

5）不同性能的导线严禁穿于同一穿线管内；不同电压等级的导线（如电源线与通信线），不准穿入同一管内；互为备用的导线也不准穿在同一管内（失去备用意义），而同一回路的交流电应穿入同一管内。

6）同一管内的导线必须同时穿入，否则很难穿线。

7）连接点应在接线盒内且应留有足够的线头长度（余量 150mm），接头搭接应牢固，绝缘带包缠应均匀紧密；管内导线不准有接头，绝缘破损过的导线即使绝缘修复后也不准穿管。

8）管的外径超过墙壁混凝土厚度的 1/3，不准暗设。

9）采用钢管时应接地，线管和各种管道的间距应符合安全规定。

10）为保证线管的强度和施工方便，管内配线对管弯曲半径要求如下：明管敷设时，管子的弯曲半径不小于管子外径的 6 倍；暗管敷设时，管子的弯曲半径不小于管子外径的 10 倍。

11）管子的弯曲度不应大于 90°，并要求弯曲均匀，不能弯扁。

2. PVC 电线管配线

（1）暗敷 PVC 电线管

暗敷 PVC 电线管的步骤如下：

1）根据被穿导线的线径、根数，按表选取电线管的标称直径和各种预埋件，妥善分类和保管。

2）确定灯头盒、接线盒和电线管的位置。

3）测量敷设线路的长度。

4）切割、弯制。

① 切割：按所需线管长度使用手钢锯或专用剪管钳切割。

② 弯制管子：PVC 管是冷弯型硬质塑料管，所谓冷弯是指不需加热便可弯曲。为了防

止弯瘪，弯管时，对于不同内径的管子应在管内插入不同规格的弯管弹簧（在管中部弯曲，为方便拉动，应将弹簧两端栓上铁丝）；弯曲时，用双手抓住管子两端，慢慢用力使管子弯曲，弯管后拉住铁丝绳子将弹簧拉出。具体步骤如下：

a. 先准备好比待弯线管管径稍小的硬弹簧，硬弹簧的外形如图 2-21 所示。

b. 将硬弹簧插入线管内，然后移动弹簧到线管的待弯部位，如图 2-22 所示。

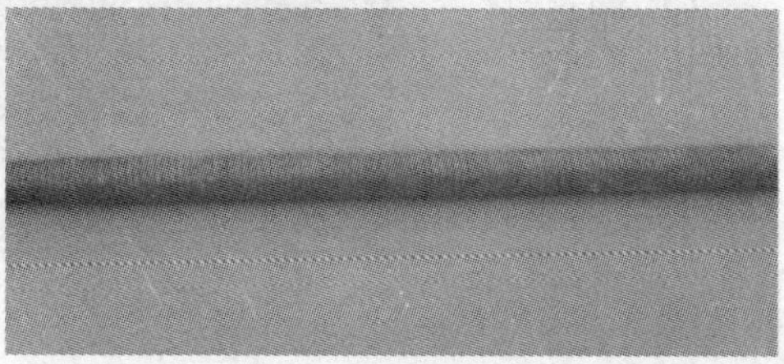

图 2-21　硬弹簧的外形

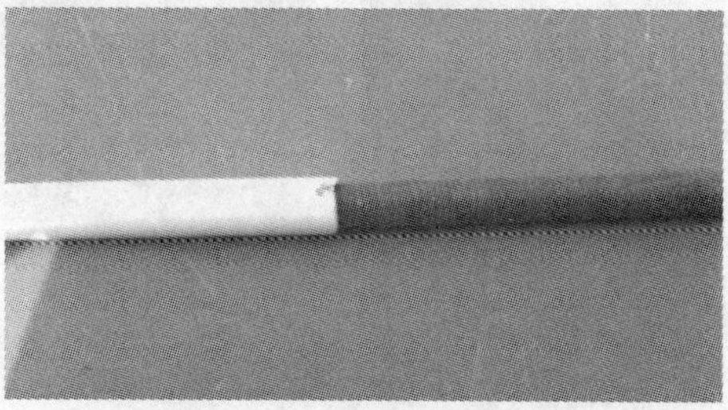

图 2-22　将硬弹簧插入线管内

c. 用手握住线管待弯部位的两端，用力弯曲即可，如图 2-23 所示。图 2-24 所示为按上述方法弯制好的线管。

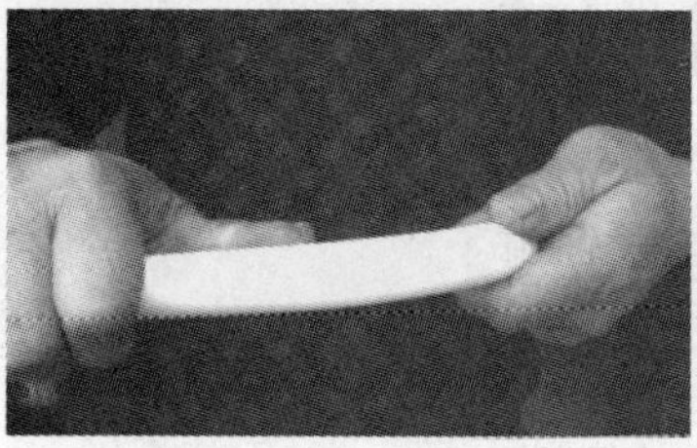

图 2-23　用力弯曲线管

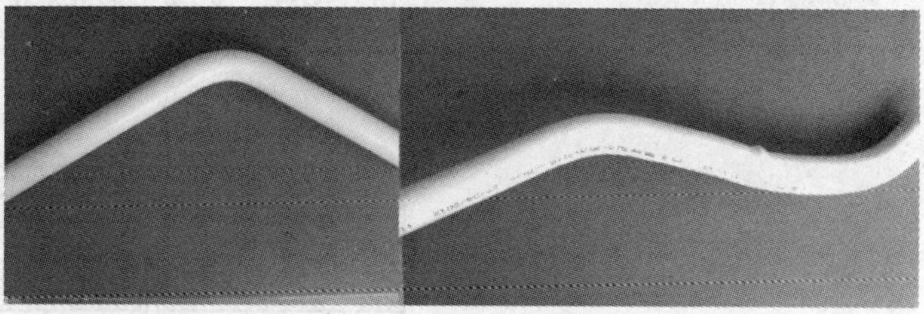

图 2-24　弯制好的线管

5）线管的分支与连接。如果线管需要分支，可将两根线管通过过渡接线盒连接，以方便穿线和接线。

6）线管和线盒的埋设。在砌墙前将所用线管、接线盒、插座盒、开关盒、灯座盒及木砖等材料摆好，砌墙过程中把这些预埋件埋在规定位置，图 2-25 所示为砖墙上预埋线管。此步骤电工要与土建施工密切配合，如果漏埋或误埋，就会给后续施工带来麻烦，只得修改布线方案或采用部分现埋挽救，所以在预埋时一定要把好质量关，注意各预埋盒要做到稳固不松动、高度一致，盒口平面与墙面平行，不准有歪斜情况。

7）将管与盒按已确定的位置连接起来，并检查是否有管盒遗漏或位置错误，保证预埋管线全线畅通，如图 2-26 所示。**注意：**为防止水泥或杂物进入管内和接线盒内，应用塑料胶带将管口封住，或将盒内填满废纸。

8）在多孔楼板敷设 PVC 管的做法。一般将线管敷设在楼板的拼装缝中，上面加砖块用水泥砂浆封固。如果不能利用楼板的间缝，也可敷设在楼板的上表面，到达安装灯具的部位，将管子做一个弯头，伸到楼板下表面与灯座盒相接，待全部楼板上完后，再浇一层混凝土封固，如图 2-27 a 所示；有些电器如吊扇则不需装接线盒，PCV 管直接伸到楼板下面即可，管口应与楼板下表面抹灰后平齐，如图 2-27 b、c 所示。

图 2-25　线管的预埋方法

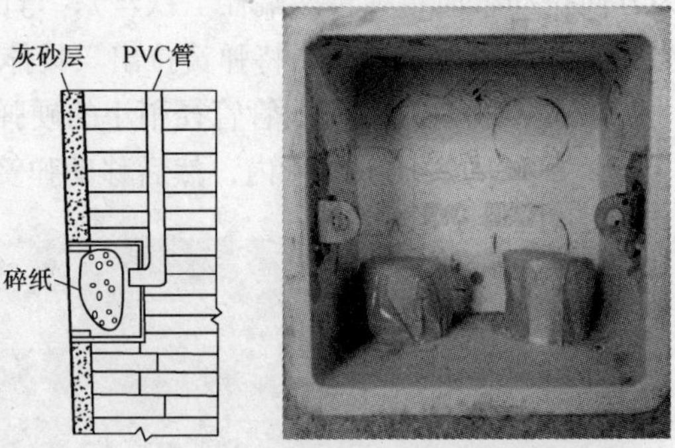

a)　　b)

图 2-26　接线盒、插座盒等的预埋方法

a）连接方法　b）连接后的照片

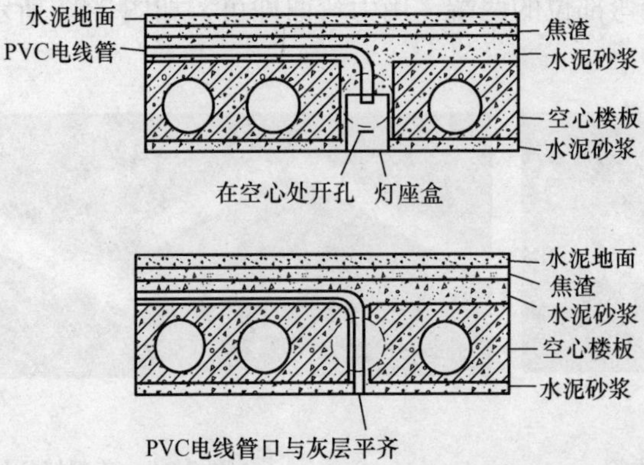

a)

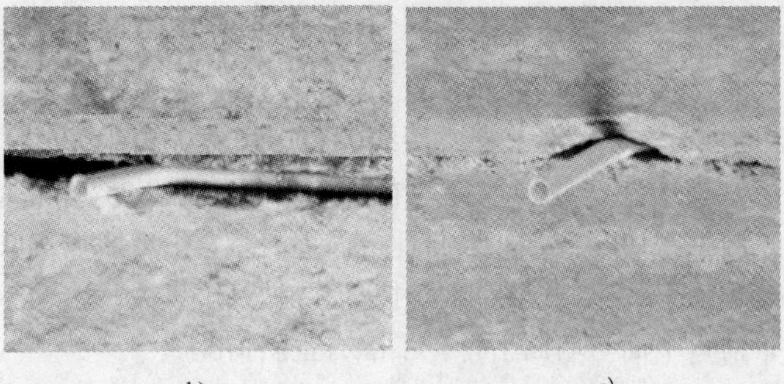

b)　　c)

图 2-27　PVC 管在多孔预制楼板上的敷设方法

a）与接线盒相接　b）直接伸到楼板下的做法　c）直接伸到楼板下的照片

9）在现浇混凝土墙壁（减力墙）或现浇楼板内预埋线管。现浇时预埋管子一般采用阻燃型 PVC 管或 PVC 可挠管。

① 在现浇混凝土墙壁（减力墙）或柱子内预埋线管。在混凝土墙壁（减力墙）或柱子

上预埋线管时，应在土建钢筋扎好后，先把接线盒、开关盒用胶带包缠，以防水泥沙浆进入接线盒，然后把管子与接线盒、开关盒连接好后用铁丝固定在钢筋上，如图 2-28 所示。上述工作完成后才能扣模板、浇混凝土。

a）　　　　　　　　　　　　　　　　b）

图 2-28　在立面墙壁上固定接线盒的方法

a）单管做法　b）双管做法

② 在现浇楼板内预埋线管。在现浇楼板内预埋时，由于土建是先做模板，并在钢筋扎好后再固定灯座盒、接线盒。为了防止捣实混凝土时遭到破坏，应尽量把线管置于钢筋与模板间的夹缝中，并将接线盒用铁钉钉住，如图 2-29 所示。

③ 由于中间楼板处只有一层钢筋，就只有置于钢筋之上了，如图 2-30 所示。

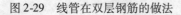

图 2-29　线管在双层钢筋的做法

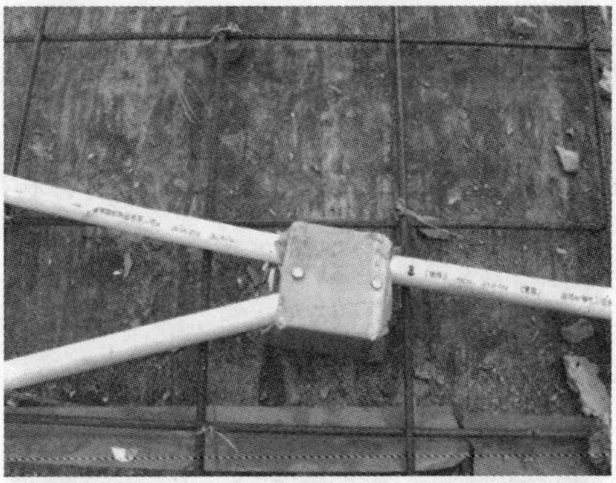

图 2-30　线管在单层钢筋上的做法

④ 两线管交叉，可利用钢筋将其错开，并用铁钉将接线盒或穿线盒固定。线管的分支也多通过接线盒和穿线盒，如图 2-31 所示。

10）电井内多根线管的做法。电井是电气设备安装的井道，楼房内各住户的电源通过电井内的配电箱到达各家各户。电井内的线管多，应将强弱线管布置在电井的两侧，以免强电干扰弱电。电井内线管的预埋如图 2-32 所示。

图 2-31　管子交叉及分支的做法

图 2-32　电井内线管的预埋

11）住户配电箱线管的埋设。住户配电箱分电源配电箱和弱电配电箱，电源配电箱主要是向空调、照明、插座供电，弱电配电箱主要有电话、电视、网线等。预埋时，各住户的强、弱电箱线管也要分开埋设，如图 2-33 所示。

需要说明的是：

现在房间多装空调，一般不装吊扇，如果需要吊扇应同时将吊扇吊钩固定在模板或钢筋上。

钢筋是纵横布设的，线管走向不一定要与钢筋平行，可走捷径。捣筑混凝土时，电工应在一旁监视，发现预埋件有歪斜的，要及时纠正。

12）二次结构墙体内线管的埋设。主体结构墙体完成后，土建施工就要砌二次结构墙（一般是加气混凝土砖墙），这时的线管和接线盒的埋设一般在加气混凝土砖墙完成后进行，以减少工时，不过电工应在砌墙前对砌墙人员进行交待，以防将预埋好的管线口埋住。具体步骤如下：

① 先用专用工具在后砌墙应埋线管和接线盒的位置切槽，如图 2-34 所示。

图 2-33　住户强、弱电箱线管的预埋

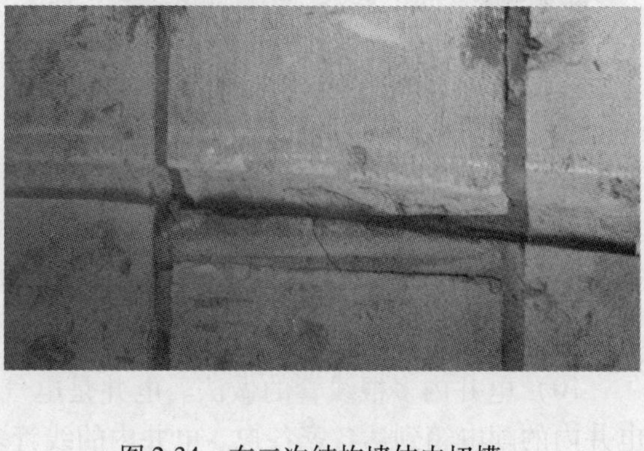

图 2-34　在二次结构墙体内切槽

② 埋好线管和接线盒，之后用水泥钉在线管的一侧钉一下，以固定线管，接线盒处用

水泥沙浆抹平固定。埋好线管和接线盒如图 2-35 所示。

③ 二次砌墙时，如果是在门口的构造柱旁埋设接线盒，可以利用两根钢筋头将接线盒固定，如图 2-36 所示。

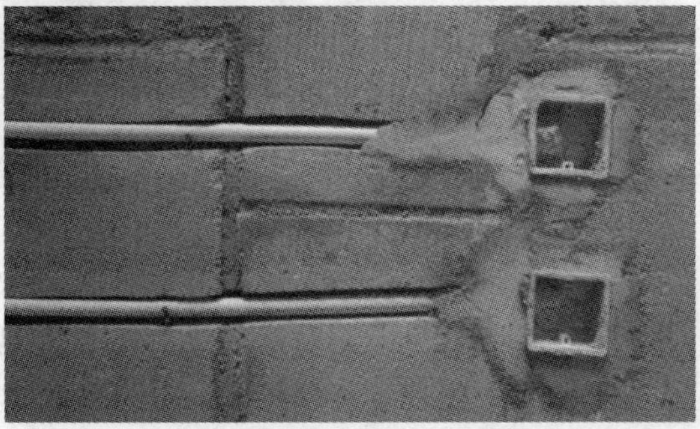

图 2-35　埋好线管和接线盒

图 2-36　在门口的构造柱旁埋设接线盒的方法

13）当暗敷线管经过建筑物伸缩缝时，如果基础下沉不均，会损坏管子和导线。为了保护管子和导线，应在伸缩缝的两旁装设补偿盒（接线盒），即在两只补偿盒的侧面按管子的外径各开一圆孔，将管子两端分别插入两侧补偿盒的孔中，管子的一端用螺母紧固在补偿盒上，另一端不要固定，以便其伸缩，如图 2-37 所示。

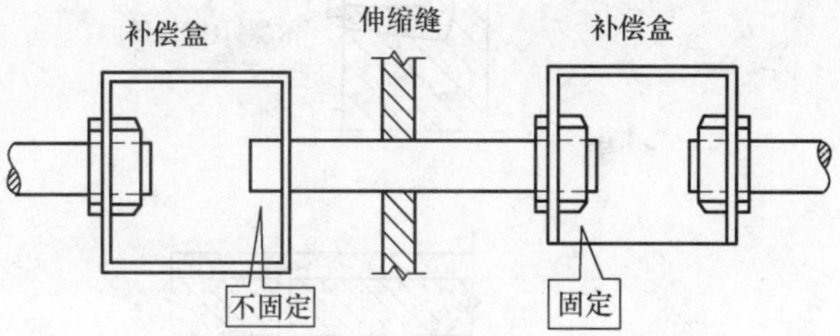

图 2-37　暗敷线管在伸缩缝处的做法

14）再次检查及补修预埋管线和接线盒。

① 检查接线盒有无错位、螺钉安装孔有无缺失、相邻接线盒高差有无超标，如有应及时修整。如果接线盒埋入较深，超过 1.5mm 时，应加装套盒。

② 检查管线通不通的方法：检查前，两人分别站于管的两端，用錾子轻轻地将接线盒内残留的水泥、灰块等杂物清除，用小号油漆刷将接线盒内灰尘清理干净。检查时，一人对着管的一端吹气，另一人若能听到吹气声音，则表明管子是通的，否则说明管子不通。注意吹气时，不要用眼对着管口，以防灰尘“迷住”双眼。如果施工环境噪声大，可以用穿钢丝的方法检查管子通不通。

③ 漏埋的预埋件和线管，可在墙体粉刷前现开槽现埋。不过这样费时费力。图 2-38 所示为在砖墙刷灰前现埋敷设。

图 2-39 所示为在刷灰后现埋敷设。

（2）明敷 PVC 电线管

根据照明设计、施工图确定导线敷设的路径，穿墙和穿楼板的位置；确定配电板、灯座、插座、开关、接线盒和木砖等预埋件的位置。

图 2-38　在砖墙刷灰前现埋敷设

图 2-39　在刷灰后现埋敷设

明敷 PVC 电线管用管卡子和木螺钉固定，如图 2-40 所示。为使明敷的线管整齐美观，其固定点之间的距离应均匀，两管卡最大间距应符合表 2-2 的规定。当线管卡进入接线盒、开关、插座、配电箱等器具前 150 ~ 500mm 处和线管弯头两边均需用管卡固定。

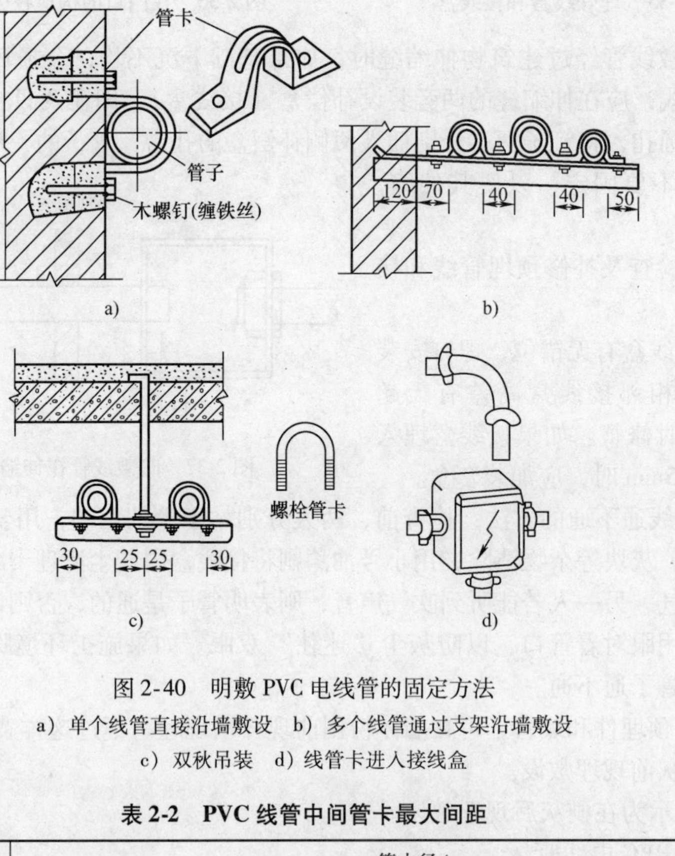

图 2-40　明敷 PVC 电线管的固定方法

a）单个线管直接沿墙敷设　b）多个线管通过支架沿墙敷设

c）双秋吊装　d）线管卡进入接线盒

表 2-2　PVC 线管中间管卡最大间距

敷设方向	管内径/mm		
	<20	25 ~ 40	>50
垂直	1.0	1.5	2.0
水平	0.8	1.2	1.5

明敷线管经过建筑物伸缩缝时，用金属软管套在线管端部，使软管呈弧形，以便其伸缩，如图 2-41 所示。

（3）管内穿线

1）穿钢丝。管内穿线一般应在墙面抹灰工作完成后进行，穿线前应先穿一根 $\phi1.2$（18 号）或 $\phi1.6$（16 号）钢丝（长管或管中弯头较多时，最好先穿钢丝或穿好导线再埋管），具体方法如下：

① 穿线前应先清除管内的杂物，然后再将钢丝端头弯成小钓，从管口插入，一边穿一边转，经过直线段时多向前用推力少转动，经过转弯处，钢丝要不断地向一个方向转动，如果不发生堵管，很快就能从另一端穿出。

② 如果线管弯较多不易穿过钢丝，这时应有一个人从管另一端再穿一根钢丝，当感觉到两根钢丝碰到一块时，两人同时从两端按相反方向分别转动两根钢丝，以便使两根钢丝绞在一起，然后一人拉，另一人送，便可将钢丝穿过去，如图 2-42 所示。

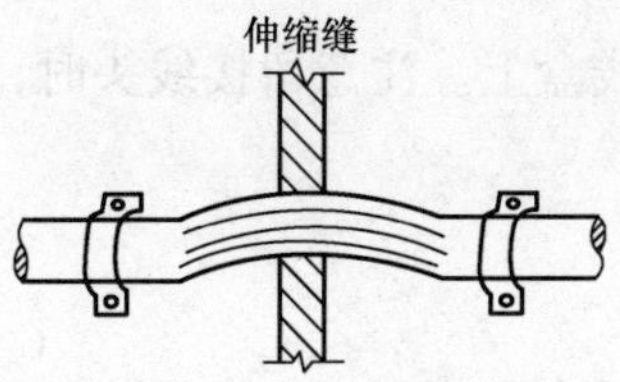

图 2-41　明敷线管在伸缩缝处的做法

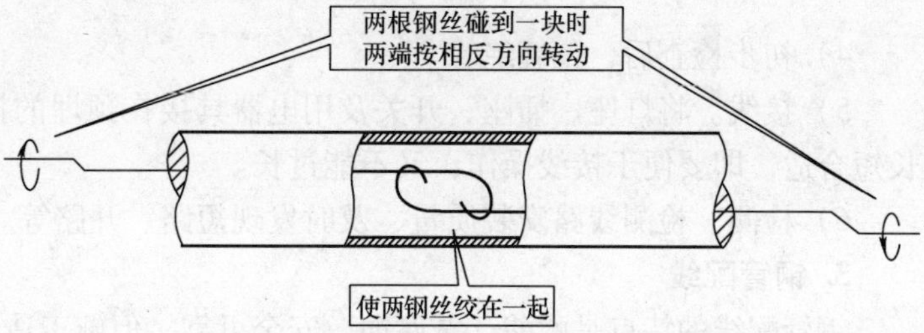

图 2-42　线管弯较多时从两端穿钢丝的方法

2）穿线。钢丝穿入管中后，就可以通过钢丝穿导线了，将导线按如图 2-43 所示的方法绑扎好，注意同一回路的导线应同时绑扎，多根导线要理顺，不能绞合或有死弯，然后一人拉引钢丝，一人在管子另一端将导线慢慢牵引入管，如图 2-44 所示。拉线时，操作双方要一呼一应，有节奏进行，当导线拉不动时切不要用力猛拉，以免损伤导线，应将导线退回，查明原因后再穿线。导线拉出后，取下钢丝，线头和线尾端各留下足够的长度后剪断导线，以方便下面的接线。

图 2-43　引线与导线的扎结

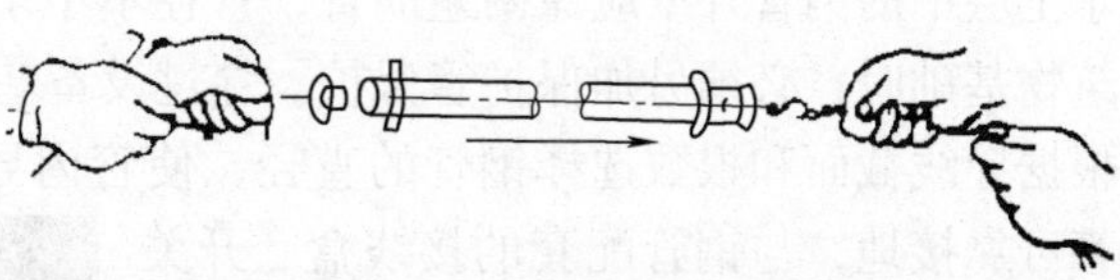
图 2-44　导线穿入管内的方法

3）连接导线及分支。有些导线要穿过一个接线盒后到另一个接线盒，一般采取两种方法：一种是所有导线到中间接线盒后全部剪断，再接着穿另一段，两段在接线盒内进行导线连接，如图 2-45 所示，这种接法不易穿错线但接头较多，浪费导线，后期接线工作量大，多是在两接线盒间距较远时采用；另一种是穿到中间接线盒后过渡一下继续向前穿，一直穿到下一个接线盒，如图 2-46 所示，这种方法盒内接线少，占空间小，省导线，但穿线较困难，多是在两接线盒间距较近时采用。

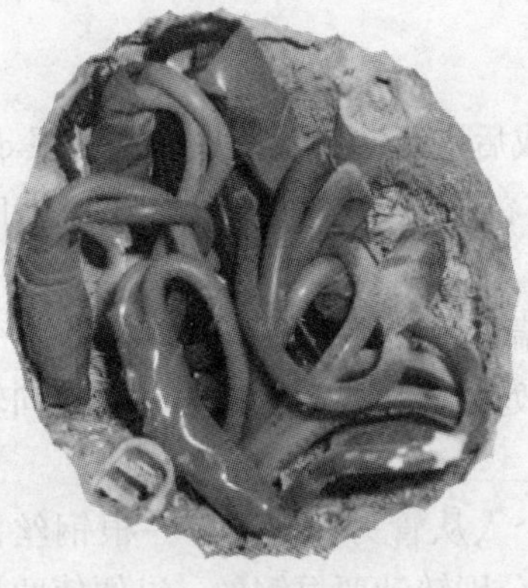

图 2-45　导线经中间接线盒穿线后连接

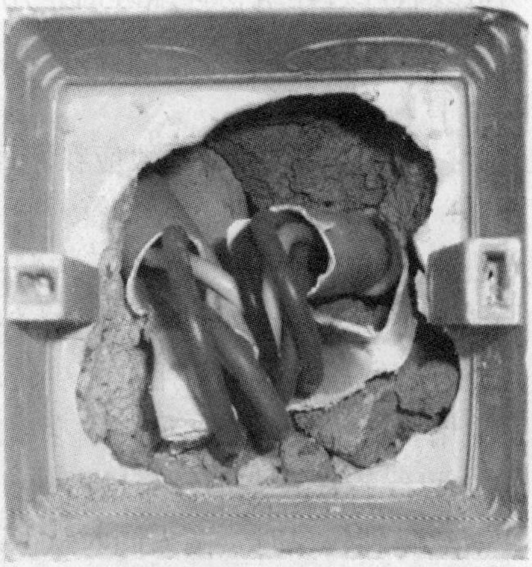

图 2-46　导线穿到中间接线盒后过渡穿线

4）初步检查后，包缠绝缘。

5）接线。将灯座、插座、开关及用电器具接在预埋的接线盒上。注意留接线头时，要长短合适，即要便于接线操作，又不能过长。

6）检测。检测线路安装质量，及时发现短路、开路等。

3. 钢管配线

钢管配线的特点是耐酸、碱腐蚀，安全可靠，但施工造价高，适用于易燃易爆及承受外力的场所，不宜在室外地下，不允许敷设在发热管道表面。对一些特殊性设备，如消防配线，也要采用钢管配线。

钢管配线的敷设方法与 PVC 管基本相同，有明敷和暗敷两种。不论是明敷还是暗敷，敷设前，应倒掉管内的铁屑，检查钢管有无折扁和裂缝。

（1）钢管暗敷

1）选择好钢管和各种预埋件。一般在潮湿、易腐蚀和直埋于地下的场所，应采用 3mm 的厚壁钢管，且钢管内壁、外壁均应镀锌处理。在干燥场所，可采用经过镀锌处理的 1.5mm 薄壁钢管（电线管）。直接浇注在混凝土中时，钢管外壁不必镀锌处理，但应除锈。直埋于土层中的钢管外壁应涂两遍沥青，管径不小于 20mm，管子不易超过设备基础，在穿过建筑物基础时，必须另加保护管保护。穿过设备基础很大时，管径不小于 25mm。

根据导线截面和根数选择钢管的直径，使管内导线的总截面不超过内径的 40%。为保证钢管可靠接地，与钢管配套的接线盒、开关盒、插座盒等应配铁盒。

2）确定灯头盒、接线盒和钢管引下的位置。

3）测量敷设线路的长度。

4）加工钢管。

① 切割。钢管切割较 PVC 管困难，适于用砂轮机切割，如图 2-47 所示。如果管子较细且用管量很少可用钢锯截。切割时，应使切口平整，并将管口毛刺去掉，以防穿线时损坏

图 2-47　用砂轮机切割钢管

导线的绝缘层。

②弯曲。细钢管的弯曲一般要用弯管器弯制。操作时，先将管子弯曲部位的前段放在弯管器内，用脚踩着钢管，手臂慢慢向下压，即可将管子弯曲，如图 2-48 所示。操作过程中应注意控制管子的弯曲角度，使管子的弯曲处呈圆弧形，如果钢管有焊缝，应放在弯曲方向的左右两侧面，不要放于弯曲处的内侧或外侧，以防管子弯扁或出现裂缝。

薄壁钢管或细钢管手工弯曲时，可用坚硬的木材开一方槽，这样便做好了一个简易弯管器，如图 2-49a 所示。操作时，一手扶方木，一手慢慢用力向下压，边压边向前移动钢管，便可弯出所要的弧度，如图 2-49b 所示。

图 2-48　细钢管用弯管器弯制钢管

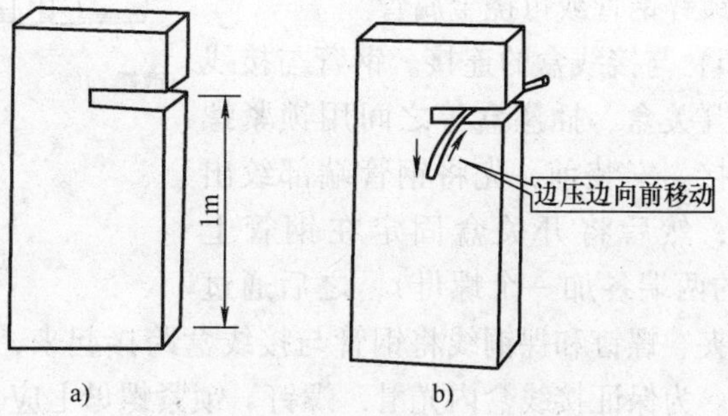

图 2-49　用自制弯管器弯制钢管

a）自制弯管器　b）操作方法

钢管的管径如果大于 15mm，且管径较厚，手工弯制非常困难，则可用弯管器弯制，如果需要加热弯曲，加热前，应在管中灌入干沙，之后在管的两端用木塞封堵，如图 2-50 所示。

③ 管间连接。钢管管间严禁对口熔焊连接，通常采用丝扣连接，具体做法如下：

先用台虎钳或绞手套板架把管子固定住，用绞管板牙沿钢管轴向施加压力，把要连接的两根钢管的管端绞出螺纹，如图 2-51 所示，然后将管子的丝扣部分缠上麻丝，并在麻丝上涂一层白漆，再用管箍（管接头）分别拧在两根钢管的螺纹上。由于钢管需要接地且全线畅通，管子拧接后，需在管箍两端跨接接地线。

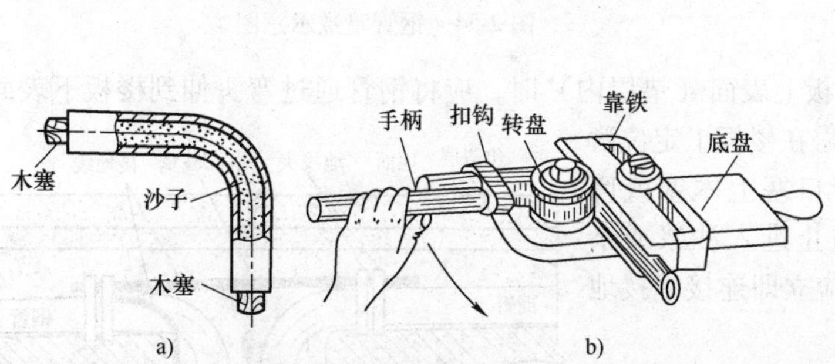

图 2-50　厚壁钢管的弯制

a）弯管前应灌入干沙和加木塞　b）弯形工具和弯形方法

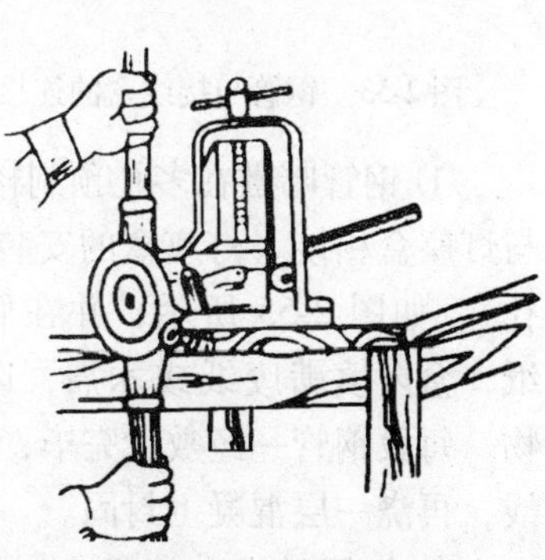

图 2-51　套丝

5）跨接地线。跨接地线的做法有两种。一种是焊接法，即用圆钢或扁钢直接焊接在钢管间，如图 2-52a 所示，焊接时要求焊口应光滑牢固，不应有虚焊，不能烧穿管子。此法不适用于镀锌钢管、可挠金属管，只适用于非镀锌钢管的连接。

另一种是地线夹连接法。地线夹是专门用于连接接地线的夹具，箍头采用冷轧钢带，上面带有螺钉，压接地线时将不小于 $4mm^2$ 的裸铜线插入地线夹中，拧紧螺钉即可，所以用地线夹连接较焊接快捷方便，为了增加连接的可靠性，还可以双夹或多夹使用，如图 2-52b 所示。这种连接方法特别适用于镀锌钢管或可挠金属管。

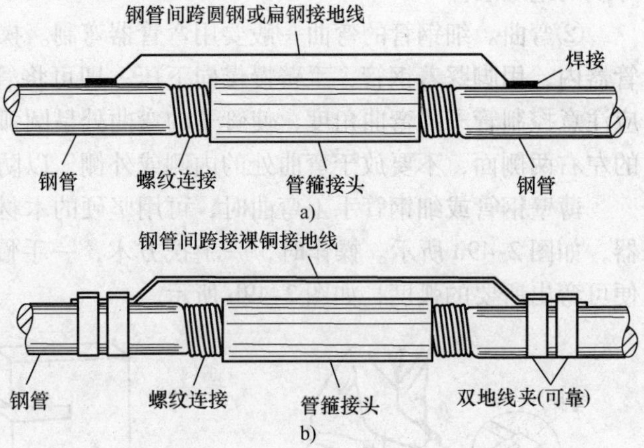

图 2-52 钢管的连接

a）焊圆钢接地线 b）通过地线夹卡接接地线

6）与接线盒的连接。钢管与接线盒、开关盒、插座盒等之间用锁紧螺母连接。安装前，先将钢管端部绞出螺纹，然后将开关盒固定在钢管上（盒的两端各加一个螺母），之后通过地线夹、螺钉和裸铜线将钢管与接线盒跨接起来，以保持全线金属的良好接地，如图 2-53 所示。为保证接线盒内光滑，螺钉、锁紧螺母上应套上塑料软管。

7）钢管暗敷埋设方法。将钢管与接线盒按已确定的位置连接起来，固定于楼板垫层内或模板上。钢管暗敷示意图如图 2-54 所示，暗敷宜沿最近的路线敷设并减少弯曲。

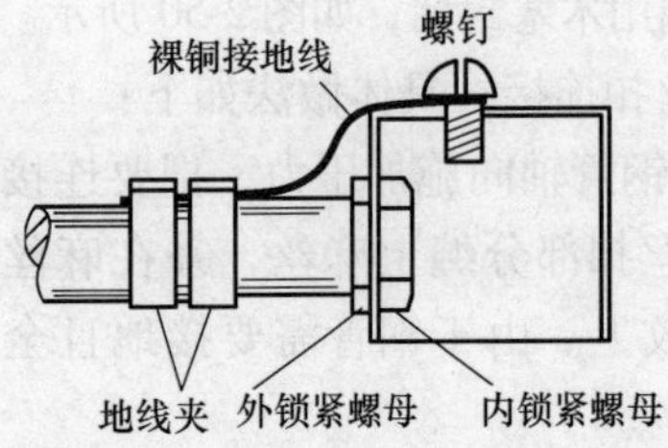

图 2-53 钢管与接线盒的连接

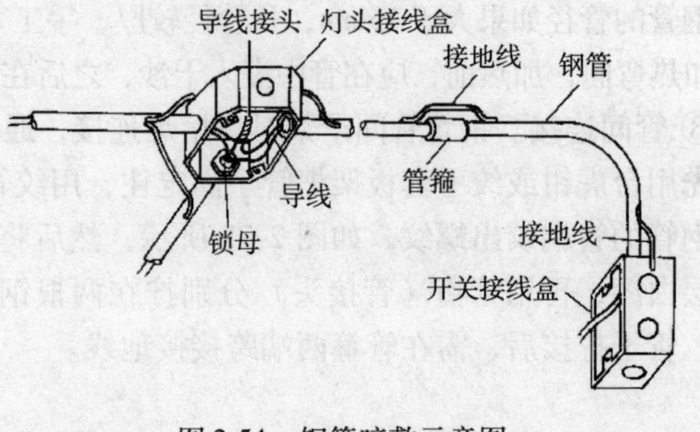

图 2-54 钢管暗敷示意图

① 钢管暗敷在多孔预制楼板上表面（垫层内）时，应将钢管通过弯头伸到楼板下表面与灯座盒相接（灯座盒的安装需在楼板上定位凿孔），如图 2-55 所示，并在管口塞上木塞或废纸，盒内填满废纸或木屑，防止进入沙浆或杂物。每段钢管一经敷设完毕，应立即连接好接地线，再浇一层混凝土封固。

② 钢管敷设在楼板内时，管外径与楼板厚度应配合。当楼板厚度为 80mm 时，管外径不应超过 40mm；当楼板厚度为 120mm 时，管外径不应超过 50mm。若管外径超过上述尺寸，则钢管应改为明敷或将钢管敷设于楼板的垫层内。

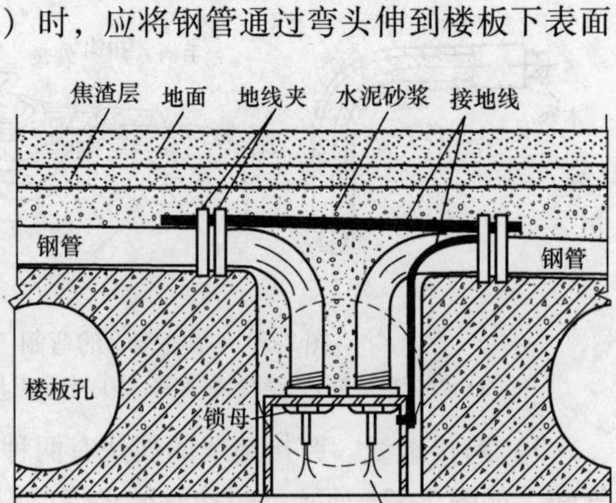

图 2-55 钢管在多孔楼板上敷设

③ 如果在现浇混凝土中埋设，应在扎钢筋时进行。在浇混凝土前，先将管子用垫块（石块）垫高 15mm 以上，使管子与混凝土模板间保持足够的距离，再将管子与接线盒、灯座盒、开关盒等连成整体，用铁丝绑扎在钢筋及模板上，然后在盒内填满碎纸或木屑，如图 2-56 所示。也可使用与盒配套的防浆套，待混凝土凝固后，将铁丝或螺钉切断除掉，以免影响接线。若盒的位置不能准确定位，可以在盒位置用木盒或聚苯烯板预埋，并留好管接头，等拆除模板后再补装接线盒。

暗敷钢管在建筑物伸缩缝应装补偿装置，具体做法参见图 2-37。

（2）钢管明敷

1）钢管明敷固定方法。钢管明敷与 PVC 线管明敷相似时，用的支撑件都是钢件。即先按施工图划出管道走向中心线和交叉位置，然后埋设支承钢管的支撑件，埋完支撑件后，边敷设边用管卡和膨胀螺栓将钢管固定，固定方法如图 2-57 所示。

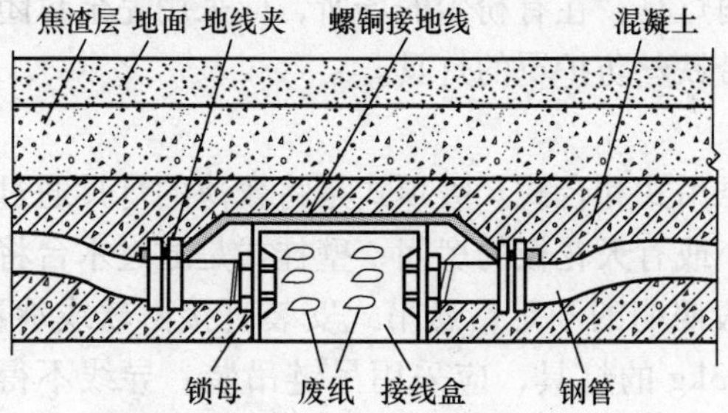

图 2-56 钢管在现浇楼板上敷设

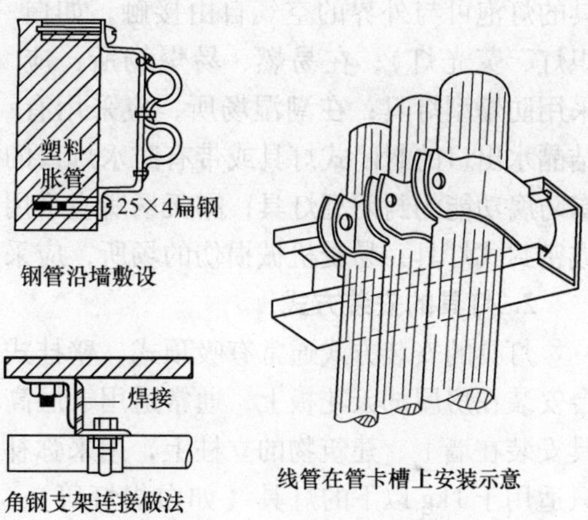

图 2-57 钢管的敷设和固定方法

2）钢管明敷注意事项。

① 当在室外或潮湿房屋内，采用防潮接线盒、配电箱时，钢管与接线盒间应加装橡胶垫。

② 钢管用支架敷设或沿墙敷设时，固定点的距离应均匀，中间固定点间的距离应符合表 2-3 的规定。管端和弯头、电气器具、接线盒边缘都要固定，管卡与终端、转弯中心、电气器具或接线盒边缘的距离为 150 ~ 500mm。

③ 明敷钢管中间固定点间的最大距离见表 2-3 所示。

表 2-3 明敷钢管中间固定点间的最大距离

钢管名称	钢管直径/mm			
	12 ~ 20	25 ~ 32	40 ~ 50	65 ~ 100
厚壁钢管	1.5	2.0	2.5	3.5
薄壁钢管	1.0	1.5	2.0	—

④ 钢管与设备连接时，钢管露出地面的管口距地面不应小于200mm，并应将钢管敷设到设备内。如不能直接进入时，在干燥房间内，可在钢管出口处加装保护软管进入设备，软管与钢管、软管与设备间应通过软管接头连接。在室外潮湿房间内，可采用防湿软管或在管口处装设防水弯头，弯头处的导线应套绝缘软管保护。

钢管敷设完毕，便可穿线，钢管的穿线方法同PVC管穿线一样。图2-58所示为钢管明敷示意图。

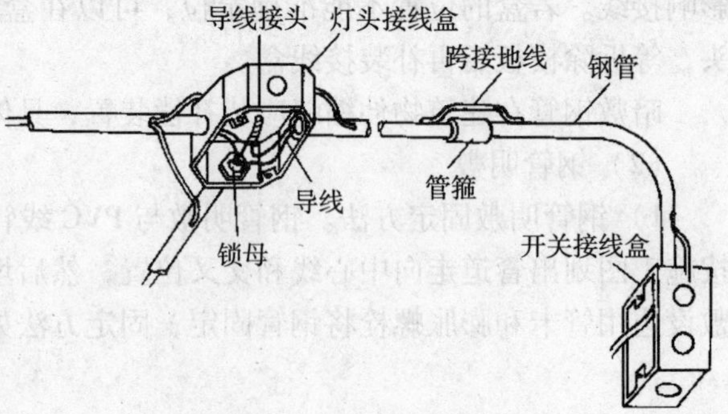

图2-58　钢管明敷示意图

五、照明灯具的选择与安装

1. 灯具的选择

在一般场所，可选择开启式灯具（灯具的灯泡可与外界的空气自由接触，如白炽灯、荧光灯）；在易燃、易爆场所，应采用防爆型灯具；在潮湿场所，应采用有结晶水出口的封闭式灯具或带有防水灯口的敞开式灯具；在有腐蚀性气体的场所，应采用具有防腐功能的封闭型灯具；露天场所应采用防雨灯具；在有粉尘的场所，应采用完全封闭式或密封式灯具；易受机械损伤的场所，应采用带铁丝防护罩的灯具。

2. 灯具的安装方式

灯具的安装方式通常有吸顶式、壁挂式、悬吊式和台式。吸顶式是将较薄的灯具通过木台安装在房屋的天花板上，通常适用于层高较小或有天花板的房间；壁挂式是通过木台将灯具安装在墙上、建筑物的立柱上，用来弥补一般照明的不足；悬吊式安装直接由软线承重，只适用于1kg以下的灯具（如白炽灯等）；1~3kg的灯具，应采用吊链吊装，导线不得受力；超过3kg的，应固定在预埋的吊挂螺栓或吊钩上；安装在重要场所的大型灯具的玻璃罩，应采取防止碎裂后向下溅落的措施。

3. 安装接线要求

1）成排安装的灯具、开关、插座，其中心轴线垂直偏差、距地面高度应符合规范和设计要求，同一环境的照明灯具，要高度一致、品种规格统一。例如：一般车间、办公室、住室等室内场所，灯头距离地面的距离不宜低于2.5m；在户外墙上、杆上不应低于3m；安装高度低于2.5m时，应有防止触及灯泡而致触电的措施（如采用安全型灯），或使用36V以下的安全电压供电。

2）明设线路应横平竖直，灯具的圆木、线槽应紧贴墙面，管路进入箱盒应符合规程要求；暗装开关、插座的盖板、灯具的底座也应紧贴墙面。

3）灯具装在易燃部位或暗装在木质吊顶内时，在灯具与底台之间及其周围应垫一层石棉板、石棉布等防火隔热材料。

4）一般灯具的固定螺钉或螺栓不应少于两个，当木台直径为75mm以下时，可用一个螺钉或螺栓固定；大型灯具、吊扇的防松、防振措施应符合要求，如没有预埋固定件，通常采用膨胀螺栓。任何场所的灯具及照明电器都不得采用木楔固定。

5）电源的相线应经开关，中性线一般不经过开关；对于螺口灯座，经开关的相线应接在灯座的中心铜片上，否则更换灯泡时容易造成触电事故，而卡口灯座上两个接线柱可不分相线与中性线。

6）有接地端子的灯具，应将其接地端子直接接在保护线上。

7）容量在100W以上及防潮封闭型灯具（如厨房用灯），不应采用普通胶质灯头，而应采用瓷质灯头，以防胶质灯头受高温、潮气的影响而腐蚀变质。

8）触电危险性较大的场所，所采用的局部照明和手提式照明，应采用36V及以下的安全电压。

4. 灯具的安装工艺

照明灯的安装要做到正确、经济、适用、牢固、整齐。高处或不宜更换的灯泡或灯管安装前最好先在下面做通电试验，试验后再装在灯具上。

（1）白炽灯的安装工艺

安装吊灯时，应装挂线盒，吊灯线绝缘应良好，中间不得有接头，在挂线盒和灯头内的接线应打电工结，以防止接线头处受力。图2-59所示为吊灯的安装工艺。

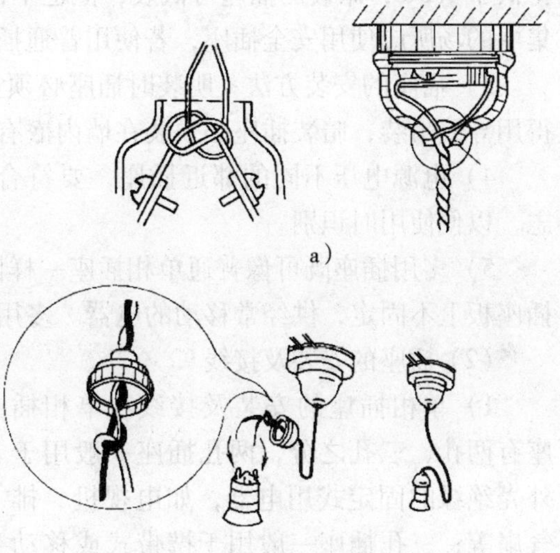

a）

b）

图2-59　吊灯的安装工艺

a）接线盒内接法　b）灯头内接法

（2）荧光灯的安装工艺

荧光灯的安装方法常用的有吸顶式、链吊式。吸顶式是通过木台固定于天花板上，这种安装方式较为美观，但不利于镇流器的散热，适用于电子镇流器。链吊式安装是将荧光灯通过链条固定于天花板上，它的优点是避免振动，有利于镇流器的散热，适用于电磁镇流器或室内空间较高的场所。图2-60所示为吸顶式荧光灯的安装工艺。

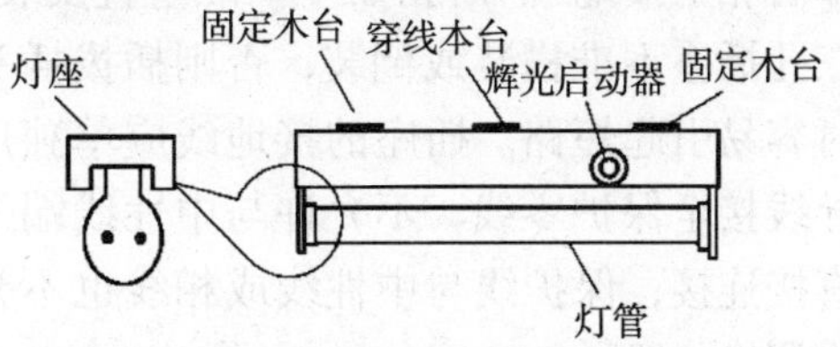

图2-60　吸顶式荧光灯的安装工艺

（3）安全电压照明灯的安装

安全灯应采用专用灯具，其工作电压应根据工作条件来定：一般机床的工作照明灯不应超过36V；在特别潮湿的场所或导电良好的地面上（金属地板）以及作业面狭窄、行动不便的金属制品内作业时，应使用12V及以下的安全电压，灯泡的容量不宜过大，导线的绝缘、载流量应有足够大的余量。

安全灯变压器应采用一、二次绕组分开的变压器，变压器的容量不应小于照明系统的容量，变压器的金属外壳及二次侧一端应良好接地，绝不能使用自耦变压器。

安全灯变压器的一、二次侧都应装熔丝保护。

5. 照明开关的安装

在多尘、潮湿场所和户外，应加装防护箱，在易燃、易爆和特别潮湿的场所，应采用防爆、密封型开关。

照明开关必须接在相线上，拉线开关离地面的高度不应低于2.5m；暗装开关离地面的高度不应低于1.3m，距门框为150～200mm。

6. 插座的安装

（1）插座的安装要求

1）插座的安装地点：插座不宜安装在高温、潮湿的场所，应安装在干燥、清洁的地点，潮湿或灰尘多的场所，应选用密封良好的防水防溅插座。

2）插座的安装高度：同一场所插座的高度应一致。一般明装插座离地面的垂直距离不得低于1.3m，暗装的插座可低装，但也不得低于0.3m，在托儿所、幼儿园、小学校等儿童集中的场所应使用安全插座，若使用普通插座，安装高度不应低于1.8m。

3）插座的安装方法：明装时插座必须安装在木台上，并将木台牢固固定在墙面上，不得用导线吊装；暗装插座必须装在墙内嵌有插座箱的位置上。

4）电源电压不同的邻近插座，要符合安装规范及设计要求，并应有明显的区别和标志，以便使用时识别。

5）多用插座既可像普通单相插座一样固定安装，供不经常移动的电器，又可直接装在插座板上不固定，供经常移动的电器。多用插座的接线同普通三孔插座。

（2）插座的安装及接线

1）单相插座的安装及接线。单相插座有两孔、三孔之分，两孔插座一般用于外壳绝缘的固定式用电器，如电视机、排气扇等；三孔插座一般用于携带式或移动式用电设备，如洗衣机、电冰箱、手电钻等。

正常时，面对插座来定，单相两孔插座是“左中右相”；单相三孔插座是“左中右相上接地”。两孔插座不准垂直安装，三孔插座不准横装或倒装，否则插拔插头时容易引起短路。插座的接地线应单独用导线接至保护零线，不允许与中性线端子直接连接；保护线与中性线或相线也不允许调换位置。

图2-61所示的几种接线方式中，只有图2-61a是正确的，其他的几种接法都是错误的。

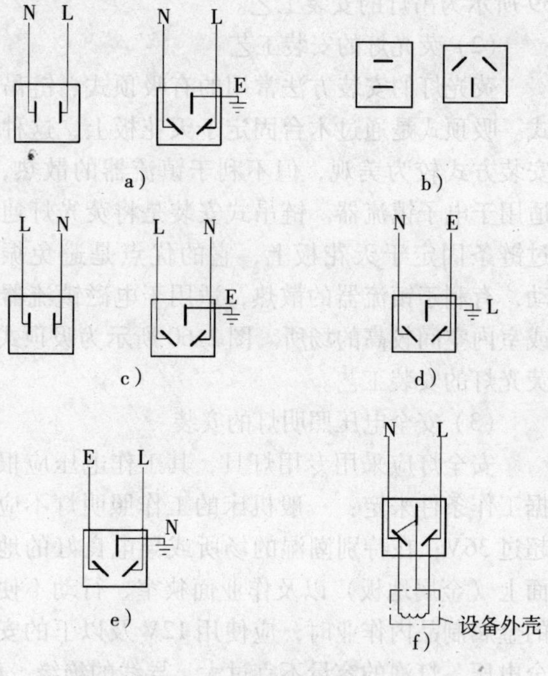

图2-61 单相插座的安装及接线

a）正确接线 b）安装方式不正确 c）相线与中性线接反 d）接地线与相线接反 e）接地线与中性线接反 f）三孔插座的接地线应单独敷设

2）三相四孔插座的安装及接线。三相四孔插座主要用于动力设备，它的中性线孔较相线孔粗一些，装于插座的上侧，装在侧面或下面都是不允许的，其余分别为三相线。同一场所的四孔插座，其接线的相序必须一致。图2-62所示为三相四孔插座的正确与错误接线。

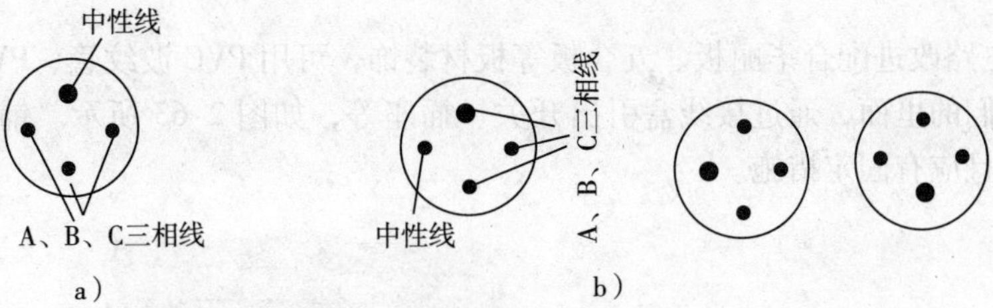

图 2-62 三相四孔插座的正确与错误接线
a）正确接线 b）错误接线

六、照明电路改进

1. 暗敷施工工艺流程

暗敷施工工艺流程见表 2-4。

表 2-4 暗敷施工工艺流程

定位、划线	对用电器具、开关、插座、灯具放置的位置进行定位，确定导线的走向，穿线管的管径要求，在墙上划出准确的位置和尺寸
开槽	根据划线的要求，开出管槽，管槽的深度和宽度应为所铺管径的 1.5 倍左右，保证封墙后的粉层厚度达 10～15mm
落料、铺设	根据开槽后管材所需长度落料，管材切割的断面应符合施工和使用要求。铺设管材时，应做到横平竖直。铺设后应进行固定，墙面、顶面可采用钩钉固定，地面可采用水泥砂浆埋敷固定
穿线	穿线前应绑扎好导线，然后一人拉钢丝，一人在另一端慢慢将导线牵引入管
测绝缘电阻	穿线结束后，进行绝缘电阻测试
封墙	在穿线、绝缘电阻测试合格后，将管槽用水泥砂浆粉平
安装用电器具	清理暗盒中的灰尘，安装开关、面板、各种插座、强弱电箱和灯具
通电试验	对每一分路进行通电试验，用电笔检查插座应左零右火

2. 改进方案及要求

1）确定电路改进方案。电路改进前要确定电路改进方案，是全部拆除原电路还是局部改进，是明敷还是暗敷。

2）照明电路改造应符合照明电路安装基本要求。如果是局部改进应根据建筑物原敷设方式而定，住宅一般可以采用护套线敷设，厂房可以采用瓷瓶配线。改进前要用万用表检查，判断原电路中是否存在短路故障；用绝缘电阻表摇测电路绝缘，看原电路中是否有接地现象。绝缘阻值小于 5MΩ 时，要重新布入电线，有移位的导线一定要抽掉，重新布线，不用的电线也要抽掉，如果不易抽掉，要用软管套好绝缘。如果线径符合设计要求，且绝缘电阻大于 5MΩ 的，可以使用。

3）全部改进电路一般与装饰装修工序配合，以保证电路安装质量。明装一般使用塑料线槽敷设，线槽布线前面我们已经介绍过。

4）如果电路改造配合墙体涂刷同时进行，也可采用 PVC 管现埋暗敷，PVC 管现埋暗敷前面也已介绍过。安装开关、插座面板及灯具应注意保持清洁，宜安排在最后一次涂乳胶漆之前。

5）如果电路改进配合华丽板、五合板等板材装饰，可用PVC波纹管、PVC可挠管等阻燃管暗敷在它们的里面，通过接线盒引出开关、插座等，如图2-63所示。铺设在木地板下的最好穿钢管且应有固定措施。

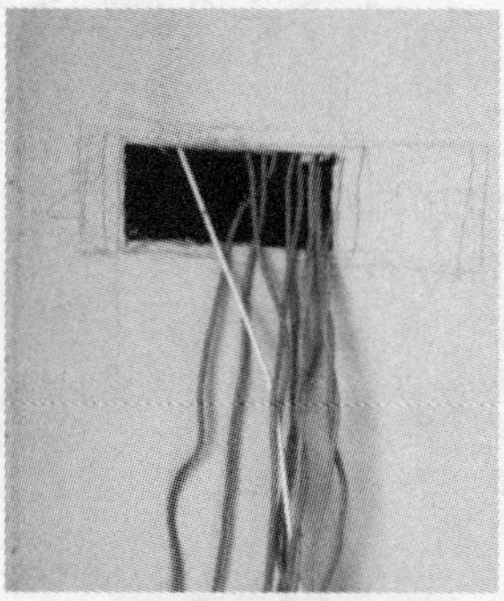

预留总开关盒线

接好后的总开关盒

预留装饰灯线

图2-63　在五合板内经阻燃管子暗敷

6）吊顶内的导线必须穿管排放，穿线盒和接线盒不得固定在吊杆和龙骨上，线管应用拉丝固定，分线应用分线盒，接线盒的设置应便于维修。装修时线管应用拉线固定如图2-64所示。吊顶内的导线穿管后排放如图2-65所示。

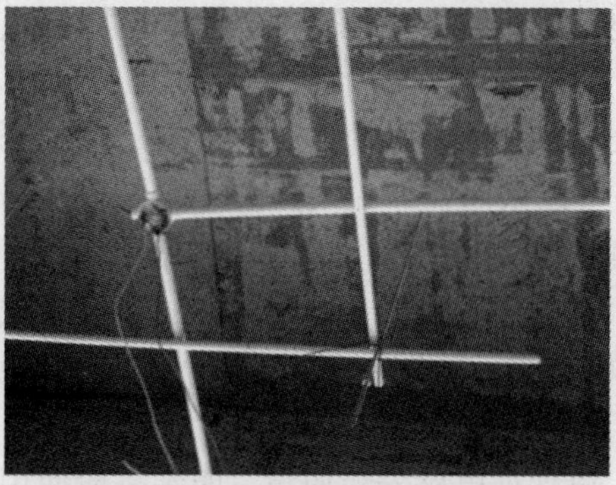

图2-64　装修时线管应用拉丝固定

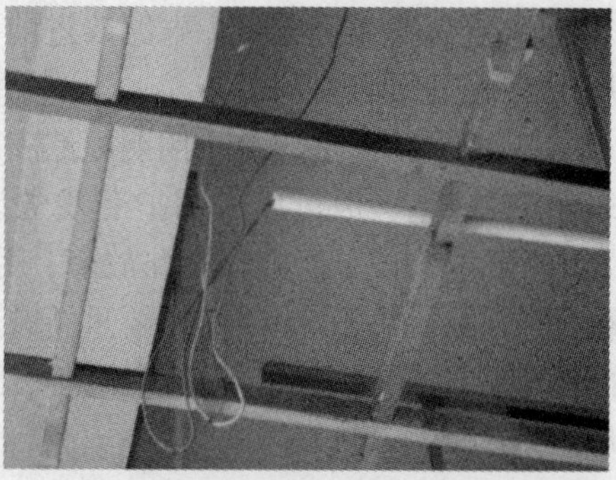

图2-65　吊顶内的导线穿管后排放

对于商场、住宅的初次装修，地板下或墙壁上可能要过电源线、电视信号线、网线等线路，这些线路都要穿管，如图2-66、图2-67、图2-68所示。

图 2-66　先埋设线管、穿好线

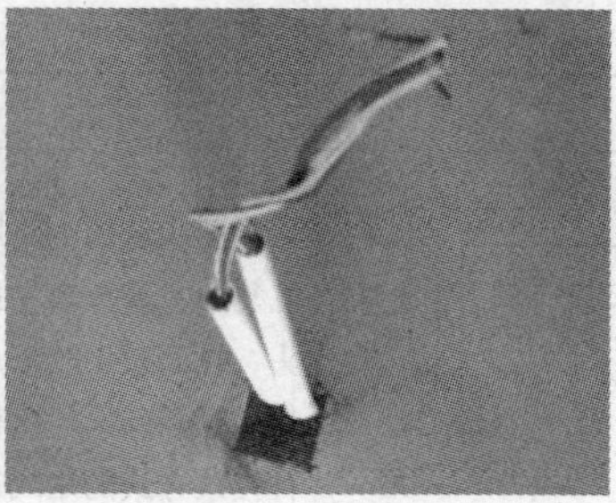

图 2-67　后贴地砖

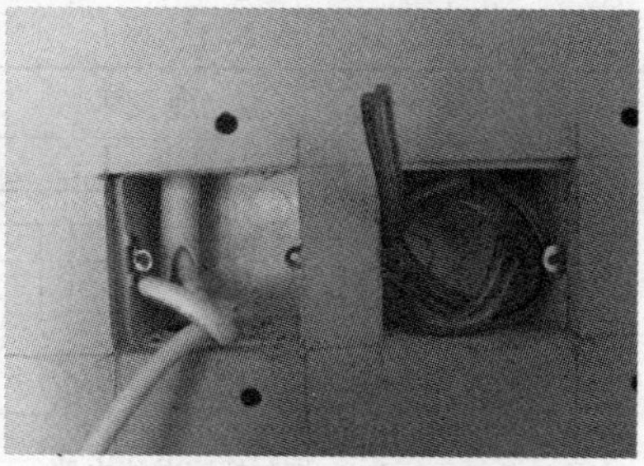

图 2-68　墙壁上预留电视信号线、网线等线路

7）不论采用哪种敷设方法，敷设前要在墙上弹线，以保证走出的线横平竖直；开槽打眼时，不要碰坏原电线管路；强弱电不能在同一管道内，否则会有干扰；厨房、洗手间如果铺有瓷砖，要在已贴好的砖墙上开槽布管及安装接线盒等，可用石材切割机锯片对准瓷砖的贴缝，从上至下或从左至右进行切割，切割深度以切透瓷砖下的水泥为宜，然后用扁平凿将瓷砖凿下，并将砖墙开槽，圬埋管线之后再贴上新瓷砖。**注意：严禁穿线管不经埋设直接铺设在厨房、卫生间地砖下及地毯下。**

8）电路改造完毕，要用绝缘电阻表和万用表检测，保证电路绝缘正常，无短路、开路故障。

第五节　常用照明电路

一、常用白炽灯电路

常用白炽灯电路见表 2-5。

表 2-5　常用白炽灯电路

原　理　图	说　　明
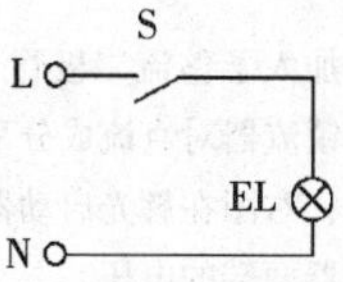 一开关控制一只白炽灯	将开关 S 和照明灯 EL 串联后接在相线和中性线间，开关 S 接在相线上，灯泡上面标出的电压应与电路电压一致
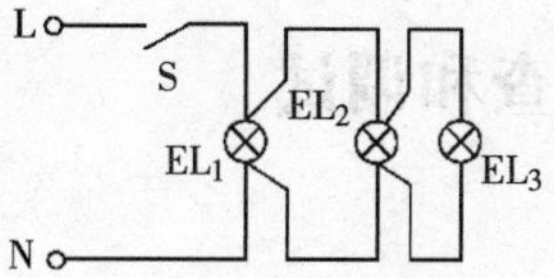 一开关控制三只灯电路	接线时为防止接点外露，保证安全运行，一般连接点接在灯头或接线盒内的接线端子上

（续）

原理图	说明
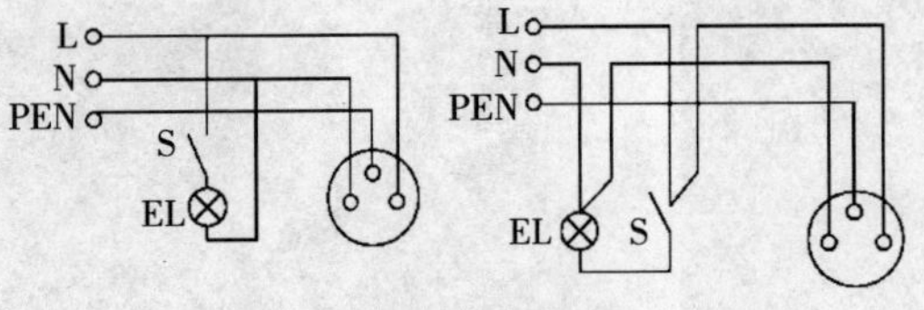 灯与插座共线电路	左图所示的电路用线较省，但电路中有接头，接头工艺复杂，日久容易接触不良；右图所示的电路可减少接头，从而减少故障点，接线时，进入开关S的导线可直接接在插座上，这样可以节省一些导线。即使这样，这种接线方式的用线还是较多
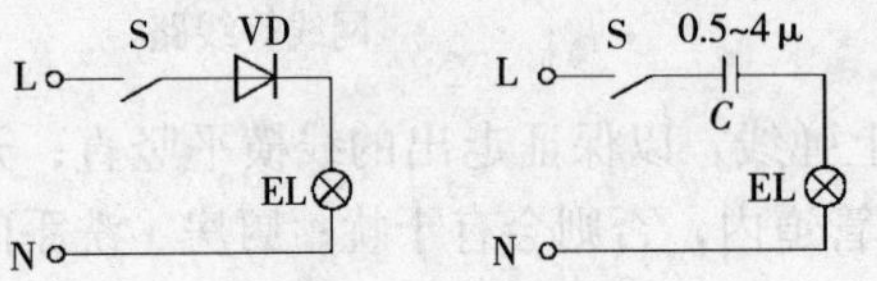 节电延长灯泡寿命电路	左图所示的电路在开关内加装一只耐压值大于400V，电流不小于1A的整流二极管，由于通过灯泡的电流只有半个周期，这样既可节能，又可延长灯泡的使用寿命；右图所示电路是在开关内加装耐压值大于400V的电容器，使几十瓦灯泡消耗的功率降至几瓦

二、常用荧光灯电路

常用的荧光灯电路见表2-6。

表2-6　常用的荧光灯电路

原理图	说明
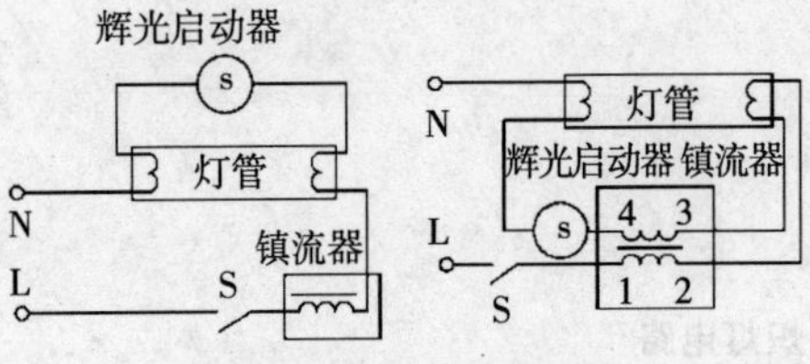 荧光灯常用接线电路	左图为二线头镇流器接线；右图为四线头镇流器接线。灯管、镇流器和辉光启动器三者应按图中的位置接线
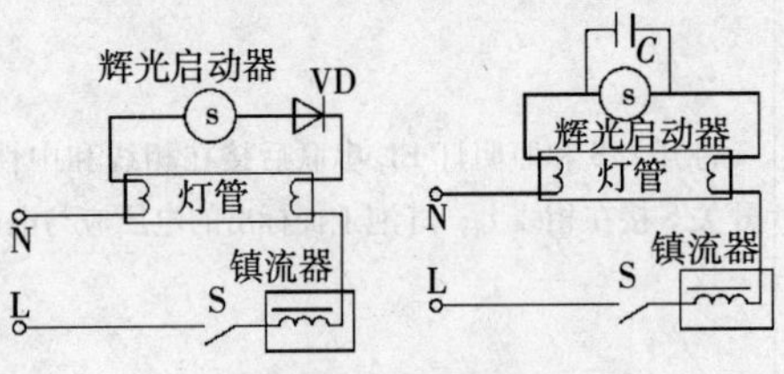 荧光灯在低压启动电路	左图电路中加入了整流二极管VD，使交流电变为脉动的直流电，镇流器对直流成分呈低阻，压降小，对荧光灯起动有利；右图在辉光启动器两端并联电容器，可提高辉光启动器两端的电压

第六节　照明电路的检查和调试

一、照明电路的检查

照明电路安装后，不能立即通电使用，应经过检查、试送电、处理故障、试运行等步骤后方可正式通电使用。

按照图样，依次检查总闸箱（板）、分闸刀、灯具及其开关、插座等，应使其符合下列要求。

（1）安全性检查

检查所用导线的截面是否正确，断路器、刀开关、熔断器的容量是否符合要求，有接地螺钉的灯具、开关闸箱等的保护线是否规范，接地电阻是否符合要求（一般不大于4Ω）。装设漏电保护开关的回路，漏电保护器的型号、接线是否正确，自检动作是否可靠。

（2）布线绝缘性能测试

切断电源，用500V 绝缘电阻表分别测试电路的各相线间、相线与中性线间的绝缘，绝缘电阻不应低于0.5MΩ。此项检查最好在没有安装灯泡等电器时测量，否则由于用电器（如灯泡）的电阻值很小，将影响测量。

（3）施工质量检查

按照明电路的安装接线要求检查照明灯具、开关、插座等电气设备的接线是否正确、完整，布线是否横平竖直；检查闸箱（板）的安装和回路编号是否符合安装规范和设计要求。对于遗漏的部分应补装，对于安装不到位的灯座、开关等电气设备，应重新凿洞圬埋。大型灯具全数检查，其他灯具及吊扇抽查数不少于1/10，如发现一处错误或松动应全面返工、检查。

下面重点介绍一下插座的校验。

1）两孔插座的校验如图2-69 所示。

① 检查插座是否有电。如图2-69a 所示，将校验灯两根引线接上插头后插入两孔插座中，正常时，校验灯应一直亮；若校验灯不亮，表示插座电路断路或接线头松脱；若校验灯闪烁，表示插座线接触不良。也可用万用表分别测量，万用表指示~220V 时表示插座正常。

②检查电路有电后，按图2-69b 所示方法用电笔分别测试各插座的右孔，电笔亮表示右侧接的是相线，否则表示插座的相线与中性线接反。

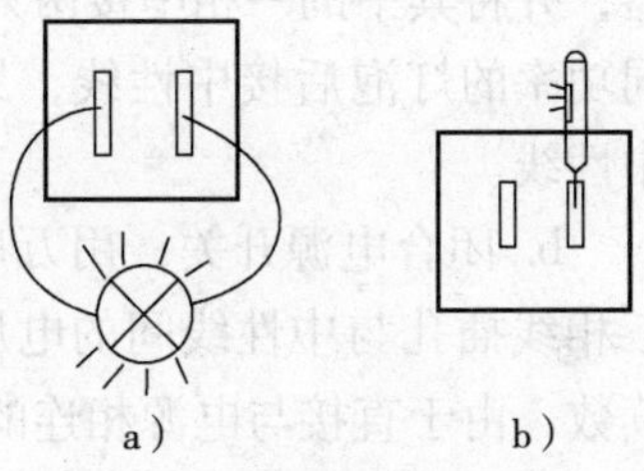

图2-69　两孔插座的校验
a）校验插座是否有电
b）校验插座相线与中性线是否接反

2）单相三孔插座的校验。

① 数字万用表校验。将数字万用表置于~20V，只插上红表笔（黑表笔不接仪表），并将红表笔分别插入三相插座的各个插孔，根据测得的电压即可判断出插座的接线。如测试电压在14V 左右，所测插孔是相线孔；如测试电压在0.2V 左右（改用~2V 档），所测插孔为中性线孔；如测得电压在0.05 V 左右（改用~2V 档），所测插孔是接地线。

② 试电笔校验。用试电笔分别测试三孔插座的各插孔，正常测试相线孔时电笔亮，而测试另外两个测试孔时电笔不亮，否则表明插座的相线与中性线或保护线接错；但这样检查后还应拆开插座盖观察中性线与保护线的颜色，插座上孔所接应为绿/黄双色线。

3）三相四孔插座的检查。用万用表依次测量上孔与其他3 个孔间的电压，正常时它们间的电压为~220V，然后测量三相线孔间的电压为~380V，否则说明接线错误。

经上述方法只能检查插座的相线是否与中性线接反，但不能保证插座的相序，为统一四孔插座的接线，可采用下面的方法。

① 灯泡法。灯泡法统一三相四孔插座的接线如图 2-70 所示。

a. 先断开电源，取下任意两相的熔断器，并将其中的一相接一灯泡，另一相空着。另用一只同样的灯泡，使灯泡一端与中性线（上孔）相连。

b. 闭合电源开关，另一端分别插入三相线插孔，设最亮的一孔为 L_1，较亮的一孔为 L_2，灯泡不亮的一孔为 L_3，并做好标记。按同法找出其他插座的 L_1、L_2、L_3 相。

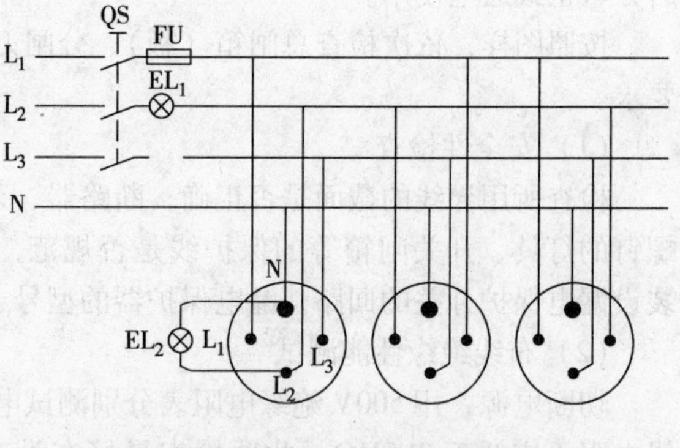

图 2-70　灯泡法统一三相四孔插座的接线

c. 断开电源开关，调换接线不一致的插座。

d. 调整完毕，再检查一遍。

② 万用表法。万用表法统一三相四孔插座的接线如图 2-71 所示。

a. 断开电源，取下任意两相的熔断器，并将其中的一相串接两只电压为 220V 同功率的灯泡后接中性线，另一相直接接中性线。

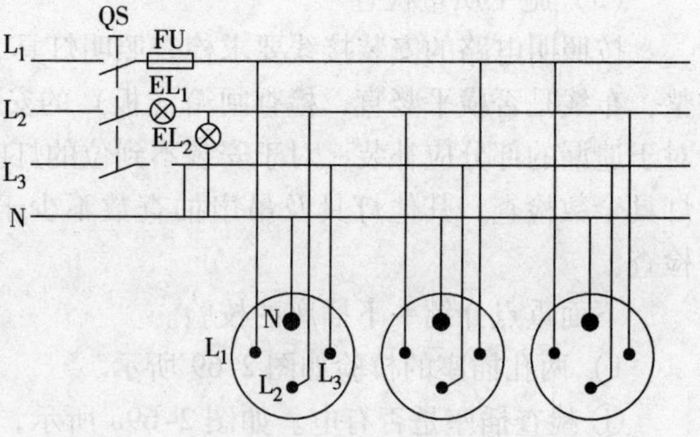

图 2-71　万用表法统一三相四孔插座的接线

b. 闭合电源开关，用万用表分别测试三相线插孔与中性线间的电压并记录三次读数，由于直接与电源相连的插孔电压最高，为 ~220V，定为 L_1，与直接接中性线的插孔无电压，定为 L_3；与灯泡相连的插孔电压为 ~110V（经两只灯泡分压），此电压介于上述两者之间，定为 L_2，分别做好标记。按同法找出其他插座的 L_1、L_2、L_3 相。

c. 也可用试电笔代替万用表分别试触三相线插孔，设电笔最亮的一孔为 L_1，不亮的一孔为 L_3，较亮的一孔为 L_2。

d. 断开电源开关，调换接线不一致的插座。

e. 调整完毕，可再检查一遍。

二、试送电

经上述检查正常时，可试送电。试送电时要注意一定的顺序：

1）送电前应将总闸开关、分闸开关全部拉掉；送电时先合总闸，再合分闸。

2）试灯时，先试分路负载，再试总回路。

3）保护装置（熔丝、断路器）要选择合适、动作应可靠。

下面以图 2-72 为例介绍一下试送电时的具体操作步骤及操作方法。

1. 检查总电源及总干线

先测量总闸开关 QS 进线端的电压，相电压为 ~220V、线电压为 ~380V，然后将总闸 QS 合上，用万用表测量总闸 QS 出线端的电压，观察总电能表是否转动。正常时，总电能表

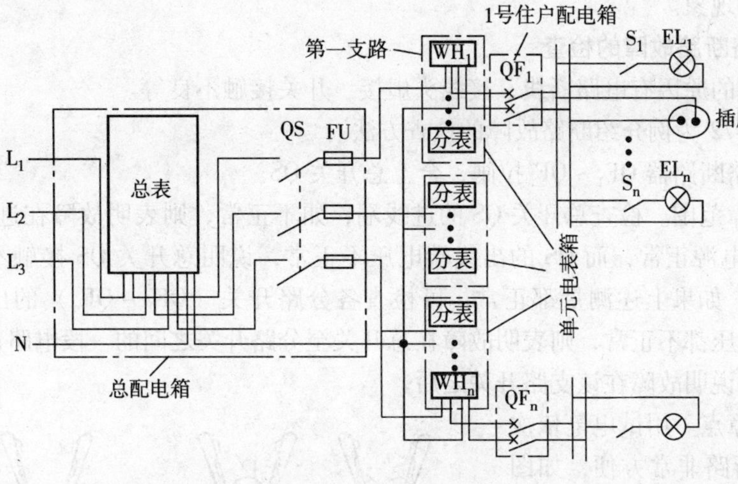

图 2-72 某住宅照明电路

不动或只有不超过一周的潜动。如转动，则可能是分路开关没断开；也可能是电能表接线有误或负载接地；如果所有负载开关都已断开，电能表仍转动，则表明总电能表不合格。

2. 检查各分路

1）测量分路开关 QF_1 ~ QF_n进线端的电压。

2）将第一支路断路器 QF_1合上，观察第一支路的电能表是否转动，测量其出线端的电压应正常。

3）闭合第一支路的第一只灯的开关 S_1，灯 EL_1应点亮，该支路的电表 WH_1应微微正转，断开开关 S_1，灯 EL_1应熄灭，电能表 WH_1停转。

4）按上述方法将第一支路所有灯试完，试灯过程中如支路断路器 QF_1跳闸，应及时在被试灯回路上查找。

5）闭合第一支路所有灯的开关 S_1 ~ S_n，灯亮应正常，电能表 WH_1正转很快，如 QF_1跳闸，则说明断路器选择或调整不当。

6）检查插座。按前面介绍的插座检查方法检查插座。

7）如果有动力设备，应闭合其开关，使其运转，用钳形表测试其电流应正常。投入第一支路所有负载，测量第一支路的总电流应正常。然后全负载运行一般不超过 2h。

8）将所有的开关拉掉，再把第二支路、第三支路按上述方法试完。第一支路测试时，其他分路的电能表都不得转动，电灯也不能点燃，否则表明有混线现象，应立即查出并纠正。

9）将总开关 QS、支路开关及各灯开关都按顺序合上，用钳形表测试总开关的三相电流应近似平衡，观察电能表的运转情况，检查开关的触头有无发热、变色现象，试运行 6 ~ 10h。试运行时，应安排人员值班。然后把所有开关按合闸相反的顺序断开。

三、试送电过程中出现故障的处理

试送电时，由于材料的质量不好、安装接线错误、环境条件的影响等，可能发生开路、短路、接线错误、接地等故障现象，表现为灯不亮、断路器跳闸（或熔丝熔断）、断开负载后电表仍转动等现象。

1. 照明电路断路故障的检查

断路或开路的原因有电路断线、接线头虚接、开关接触不良等。

下面以图 2-72 为例介绍断路故障的检查方法。

1）先把支路断路器 $QF_1 \sim QF_n$ 拉闸，合上总开关 QS。

2）确定故障范围。检查总开关 QS 的进线端，如不正常，则表明故障在进线开关之前；如果 QS 进线端电源正常，而 QS 的出线端电压不正常，说明总开关 QS 接触不良或熔断器 FU 的熔体熔断；如果上述测量都正常，可检查各分路开关（$QF_1 \sim QF_n$）的出线端是否正常。若某支路电压都不正常，则表明故障在总开关至分路开关之间的一段电路；若某支路的灯具不正常，则说明故障在该支路开关之后。

3）查找故障点。用试电笔依次检查照明电路断路非常方便，如图 2-73 所示。闭合开关 S，用试电笔接触照明灯两接线端，正常情况下，接触相线一端亮，而接触中性线一端不亮，如图 2-73a 所示。若测试开关两侧都不亮，则故障在开关之前的一段电路，如图 2-73b 所示。若测试开关进线端时电笔亮，而测试其出线端时电笔不亮，则表明开关接触不良，如图 2-73c 所示。若测试开关两侧时电笔都亮，而测试照明灯两端时电笔都不亮，则断路故障在开关至照明灯之间的一段电路，如图 2-73d 所示。若测试相线、中性线时，试电笔都发光，说明该灯的中性线开路或接触不良，如图 2-73e 所示。

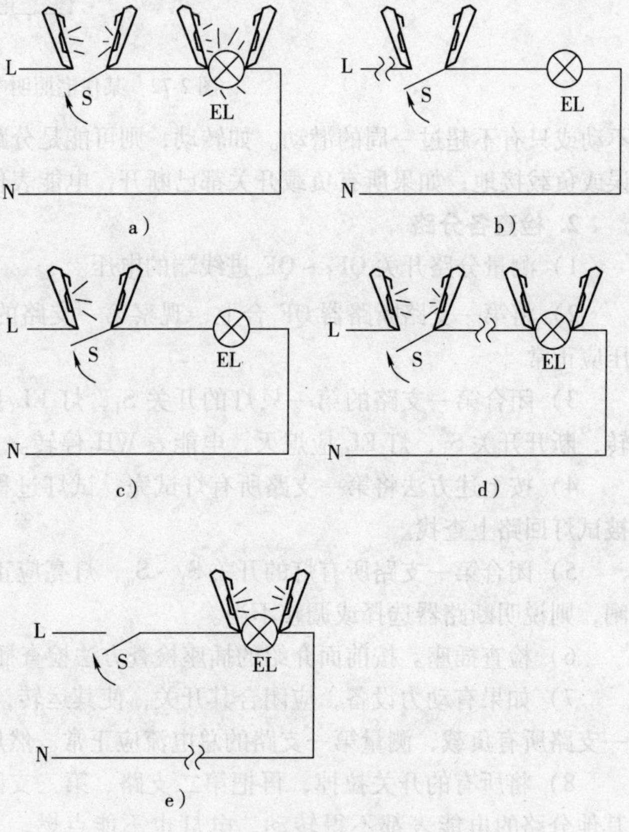

图 2-73　用试电笔检查照明灯不亮

a）正常情况　b）开关之前的电路断路　c）开关接触不良

d）开关到灯泡之间的电路断路　e）中性线断路或接触不良

注意： *如果照明灯的两条线全是相线或全是中性线，这时用试电笔检查照明电路灯泡两侧，试电笔会出现全亮或全不亮。*

4）断路故障的处理方法。若出现断线故障，对架空敷设的电路，查出断点后接好；对管内敷设的电路，需将导线抽出后更换新导线；若接线头虚接，应重新拧紧；若发现灯口内中心舌片较低（虽然用电笔检查时都正常，但灯泡与灯口内的中心舌片接触不上），可将其稍橇起一点，以防接触不良。

2. 照明电路短路故障的检查

发生短路故障时，合闸后熔丝熔断或断路器立即跳闸。短路故障的原因有相线、中性线接线错误；接头处绝缘未处理好；相线接地等。

(1) 校验灯检查短路故障

1) 断开总电源开关 QS 和所有照明灯开关，把照明电路的总熔丝去掉一只，并取下各插座熔断器（无熔断器时可将插座上的电器拔掉），将接有大功率白炽灯的校验灯接在去掉的熔丝上（串联在照明干线上），如图 2-74a 所示。

2) 确定故障范围。合上电源开关 QS，如主干线短路，校验灯就会点亮，否则表明短路故障发生在支线上。

3) 缩小故障范围。逐个合上各支路开关并观察校验灯的发光情况。正常时，由于支路灯泡的功率比校验灯的功率小，电阻大，电压基本正常，校验灯发暗光，而支路的灯泡亮度正常。当合上某支路时，校验灯突然变亮，而各支路的电灯都不亮，则表明该支路短路。如果校验灯不发光，则表明短路故障不在该支路上，可检查下一支路，这样查完全部支路。

4) 检查插头、插座。逐个装上各插座的熔断器，并观察校验灯的发光情况，当装上某插座的熔断器时，校验灯变亮，则表明该插座短路。这时可打开插座盖检查与接线桩头相接的两连接导线是否有碰连情况。

5) 检查用电器。逐个插上插座上的用电器，并观察校验灯的发光情况，当插上某用电器时，校验灯变亮，则表明该用电器短路。

6) 查找故障点。确定了故障支路后，断开电源，检查故障支路中各灯的灯口内有无短路电弧的“黑迹”，若无，可依次检查相关接线盒内的相线与中性线接线是否正确、绝缘是否包扎良好；检查有无将相线与中性线同时接在一个开关的触点上；检查相关插座接线是否短路；检查导线接头是否碰壳（接地）等。

也可在确定主干线无故障后，换上合适的熔体合闸送电，再用校验灯依次对每一支路进行检查。即将校验灯接在被检查灯开关的两个接线端子上，如果校验灯正常发光，说明故障就在该支路，如果校验灯发暗光，说明该支路正常，可检查下一支路，这样查完全部支路。如图 2-74b 所示。

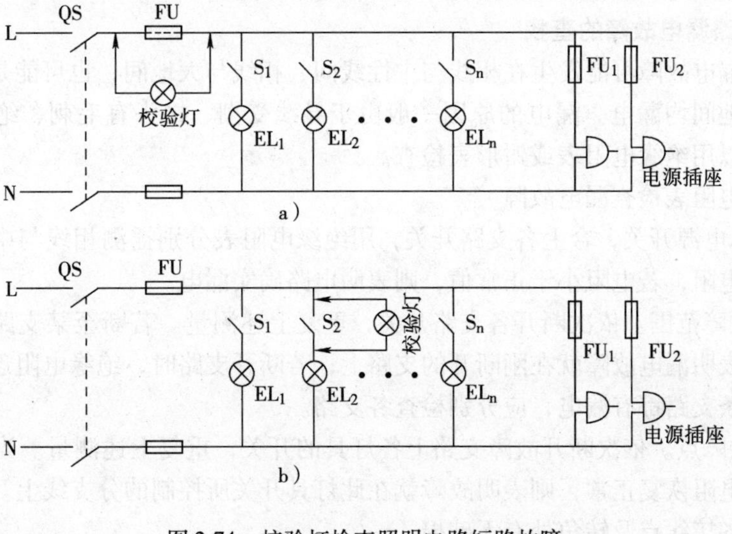

图 2-74　校验灯检查照明电路短路故障

(2) 校验灯检查照明电路短路故障

上面的检查方法是先断开总开关和支路开关。也可先将支路开关全部闭合，然后逐个断开各支路开关（检查插头、插座时，可拔下插头，取下各插座熔断器）。当断开某支路开关时，如校验灯亮度变化不大，说明该支路正常，可检查下一支路；如校验灯突然变暗，说明问题就出在与该开关有关的回路上，可对这一支路单独检查。

若所有支路全部断开，校验灯仍亮，则表明故障在主干线上。

(3) 钳形表检查照明电路短路故障

对于较长的照明电路，发生短路故障时，不掌握一定的技巧，查找故障比较困难。如图2-75所示的照明电路，由于各支路没有安装开关和熔断器，当某支路发生短路故障时，会使总熔断器熔断。检查时可用钳形表按以下步骤来检查。

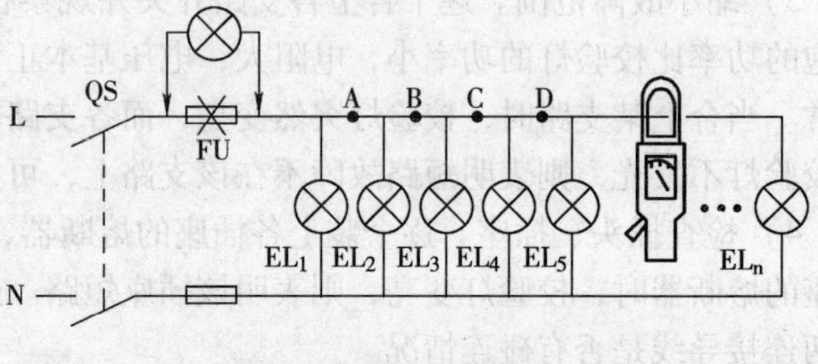

图2-75 钳形表检查照明电路短路故障

1）去掉熔丝FU，将大功率灯泡的校验灯接在FU的位置上（串联在照明干线上），接通电源，由于电路有短路点，电压几乎都加在了校验灯两端，从校验灯至短路点这段电路中便有电流流过，而其他支路中基本无电流流过。

2）确定故障范围。在电路的中点附近测量，若钳形表无电流，则表明短路点在测试点以前，若有电流指示，则表明短路点在测试点以后。

3）缩小故障范围。在故障段的中点附近测量，同法可以确定短路点在测量点之前或之后。

4）查找故障点。若测得A点有电流，而B点无电流，说明灯泡EL_2所在的电路短路；若B点有电流，而D点无电流，则表明灯泡EL_3或EL_4所在的电路短路，这时可测试C点有无电流，若C点有电流，则必定是灯泡EL_3所在电路短路。

3. 照明电路漏电故障的查找

照明电路漏电故障可能发生在相线与中性线间、相线与大地间，也可能是相线与中性线间、相线与大地间均漏电。漏电的原因一般由于导线受潮、接头有毛刺、绝缘破损或老化等。检查时可以用绝缘电阻表或钳形表检查。

(1) 绝缘电阻表检查漏电故障

1）断开总电源开关，合上各支路开关，用绝缘电阻表分别摇测相线与中性线、相线与大地间的绝缘电阻，若电阻小于正常值，则表明电路确实漏电。

2）确定故障范围。依次断开各支路开关，重复上述测量。若断至某支路时，绝缘电阻明显增大，则表明漏电故障就在刚断开的支路上；若断开支路时，绝缘电阻逐渐增大，则表明所断开的几条支路都有漏电，应分别检查各支路。

3）查找故障点。依次断开故障支路上各灯具的开关，重复上述测量。当断开某灯具的开关时，绝缘电阻恢复正常，则表明故障就在此灯具开关所控制的分支线上。这时可分别检查开关接头、各接线点及转角处有无破损。

(2) 钳形表检查漏电故障

钳形表检查漏电故障与用钳形表检查短路故障相似。检查时，可用钳形表测量总开关处的相线电流，然后切断分路刀开关，测量相线电流是否变化，以确定故障支路，再断开灯具开关，重复上述测量，查找故障点。

4. 开关间接错位置或混线故障

如图2-76a所示的电路，开关S_1与S_2错位，这时合上开关S_1时，灯泡EL_2亮，而灯泡EL_1不亮，再合上开关S_2时，灯泡EL_1亮，而灯泡EL_2不亮，说明两开关错位，这时将两开关的出线调换即可。

如图2-76b所示的一灯一开关电路中，两只灯的开关任一闭合时，两只灯都亮，这说明照明电路之间有混线现象。这时将两开关间的短接线拆除即可。正确接线如图2-76c所示。

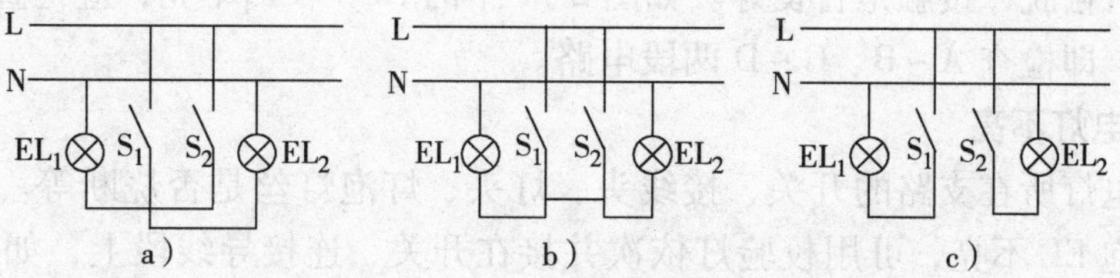

图2-76　开关间接错位置或有混线现象

a）两开关位置错位　b）两开关混线　c）正确接线

第七节　实用经验交流

一、白炽灯电路检修经验交流

1. 灯泡突然发白烧坏

一般由于灯泡钨丝搭连，造成钨丝局部短路而烧坏，但也有可能是电源电压突然升高（如三相四线制电路的零线断线）引起。如果是新接电路，还应检查电路电源是否接错，如将~220V供电电路接成~380V。如果是新换灯泡立即烧坏，可能是将~110V或~36V的灯泡接在~220V的电路上，所以更换灯泡时应检查电路的灯泡玻璃顶部的标志，不要盲目更换。

2. 某住户所有电灯都不亮

1）如某住户所有电灯都不亮，插座也无电，应首先观察该住户邻居的电灯是否正常，如果周围邻居的电灯都不亮，说明故障在室外公共电路，应了解公共电路的走线情况，检修公共电路。

2）如果周围邻居的电灯都正常，说明是该住户的电路故障，应先了解该住户的走线情况，然后依次检查该住户的总熔断器是否熔断、总开关处是否有电、总干线是否断路或接触不良等。检查时，可用万用表测量该住户总开关、总熔断器进出线间电压来判断，若该住户总开关进线有电，而出线无电，则表明该住户总开关动、静触头接触不良；若该住户总熔断器的进线端有电，而出线端无电，则表明有一只或两只熔断器的熔体熔断；若总开关和总熔断器均正常，说明户内照明总干线断路。对明线敷设的住户，可检查干线接线盒内的接头；对暗线敷设的住户，穿管线不许有接头，管内线一般不会断，应重点检查开关接线柱是否接触不良，分线孔处是否被老鼠咬断等。

3. 某住户的部分电灯不亮

上述故障说明该住户电路发生断路故障，如果断路发生在某支路，则支路内的电灯都不亮；如果断路发生在配电箱附近，则只有个别支路的电灯亮，大部分电灯都不亮。所以应观察该住户的走线情况，发现灯不亮的规律，找出部分电灯的公共电路部分，检查相应分线盒内的接线是否松脱，接触是否良好。如图2-77中的EL_2~EL_4不亮，应检查EL_1~EL_2所在的公共电路段，即检查A~B、C~D两段电路。

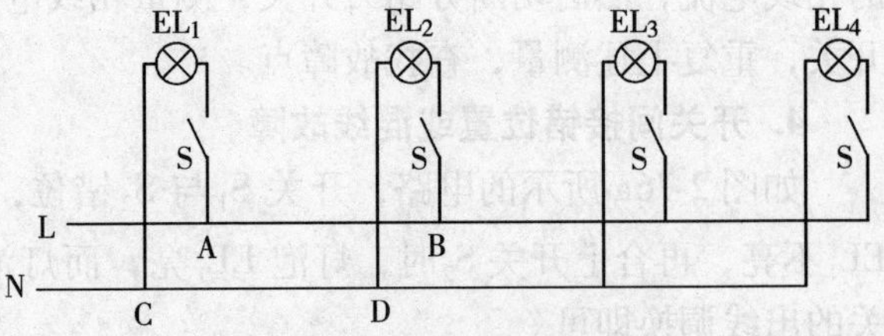

图2-77　部分电灯不亮

4. 某一只电灯不亮

应检查该电灯所在支路的开关、接线头、灯头、灯泡灯丝是否烧断等。如图2-78所示的电路中，灯泡EL不亮，可用校验灯依次并接在开关、连接导线段上，如并接在某处时，校验灯亮，则表明所并的电路段存在开路故障。

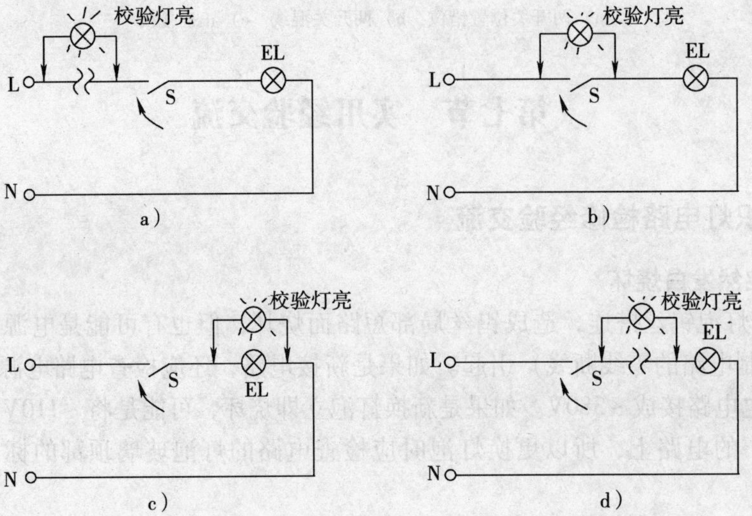

图2-78　校验灯检查某一电灯不亮

a）开关之前断路　b）开关接触不良

c）灯泡烧坏或灯座接触不良　d）开关到灯泡之间的电路断路

也可用试电笔检查，用试电笔检查某一电灯不亮的方法参照图2-73。

5. 预防白炽灯灯座、灯泡头生锈的方法

在有腐蚀性气体或潮湿的场所，灯座、灯泡头使用一段时间后会锈蚀，导致接触不良，还可能将灯座与灯泡锈蚀在一起。这样不但浪费灯头，又给更换灯泡带来不便，影响正常的工作和生活。

为防止灯头、灯泡头生锈，除采用防腐防潮的封闭式灯具外，安装或更换灯泡时，在灯泡头或灯座上涂一薄层中性凡士林即可解决。

6. 高空中巧装拉线开关

拉线开关的安装位置一般较高，安装不太方便。如果掌握一定的安装顺序，先安装拉线开关，再固定电线就很方便了。先将准备好的木板（或圆木）中间和两侧用电工刀或手电钻钻4个孔（中间两个用于穿线，两侧两个用于固定木板），将电线穿过中间两孔接至拉线开关，然后把拉线开关固定在木板上，再爬上梯子把木板固定在墙上，固定好开关后再将导线固定并接好即可。

二、荧光灯电路检修经验交流

1. 荧光灯电路的常见故障及处理方法

荧光灯电路的常见故障及处理方法见表2-7。

表2-7 荧光灯电路的常见故障及处理方法

故障现象	产生原因	处理方法
荧光灯不亮	1）电源电压过低 2）电路熔丝熔断 3）辉光启动器、镇流器、荧光灯管损坏 4）辉光启动器座松动或有锈蚀 5）灯管座弹性减弱或簧片偏移 6）电路接线松脱 7）新装荧光灯接线错误	1）应待电源恢复正常后再使用 2）应查明原因后，更换熔丝 3）应更换 4）应拨动辉光启动器座或除去锈蚀 5）应更换灯管座，也可在灯脚插孔内放一截细熔丝将其卡紧或将簧片复位 6）应依次检查各接点，并接好松脱导线 7）应检查并纠正错误接线
不易启辉	1）电源电压过低 2）环境温度过低 3）辉光启动器或镇流器的规格偏小，与荧光灯的功率不匹配 4）灯管衰老	1）应调整电源电压至额定值 2）应提高环境温度，或用热手帕来回擦拭灯管 3）应更换辉光启动器或镇流器 4）应更换
荧光灯闪烁	1）电源电压过低 2）辉光启动器或镇流器接触不良 3）更换镇流器时，选配的镇流器与荧光灯功率不匹配，镇流器的规格偏小 4）灯管质量不好 5）新灯管暂时现象	1）应提高电源电压至额定值 2）应接好各接点 3）应更换与原规格一样的镇流器 4）应更换合格产品 5）用一段时间或对调灯管两端后，就会消失
镇流器过热	1）电源电压过高，此时灯管亮度有所增加 2）镇流器规格过小或内部线圈短路 3）灯管长时间闪烁 4）环境温度过高	1）应调整电源电压或待电压恢复正常后再使用 2）应更换镇流器 3）应查明原因使灯管点亮 4）应降低环境温度

（续）

故障现象	产生原因	处理方法
镇流器有异常声音	1）电源电压过高 2）镇流器线圈短路 3）镇流器铁心松动	1）应调整电源电压至额定值 2）应更换 3）可先拆开镇流器外盖，取出铁心，然后用电吹风沿硅钢片四周加热（温度不要过高），再将石蜡液滴进硅钢片缝隙
灯管两端红亮而不能正常启辉	1）辉光启动器接触不良 2）辉光启动器座上的线头脱落 3）电压过低或温度过低 4）辉光启动器、灯管或镇流器损坏	1）应旋转辉光启动器或拨动辉光启动器座上的簧片，使它们接触良好 2）应重新将辉光启动器座上的线头接好、焊牢 3）应调整电源或用热毛巾、电吹风对灯管加热 4）应更换新品
灯管发光后立即熄灭	1）电源电压过高，如220V变为380V 2）接线错误	1）应查明原因后修复 2）应改正错误接线

2. 四线头镇流器主副线圈的判别

1）判断是不是同一线圈。用万用表测量，电阻为“∞”的不是同一线圈。

2）判断主、副线圈。用万用表R×1档，测量镇流器主、副线圈的直流电阻，直流电阻较大的一组为主线圈，直流电阻较小的一组为副线圈。

3. 荧光灯灯管好坏的判别

（1）新灯管的检查

直接用万用表电阻档测量灯管两侧的直流电阻，电阻不是“∞”的都可认为是好的。

（2）旧灯管的检查

1）绝缘电阻表法检查。旧灯管灯丝即使不断，但有的荧光灯灯管已无启辉能力，也不能使用。如图2-79所示，将一块1000V绝缘电阻表与灯管并联，然后按额定转速摇动，约有700~1000V的直流电压加在两组灯丝之间（可用万用表监测），若灯管有辉光，表示灯管正常；如果灯管不亮，则表明灯管的灯丝已烧断；如果灯管微亮，则说明灯管已老化失效。

2）灯泡法检查。如图2-80所示，将荧光灯一侧的两引脚与合适的灯泡（一般15W以下的灯管串联25W灯泡；15~40W的灯管串联60W灯泡；100W的灯管串联200W灯泡）串联，接通电源，可从灯管亮与不亮以及灯管发光的程度来判断灯管能否使用。

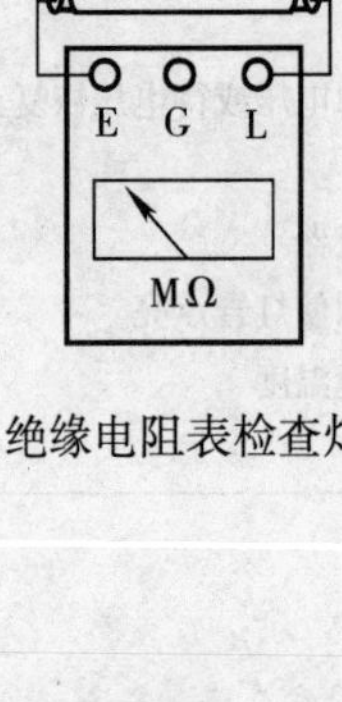

图2-79　绝缘电阻表检查灯管的好坏

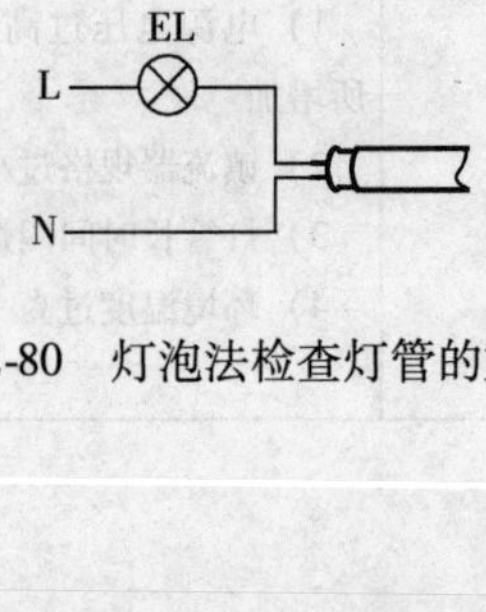

图2-80　灯泡法检查灯管的好坏

三、电缆故障点的测试

1. 电缆短路故障点的测试

测试前，先用万用表或电池灯测出短路的两根导线，并将短路的两根导线接在调压器（调压器先调至零位）的输出端，然后找一个铁心，并在铁心上绕几十匝线圈，将万用表置于微安档串接入线圈中，如图 2-81 所示。

测试时，合上开关 S，缓慢调节调压器向短路两导线中加入低压交流电，使导线中流过约 $4A/mm^2$ 的电流，将铁心靠近电缆首端（调压器端），这时，由于电磁感应的作用，万用表会有电流指示，再将铁心从首端向尾端慢慢移动，当万用表指示变“0”点，就是短路故障点。

2. 电线断芯的查找法

1）检查接头有无松脱。

2）逐段检查导线的绝缘层，看有无明显的创痕，如有，可轻轻用力拉动创痕处两侧，并仔细观察电线外皮的直径，如外皮明显变细，则该部位就是电线的断芯处。

3）用数字万用表检查电缆或绝缘导线断路故障。如图 2-82 所示，将被测导线逐根接在相线上，一手握黑表笔笔尖（或将黑表笔接大地），用数字万用表的红表笔作探头，贴着导线绝缘体外皮测试，然后由导线的首端向尾端移动，当万用表指示明显变小时，红表笔所靠近的点即为断路故障点。为准确起见，可在断路点附近来回移动红表笔重试几次。此方法与检查暗线走线位置相似。

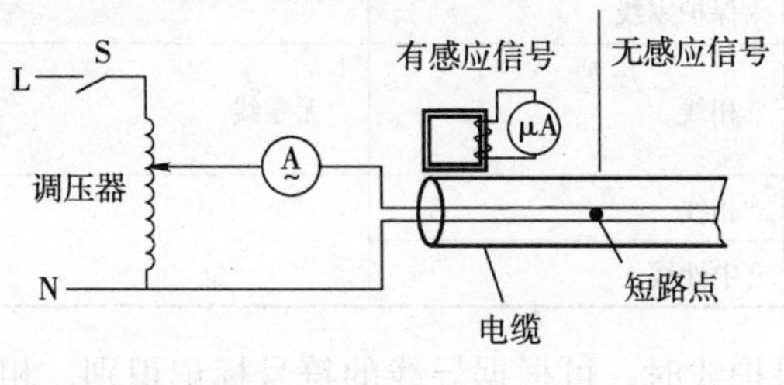

图 2-81 电缆短路故障点的测试

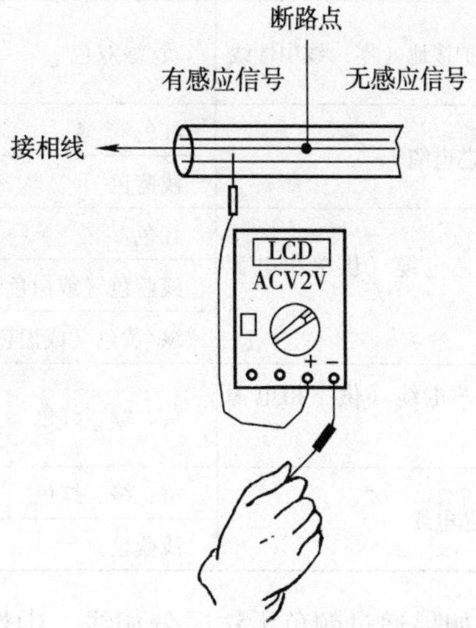

图 2-82 用数字万用表查电缆断路故障

3. 电缆接地故障的查找

如图 2-83 所示，先用数字万用表或绝缘电阻表测量各相线与外壳间的绝缘，找出接地故障相，然后把接地导线与另一完好导线的一端拼接在一起，在这两导线的另一端通入低压电（低压电可以通过调压器取得，也可使用几节干电池），使电

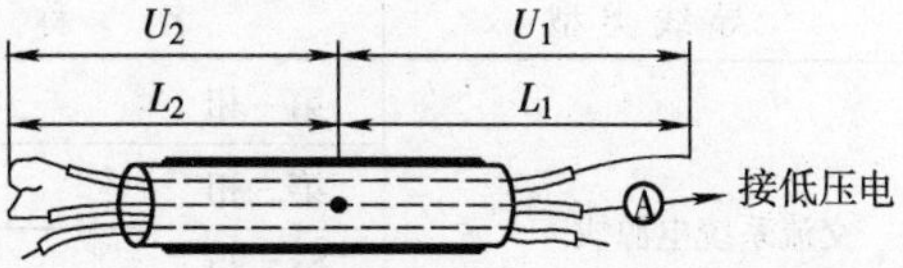

图 2-83 用数字万用表查找电缆接地故障

路中的电流不超过导线的容量，并根据所加电压选择数字万用表档位，分别测量故障相两端头对电缆壳皮的电压 U_1 与 U_2，所测电压就是故障相两端头到接地点的电压，然后根据欧姆定律 $U_1/U_2=L_1/L_2$ 即可找出接地点（由于是同一导线，内阻与导线长度成正比）。

四、导线颜色及截面积的选择

1. 导线颜色的选择

为方便接线和检修，敷设导线时，应根据有关规定，相线、中性线和保护线应采用不同颜色的导线。如一般用途导线，相线 L_1、L_2、L_3 分别采用黄、绿、红三色，中性线（过去也叫零线）宜采用浅蓝色，保护线应使用绿/黄双色导线。有时，不能按规定要求选配导线时，可作适当调整，如相线可采用黄、绿、红三色中的一种，保护零线无绿/黄双色导线，也可用黑色的导线，但这时中性线应使用浅蓝色或白色的导线。相线、中性线、保护线的颜色具体规定见表 2-8 所示。

表 2-8　相线、中性线、保护线的颜色具体规定

导线类别	颜色标志	线　别	备　注
一般用途导线	黄色	L_1 相	U 相
	绿色	L_2 相	V 相
	红色	L_3 相	W 相
	浅蓝色	中性线	
保护接地（零）线中性线	黄/绿双色	保护接地线 中性线	颜色组合 3:7
二芯电缆	红色	相线	
	浅蓝色	中性线	
三芯电缆（供单相电源用）	红色	相线	
	浅蓝色（或白色）	中性线	
	绿/黄色（或黑色）	保护零线	
三芯电缆（供三相电源用）	黄、绿、红色	相线	无零线
四芯电缆	黄、绿、红色	相线	
	浅蓝色	中性线	

如果通过颜色无法区分相线、中性线和保护线时，可根据导线的符号标记识别。相线、中性线、保护线的符号标记见表 2-9。

表 2-9　相线、中性线、保护线的符号标记

导线类型	名　称	标记符号	备　用
交流系统电源线	第一相	L_1	旧符号标记为 A、B、C、O 或 a、b、c、o
	第二相	L_2	
	第三相	L_3	
	中性线	N	

（续）

导线类型	名　称	标记符号	备　用
交流系统设备端线	第一相	U	
	第二相	V	
	第三相	W	
	中性线	N	
直流系统电源线	正极	L+、+	
	负极	L-、-	
	中间线	M	
保护接地线	保护接地（接零）线	PE	
	不接地保护线	PU	
	保护接地（接零）和中性线共用线	PEN	
	接地线	E	
	无噪声接地线	TE	
	与机壳、机架相接线	MM	
	等电位线	CC	

2. 导线截面积的选择

为了保证导线在一定环境条件下能够正常工作，减小供电电路的电压损失，保证用户的用电质量，选择合适的导线截面十分重要。我国常用导线标称截面积 S_N（mm^2）分为：1、1.5、2.5、4、6、10、16、25、35、50、75、95、120、150、185 等。导线截面积的选择常按导线的允许载流量（导线允许的最高温度所能通过的最大工作电流）来确定，而导线的安全载流量与导线材料、环境温度和敷设方式有关，实际工作中可用下面的口诀计算，直接确定导线的载流量。

铝心绝缘导线载流量与截面积的倍数关系

口诀：

10 下五，百（100）上二，

25、35，四、三界，

70、90，两倍半，

穿管、温度，八、九折，

裸线加一半，

铜线升级算。

上面的口诀好记但不易理解，如稍加变换，在温度不大于 25℃时，铝心绝缘导线载流量 I 与截面积 S_N 的倍数（K）关系排列如下：

1~10	16、25	35、50	70、95	120 及以上
五倍	四倍	三倍	二倍半	二倍

将上面的排列关系与口诀对照起来看就比较清楚了，为了方便读者理解，我们再解释一下。

1）“10下五”是指截面积在$10mm^2$以下，$K=5$，即$I=5S_N$。

2）“百上二”是指截面积在$100mm^2$以上，$K=2$，即$I=2S_N$。

3）“25、35，四、三界”是指截面积$25mm^2$和$35mm^2$是四倍、三倍的分界线，即$25mm^2$导线的载流量按四倍算，$35mm^2$导线的载流量按三倍算。

4）“70、90，两倍半”是指截面积为$75mm^2$和$90mm^2$时，$K=2.5$即$I=2.5S_N$。

例如，某铝心绝缘导线，在环境温度不大于25℃时的载流量的计算如下：

当截面积为$2.5mm^2$时，$K=5$，即载流量$I=2.5\times5A=12.5A$；

当截面积为50 mm^2时，$K=3$，即载流量$I=50\times3A=150A$；

当截面积为120 mm^2时，$K=2$，即载流量$I=120\times2A=240A$。

5）“穿管、温度，八、九折”是指铝心绝缘导线，若穿管敷设时，上述计算后打八折（$\times0.8$）；若环境温度超过25℃，上述计算后打九折（$\times0.9$）；若既穿管敷设，温度又超过25℃时，上述计算后打八折后再打九折，或按一次打七折（$\times0.7$）计算。

例如，$120mm^2$的铝心绝缘导线，超过25℃时的载流量$I=120\times2\times0.9A=216A$；穿管时的截流量$I=120\times2\times0.8=192A$；若既穿管又高温，其载流量$I=120\times2\times0.9\times0.8A=172.8A$。

6）“裸线加一半”是指裸铝导线，可按同样截面积铝心绝缘导线计算后再增加一半，也就是原计算值乘以1.5，但“穿管、温度”仍按“八、九折”。

例如，$50mm^2$的裸铝导线，不超过25℃时的载流量为$50\times3\times1.5A=225A$，超过25℃时的载流量为$50\times3\times1.5\times0.9A=192.5A$。

7）“铜线升级算”是指铜心导线（含裸导线）的截流量，按导线截面积排列顺序增加一等级，再按相应条件的铝线计算，但“穿管、温度”也按“八、九折”。

例如，$50mm^2$的绝缘铜线，不超过25℃时的载流量应按$70mm^2$的绝缘铝线计算，即为$70\times2.5A=175A$；同样$50mm^2$的裸铜导线，不超过25℃时的载流量应按$70mm^2$的裸铝线计算，即为$70\times2.5\times1.5A=262.5A$。

注意：三相四线制电路的中性线既要通过单相负载电流、三相不平衡电流，又要在故障时通过故障电流，很容易使中性线由于发热、断线而损坏。因此中性线的截面积一般与所在电路相线截面积相同，最低不得小于所在电路相线截面积的一半。单相电路中，中性线与相线电流相同，所以它们的截面积也应一样。

3. 家庭住室电源线的选择

家庭住室电源线主要根据家庭用电器的功率来定，选择时既要考虑住室内负载的需要，又要考虑节约成本，不造成浪费。

一室一厅住室总线可选用$4mm^2$铜导线或铜护套线作电源线，照明支路可选用$1.5mm^2$单芯铜线，其他支线可选用$2.5mm^2$单芯铜线。

二室一厅住室总线一般可选用$4mm^2$或$6mm^2$单芯或多股铜线，照明支路可选用$1.5mm^2$单芯铜线，其他支线可选用$2.5mm^2$单芯铜线。

三室一厅住室总线一般可选用$6mm^2$或$10mm^2$单芯或多股铜绝缘导线，支线可选用$2.5mm^2$单芯铜线。

三室两厅住室总线一般可选用$10mm^2$或$16mm^2$单芯或多股铜绝缘导线，支线可选用$2.5mm^2$单芯铜线。

五、其他实用经验交流

1. 电源相序的规定

(1) 配电装置母线的排列

对于三相四线制的配电装置，面对前门来定，按 L_1（黄 A）、L_2（绿 B）、L_3（红 C）、N（浅蓝）的顺序从左至右、从上而下、从远而近依次排列，如图 2-84 所示；对于三相三线制配电装置，无中性线，而相线的排列顺序不变。

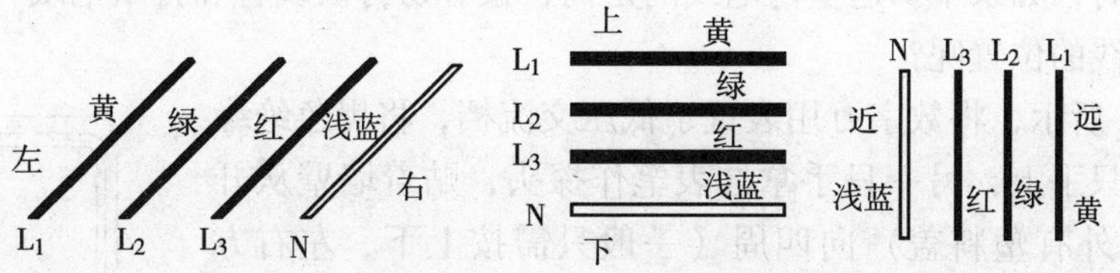

图 2-84　配电装置交流母线的排列方式及涂漆

(2) 变压器引出母线（架空电路）的排列顺序

架空电路母线的排列，面对负载从左起，三相三线电路按照 L_1、L_2、L_3 的顺序排列；低压三相四线制电路按照 L_1、N、L_2、L_3 的顺序排列；单相三线电路按照相线、中性线、保护线的顺序排列，如图 2-85 所示。

2. 电压不平衡故障的查找及处理方法

(1) 电压不平衡的查找

1）对于三相三线的供电电路，将万用表置于 ~500V 或 ~750V 档，分别测量 3 个线电压 U_{ab}、U_{ac}、U_{bc}，如果 U_{bc} 和 U_{ac} 电压偏低，可以判定 L_3（C）相电压较低。

2）对于三相四线的供电电路，可以分别测量三相相电压 U_a、U_b、U_c 来判别，若 $U_b > U_a > U_c$，则表明 L_3 相电压最低。

(2) 电压不平衡的原因及处理方法

1）三相负载不平衡，导致中性点位移。三相负载不平衡程度越严重，三相电压不平衡程度也越严重。一般可在用电高峰时，测量三相电流，然后调整部分负载的接线相，使三相负载平衡。

2）中性线断线，导致中性点位移，造成负载大的一相电压最低，负载小的一相电压最高。应采用适当截面和机械强度的中性线。

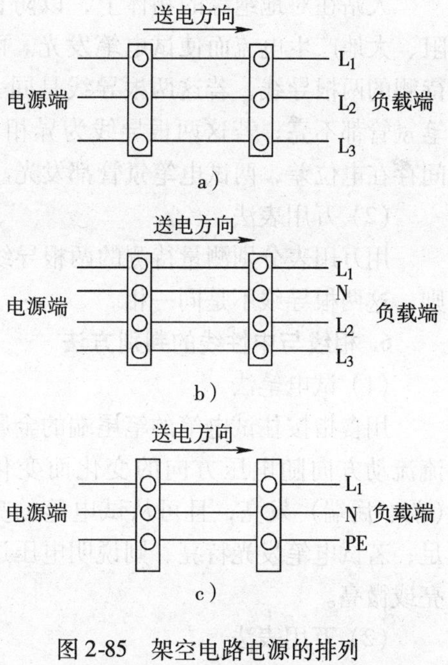

图 2-85　架空电路电源的排列

a）三相三线　b）三相四线　c）单相三线

3）相线接地（漏电）。发生单相不完全接地故障时，接地相对地电压降低，非接地的两相对地电压均有不同程度的升高。可按照本章第五节的有关内容（照明电路漏电故障的查找）解决。

3. 单相负载电流的估算

计算负载电流时应考虑功率因数，即：$I = P/U\cos\phi$

对于单相电动机按8A/kW估算，白炽灯或电热负载可按4.5A/kW估算，荧光灯按9A/kW估算。对于一般居民，由于电热负载较多，如果知道负载的功率，将功率数（kW换算为W）除以200即为负载电流，即5A/kW。同一回路上各用电器的电流等于其总功率除以200。

4. 室内穿墙线位置的确定

装修房屋时，如果不知道室内电线的走向，很容易打破线管和打断电线，怎样才能快速准确地确定电线的位置呢？

如图2-86所示，将数字万用表置于低压交流档，将黑色绝缘测试线绕在一只手上，另一只手拿红表笔作探头，贴着墙壁从开关或分线盒（外有塑料盖）向四周（一般只需按上下、左右方向）移动，凡是墙内有电线管的地方，数字电压表即有显示，显示数字越大，离电源线越近，当表笔偏离电源线时，万用表数值将明显减小，据此可判断墙内电线的走向、位置。

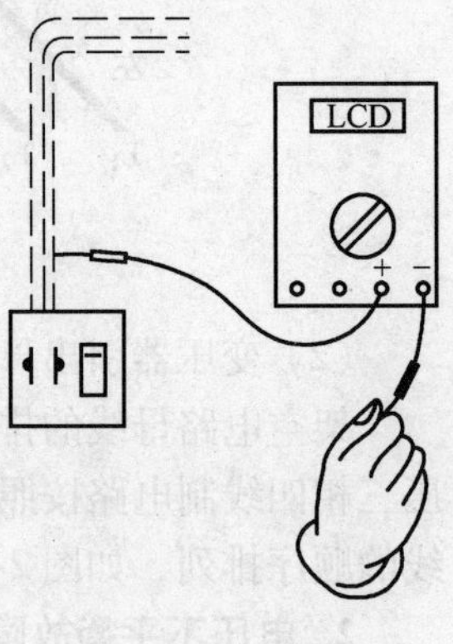

图2-86 用数字万用表判断墙内暗线的走向

5. 交流电同相或异相的判断

（1）试电笔法

人站在对地绝缘的物体上，以防止相线通过人体、试电笔内阻、大地产生电流而使试电笔发光。两手各握一只试电笔，测试待测的两根导线，若这两根导线是同一相，则电位相等，两试电笔氖管都不亮；若这两根导线为异相，两相（或相线与中性线）间存在电位差，两试电笔氖管都发光。

（2）万用表法

用万用表分别测量待测的两根导线，若这两根导线是同一相，则万用表无电压指示，否则，这两根导线不是同一相。

6. 相线与中性线的判别方法

（1）试电笔法

用食指按住试电笔的笔尾端的金属帽，将试电笔的笔尖与相线接触时，两电极间的电子流流动方向随电压方向的变化而变化（变化很快，视觉感受不到），试电笔的氖泡全部（前、后端）发亮，且可从试电笔的亮度判断电压的高低。若试电笔发光暗红则为电压不足；若试电笔发光特亮，则说明电压过高；若试电笔不亮表示没电。测量中性线时试电笔不亮或微亮。

（2）万用表法

由于在三相四线制系统中，中性线通常是接地的，如果有良好的接地点，通过测量电源线对地电压来判别相线和中性线非常方便。先将万用表置于~250V档，然后用万用表的一只表笔接一个接地良好的接地端，如自来水管或潮湿地面等，再将万用表的另一只表笔接触电源（插座）线，电压指示高的为相线，电压指示较低或为零的为中性线，如图2-87a所示。

有时由于条件的限制，如接地线很远或接地不良，用万用表法判别相线和中性线显得不方便。这时可用一只手握住黑表笔的绝缘棒，将红表笔接触插座的两个插孔，比较两次测量的数值，数值大的一次红表笔所接触的为相线，数值小的一次红表笔所接触的为中性线，如图 2-87b 所示。

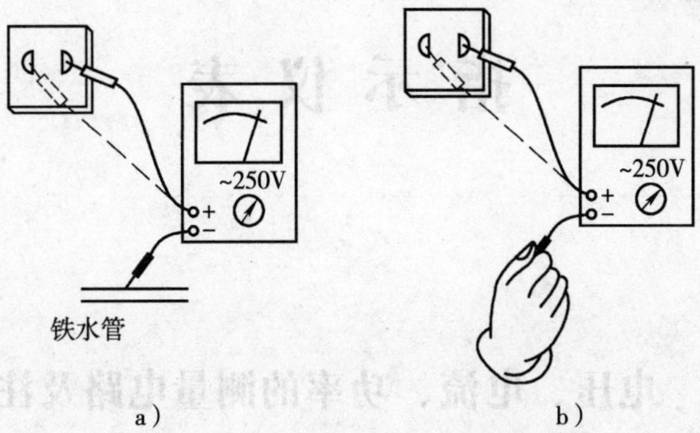

图 2-87　相线、中性线的判别

（3）注意事项

1）在用数字万用表判别相线与中性线时，若中性线接地不良或对地开路，中性线上也可感应出几十伏的电压，这时显示感应电压较大的为电源的相线。

2）测试时握红表笔的手切不可接触红表笔笔尖。

第三章

指示仪表

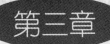

第一节　电压、电流、功率的测量电路及注意事项

一、直流电流表的接线及注意事项

直流电流表是用来测量直流电流大小的仪表，其外形、接线电路如图 3-1 所示。从图 3-1可以看出，直流电流表表盘标有A，右端的接线柱标有 3A，用此接线柱只能测量 3A 以下的电流；左侧“－”是负极接线柱。

注意事项：

1）仪表必须与负载串联，不能并联，因为电流表的内阻很小，并联时相当于将电源正、负极短接，电流很大，会损坏电源和电流表。

2）表的正极应接在电路的正端，负极接在电路的负端，否则指针将因反偏而损坏。

3）选择仪表的量程时，应使指针尽可能接近满度值，一般最好工作在不少于满度值2/3的区域。

4）读数。确定电流表的一个小格代表多大的电流。图 3-2 所示的电流表的最右端是 3A，表盘上从 0 到最右端共有 30 小格，则每小格代表 0. 1A。然后看表针向右偏过了多少小格，用小格数乘每小格代表的数值 0. 1A，就是所测的电流。此电流表偏过 20 小格，则说明被测电流为 2A。

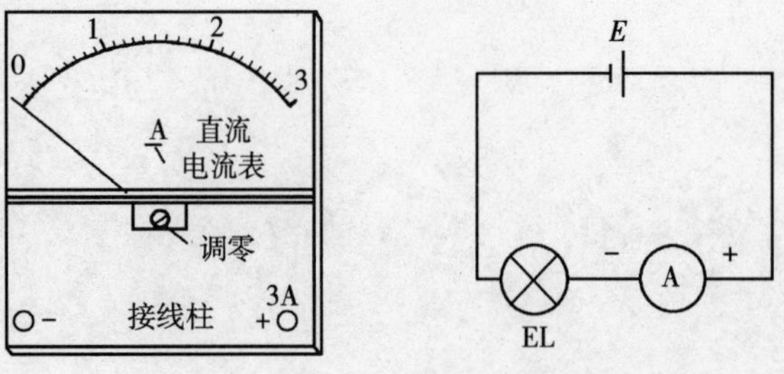

a）　　b）

图 3-1　直流电流表的外形及接线电路

a）外形　b）接线方法

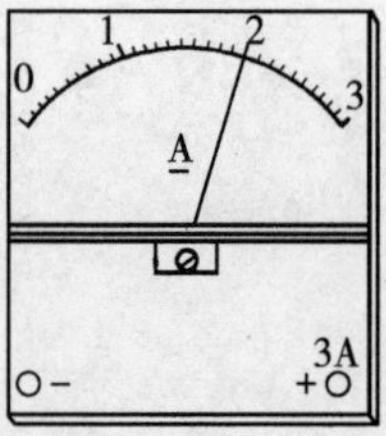

图 3-2　电流表的读数示例

二、交流电流表的接线及注意事项

交流电流表外形与直流电流表相似，只是它表盘标有 A̰，接线柱无“+”、“-”极之分。

如果负载电流不超过电流表的最大量程，可按图3-3a接线；如果测量电流超过电流表的最大量程，应选用适当电流比的电流互感器，并将电流表接于电流互感器的二次侧，这时电流表最大量程就是电流互感器的一次电流，如图3-3b所示。

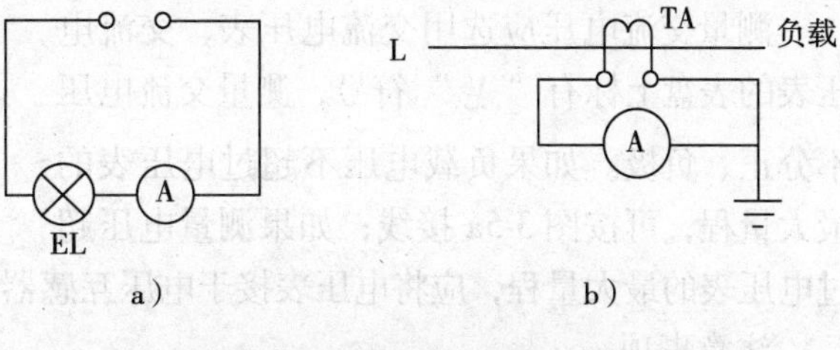

图3-3 交流电流表的接线电路
a）直接测量 b）带互感器测量

注意事项：

1）选择仪表的量程时，应使指针尽可能接近满度值，一般最好工作在不少于满度值2/3的区域。

2）仪表必须与负载串联，电流超过电流表的最大量程时，应将电流表串接在电流互感器的二次侧。

3）电流互感器二次回路应接线牢固，绝不允许开路和安装熔断器。

4）电流互感器的二次绕组和铁心要可靠接地，防止二次开路产生高压危及人身和设备的安全。

5）交流电流表的读数与直流电流表的读数相似。

三、直流电压表的接线与注意事项

测量直流电压时应选用直流电压表，直流电压表的表盘上标有“V̲”符号，如图3-4所示。

注意事项：

1）仪表与负载应并联。表的正极应接在电路的正端，负极接在电路的负端，否则指针将因反偏而打弯。如果不知道被测电路的极性，可将两表笔试触一下被测电源，如果表针向右正偏，说明红表笔所接为电源的正极，反之如果表笔反偏，说明正、负表笔接反。

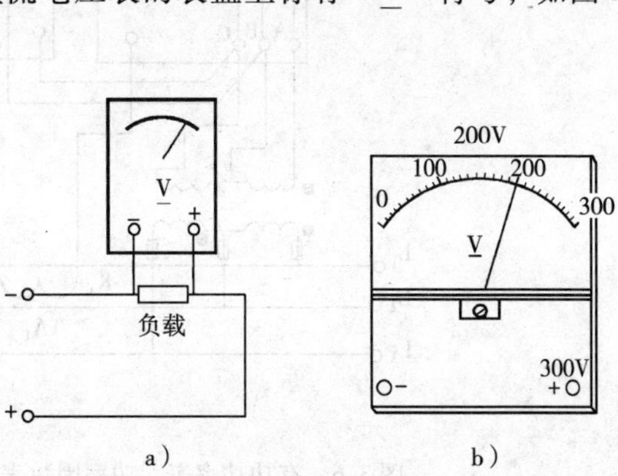

图3-4 直流电压表的接线电路
a）测量方法 b）读数

2）选择仪表的量程时，应使指针尽可能接近满度值，一般最好工作在不少于满度值2/3的区域。

3）电压表的读数与电流表的读数相似，先确定电压表的一个小格代表多大的电压。例如300V的电压表，表盘上从0到最右端共有30个小格，则每个小格就代表10V；然后看表针向右偏过了多少小格，用小格数乘每小格代表的数值10V，就是所测的电压。如图3-4b

所示电压表指示在 20 小格，表明被测电路的电压就是 200V。

四、交流电压表的接线及注意事项

测量交流电压应选用交流电压表，交流电压表的表盘上标有“ V̰ ”符号，测量交流电压不分正、负极。如果负载电压不超过电压表的最大量程，可按图 3-5a 接线；如果测量电压超过电压表的最大量程，应将电压表接于电压互感器的二次侧来扩大量程，如图 3-5b 所示。

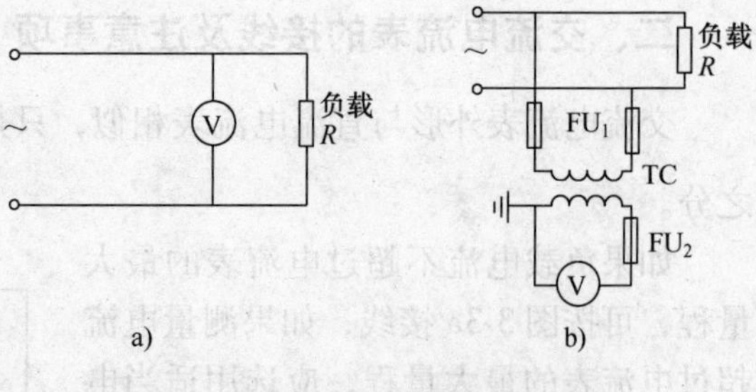

图 3-5　交流电压表的接线电路

a）直接测量　b）带互感器测量

注意事项：

1）电压互感器的二次侧不能短路，且二次侧必须一点接地。

2）为防止短路，电压互感器的一、二次侧应装熔断器。

五、有功功率表、功率因数表、电流表、频率表的联合接线及注意事项

图 3-6 所示为有功功率表、功率因数表、电流表、频率表的联合接线，常用于小型发电机或变电所控制屏上。

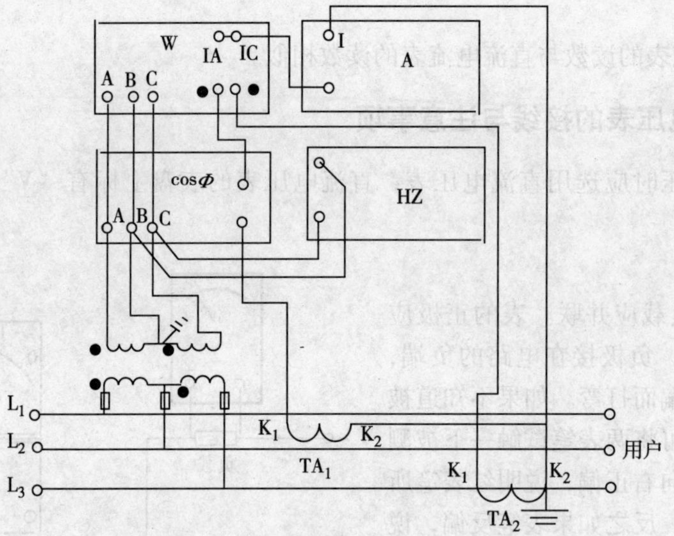

图 3-6　有功功率表、功率因数表、电流表、频率表的联合接线

注意事项：

1）各仪表的电流线圈应与电流互感器二次侧串联形成电流回路，但 L_1、L_3 两相电流不能接错，否则仪表指示不准。

2）有功功率表（W）、功率因数表（$\cos\Phi$）、频率表（Hz）的电压线圈应与电压互感器二次侧并联，各相电压相位不能接错。

3）电流互感器的“K_2”应可靠接地，以防止开路产生高压。

4）在电压互感器的一次侧，应安装三只熔断器。

5）电压回路与电流回路之间不应有混线现象。

6）二次回路的导线或电缆，均应采用单股绝缘铜线，电流互感器回路导线截面积不应小于 2.5mm²，电压互感器回路导线截面积不应小于 1.5mm²，导线中间不得有接头。

第二节　常用测量仪表

一、认识指针式万用表

指针式万用表是一种多用途的电工仪表，常用的 MF30 型万用表的外形如图 3-7 所示，用它可以测量电阻、交直流电压、交直流电流等。

1. 熟悉档位开关和表笔插孔

MF30 型万用表档位开关在图的下半部分，主要有交流电压档（$\underset{\sim}{V}$）、直流电压档（$\underline{V}$）、电阻档（Ω）、直流电流档（$\underline{mA}$和$\underline{\mu A}$）。每个档位根据测量值的大小不同又分为多档。

在档位开关的下侧是表笔插孔，红表笔插在“+”号位置，黑表笔插在“-”号位置。红表笔所在的“+”号插孔接表内电池的负极，黑表笔所在的“-”号插孔接表内电池的正极。

图 3-7　MF30 型万用表的外形

2. 熟悉万用表刻度盘

MF30 型万用表刻度盘如图 3-8 所示。图中的第一条刻度线的右边标有“Ω”，它是测量电阻的刻度线，测量电阻时按此条线读数；第二条刻度线的左边标有“≂”，右边标有 V/mA，表示交、直流电压和直流电流按此档读数；第三条刻度线两侧标有“10V”，表示 10V 以下的低电压按此档读数；最下面一条是测量音频电平的刻度线，此刻度线很少使用。另外在第一、二刻度线之间有一弧面镜，它用来消除视觉误差。

二、指针式万用表的调零

1. 机械调零

如图 3-9 所示，将万用表平放，检查表针是否指在左侧“0”位（电压档零位），若不指“0”位，可用小螺钉旋具调节机械调零钮将表针调零。机械调零时表笔不能短接，也不能测量。

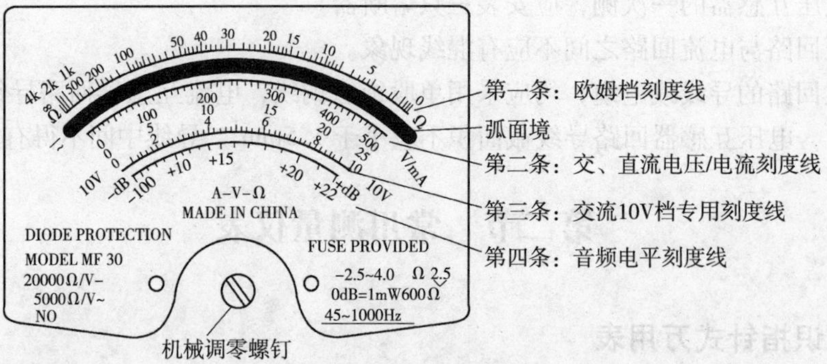

图 3-8 MF30 型万用表刻度盘

2. 欧姆档调零

如图 3-10 所示，将红表笔插入“ + ”孔内，黑表笔插入“ – ”孔内，万用表置于欧姆档，短接两表笔，如果表针不指向欧姆档的“0”（右侧），用手调节零欧姆调节旋钮，使指针调零。测量电阻时，每换一次档位都要欧姆档调零一次。

图 3-9 机械调零

图 3-10 欧姆档调零

想一想 机械调零和欧姆档调零有什么区别？

三、使用指针式万用表

1. 测量交流电压

测量市电电压如图 3-11 所示。

（1）选择档位

根据交流电压的大小，选择合适的电压档位，选取的档位要大于且接近于被测电压，以使测量值准确。例如测量 ~220V 市电，可选用 ~500V 档，两表笔不分极性接触被测电源。如果无法估计被测值的大小，可先从最大档逐渐向小量程转换，但测量的

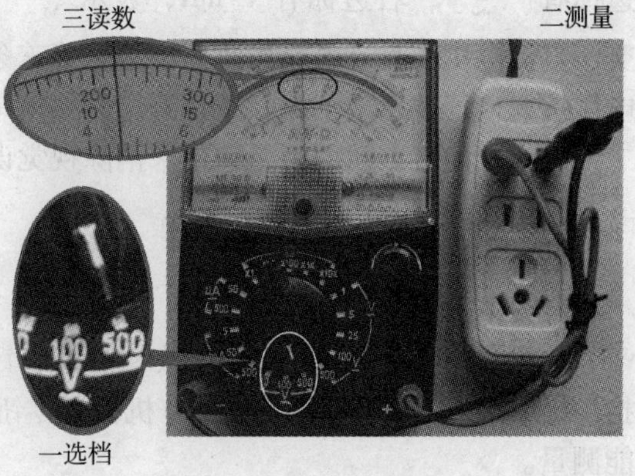

图 3-11 测量市电电压

同时不可带电转换量程，只有将表笔脱离被测交流电压才能转换量程。

（2）测量

测量交流电压时，红、黑表笔不分极性。

（3）读数

以测量市电为例，由于表盘上有500V档位标尺，可以直接读数，图中表针指在200偏右一点，为220V。

2. 测量直流电压

（1）选择档位

根据直流电压的大小，选择比被测值高且接近的档位，以使测量值准确。例如测量1.5V电池的电压应选5V档，如图3-12所示。

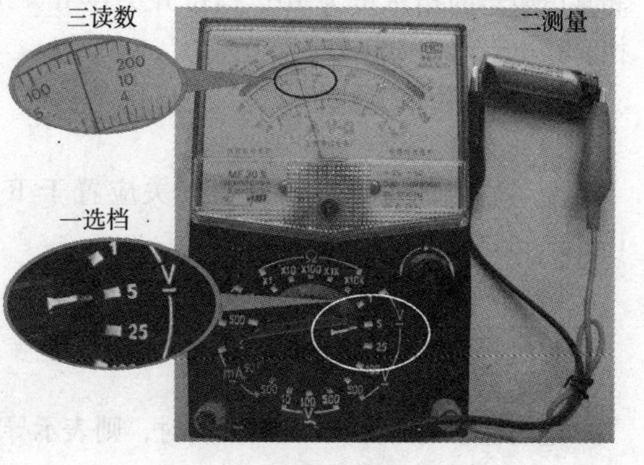

图3-12 测量直流电压

（2）测量

测量直流电压时，应将红表笔接电源的正极，黑表笔接电源的负极。如果不知道被测电路的极性，可将两表笔试触一下被测电源，如果表针向右正偏，说明红表笔所接为电源的正极，反之如果表笔反偏，说明正、负表笔接反。想一想，是不是可以用这一招来判断直流电源的正、负极。

（3）读数

读数与测量交流电压相似。

例如：测量1.5V电池电压，可选用直流5V档，并将红表笔接电池的正极，黑表笔接电池的负极。读数时，由于表盘上没有5V档位标尺，可选择与其成比例的标尺，用500V的标尺读数较为方便，只是读数除以100才是实际值（因为标尺是实际值的100倍，所以读数应除以100）。

3. 测量直流电流

（1）选择档位

此万用表只能测量500mA以下的直流电流。应根据电流大小选取档位，测量时也不得转换档位，只有表笔脱离被测回路才能换档。

（2）测量

测量直流电流时，红表笔与断点处的正极相连，黑表笔与断点处的负极相连，使表串联于被测电路。

（3）读数

电流的读数与电压相似，如图3-13所示，万用表在500mA档，测量电流指示在250分格，表示所测电流为250mA。

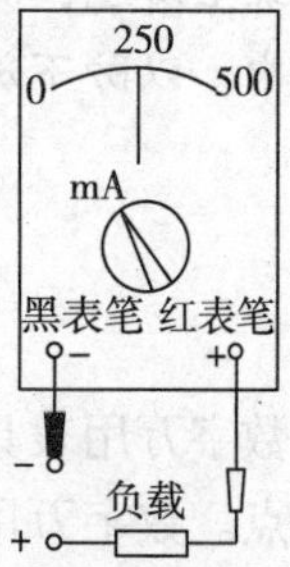

图3-13 测量直流电流

4. 测量电阻器

（1）选择档位

选择合适的档位（倍率），使指针尽可能接近标度尺的几何中心，以提高测量精度，这一点从电阻档位标度尺的数值标注情况可清楚地看出来（电阻档标尺两端刻度密，读数误差大）。与测量其他电量不同的是，每更换一次电阻档位后，都应重新零欧姆调零。

（2）测量

两表笔不分极性地接电阻器两端。

（3）读数

测量值为指示值乘以倍率。如图 3-14 所示，测某电阻器的指示值为 10，档位开关在 R×100 档，该电阻器为 1000Ω。

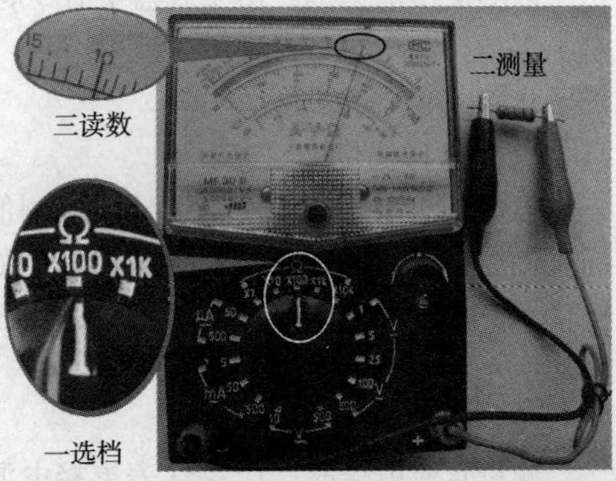

图 3-14 测量电阻器

5. 测量导线的通断

（1）选择档位

测量导线的通断时，档位开关应置于 R×1 档。

（2）测量

两表笔接被测导线两端。

（3）判断

电阻值不为无穷大（“∞”）时，则表示导线正常，否则说明导线已断。

6. 万用表的使用注意事项

1）测量电压、电流的同时不准换档，对高电压、大电流尤其如此。

2）不要带电测量电阻值，以防损坏“Ω”档。

3）万用表使用完毕，应将量程开关转至交流电压最高档，以防下次使用时由于忘记换档而损坏万用表。

4）万用表只能用于测量低压电路，不能用来测量“高压”电路。

增强记忆

综上所述，测量过程一般按照选择档位、测量、读数三步进行。测量完毕，档位转到电压档中，以防下次使用忘记换档而损坏万用表。

第三节 数字万用表

数字万用表具有体积小、重量轻、耗电省、功能多、测量范围广、读数方便、准确度高等优点。数字万用表的型号很多，但其使用方法基本相同。数字万用表的使用注意事项与指针式万用表一样。下面以常用的 DT-830B 型数字万用表为例，介绍数字万用表的面板和使用方法。

一、熟悉数字万用表的面板

DT-830 型数字万用表的面板如图 3-15 所示。面板解说见表 3-1。

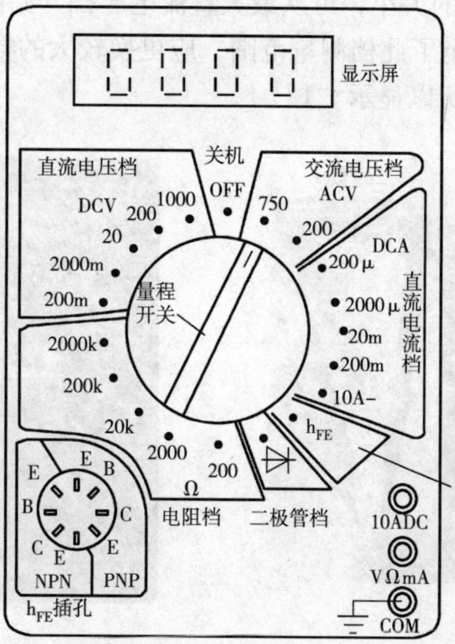

图 3-15 DT-830 型数字万用表的面板

表 3-1 DT-830 型数字万用表的面板解说

部　位	解　说
液晶显示	数字显示内容包括极性、数字和小数点，前面有“－”表示测量值为负数，其首位数字只显示“1”，其余各位可显示 0～9 的数，最大显示 1999 或－1999，当显示屏左端出现“1”或“－1”时，表示测量值超过量程了
量程开关	面板中间的开关是量程开关，用于转换万用表的测量功能，周围有几种指示盘，其中“ACV”表示交流电压档，“DCV”表示直流电压档，“Ω”表示电阻档，“DCA”表示直流电流档，“h_{FE}”表示晶体管的放大倍数档，“⊣▶⊢”表示二极管测量档
h_{FE}插口	此插孔用于测量晶体管的放大倍数。开关左下角有个两组插孔，左侧插孔用于测量 NPN 型管，左侧插孔用于测量 PNP 型管，每组有 4 个插孔，插孔旁边标有 E、B、C、E 字母（E 表示发射极，B 表示基极，C 表示集电极，由于晶体管引脚排列不一样，所以每组设 4 个孔，以方便测量）
输入插孔	面板下端有 3 个插孔，即“10A”、“VΩmA”、“COM”，其中“COM”为黑表笔专用插孔，另外 2 个则为红表笔插孔，除测量 200mA 以上的直流电流时插入 10A 外，红表笔都插在“VΩmA”插孔。**注意：**红表笔所在的“VΩmA”接表内电池的正极，黑表笔所在的“COM”接表内电池的负极，这一点与指针式万用表正好相反

二、使用数字万用表

1. 测量直流电压

（1）选择档位

根据被测电压的高低，将量程开关置于合适的“DCV”档位。如图 3-16 所示，测量电池 1.5V 电压时，我们可以选择 20V 档。

如果无法估计被测量电压的大小，可从最大直流电压档开始测量，然后减少量程，当测量结果显示“1”时，说明超出了此档测量范围，应更换较大的档位。如图 3-17 所示，由于电池 1.5V 电压超过 200mV，所以显示“1”。

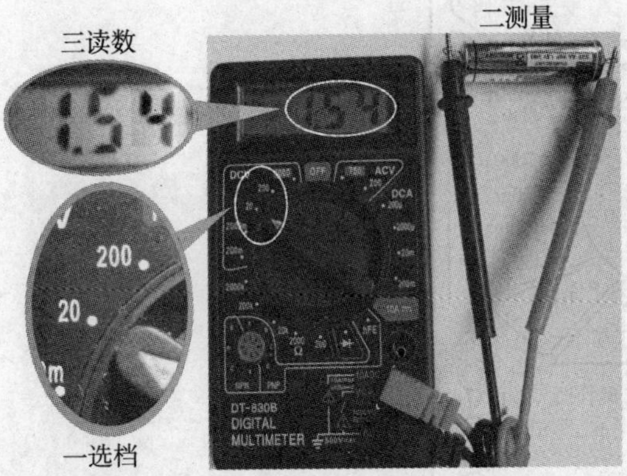

图 3-16　测量直流电压

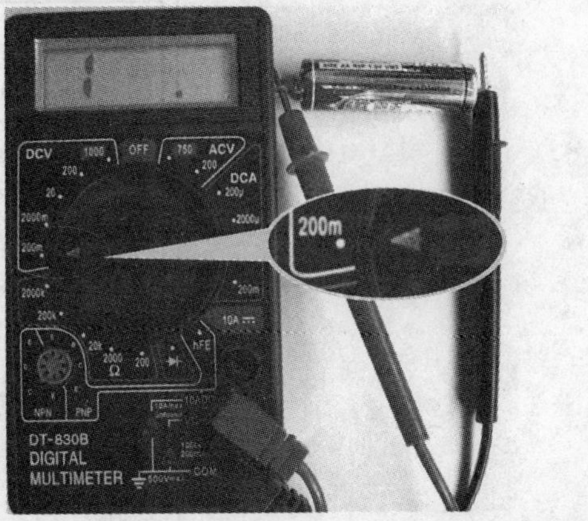

图 3-17　档位选小时的示值

（2）测量

红、黑表笔分别接被测直流电压的两极，若显示屏上显示为正值，表示红表笔所接为电源的正极；反之，若测量值为负值，表示黑表笔所接为电源的正极。想一想，是不是用此方法可以判断直流电源的正、负极。

（3）读数

看，液晶显示屏上指示电池电压为 1.54V。

2. 测量交流电压

（1）选择档位

与测量直流电压相似，应根据被测电压的高低，将量程开关置于合适的“ACV”档位。如图 3-18 所示，测市电插座上的电压，应置于 750V 档。

（2）测量

两表笔接被测交流电。

（3）读数

直接从液晶显示屏上读取市电电压为 238V，说明市电电压比正常 220V 稍高。

3. 测量电阻器

（1）选择档位

根据被测电阻的大小，将量程开关置于“Ω”档范围内的适当档位。

（2）测量

红、黑两表笔分别接被测电阻器的两端。

（3）读数

当量程开关置于“Ω”档时，读数应以 Ω 为单位；当量程开关置于“kΩ”档时，读数应以 kΩ 为单位。如图 3-19 所示，表示此电阻器的阻值为 988Ω。

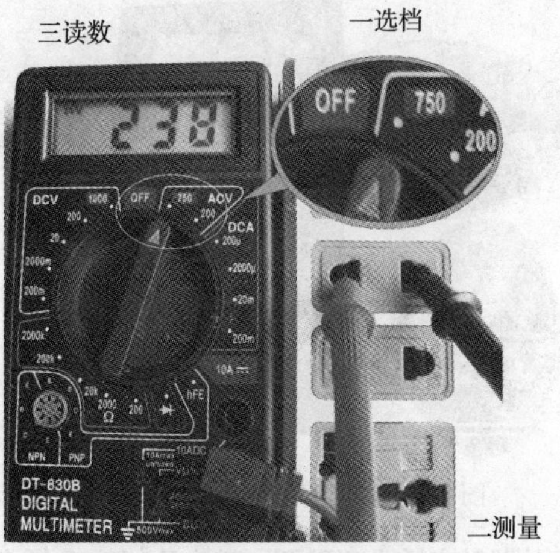

图 3-18 测市电插座上的电压

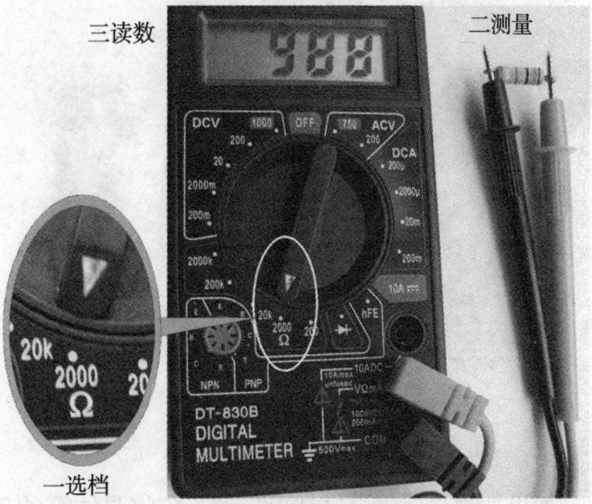

图 3-19 测量电阻器

4. 测量直流电流

黑表笔在“COM”插口不动，红表笔插入“10ADC”插口，将量程开关转至“10A”档位，万用表串联于被测电路中，此时读数值以 A 为单位，如图 3-20a 所示。若测量值小于 200mA，应将红表笔改插到“VΩmA”插孔，当量程开关置于“200mA”、“20mA”档时，读数应以 mA 为单位，如图 3-20b 所示；当量程开关置于“2000μA”、“200μA”档时，读数应以 μA 为单位。

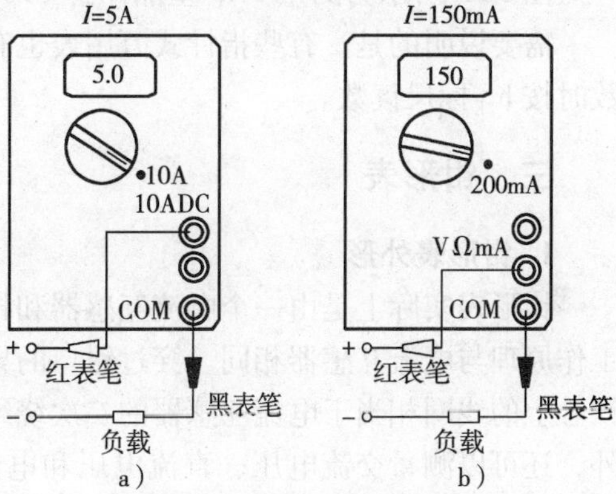

图 3-20 测量直流电流

a）测 200mA ~ 10A 的电流 b）测 200mA 以内的电流

5. 判断二极管的好坏

二极管是有极性器件，它的特性是单向导电性，即加正向电压时导通（电阻小），加反向电压时截止（电阻大）。

（1）选择档位

测量时，应将量程开关置于“ ⊣▷⊢ ”档。

（2）测正向电阻

如图 3-21 所示，红、黑表笔分别接二极管的正极和负极，由于红表笔接表内电池的正极，所以这时所测电阻较小，一般为 500Ω 左右。

（3）测反向电阻

如图 3-22 所示，交换表笔后再次测量，这时的二极管电阻较大，显示屏左端出现“1”。

（4）判断二极管的好坏

反向电阻大，正向电阻小，说明二极管好，否则表示二极管已损坏。

6. 测量晶体管的放大倍数

（1）选择档位

把量程开关拨至“h_{FE}”档。

（2）插入晶体管

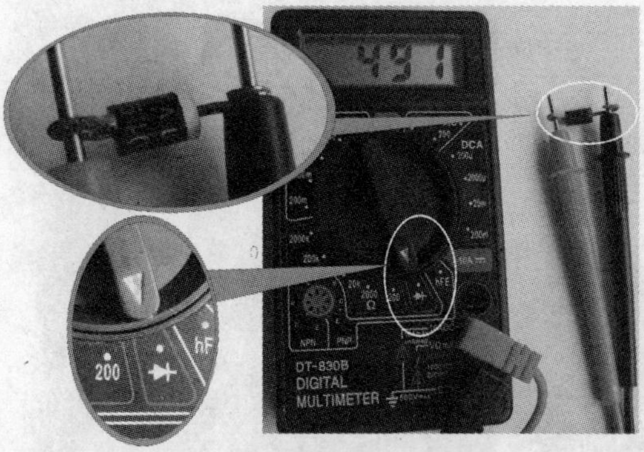

图 3-21　测二极管的正向电阻

图 3-22　测二极管的反向电阻

如果被测晶体管是“PNP”型，应将晶体管的 3 个引脚对应插入“PNP”型的 E、B、C 插孔；如果被测晶体管是“NPN”型，应将晶体管的 3 个引脚对应插入“NPN”型的 E、B、C 插孔。

（3）读数

直接从显示屏上读出晶体管的放大倍数。

图 3-23 所示为测量 PNP 型晶体管 C9012 的放大倍数，此晶体管的放大倍数为 227。

需要说明的是，有些指针式万用表也有 h_{FE} 插孔，使用方法与数字万用表一样，只是读数时按 h_{FE} 标尺读数。

三、钳形表

1. 钳形表外形

钳形表实际上是由一个电流互感器和指示仪表组合而成的，主要用于测量负载电流，其工作原理与电流互感器相同。穿过钳口的导线就相当于电流互感器的一次绕组，绕在钳形表铁心上的线圈相当于电流互感器的二次绕组。新型的钳形表有数字式，除可以测量交流电流外，还可以测量交流电压、直流电压和电流、直流电阻等，其功能不亚于普通的数字万用表。钳形表的外形如图 3-24 所示。

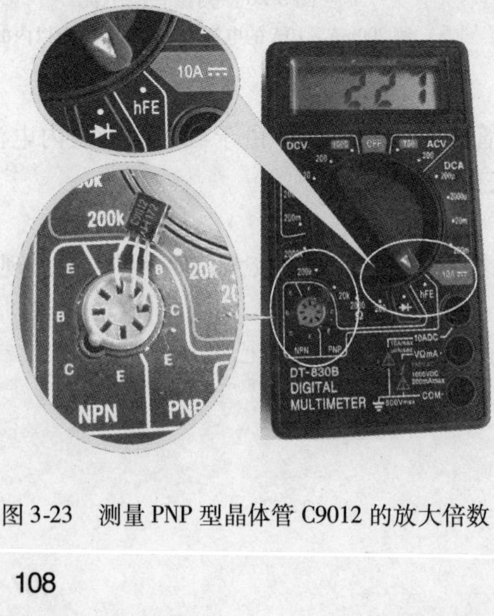

图 3-23　测量 PNP 型晶体管 C9012 的放大倍数

图 3-24　钳形表的外形

2. 钳形表的使用方法及注意事项

（1）使用方法

1）清洁钳口。如果铁心接触面有污物、尘土将加大测量误差，所以测量前先检查并清除钳口表面是否有污物、锈蚀，以便钳口接触紧密。

2）选量程。根据被测电路电流的大小选择合适的电流量程，若无法估计，应从最大量程开始测量。

3）钳入导线测量并读数。钳形电流表的钳口铁心部分是可开闭的，扳动钳口旁边扳手，将被测载流导体夹于钳形表的钳口中央，直接读取数值，如图 3-25 所示。

图 3-25 钳形表的使用

（2）注意事项

1）不准边测量边转换量程开关。如果量程不合适，应先退出截流导线，转换量程开关后再测。

2）使用时，检测人员应戴绝缘手套，特别是经电流互感器测量高压二次电流时，应有人监护，站在绝缘垫上，并保证与高压带电部分的安全距离；也不可测量无绝缘层的导线的电流。

3）测量时，若发现有振动或噪声，应将仪表手柄转动几下，或重新开合一次，直到没有噪声时再读数。

4）测量大电流后，如果要立即测量小电流，应开、合铁心数次，以消除铁心中的剩磁。

5）钳口内只允许穿过一相的导线（相线、零线均可），不能将一条相线和一条零线同时穿过钳形表钳口，这是因为此时钳形表钳口所包围的电流和为零，如图 3-26 所示。同样道理也不能将三相三芯和三相四芯同轴电缆线同时穿过钳形表测量电流，只可以测量其中一相（在电缆接线端测量较方便）。

6）测量小于5A 的电流时，为方便读数，可将导线在钳口内多绕几圈，如图 3-27 所示，此时仪表示值除以穿过钳口的导线圈数（以穿过钳口的导线数定）才是实际电流值。这与5）条多芯电缆不能同时穿过钳口并不矛盾，因为导线多绕几圈也是一相线。图中导线在钳口内绕两圈，读数为 1.00A，则被测实际电流为 1.00A/2 = 0.50A。

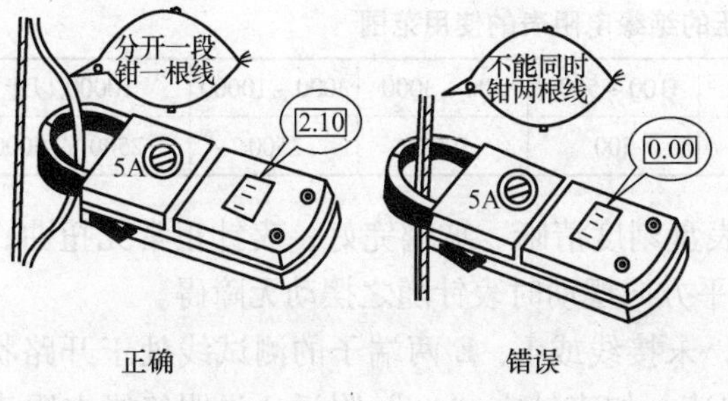

图 3-26 钳口内只允许有一相导线

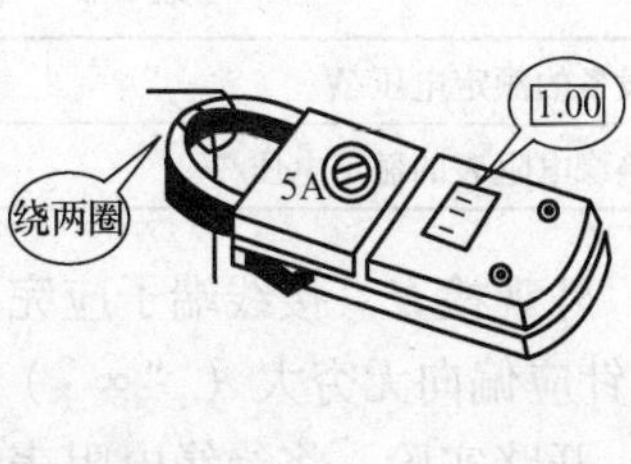

图 3-27 测量小电流的方法

7）测量完毕，应将量程开关置于最大量程档位上。

增强记忆

钳形表的使用方法及注意事项，我们可以按下述口诀来记忆：

交流钳形电流表，电流检测少不了；

安全使用防触电，绝缘手套要带好；

不可测量裸导线，量程选择很重要；

导线位置口中心，测量数值最可靠；

钳口只穿一相线，多心电缆测不了。

四、绝缘电阻表

绝缘电阻表俗称摇表，主要用于测量电气设备的绝缘电阻。它有 L、E、G 3 个接线柱，其中 E——接地；L——接电路；G——接屏蔽环，如图 3-28 所示。绝缘电阻表的单位用 MΩ 表示，1MΩ = 1000000Ω。

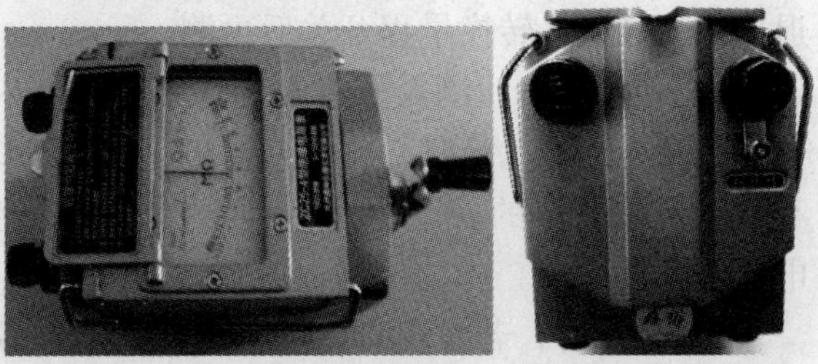

图 3-28　绝缘电阻表的外形

1. 准备工作

1）在好的天气条件下测量，禁止在雷雨时使用。

2）将被测设备的电源线断开，将被测物表面擦干净，如果被测物内有可燃性气体应放尽，以免引起爆炸。对电容器、大型变压器、电缆等电容量较大的设备还需对地充分放电；对供电线路还需经过验电，在有感应电压的线路上测量绝缘电阻前，例如同杆架设的双回路或有平行线路段的两单回路，它们之间的距离很近，会有感应电压产生，必须将另一条感应线路同时停电。测量电子成套设备的绝缘电阻时，应将连接回路与电子控制单元分开，电子控制单元用万用表的欧姆档测量检查（由于电子元器件的耐压低），连接回路用绝缘电阻表测量。

3）为提高测量的准确度，应根据被测设备的电压等级选择绝缘电阻表，对额定电压较高的电气设备，需选用电压较高的绝缘电阻表，不能用电压过高的绝缘电阻表测量低电压电气设备的绝缘电阻。表 3-2 列出了不同额定电压的绝缘电阻表的使用范围。

表 3-2　不同额定电压的绝缘电阻表的使用范围

被测设备的额定电压/V	100 以下	100～500	500～3000	3000～10000	10000 以上
应选绝缘电阻表的额定电压/V	250	500	1000	2500	2500 或 5000

4）外观检查。接线端子应完好无损，表盘刻度清晰、玻璃完好；表针正常无扭曲；平放时表针应偏向无穷大（“∞”）一侧，水平方向摆动时表针随之摆动无障碍。

5）开路实验。将绝缘电阻表水平放置，未接线或 L、E 两端子的测试线处于开路状态下，转动手柄有手沉感，转动摇柄至额定转速，如表针在“∞”附近，说明绝缘电阻表基本正常，如图 3-29 所示。

6）短路实验。在表停转的情况下，将 L 与 E 两接线柱短接，缓慢转动摇柄，如果表针指“0”，表示正常，否则应检修绝缘电阻表，如图 3-30 所示。

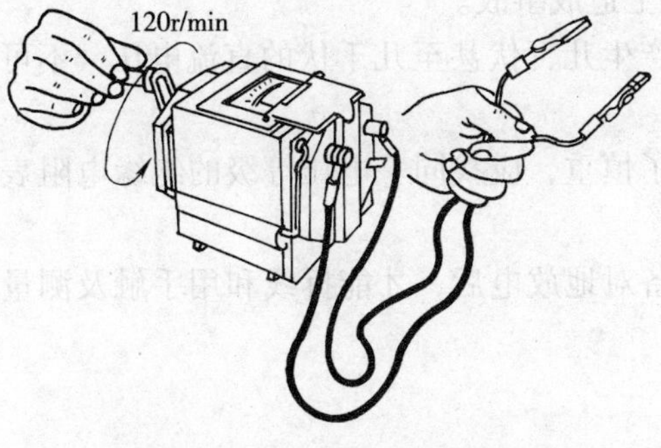

图 3-29　绝缘电阻表的开路实验

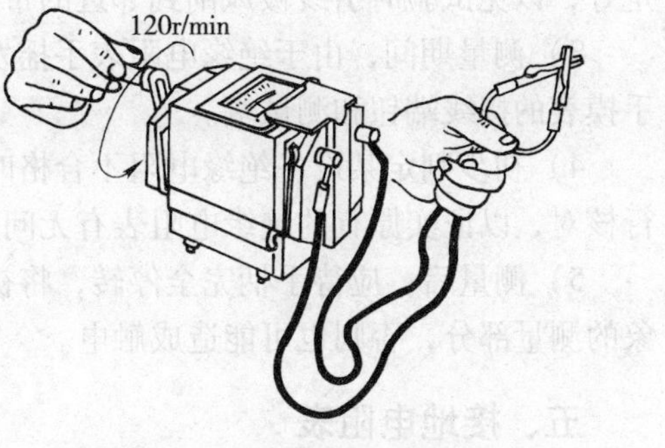

图 3-30　绝缘电阻表的短路实验

7）准备好绝缘电阻表引线。绝缘电阻表引线最好使用专用测试线，如果没有专用线，可使用绝缘良好的两根单芯多股软线，禁止使用双股麻花线、平行线，禁止将两根引线缠绕或靠在一起使用。

2. 电动机绝缘的测量

1）测量电动机绕组对外壳的绝缘电阻时，绝缘电阻表的 L 接电动机绕组，E 接电动机的外壳，如图 3-31 所示。然后以 120r/min 的转速匀速顺时针摇动把手，待表针稳定 1min 后读得的数值，就是被测设备的绝缘电阻值。但如果表针指“0”，表明被测设备绝缘损坏，应停止摇动，否则表内线圈发热容易损坏。

2）测电动机绕组的相间绝缘电阻时，应将三相绕组间的连接片拆开，将 L、E 分别接两相绕组。然后按 120r/min 的转速匀速顺时针摇动，读取测量值，如图 3-32 所示。

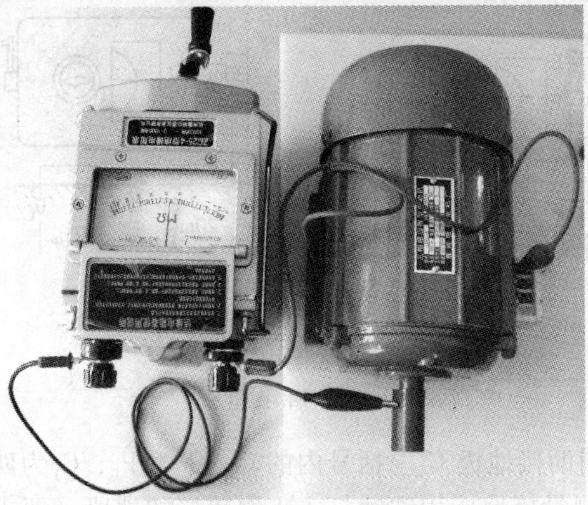

图 3-31　用绝缘电阻表测量电动机绕组对外壳的绝缘电阻

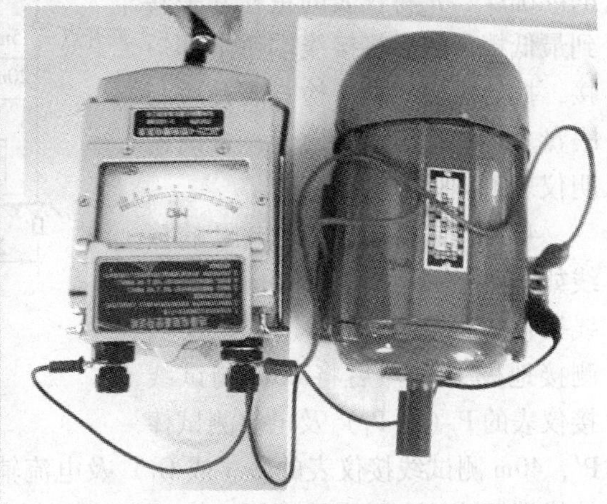

图 3-32　用绝缘电阻表测量电动机绕组相间的绝缘电阻

3. 注意事项

1）应将绝缘电阻表水平放置在远离电场和磁场的地方，有水平仪的应调好水平。测量工作应由两人进行，应戴绝缘手套，并与带电部位保持安全距离。

2）如果被测设备在户外较高的构架上，邻近有其他带电设备时，要注意将试验引线固定好，以免试验时引线被风刮到邻近的带电设备上造成事故。

3）测量期间，由于绝缘电阻表手摇发电机产生几百伏甚至几千伏的直流电压，不可用手摸表的接线端钮和测试端。

4）初步判定某设备绝缘电阻不合格时，为了慎重，应找同一电压等级的绝缘电阻表进行核对，以证实原有的绝缘电阻表有无问题。

5）测量后，应待手柄完全停转，将被测设备对地放电后，才能拆线和用手触及测量对象的测量部分，否则也可能造成触电。

五、接地电阻表

接地电阻表又称接地摇表，它是检查电气设备的接地装置与土壤间的电气连接是否良好的专用仪器。

常用的ZC-8型接地电阻表有三接线端钮和四接线端钮两种。其中，三接线端钮的只有C、P、E 3个接线端，主要用于流散电阻的测量；四接线端钮的有C_1、P_1、P_2、$C_2$4个接线端，它除可用于流散电阻的测量外，还可用于土壤电阻率的测量。

1. 准备工作

1）将与被测的接地装置相连接的设备断开并做好相应的安全措施；拆开接地极预留测试点并打磨干净，以减小接触电阻；准备好必要的工具和材料。

2）检查仪表。检查外观有无破损；将仪表水平放平，检查表计指针是否在中心线，若未在中心线，应调整表针与中心刻度线重合（机械调零）。

3）做短路试验，以检查仪表的准确度。先将仪表的量程开关转到最低档，然后将接线端钮全部短接，摇动仪表手柄，检查表针应与表盘上“0”刻度线重合，否则说明仪表不准。

4）接线。测量接地电阻的接线如图3-33所示。即将5m的测试线接仪表的E（或C_2、P_2）及被测接地极E′，然后将20m测试线接仪表的P（或P_1）及电位测试棒P′，40m测试线接仪表的C（或C_1）及电流辅助接地极C′。括号内的C_2、P_2、P_1、C_1为四接线端钮接地电阻表的端钮。将P′和C′两根测量接地棒用铁锤打入土壤较好的地段（要求P′、C′与接地体E′在同一深度，直线距度分别为20m和40m）。

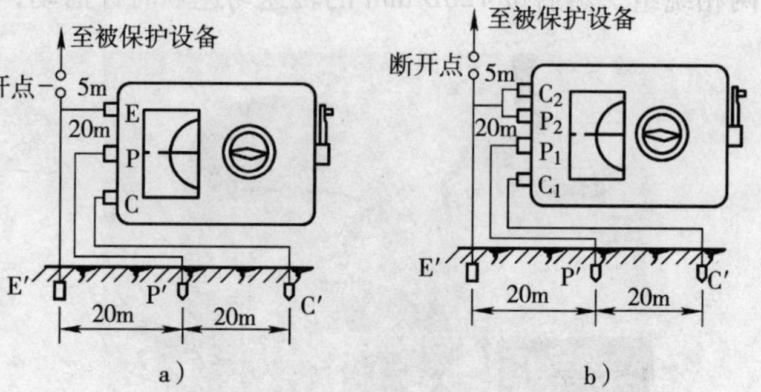

图3-33　测量接地电阻的接线

a）三端钮接线　b）四端钮接线

2. 摇测

将仪表水平放置，以120r/min的转速匀速摇测，边测边调整标度盘旋钮，直到表针与中心刻度重合，将标度盘的指示值乘以倍率即为被测接地装置的接地电阻值。

3. 注意事项

接地摇表不准做开路试验；不准带电测试；不宜在潮湿季节或阴雨天测试；接地摇表的连线不得与架空电路、金属管道或电缆平行。

4. 新型接地电阻表

新型的接地电阻表的外形如图 3-34 所示，使用时将表卡测接地线即可，如图 3-35、图 3-36 所示。

图 3-34　接地电阻表的外形

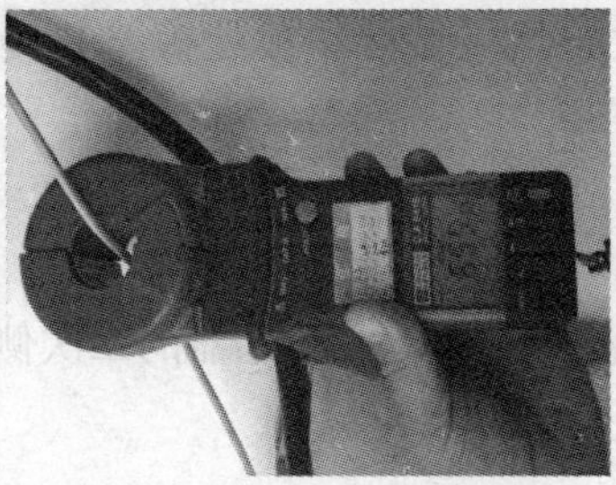

图 3-35　测接地线的接地电阻

图 3-36　测避雷带的接地电阻

第四节　仪用互感器

将交流大电流或高电压变换成小电流或低电压的测量用互感器，称为仪用互感器。按照用途的不同，仪用互感器分为电流互感器和电压互感器。

一、电流互感器

电流互感器是一种特殊形式的变压器，它的一次绕组和二次绕组之间没有电的联系，只有磁的联系。

在交流电路中，利用电流互感器可将大电流转换为小电流（常为 5A），作为测量和继电保护用。正常运行的电流互感器，其二次侧所接负载的阻抗很小，相当于短路，二次侧的电压很低，但当电流互感器二次开路时，二次电流为零，而一次电流不变，这时，二次绕组侧可能产生高压，严重威胁设备和人身安全。所以为了安全，运行中的电流互感器是不允许开路的，电流互感器的铁心和二次绕组的一端应可靠接地，在带负载情况下装拆仪表时，必须先把二次绕组短路，才能将仪表的连接线拆开。

1. 电流互感器的选用

1）电流互感器分高压、低压两种，测低电压只能用低压电流互感器，测高电压只能用高压互感器，两者不能混用。

2）电流互感器的额定电压应等于被测电路的电压，一次侧的额定电流应大于被测电路的最大持续工作电流。

3）根据被测电流的大小选择电流互感器的电流比。电流互感器电流比的分子部分表示其一次额定电流，分母部分表示其二次额定电流。例如某电流互感器的电流比为 150/5，表示此电流互感器可通过的一次额定电流为 150A，二次额定电流为 5A。

4）电流互感器的准确级有 0.2 级、0.5 级、1 级、3 级等。使用时应根据负载的性质来确定电流互感器的准确等级，如计量用的准确等级要高于保护，电能计量一般选用 0.5～1 级，而继电保护选用 3 级。

5）电流互感器的一次绕组串联在被测电路中，二次绕组与测量仪表、继电器等电流线圈串联使用。

6）电流互感器的额定容量应满足仪表所消耗的总功率；电流互感器极性不能接反，相序应符合设计要求。

7）电流互感器二次回路应接线牢固，绝不允许开路和安装熔断器。二次出口处（K_2端）一点接地，不使用的二次绕组应在接线板处短路并接地，防止二次开路产生高压危及人身和设备的安全。

2. 电流互感器常用接线

（1）一台电流互感器接线

如图 3-37a 所示，它将电流表接于电流互感器的二次侧，适用于测量单相负载电流或三相平衡负载的某一相电流。

（2）电流互感器星形接线

如图 3-37b 所示，它由 3 个电流互感器和 3 个电流表组成，可以测量负载平衡或不平衡三相电力系统的三相电流。

（3）电流互感器不完全星形接线

如图 3-37c 所示，它由装在 L_1、L_3相的电流互感器与三只电流表组成，第三只电流表接在公共线上，它的电流是 L_1相电流和 L_3相电流的相量和。这种接线方式比三相星形接线少了一只电流互感器。

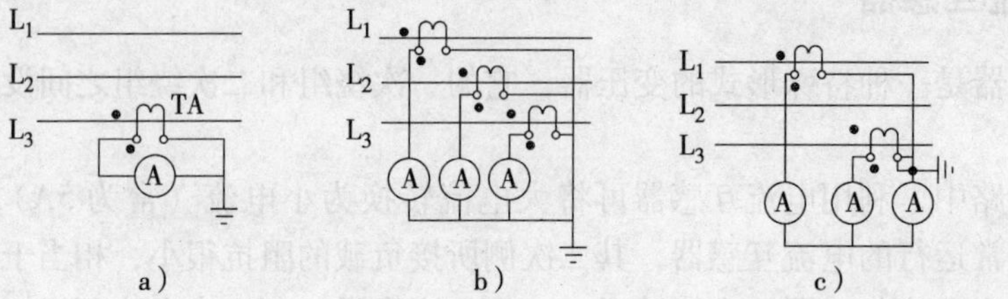

图 3-37　电流互感器接线

a）一台电流互感器接线　b）电流互感器星形接线　c）电流互感器不完全星形接线

3. 实用经验交流

（1）电流互感器的极性标志及判别方法

1）电流互感器的极性是指在某一瞬间，一次和二次绕组同时达到高电位的对应端，称为同极性端或同名端。通常在电流互感器的一次侧标有 L_1、L_2，二次侧标有 K_1、K_2，其中的 L_1和 K_1、L_2和 K_2为同名端，在电路中常用“·”或“*”表示，如图 3-38 所示。

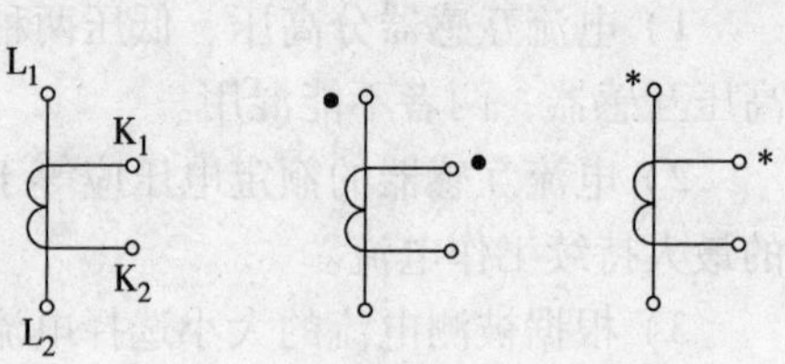

图 3-38　电流互感器极性标志

2）电流互感器极性接错将产生以下危害：用在继电保护电路中的电流互感器，将引起继电保护装置误动或拒动；用在计量回路中的电流互感器，会使计量及监视仪表失准，还可能使电能表反转。所以接线前必须正确判断电流互感器的极性。

3）通过外形标志判别。图 3-39a 所示为常用的电流互感器外形，图中标注的 L_1和 K_1为同名端，L_2（在互感器的背面）和 K_2为同名端。

4）测量法。当电流互感器的极性标注不清时，可按图 3-39b 所示方法判别，即将万用表置于毫安档或毫伏档，把红表笔与假设的 K_1 相连，黑表笔与假设的 K_2 相连。然后将一只大号干电池的正、负极分别与假设的 L_1、L_2 相碰，碰触瞬间，若万用表正偏，则假设的 K_1、L_1 是同名端，否则假设的 K_1、L_1 为异名端。

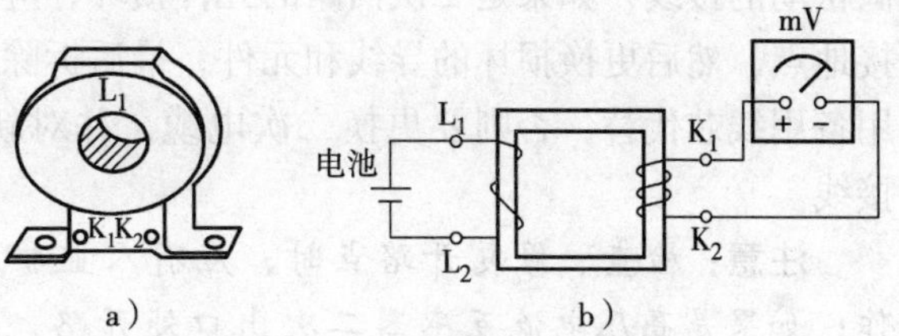

图 3-39 电流互感器同名端的判别

a）通过外形判别 b）测量法判别

（2）电流互感器二次侧接地的有关规定

高压电流互感器的一次侧为高压，当一、二次绕组间的绝缘击穿时，高压会通过绝缘损坏的绕组窜入低压侧。如果二次绕组有一点接地，会将高压经接地点引入大地，使二次回路保持地电位，保证人身及设备的安全。**注意：**高压电流互感器的二次回路有且只许 K_2 端一点接地，否则两接地点间会有电流流过（分流），造成测量误差增大或者影响保护电路的正常动作。

（3）电流互感器二次回路开路

1）电流互感器二次回路开路的现象、后果。

电流互感器二次侧所接负载的阻抗很小，相当于短路，二次侧的电压很低，但当电流互感器二次回路出现开路故障时，二次电流为零，一次电流所产生的磁通迅速增加，铁心磁通饱和，在二次侧可能产生数千伏甚至上万伏的高压，危及工作人员的安全和仪表、继电器的绝缘结构；开路点可能出现放电现象，产生放电火花及放电声；同时还会引起损耗增大，铁心因发热而产生异味，长时间处于开路状态，会毁坏绝缘层，烧坏互感器。二次开路后，因磁通密度增加和磁通的非正弦性，硅钢片振动，发出异常噪声。计量二次回路开路，与其相连的电流表指示摇摆不定（半开路）、指示降低（接触电阻增大）或无指示（全开路），电能表不转或转速过慢，使计量表、指示仪表不准。保护二次回路开路，保护装置检测不到负载电流会出现拒动或误动（如方向保护、差动保护）。

2）电流互感器二次开路的原因。二次回路中试验接线端子的结构设计或制造质量上存在缺陷；修试人员工作中的失误或工作时不认真，如恢复接线时接错位置；导线未压在压板的金属片上，而误压在胶木套上；二次回路中电流过大，未使用合适的导线，端子接头压接不紧，致使仪表、继电器、变送器等器件烧坏，都会使电流互感器二次开路。

3）电流互感器二次开路的处理方法。

① 运行中发现电流互感器开路，应先分清故障所属电流回路组别、相别，汇报调度。对保护有影响的，应停用相应的保护装置；能够停电的应尽量停电，不能停电的，应转移或降低一次负载，尽量减小电流互感器的一次电流，以降低二次回路的电压。

② 检查开路点。如修试后出现开路，应对照接线图检查拆过或触动过的接线是否压紧、接错；如平时出现开路故障，应先检查连接端子、仪表接线等容易发生故障的端子及元件。不明显的故障点，可使用短路片或专用短路线，在就近的试验端子上将二次回路短接。若短接时没有火花，表明开路故障在短接点至互感器之间，可逐步向前移动短接点；若短接时发现有火花，说明开路故障在短接点之后。

③ 修复开路点。如果是二次回路接线端子或仪表接线螺钉松动造成的开路，可直接紧

固松动的接线；如果是二次回路的元件损坏，应先将短接线短接在开路点之前，但不得断开接地点，然后更换损坏的导线和元件，最后拆除短接线；如果二次电缆中某一导线断线，可用备用线芯代替，否则要更换二次电缆，并对新电缆进行绝缘电阻测定，更换后还要核对接线。

注意：检查、修复开路点时，应有人监护，站在绝缘垫上，使用带绝缘柄的工具操作；如果是高压电流互感器二次出口处开路，则限于安全距离，人不能靠近，必须在停电后才能修理；如果电流互感器冒烟、内部有放电响声或引线与外壳间有火花放电，必须停电检修。

④ 恢复保护及供电。故障处理后，汇报调度，投入原来退出的保护，将暂时转移的负载倒回来。

(4) 穿心式电流互感器一次绕组的绕法

穿心式电流互感器的一次绕组就是穿过铁心中心孔的导线。电流互感器的电流比与穿过铁心的匝数有关，穿过中心孔的导线数越多，电流比越小。绕制前，应看清哪是互感器的进线端 L_1，看清互感器的铭牌上给出的电流比和需要绕的匝数，电流比下面对应的数值即是所要绕的匝数。例如，如果在 150/5 的下面标明 1 匝，表示采用 150/5 电流比时，只需绕 1 匝；同理如果 50/5 的下面标的是 3 匝，就表示采用 50/5 电流比时，则需绕 3 匝。

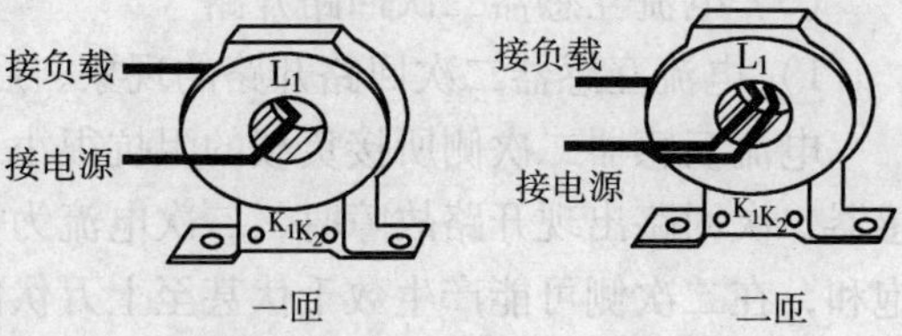

图 3-40　穿心式电流互感器一次绕组的绕法

绕制时，导线从电流互感器的首端“L_1”串入，匝数即是穿过电流互感器中心孔的次数，穿过中心孔有几根导线就是几匝，不要误以为绕在铁心外面的导线数为匝数。若为 1 匝，就直接穿过，若为两匝，穿过后，再绕回穿过一次，依次类推，直至所要的匝数。图 3-40 所示为穿心式电流互感器一次绕组的绕法。

(5) 从电流表表盘推算配套的电流互感器电流比

电流表和电流互感器配合使用时，由于电流互感器的二次额定电流一般都是 5A，为了读数方便，在电流互感器二次侧接的电流表都是按配用的电流互感器一次额定电流值进行刻度的。所以电流表的最大量限就是电流互感器的一次额定电流，而电流互感器的电流比，就是其一次电流与二次电流之比。因此，如果配电盘某电流表的满刻度为 50，则配用电流互感器的电流比就是 50/5，同理满刻度为 100 的电流表，则配用电流互感器的电流比是 100/5，……依次类推。

(6) 电流互感器二次侧电流表刻度盘的修正及读数

有时手头没有与电流互感器电流比一样的电流表，可将现有的电流表电流比改动一下即可。但由于电流互感器二次的额定电流一般为 5A，所以额定电流为 5A 的电流表才可代用。为了读数的方便，在更换电流表时，电流表本身的标注应与电流互感器电流比相同，否则应修正电流表刻度盘的标注，使电流表的满刻度与所配用的电流互感器的一次额定电流相同，分刻度与满刻度同比例增大或缩小。

读数时，被测电流的实际值等于电流表的显示格数除以总格数，再乘以电流互感器一次电流的额定值。

例如：某电流互感器为200/5，如配用的电流表为5A，满刻度为100个格，试修正电流表的刻度。若电流表读数为60个格，实际电流是多少？

因电流表的满刻度应与电流互感器一次电流相同，所以满刻度应增大一倍，即为200A，分刻度与满刻度同比例改变。所以原来标定为10的应改为20，标50处应改为100，……

被测电路的实际电流为（60格/100格）$\times 200A = 120A$

(7) 电流互感器二次侧的串联或并联

有时，因试验或实际工作需要，而又没有合适的电流互感器，可采用串联或并联的方法来改变电流互感器的电流比或容量。

1）电流互感器二次绕组的串联接线。两套相同的二次绕组串联时，其电流比、准确度和二次电流都不变，但其容量增加一倍（因自感电动势增加一倍）。所以，若临时需要扩大电流互感器的容量，可将其二次绕组串联接线。

2）电流互感器二次绕组的并联接线。两套相同的二次绕组并联时，因二次电流将增加一倍，为使二次电流保持原来的额定电流，则一次电流应降低一半使用。所以二次绕组并联时，其容量不变，但其电流比减为原来的一半。所以，若临时需要减小电流互感器的电流比，可将其二次绕组并联接线。

二、电压互感器

电压互感器一般用于交流电路中将高压转变为100V的低电压，可作测量、指示和继电保护用，有时也用于电气隔离（如电能表校验台上的电压互感器，将电压由一路分为几路、几十路）。运行中电压互感器的二次侧绕组绝不许短路，所以应在电压互感器的一、二次侧加装熔断器，否则将烧坏电压互感器。

1. 电压互感器的选用

1）根据被测电压的高低选择电压互感器的额定电压比。

2）所选择的电压互感器的准确等级应符合规定。

3）电压互感器的额定容量应满足二次负载所消耗的总功率。

4）电压互感器的一次侧A、X应与被测电路并联，二次侧a、x应与测量仪表连接，二次侧不得短路，否则会烧坏电压互感器。

5）测量功率、相位时，应注意极性。

6）电压互感器外壳和二次绕组的一端应可靠接地，否则一、二次绕组绝缘损坏时，一次侧所接高压会窜入二次侧，不但容易损坏二次侧低压设备，还可能威胁人身安全。

2. 电压互感器的几种常用接线

图3-41所示为电压互感器接线。

(1) 单相电压互感器V/V接线

图3-41a所示为由两个单相电压互感器接成的V/V不完全三角形接线，这种接线方式可得到线电压或相对于系统中性点的相电压，不能测量相对地的相电压，由于通过单相电压互感器组合而成，二次绕组的额定电压为100V。适用于中性点不接地或经高阻抗（消弧线圈）接地的电网中，我国10kV配电中的高压计量电压互感器常采用这种接线。

为了安全，常将二次绕组的V相接地，以防止互感器绝缘损坏时，高压窜入低压侧而对设备和人员造成危险。

（2）三个单相电压互感器Y形接线

图 3-41b 所示为由 3 个单相电压互感器构成的Y_0/Y_0星形接线，电压互感器一次侧始端对应接在三相高压电网，而终端连接在一起并接地。它们的二次绕组的 3 个终端相连并直接接地，3 个始端分别引出 U、V、W 三相。

星形接线可得到线电压和相电压，二次三相线电压为 100V，三相对地电压为$100/\sqrt{3}$V。

（3）三相五柱式电压互感器接线

图 3-41c 所示为三相五柱式电压互感器接线。这种接线方式，电压互感器的一次绕组和主二次绕组采用星形接线，并将中性点接地，主二次绕组输出用于测量线电压、相电压（三相线电压为 100V，三相对地电压为$100/\sqrt{3}$V）及监视系统是否平衡或断线等。辅助二次绕组接成开口三角形，它的两端接绝缘监察继电器线圈 KA。正常运行时，开口三角形两端只有几伏的不平衡电压，KA 不吸合，当系统接地时，开口三角形两端出现零序电压，使 KA 得电吸合，接通信号回路，发出接地预告信号。

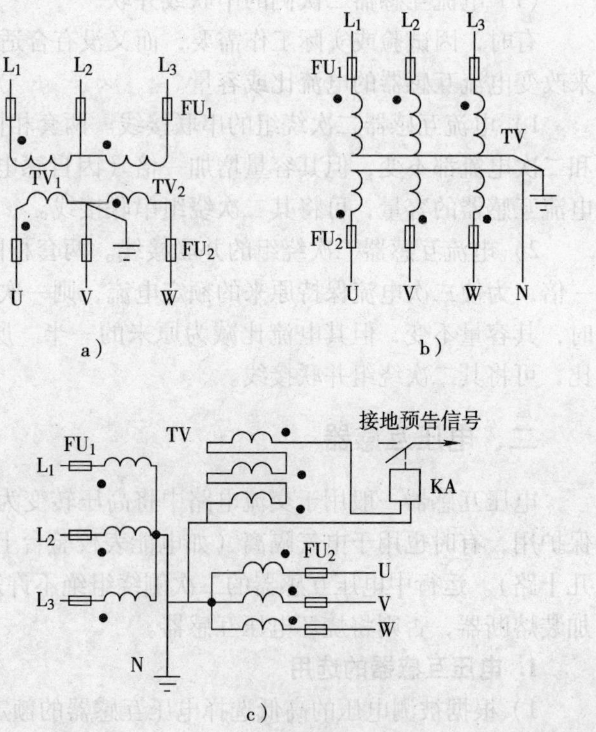

图 3-41　电压互感器接线

a）单相电压互感器 V/V 接线　b）三个单相电压互感器星形接线

c）三相五柱式电压互感器接线

为防止短路，在主二次绕组的各相引出端应装设熔断器，但由于正常运行时，辅助二次绕组输出端没有电压或只有很小的不平衡电压，难于实现熔断器监视，所以电压互感器的开口三角形上不得装设熔断器。当然中性线上也不得装设熔断器。

这种接线适用于 6～35kV 中性点不接地系统中。

3. 实用经验交流

（1）电压互感器二次侧熔丝熔断

电压互感器的二次侧熔丝是保护电压互感器的二次绕组及其负载，由于电压互感器二次绕组的阻抗很小，是不允许短路的，当电压互感器二次回路受潮、腐蚀及损伤而发生短路故障时，会导致二次电流增大，二次侧熔丝熔断。

当二次侧熔丝熔断后，应查明原因并处理故障后才能送电，如检查时未发现异常，可更换同规格的熔丝试送电，如果熔丝再次熔断，说明二次回路有短路故障，切不可再次试送电。

（2）电压互感器一次侧熔丝熔断

电压互感器一次侧熔丝熔断后，非故障相的电压表指示正常，与故障相有关的电压都有不同程度的降低。造成电压互感器一次侧熔丝熔断的原因有以下几点：

1）一般由于电压互感器绝缘击穿，线圈有匝间、层间或相间短路，或一相接地等故障。

2）铁磁谐振引起过电压或过电流，也会造成一次侧熔丝熔断。应查明原因并采取消谐措施。

3）电压互感器二次回路故障，而二次短路保护的熔丝又选得过大，短路故障时不能熔断，这时也可能导致一次侧的熔丝熔断。应检查并排除二次回路故障，更换一、二次侧熔丝，且不可用普通熔丝代替标准熔丝。

修理或更换故障电压互感器高压熔丝时，应有专人监护，工作中应注意保持与带电部分的安全距离。

（3）电压互感器运行时有异常噪声

1）绕组匝间短路或接地，有"噼叭"的放电声，这时高压熔丝熔断。一般由于系统过电压，长时间过载运行，使绝缘老化引起。

2）绕组断线，会在断线处产生放电声，断线相的电压表指示降低或为零。一般由于互感器引出线接线不合理或导线焊接不良，机械强度不够，造成引出线断线。

3）绕组绝缘击穿引起弧光放电声。一般由于绝缘油受潮、严重缺油或绝缘老化，绕组内有导电杂物，系统过电压击穿引起，严重时可发展成为相间短路。

4）铁心夹件未夹紧导致铁心松动，有不正常的振动或噪声。

5）铁心与油箱的放电声。一般由于接地片松动，紧固螺栓没有拧紧。

6）套管严重破裂放电，套管、引线与外壳间有火花放电声。

若电压互感器内部有异常声响并有烟雾、跑油等严重故障时，高压侧未装熔断器或高压熔断器不带限流电阻的，应立即断开相应的断路器，保证无电状态下拉开电压互感器隔离开关，切不能用隔离开关直接断开故障的电压互感器，否则可能在断开故障电流时，引起母线短路、设备损坏或人身伤亡。若高压熔断器未熔断，高压侧绝缘未损坏的故障，或是高压熔断器带有限流电阻时，可根据现场规程规定，直接用隔离开关断开检修。

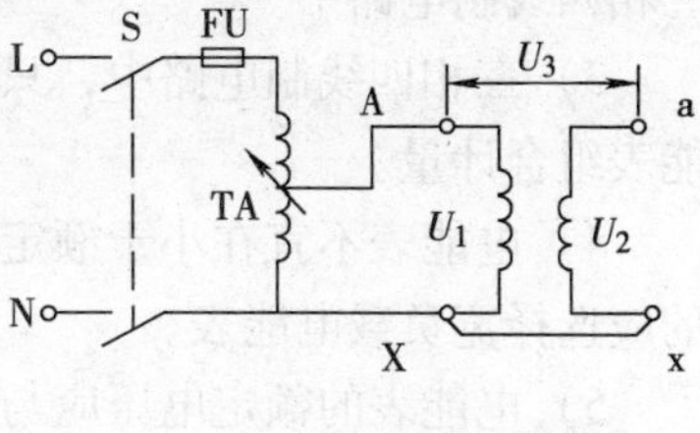

图 3-42 交流电压测量法判别电压互感器的同名端

（4）电压互感器极性的判别

1）通过外形标志判别。在电压互感器的外壳上常标有 A、X 和 a、x，其中 A、X 表示一次绕组，a、x 表示二次绕组，且 A 和 a、X 和 x 为同名端。

2）测量法。如图 3-42 所示，将假设的电压互感器的尾端 X、x 连在一起，闭合开关 S，在电压互感器的一次绕组中通入低压交流电 U_1，用交流电压表分别测量 U_2、U_3 的电压数值，若 $U_2 = U_1 - U_3$，则表明 A、a 为同名端。测试时，应将调压器从"0"位缓慢升高，只要能看清电压表读数即可。

此方法同样适用于电压比为 5 倍以下的电流互感器，但对 10 以上的电流互感器，由于 U_2较小，U_3与 U_1接近，不易读数，因此不宜采用此方法。

第五节　电　能　表

一、电能表的选择

1. 电能表型式的选择

电能表是用于计算用电量的仪表，它的单位为“kW·h”，俗称度，功率为1kW的用电设备工作1h所用电量为1kW·h（度）。电能表的铭牌上有额定电压、额定电流、标定电流（额定最大电流）、电源频率、准确度等级、电能表常数等参数。例如一单相电能表的铭牌上标有如下参数：~220V、5（20）A、50Hz、1.0级、720r/kW·h，表示此表的工作电源电压为220V、标定电流为5A（额定最大电流20A）、电源频率为50Hz、准确度等级为1.0级（误差小于±1%）、在额定电压每走一度铝盘转720圈。

电能表分单相电能表、三相四线有功电能表、三相三线有功电能表及无功能电能表。目前市场上使用的电能表有机械式和电子式两种。机械式电能表具有高过载、价格低等优点，但易受温度、电压、频率等因素影响；电子式电能表利用集成电路将采集到的电脉冲信号进行处理，具有精度高、线性好、工作电压宽等优点。所以电子式电能表正逐步取代机械式电能表，选择电能表时，应优先选择电子式电能表。

1）单相电路应选用单相电能表。

2）三相三线制（两元件）电能表是用来计量三相三线制供电电路的，若将三相两元件电能表用于三相四线制电路中，在三相负载不平衡，或L_2相与地之间接入单相负载时，将会少计量，而三相四线制电路中，三相负载总是不平衡的，所以三相两元件电能表不能用于三相四线制电路中。

3）三相四线制电路中，只能用三相四线制电能表（三相三元件电能表）或三只单相电能表组合计量。

4）电能表不宜在小于额定电流的5%和大于额定最大工作电流下工作，负载变化较大的应选择宽负载电能表。

5）电能表的额定电压应与电路电压一致，如三相三线电能表有380V和100V的，应根据安装地点的电压来选择电能表的额定电压。

6）电能表和电流互感器配合使用时，由于电流互感器的二次额定电流一般都是5A，所以电能表的额定电流也应为5A。

2. 单相电能表额定电流的选择

电能表表盘上有两个电流值（标称电流），其中一个在括号外，是额定电流，它表示电能表计量电能时的标准计量电流；另一个在括号内，是额定最大电流值，是指电能表长期工作在误差范围内所允许通过的最大电流，电能表可在额定最大电流内工作，但不宜超过此电流长期使用。电能表容量选择过大或过小都会造成计量不准，容量过小还会烧毁电能表，影响正常供电，所以选择电能表的额定电流非常重要。

1）求出用电设备的总电流。当用电设备为纯电阻性负载时，用电设备的总电流I（A）等于用设备的功率P（单位为kW，计算时应换算为W）除以220求得，但对于一般居民，由于电热负载较多，如果知道负载的功率，将功率数除以200即为负载电流，同一回路上各用电器的电流等于其总功率除以 200。

即 $I=1000P/U=1000P/200=5P$

也就是说，每千瓦通过的电流为 5A。

2）电能表的额定电流可按 2 倍的功率（kW）计算，这是因为用电器一般不会同时使用，新型电能表又都有 4 倍左右的过载能力。

3）电能表允许通过的电流（额定最大工作电流）应不小于用电设备的总电流，不大于总电流值的 4 倍。

例如：某单相用户用电设备的总功率为 2.5kW，试选择合适的电能表。

根据第 2）条可知，电能表的额定电流应为 $2P$ 即 5A，所以可选择标称电流为 5（20）A 的单相电能表。

3. 三相四线有功电能表的选择

三相四线有功电能表实际上是三只单相电能表的组合。所以当负载平衡时，可计算出单相负载功率，然后按单相电能表的选择方法来选配电能表。如某三相负载的总功率为 7.5kW，则单相负载功率为 2.5kW，根据单相电能表的选择方法，电能表的额定电流为 $2P$ 即 5A，所以可选标称电流为 3×5（20）A 的三相四线制电能表。

4. 三相三线有功电能表的选择

（1）求出每千瓦的线电流值

一般低压电路，当三相负载平衡时，每千瓦的线电流值可按下式计算：

$$I=\frac{P}{\sqrt{3}U\cos\Phi}$$

式中 U——线电压（$U=380\text{V}$）（V）；

P——功率（W）；

$\cos\Phi$——功率因数，一般取 0.75。

根据上面的公式，可求出三相三线电路每千瓦（1000W）的电流值为

$$I=\frac{P}{\sqrt{3}U\cos\Phi}=\frac{1000}{\sqrt{3}\times 380\times 0.75}\text{A}\approx 2\text{A}$$

（2）根据负载大小选配电能表

知道了电路的负载功率，即可根据 2A/kW 估算出电路电流，然后根据电路电流值即可选配电能表。

例如，某低压三相电路的总功率为 20kW，则三相电路的线电流为 20×2A=40A，可选择 3×15（60）A 或 3×20（80）A 的三相三线有功电能表。

二、电能表的安装、使用

电能表广泛用于工农业生产和人民生活中，为了做到准确计量，安装时应注意以下几点：

1）安装地点应干燥、便于抄表，且无灰尘、热源、机械振动或磁场干扰（距离 100A 以上的导线不应小于 400mm），距离热力管道不小于 0.5m。装于室外时，应采取防雨措施。

2）不同电价的用电电路应分别装表，同一电价的用电电路应合并装表。

3）电能表应垂直安装，前后左右的倾斜度不大于 2°，特别是机械式电能表，倾斜 5°

时，会引起10%的计量误差。电能表中心距离地面一般为1.5~1.8m，在成套开关柜内安装时，距地面不得低于0.7m，两表中心距离不应小于200mm。

4）进线接电源，出线接负载。三相电能表应按正相序接入电路，并按照端子盖板上的接线图接线。配有互感器的电能表，互感器二次绕组的同名端都不能接错，即电源相线输入端的 L_1 与 K_1、输出端的 L_2 与 K_2 对应，不得接反。否则将造成电能表倒转、不转或计量不准。开关、熔断器应接在电能表的负载侧。

5）电流线圈应串接在相线上，测量低电压大电流时，应通过电流互感器与电路相连，即电流线圈串接在电流互感器的二次侧上；电压线圈应并联在电路中。测量高压电路的电能时，由于电路电压较高，应通过电压互感器和电流互感器接入电路，即电流线圈串联在电流互感器的二次侧上，电压线圈并接在电压互感器的二次侧上。

6）直接接线的电能表，端子连片不能拆开。否则电能表电压线圈无电，电能表不转。

7）配电流互感器的电能表，电流互感器宜装在电能表的上方，以免抄表时碰触带电部分。若表中端子连片没有拆开，电流互感器二次侧 K_1 应与一次侧首端 L_1 可靠连接，且 K_2 禁止接地，否则会损坏电能表；若表中端子连片已拆开，电流互感器二次侧 K_2 应可靠接地。与电流互感器一次侧接线桩头连接可采用铝导线或铝排，但二次侧接线必须用截面积不小于 $1.5mm^2$ 的单股绝缘铜线。

8）凡低压计量，容量在250A及以上时，二次回路中应加装专用接线端子板，以便于校表。

9）安装好的电能表，如果所有电器都不用电，电能表内的转盘应停止转动，或只有微动，但也不应超过一周。如果电能表转动不停，应拆下电能表的输出接线。拆下后，如果电能表随即停转，则表明室内电路有漏电现象；若电能表仍转动不止，则表明电能表本身故障（“潜动”故障）。

10）电能表每月自身耗电约1kW·h，因此每只分表每月应向总表贴补1kW·h电费，这与分表用电量的多少无关。

11）用户发现自己的电能表异常，不要自行拆卸，应向电工请教解决。

三、电能表的接线电路及接线方法

1. 单相电能表的直接接线电路及接线方法

如果电路负载不超过单相电能表的最大电流，可将单相电能表直接接于电路上测量，如图3-43所示。图中圆圈内的竖直线（或竖直方向的线圈）为电压线圈，圆圈内的横直线（或水平方向的线圈）为电流线圈。

接线时，电压、电流线圈标有“·”或“*”的一端应接在电源一端，另一端应接在负载端。单相电能表接线盒有4个接线端子，从左到右依次为1、2、3、4，其中相线的进线接端子1，相线的出线接端子2，中性线进线接端子3，中性线出线接端子4，相线与中性线不可接反。另外在端子1、2之间有一附加端子，它是表内电压线圈的端子，通过一个电压连片（电压小勾）与端子1相连，此电压连片不可拆开。单相电能表的直接接线方法如图3-44所示。

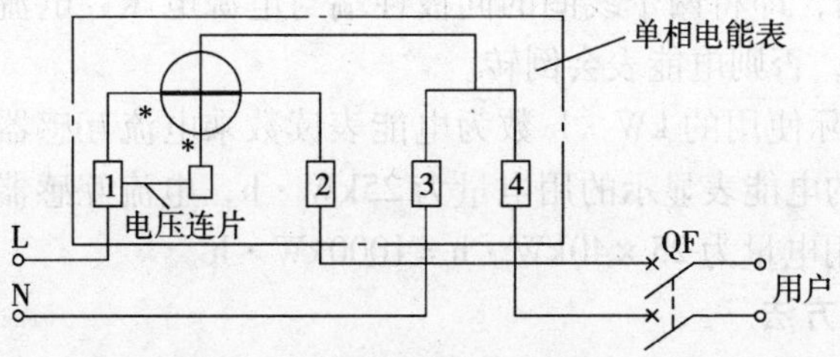

图 3-43　单相电能表的直接接线电路

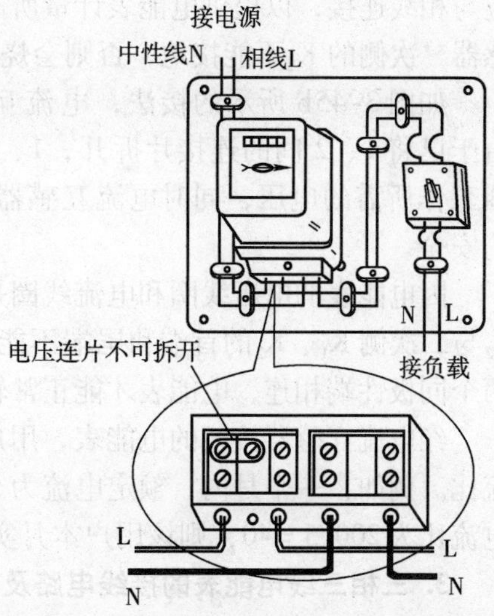

图 3-44　单相电能表的直接接线方法

2. 单相电能表经电流互感器的接线电路及接线方法

如果被测电路电流超过电能表的最高量限，则要通过电流互感器来扩大量程，其常用接法有两种。

如图 3-45a 所示的接法，电流互感器一次侧串联于被测电路，相线的进线接 L_1端，相线的出线接 L_2端，这样通过电流互感器的一次电流就是被测电路的实际电流。同时 1 号端子

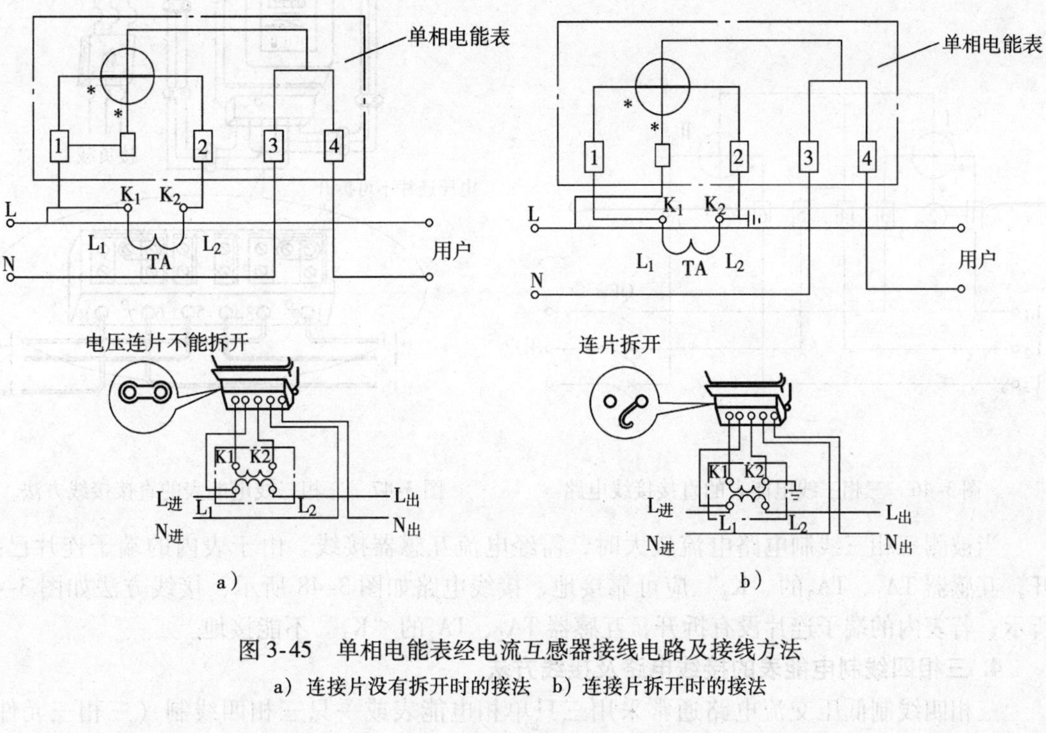

图 3-45　单相电能表经电流互感器接线电路及接线方法

a）连接片没有拆开时的接法　b）连接片拆开时的接法

应与相线连接，以提供电能表计量所需的电压。但由于1、2间的连接片没有拆开，电流互感器二次侧的 K_2 不能接地，否则会烧坏电能表。

如图3-45b所示的接法，电流互感器二次侧的 K_1 接在1号端子，K_2 接在2号端子，由于已将1、2间的连接片拆开，1、2间的附加端子应接电源相线的 L_1 端，以提供电压线圈工作所需的电压，同时电流互感器二次侧的 K_2 应接地，以保证电流互感器及用电电路的安全。

因电能表的电压线圈和电流线圈是有极性的，故上述两种接法，电源相线输入端的 L_1、L_2 与二次侧 K_1、K_2 的首端和尾端不能接错，即将两个线圈的同极性端与电源电压、电流的两个同极性端相连，电能表才能正常转动，否则电能表会倒转。

经电流互感器接线的电能表，用户实际使用的kW·h数为电能表读数乘电流互感器电流比。例如，一个月内，额定电流为5A的电能表显示的用电量为25kW·h，电流互感器的电流比为200/5=40，则该用户本月实际用电量为 25×40kW·h=1000kW·h。

3. 三相三线电能表的接线电路及接线方法

当测量电流不大的低压三相三线供电电路（没有中性线）的电能时，接线电路如图3-46所示，接线方法如图3-47所示。即1、3分别接 L_1 相的进线和出线，4、5分别接 L_2 相的进线和出线，6、8分别接 L_3 相的进线和出线。有的电能表只有7个接线孔，这种表的4、5接线孔在表内是连在一起的，5后的接线号减1，这时 L_2 相的进、出线都接4孔，5、7分别接 L_3 相的进线和出线。**注意：** 进线与出线不能接错，否则表不转、倒转或计量不准；表尾连接片不能拆开，它是连接表内电压线圈和电流线圈的。

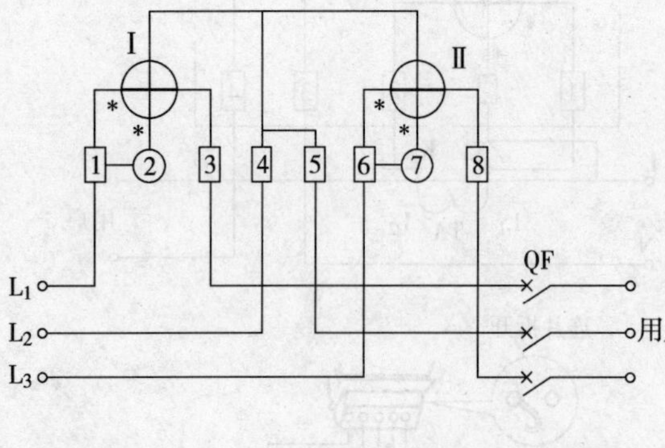

图3-46　三相三线电能表的直接接线电路

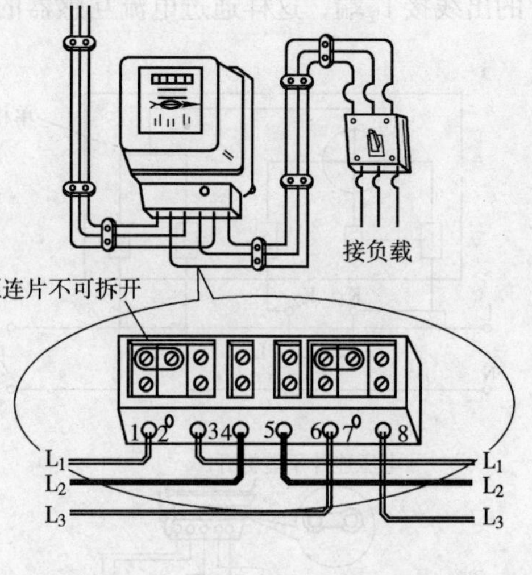

图3-47　三相三线电能表的直接接线方法

当被测三相三线制电路电流较大时，需经电流互感器接线。由于表内的端子连片已拆开，互感器 TA_1、TA_2 的"K_2"应可靠接地，接线电路如图3-48所示，接线方法如图3-49所示；若表内的端子连片没有拆开，互感器 TA_1、TA_2 的"K_2"不能接地。

4. 三相四线制电能表的接线电路及接线方法

三相四线制低压交流电路通常采用三只单相电能表或一只三相四线制（三相三元件）

电能表计量有功电能。三相三元件电能表实际上是把三只单相表组合在一起，用一个计度器标出三相总有功电能。

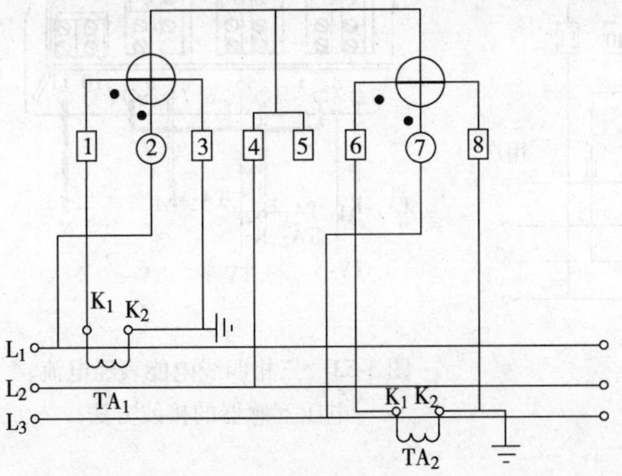

图 3-48 三相三线电能表经电流互感器的接线电路

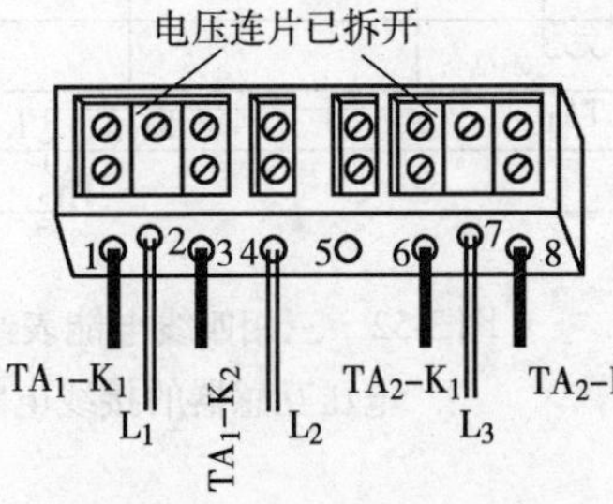

图 3-49 三相三线电能表经电流互感器的接线方法

(1) 采用三只单相电能表计量

将三只单相电能表分别接于三相电路，一块电能表测量一相线的电能，负载的总电量等于三块单相电能表电量之和。接线时，三块电能表的 1、2 分别接三相相线的进线和出线，三只单相电表的 3（或 4）号端钮接到电源的中性线。

(2) 三相四线电能表直接接线电路及接线方法

在低压电路中，如果电路的负载电流不大于电能表的量程，可将三相四线（三相三元件）电能表直接接在被测电路上，其接线电路如图 3-50 所示，其接线方法如图 3-51 所示。

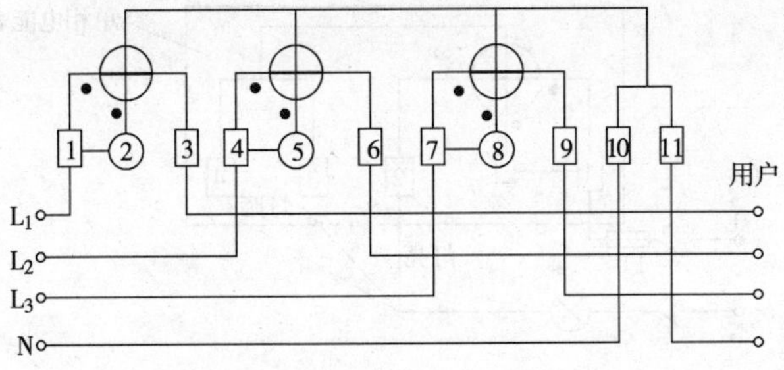

图 3-50 三相四线电能表直接接线电路

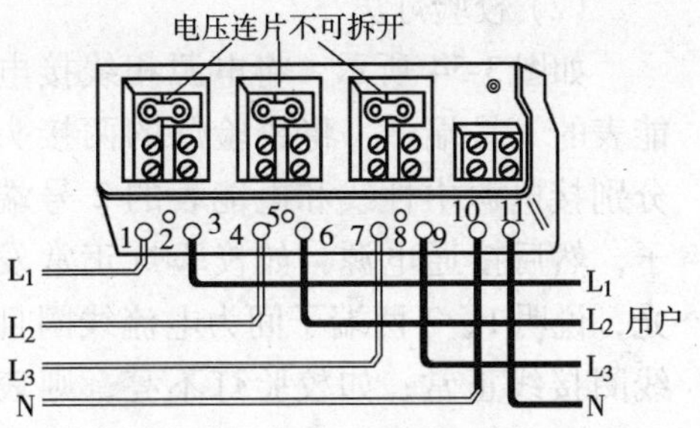

图 3-51 三相四线电能表直接接线方法

(3) 三相四线电能表经电压、电流互感器的接线电路及接线方法

测量高压三相四线制电路的电能时，由于电路电压高、电流大，电能表不能直接接入电路，所以需通过电压互感器将高压变为电能表的额定电压，将大电流经电流互感器转换为小电流，并将电压、电流互感器二次绕组可靠接地。其接线电路如图 3-52 所示，其接线方法如图 3-53 所示。

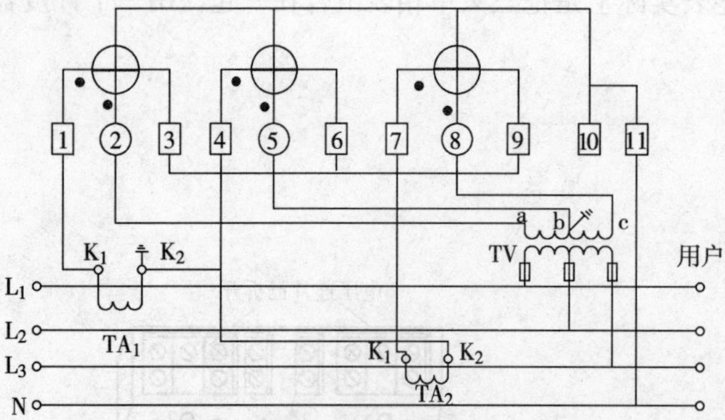

图 3-52　三相四线电能表经电流、电压互感器的接线电路

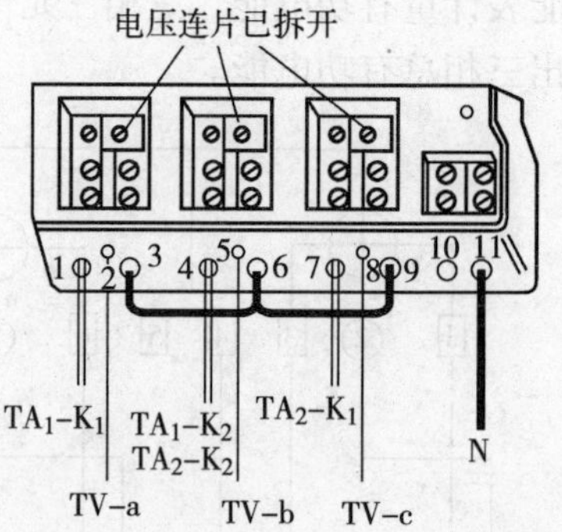

图 3-53　三相四线电能表经电流、电压互感器的接线方法

四、实用经验交流

1. 单相电能表内部接线的简便判别

由于电能表的电压线圈并联于电路中，而电流线圈串联于电路中，所以电压线圈的电阻值大，而电流线圈的电阻值小，根据以上不同点，可用以下方法来判别。

（1）万用表法

将万用表置于 R×100 档，一支表笔接 1 号接线端钮，另一支表笔依次接触 2、3、4 端钮，如果 1、2 端钮的电阻为“0”，则表明电流线圈接线正确，否则说明电流线圈断线或接触不良；如果 1、3 端钮的电阻大于 1kΩ，则表明电压线圈接线也正确，否则说明电压线圈短路或断路。

（2）校验灯法

如图 3-54 所示，将电源相线接电能表的 1 号端子，将校验灯的两接头分别接电源中性线和电能表的 2 号端子，然后接通电源，如校验灯正常发光，说明 1、2 两端子间为电流线圈且线圈接线正常；如校验灯不亮，则表明接线有误或接触不良。同法测量 1、3 两端子时，若灯泡很暗，说明此两端钮所接是电压线圈且线圈接线正常；若校验灯正常发光，说明接线有误或电压线圈短路。

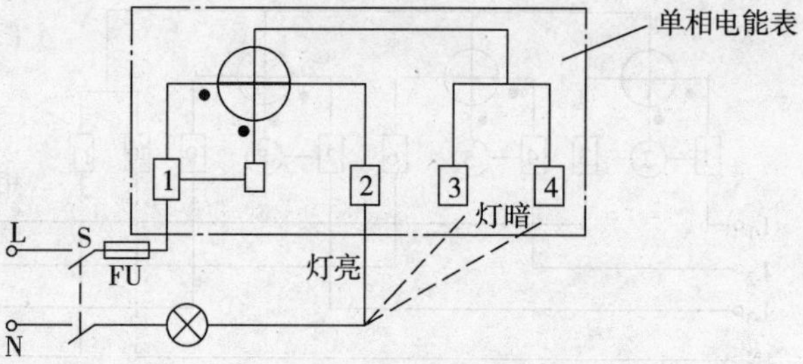

图 3-54　用校验灯判断单相电能表内部接线

2. 单相电能表外部接线的简便判别

（1）用试电笔判断

用试电笔分别测量 1、2 接线端都亮，而测量 3、4 接线端时电笔都不亮，则表明相线与中性线接线没有接反，否则可能相线与中性线接反。然后观察 1、3 接线端，若它们同为电源的进线，则表明电能表接线正确。

（2）万用表判断

同万用表判断相线与中性线一样，将万用表的量程开关置于 250V 档，黑表笔接自来水管或大地，红表笔与1、2接线端接触，再与3、4接线端接触，若万用表前两次示值远大于后两次示值，表明相线与中性线没有接反。

(3) 用钳形表判断

正常时，单相电能表的相线、中性线上通过的电流应大小相等、方向相反，所以将进入电能表的两根电源线同时套入钳形表钳口，测得的电流应为零，否则表明相线、中性线的电流不等，或仅在相线或中性线上有电流，说明电能表出线端有接地或窃电现象。

3. 三相电能表外部接线的简便判别

(1) 用电压交叉法判别三相三线电能表接线是否正确

对调三相三线两元件有功电能表三相电压中的任意两相，然后带上负载，如果原来正转的电能表转盘停止转动（或向某一侧稍微转动一点），则表明接线正确，否则说明接线错误。利用这一特点可以判断三相三线电能表的接线是否正确。

(2) 用 L_2 相电压断开法（抽中相）检查电能表接线是否正确

三相电压平衡时，三相三线两元件有功电能表的总功率 $W=\sqrt{3}UI\cos\Phi$，当断开 L_2 相电压后，电能表的功率为$\frac{\sqrt{3}}{2}UI\cos\Phi$，功率表达式是原来的一半，所以电能表的转矩和转速都降为正常时的一半，而错误的接线都不是这样的关系。检查时，保持负载不变，先记下正常时电能表在一定时间所转动的圈数 N_1，然后断开中间相，再记下相同时间内电能表所转动的圈数 N_2，如果电能表仍旧正转且 $N_1=2N_2$，则表明接线正确，而其他的接线都是错误的。用 L_2 相电压断开法判别电能表接线见表3-3。

表3-3 用 L_2 相电压断开法判别电能表接线

序号	抽中相电压前后电能表方向及转速	结 论
1	抽前正转，抽后正转，但转速较前慢一半	接线正确
2	抽前正转，抽后反转，但转速较前慢一半	元件1、2相序正确，元件1电流极性反
3	抽前反转，抽后正转，但转速较前慢一半	元件1、2相序正确，元件2电流极性反
4	抽前反转，抽后反转，但转速较前慢一半	元件1、2相序正确，但电流极性均反
5	抽前不转，抽后反转	元件1、2相序接反，电流极性正确
6	抽前正转，抽后正转，但转速为抽前的1/4	元件1、2相序错误，且元件1电流极性反
7	抽前正转，抽后正转，但转速为抽前的1/4	元件1、2相序错误，且元件2电流极性反
8	抽前不转，抽后正转	元件1、2相序错误，且元件1、2电流极性反

注意：在采用电压交叉法或 L_2 相电压断开法判别电能表接线是否正确之前，应先检查电能表的电流线圈是否通有 L_2 相电流，如果 L_1、L_3 两相电流线圈中一相通有 L_2 相电流，则不能采用电压交叉法和 L_2 相电压断开法来判断接线是否正确。因为当 L_2 相电流进入电能表电流线圈后，在某些情况下，即使接线错误，也会有相同的现象。

(3) 判断电能表接线盒的接线有无断线

不论电压互感器采用何种接线（不含一台单相电压互感器），当一次或二次侧出现一相断线时，电能表接线盒2、4、6电压端子之间的3个线电压会有一个或两个线电压明显小于100V。例如 L_1、L_2 和 L_1、L_3 的线电压远低于100V，则表明 L_1 相电压回路断线或接触不良。

对于星形接线或三相五柱式的电压互感器（见图 3-41），还可以通过测量电能表接线盒电压端子 2、4、6 的对地电压来判断。正常时三相对地电压都应为 $100/\sqrt{3}$ V，如果有两相或一相对地电压小得多，或者甚至为 0V，则电压互感器一次侧或二次侧可能有断线故障。

(4) 用万用表测量电能表接线盒内的三相电压极性是否接反

用万用表测量电能表接线盒内的三相线电压，如果 3 个线电压都约为 100V，说明电压互感器极性正确或全部接反。当有一台极性接反时，如果电压互感器是星形接线，有两个线电压降为 $100/\sqrt{3}$V；如果电压互感器是 V/V 形接线，当有一台电压互感器极性接反时，有两个线电压为 100V，而另一个线电压升高为 $\sqrt{3}\times100$V（约 173V）。

(5) 用相序表判别电能表所接三相电压的相序

如图 3-55 所示，将电能表接线柱上的三相电压分别对应接入相序表的 3 个接线柱上，按下按钮（不要超过 10min），如相序表顺时针转动，则三相电压为正相序，否则为逆相序。

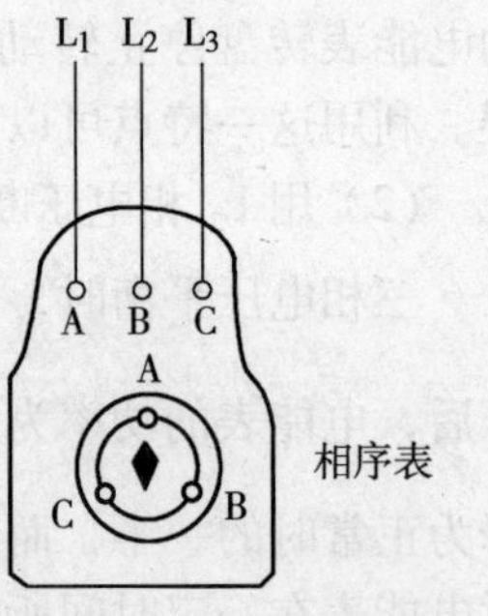

图 3-55 用相序判断三相电能表所接三相电压的相序

(6) 用“电流交叉法”判别三相电压相序是否正确

正在运转的三相三线有功电能表，不论 L_1、L_3 两相电流同为正极性接入或同为反极性接入（不包括 L_1、L_3 两相异极性接入），将 L_1、L_3 相电流调换，即 L_3 相电流接入电能表的Ⅰ元件，L_1 相电流接入电能表的Ⅱ元件（见图 3-46），如电能表停转，表明三相电压为正相序（L_1、L_2、L_3），否则表明三相电压为逆相序。

(7) 用钳形表判断电流互感器 TA 至三相三线制电能表接线

用钳形表分别测量进入电能表的 L_1、L_3 相电流，两相电流应接近相等，若其中一相电流接近为零，则表明该相有短路或断路故障，然后将进入电能表的 L_1、L_3 相电流同时穿过钳形表钳口中央，测量两相电流的相量和。若测量值与 L_1、L_3 相接近，说明 TA 极性一致，若测量值接近于 L_1、L_3 相的 1.73 倍，则说明进入电能表的电流线必有一相接错。

(8) 用钳形表判断电流互感器 TA 至三相四线制电能表接线

用钳形表分别测量 TA 至电能表接线盒三根导线的电流值，三相电流值应接近相等。然后将三相进线同时穿过钳口中央，测量三相电流的相量和，若钳形表指示为零，则说明 TA 极性一致；若合电流接近分相电流的两倍，则表明有一相或两相电流接反。检查时应注意，若电压接线正确，电流互感器极性一致，相序无误，而电能表反转，可能是三只电流互感器同时接反。

(9) 电能表准确度的现场测试

1）方法 1：如图 3-56 所示，断开其他用电器，接上 100W 的白炽灯，合上开关 S 的同时，记录电能表转 5 圈所需的时间，然后将 5 圈（长些更好）所需的时间除以 5 得出每圈所需的时间，算出一圈所用的时间 T_1，然后与下式所算时间 T 比较。若 $T_1>T$，表示电能表转速偏慢；若 $T_1<T$，表示电能表转速偏快。计量时间越长，最后计算结果就越准确。

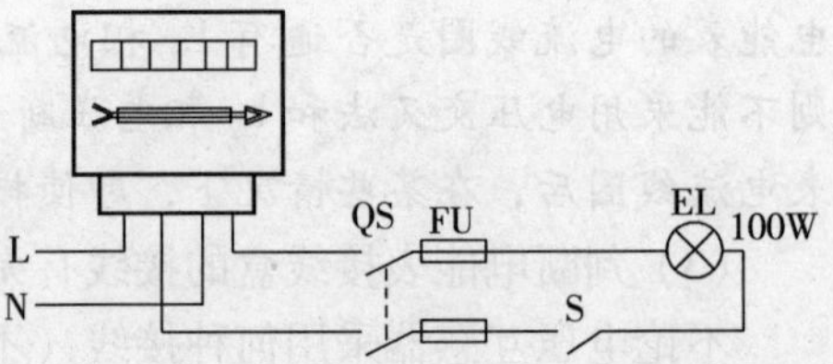

图 3-56 电能表准确度的现场测试

$$T = kW \cdot h/PC$$

式中 T——时间（s）；

P——负载功率（W）；

C——电能表常数（r/kW·h）。

所以 $T = 1000 \times 3600/100C = 36000/C$

例如，某单相电能表的电能表常数 $C = 720r/kW \cdot h$，将 C 代入上式 $T = 36000/720s = 50s$，若实际测量值偏离50s，说明电能表走字不准，大于50s，说明电能表走得慢，小于50s，说明电能表走得快。

2）方法2：同样用100W的灯泡做电能表的校验负载，记录1min内电能表转盘的转数 M（不是整数时，可根据表盘的转速大致估计出小数值），将记录的转数 M 与表盘标注的电能表常数除以600的数值 N 相比较，若 $M > N$，表示电能表走的快，否则说明表走得慢。若记录2min内电能表的转数，计算 N 值时，用电能表常数除以300；若记录3min内电能表的转数，计算 N 值时，用电能表常数除以200；若记录6min内电能表的转数，计算 N 值时，用电能表常数除以100。

例如，某电能表在接入一只100W的灯泡通电6min内，表盘转了25圈（N 值），电能表常数为3000r/kW·h，看此表准不准。

$M = 3000/100$ 圈 $= 30$ 圈，很明显，电能表走得慢。

（10）月用电量、月平均负载的计算

1）月用电量的计算：

① 直接接线的电能表，月用电量 = 当月电能表读数 - 上月电能表的读数。

② 装有电流互感器的电能表，月用电量 = 月累计数 × CT倍率。

③ 同时装有电流互感器（CT）、电压互感器（PT）的电能表，月用电量 = 月累计数 × CT（倍率） × PT（倍率）。

2）月平均负载的计算（按30天）：

$$\text{月平均负载（kW）} = \text{月用电量 kW} \cdot \text{h}/720\text{h}$$

第四章

三相交流异步电动机

第一节　三相交流异步电动机的结构

三相交流异步电动机具有结构简单、制造方便、坚固耐用、工作可靠、价格低廉、维修方便等优点，在工农业生产和人民生活中得到了广泛应用。常用的三相交流异步电动机有三相笼形异步电动机和三相绕线转子异步电动机。

图 4-1 所示为三相异步电动机的结构，由图可看到它主要由定子和转子组成，定子固定不动，转子装在定子腔内，为保证转子自由转动，定子与转子间留有气隙。另外，还有机座、端盖、风扇、接线盒等部件。

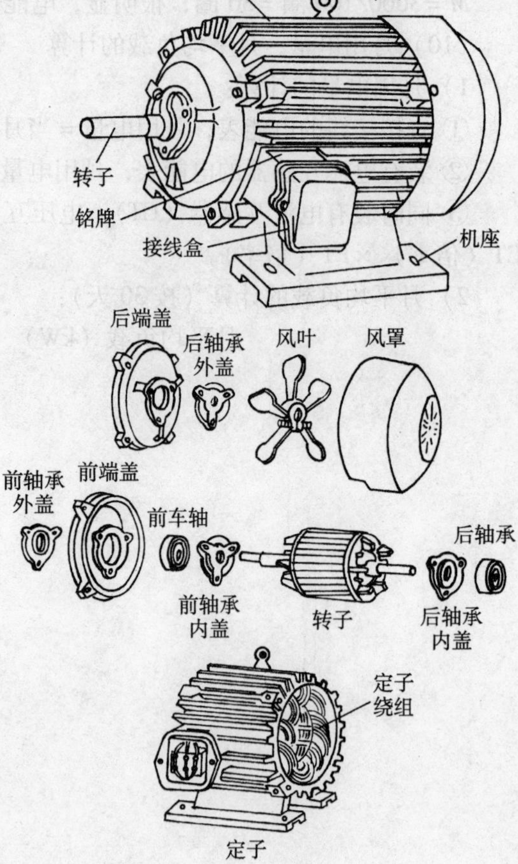

图 4-1　三相异步电动机的结构

一、定子

异步电动机的定子由定子铁心、定子绕组和机座三部分组成。

（1）定子铁心

定子铁心是异步电动机主磁通磁路的一部分，为减少磁通交变时所引起的铁心损耗，通常由 0.5mm 厚、表面涂有绝缘漆的硅钢片叠压而成，在铁心的内表面冲成了若干槽，用来放置定子绕组。

（2）定子绕组

它是异步电动机定子部分的电路，由许多线圈按一定规律连接而成，线圈用高强度漆包铜线或铝线绕成，嵌入槽内时有单、双层之分，两层线圈间、线圈与槽臂间均需加以绝缘，槽口用槽楔将定子绕组紧固，槽楔常采用竹、胶布板或环氧玻璃布板等非磁性材料。

（3）机座

机座主要用来固定与支撑定子铁心，中小型异步电动机一般采用铸铁机座，微型电动机也有铸铝机座，大型异步电动机一般采用钢板焊接的机座。

二、转子

转子由转子铁心、转子绕组和转轴三部分组成。

（1）转子铁心

转子铁心也是电动机磁路的一部分，一般用0.5mm厚的硅钢片叠压而成，在铁心的外圆上均匀地冲有若干槽，槽内可以浇铸铝条或嵌放转子绕组，整个铁心固定在转轴上或转子的支架上，转子支架再套在转轴上。

（2）转子绕组

异步电动机的转子绕组有笼型绕组和绕线型绕组两种。

1）笼型转子。在转子每个槽里放一根导条，在铁心的两端用两个端环把所有的导条都并联起来，从而形成自行短路的绕组，构成闭合回路，如果去掉铁心，转子绕组形似松鼠的笼子，故称为笼形绕组。中小型笼型转子一般采用铸铝转子，其导条和端环一次铸出，并在端环上铸上风叶，来加强散热。

2）绕线型转子。绕线型转子绕组和定子绕组一样，也是三相对称绕组，小容量电动机一般为“△”形，大中容量电动机一般接成“Y”形，绕组的3个引出端通过集电环与外电路相连接，在转子绕组引出端外接电阻来改善起动性能。图4-2所示为绕线型转子。

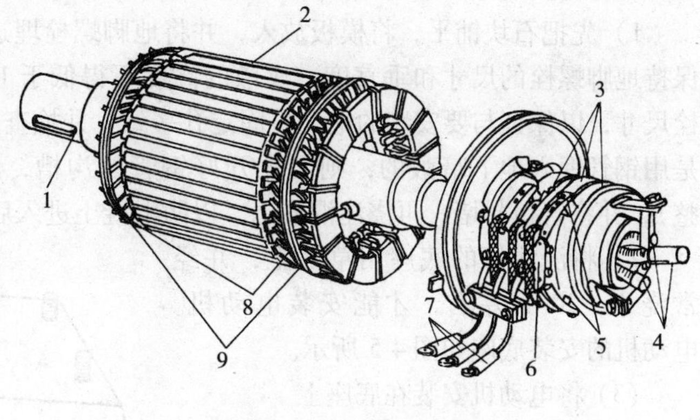

图4-2　绕线型转子

3）转轴。转轴的作用是支承转子，传递电动机的输出转矩，拖动机械负载运转。

三、气隙

异步电动机定、转子间的空隙称为气隙，气隙的大小直接影响到电动机的运行性能。气隙越大，磁阻也越大，所需励磁电流也大，功率因数降低。为提高功率因数，气隙小一些较好，一般中小型电动机的气隙为0.2~2mm，否则易发生定、转子相擦（“扫膛”）现象。

第二节　三相异步电动机的安装

一、机座的安装

（1）准备工作

1）选好安装地点。安装地点应干燥、通风、灰尘较少，且较为宽畅，以方便维护和保养。

2）准备所需的石块、水泥、模板、地脚螺栓等。为保证地脚螺栓浇埋得牢固，应将地脚螺栓做成人字形或钩形，如图 4-3 所示。

3）根据准备固定的电动机的底座尺寸挖好地基，但四周要留出 200mm 左右的裕度，并将地基压实，以防地基下沉。

4）制作模板。用厚 15mm 左右的木板钉成框架，模板上部用木材制成悬挂地脚螺栓的架子，并根据电动机底脚尺寸在架子上开 4 个孔，如图 4-4 所示。

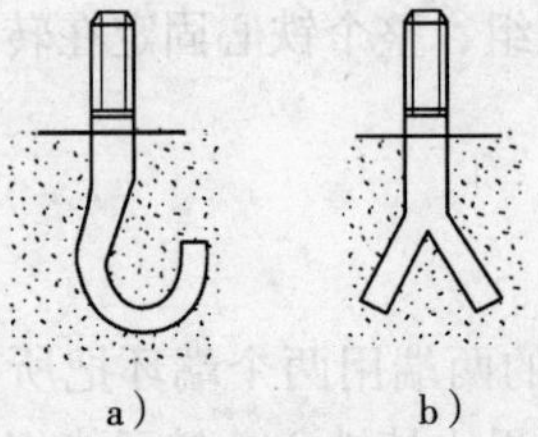

图 4-3 地脚螺栓的形状

a）钩形 b）人字形

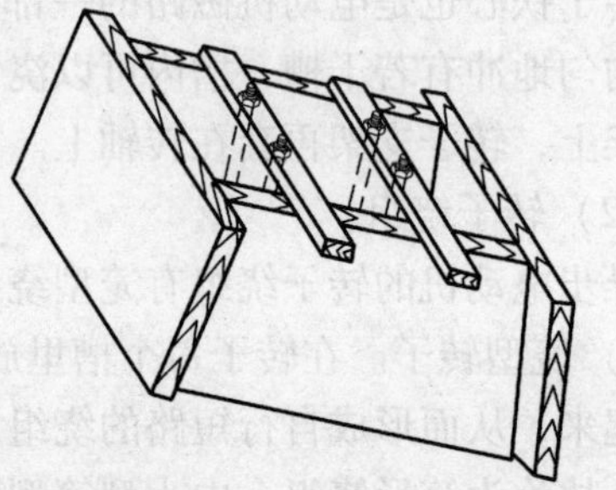

图 4-4 模板的制作

（2）浇注地基

1）先把石块铺平，将模板放入，并将地脚螺栓埋进，然后浇注混凝土，浇注时要注意保持地脚螺栓的尺寸和垂直度，座墩的高度不得低于 150mm，浇注完毕，重新校核地脚螺栓尺寸，以保证与要安装的电动机固定孔一致，并检查基础是否水平。如果电动机的电源线是用钢管埋入地下暗敷的，则要先开好钢管的沟槽，然后放入电线管（管线应与地面平整），并将管口封堵，再浇注混凝土，以防混凝土进入后将线管堵死。

2）将浇注好的底座用草盖上，并经常浇水，20 天左右，才能安装电动机。电动机的安装底座如图 4-5 所示。

（3）将电动机安装在底座上

将防震木板或硬橡皮垫在电动机与底座间，小型电动机可直接用铁棒或通过绳索穿过电动机的上吊环后用杆棒抬到底座上，切不可用绳索套在电动机的转轴上或机座上抬运，以防绳索滑脱，摔坏电动机；较重的电动机，应用起重机或滑轮搬运。将电动机放在机座上后，按对角线顺序逐次轮流拧紧 4 个固定螺栓。

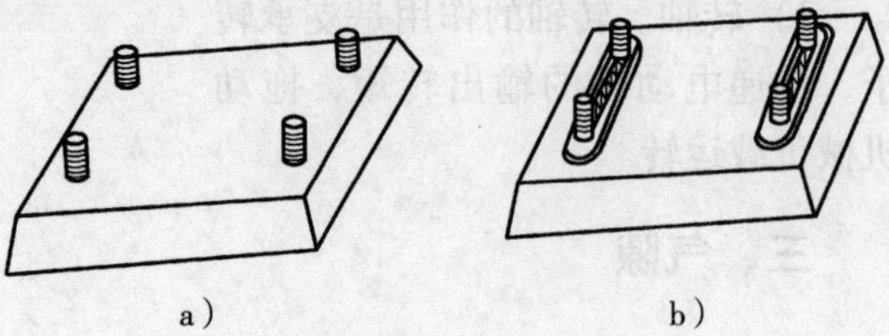

图 4-5 电动机的安装底座

a）直接安装墩 b）槽轨安装墩

安装时，若电动机不平，可用薄钢板垫在电动机底座上。

二、传动装置的安装与校正

电动机的常用传动装置有联轴器传动、带传动和齿轮传动。传动装置安装不好，会使电动机过载，影响电动机的正常工作，严重时还会烧坏电动机及其转轴和轴承。

1. 联轴器传动装置的安装和校正

（1）联轴器传动装置的安装

联轴器也叫联轴节，通常成对使用，一半安装在电动机转轴上，另一半安装在所带机械设备上，它们卡在一起从而带动机械负载。联轴器传动装置的安装步骤如下：

1）如图 4-6 所示，先用砂纸将电动机轴和键槽打磨光滑，对准键槽把联轴器套在电动机转轴上，调整联轴器和转轴之间的键槽位置，用锤子将键轻轻敲入槽内。敲打时应注意用力方向要与轴承中心相重合，即顺着轴承转动方向敲打联轴器的中心位置。

2）同法按图 4-6 所示将另一半联轴器安装在电动机所驱动机械设备的轴上，然后将电动机移近连接处。

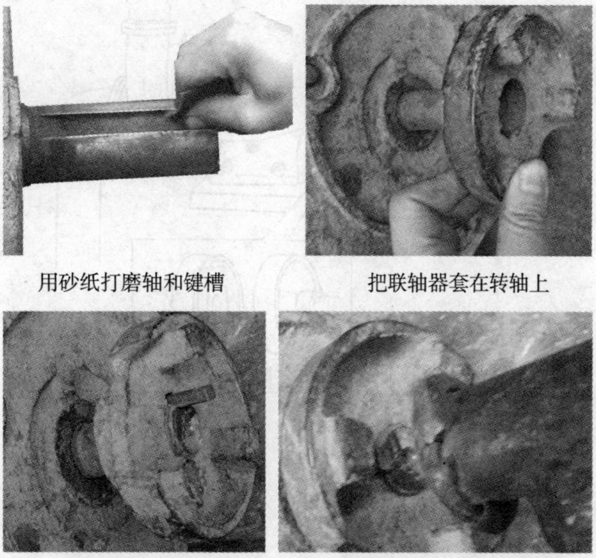
用砂纸打磨轴和键槽　把联轴器套在转轴上
把键插入键槽中　用铁锤将键轻打入槽内

图 4-6　安装联轴器

3）将梅花胶垫放入联轴器中，如图 4-7a 所示，梅花胶垫的外形如图 4-7b 所示，其作用是减轻振动。

4）移动电动机，两轴的中心线相对处于一条直线上时，初步拧紧电动机机座的安装螺栓，使安装在电动机上的半片联轴器与被传动机械上的半片联轴器两端大致平行，联轴器外圆表面大致等高。

a）　b）

图 4-7　梅花胶垫的外形及其安装方法
a）安装方法　b）外形

（2）联轴器传动装置的校正

联轴器传动装置的校正通常采用钢尺和塞尺。将钢尺搁在两半片联轴器上，用手盘动电动机转轴，每转动 90°，两半片联轴器应高低一致，如图 4-8a 所示。然后按对角线顺序逐次轮流拧紧固定螺栓，将联轴器和电动机分别固定，同时用钢尺、塞尺反复进行联轴器的径向和轴向平行的测量，以保证联轴器平行。校正后实物照片如图 4-8b 所示。

如果测量过程中发现图 4-9a 所示的情况，表明两个半片联轴器的中心线不在一条直线上（电动机底座太高）。这时一般不调整机械负载，而是通过调整电动机底座的垫片来调整电动机的高低位置，直到在 4 个 90°位置上钢直尺都能紧贴在两个半片联轴器外圆平面上，如图 4-9b 所示。经上述校正后，用塞尺检查两联轴器对接面的距离应为 1～3mm。

校正之后，紧固电动机固定螺钉。然后用铁皮做一个保护罩固定在联轴器上，以防飞车伤人，如图 4-10 所示。

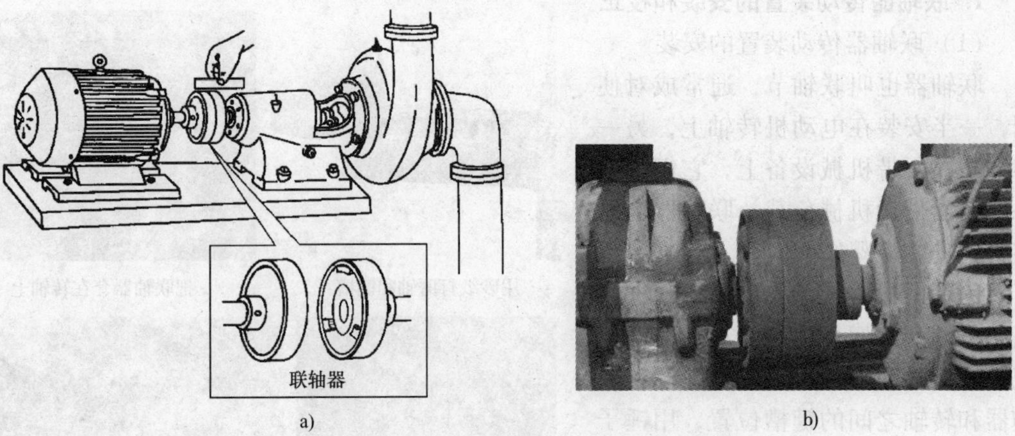

a)　　　　b)

图 4-8　联轴器传动装置的校正

a）校正示意图　b）校正后实物照片

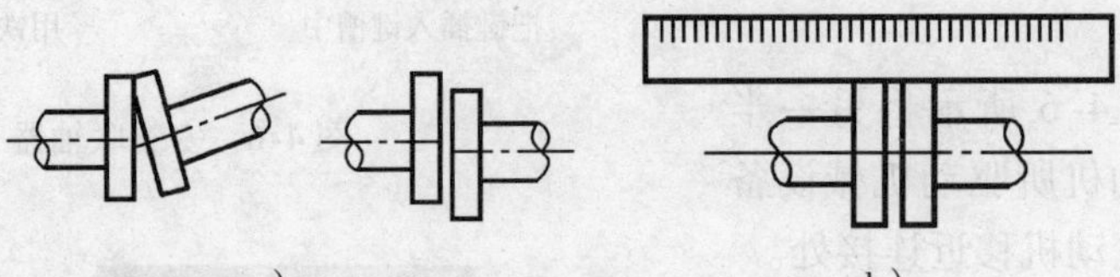

a）　　　　b）

图 4-9　用钢尺校正联轴器

a）联轴器不同轴　b）联轴器同轴

2. 带传动装置的安装和校正

（1）带传动装置的安装

带传动使用的是带轮，带轮一端安装在电动机上，另一端安装在机械设备上，两轮之间通过皮带传动。带轮在电动机和机械设备上的安装方法如图 4-11。

图 4-10　保护罩固定在联轴器上

对准键槽套入带轮　　用锤子将键轻敲入槽内

图 4-11　带轮在电动机和机械设备上的安装方法

带传动有 V 带和平带两种。安装时应注意：

1）带轮大小应配套，两个带轮直径要在一条直线上，两轴要平行，否则电动机会振动。

2）V 带要装成一正一反，否则不能调速。

3）平带接头要正确，皮带扣的正、反面不能颠倒，有齿的一面应放在内侧，以防运行中脱带。

（2）带传动装置的校正

皮带的校正就是设法使皮带刚好在带轮的中心线上，如图 4-12 所示。如果两个带轮宽度相同，可用一根细线固定后拉紧，若细线能同时接触 1、2、3、4 四点，说明带轮校好了；当细线距离 3、4 两点有一段距离，应松开电动机的紧固螺母，将电动机顺轴向方向向前平移至细线位置，再拧紧固定螺母；当细线不能同时接触 3、4 两点时，表明两轴不平行，此时应在电动机底座加垫片。如果两个带轮宽度不相同，应先画好两带轮的中心线，然后拉一细线，看两带轮的中心线是否与细线重合，如果不重合，应移动电动机和在机座下垫薄铁片。

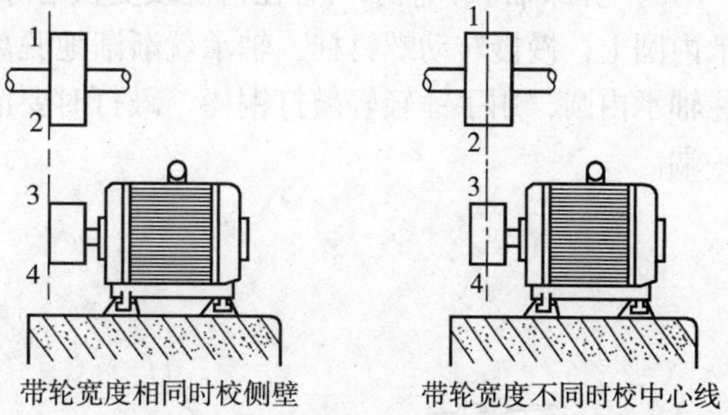

图 4-12　带轮的校正

3. 齿轮传动装置的安装和校正

齿轮传动方式采用独立电动机基础的可能性不大，通常是将电动机安装在机械设备上。

（1）齿轮传动装置的安装

1）安装的齿轮要与电动机配套，配合尺寸相同，同时所装齿轮与被动轮要配套。

2）安装时要使两轴保持平行，啮合良好，齿轮接触部分应大于齿宽的 2/3，不要在发生顶齿状态下推入电动机，以免损坏齿轮。

（2）齿轮传动装置的校正

用塞尺检查两齿轮的间隙，正常时间隙应一致，否则应重新校正。

第三节　三相异步电动机的维护

一、电动机拆卸

1）电动机拆卸前，应切断电源，做好以下标记，以方便修复后的装配。

① 标记电源线在接线盒中的接线位置。

② 标记联轴器与轴台的距离。

③ 标记端盖、轴承、轴承盖的负载端和非负载端等。

2）拆下电源线，并将电源线头包好绝缘，拧松地脚螺钉和接地线螺钉。

3）拆卸联轴器或带轮。取下联轴器或带轮的定位销子，装上拉具，并将拉具两尖端对准电动机转子轴中心，转动拉具，使带轮和联轴器慢慢从电动机转轴上拉出，如图 4-13 所示。如果拉不出，可在定位螺孔内注入煤油或柴油，过几个小时再拉。如仍不能拉出，可用喷灯在带轮四周加热，使其膨胀后趁热拉出。切不可用锤子直接敲打联轴器或带轮，以防联轴器碎裂或电动机转轴变形。

4）拆卸轴承盖或端盖。拧下固定轴承盖的螺钉，卸下轴承外盖。拆下前后端盖的紧固螺栓，然后用螺钉旋具插入端盖的根部，把端盖按对角线一先一后地向外扳撬。小型电动机，可只拆卸风叶侧的端盖；大中型电动机，应先用起重设备吊好，用端盖上的顶丝均匀加力，将端盖从机座止口中顶出；绕线式转子电动机，先提起和拆除电刷、电刷架和引出线。

5）拆卸轴承。轴承只有在清洗或更换时才拆卸。如图 4-14 所示，将拉具的两爪扣在轴承内圆上，慢慢转动螺钉杠，轴承就渐渐地脱离转轴，卸了下来。如无拉具，也可用铜棒顶住轴承内圆，用手锤轻轻敲打铜棒，敲打时要沿轴承内圆上下左右对角轮流敲打，不要只敲一端。

图 4-13　拆卸联轴器或带轮

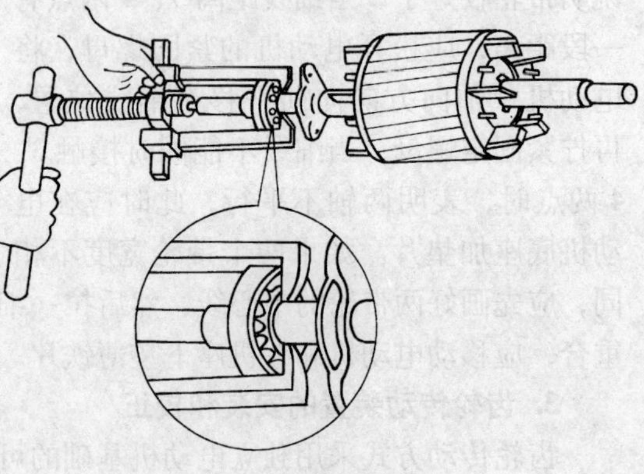

图 4-14　拆卸轴承

6）抽出转子。小型电动机的转子可同后端盖一起取出，为防止损坏铁心和绕组，转子抽出前应先在气隙和绕组端部垫上厚纸板；对于绕线式电动机还要松开刷架弹簧，抬起电刷，拆除电刷和刷架；对于大型电动机，要用起重葫芦将转子吊出。

二、电动机的装配

电动机的装配大体上与拆卸顺序相反，步骤如下：

1）用压缩空气将绕组端部、转子表面和各接触面都吹干净。

2）安装清洗后的轴承。轴承一般采用冷装法，即把轴承内盖套入转轴，再把轴承套在转轴上，然后用一根长约 300mm，内径略大于轴颈直径的铁管顶住轴承内圆，将轴承轻轻敲打到位，如图 4-15 所示。如果没有铁管，也可用铁条顶住轴承内圆，对称敲入。然后用干净的括片在轴承滚珠间隙及轴承盖里装填洁净的润滑脂，润滑脂一般要占整个空腔容积的 1/3 ~2/3。

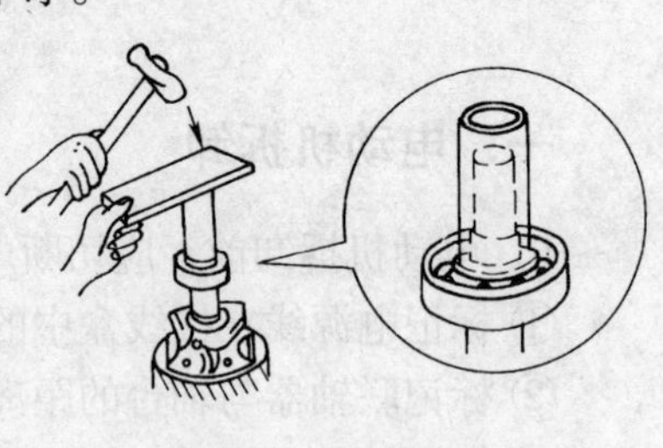

图 4-15　安装轴承

3）安装风扇和转子。将风扇等装配到转子上，做好平衡试验后，把转子对准定子孔中心，沿定子圆周的中心线缓缓向定子里送，不得碰到定子绕组。对于绕线式异步电动机，应将集电环、电刷架、电刷、风扇等先装到转子上，平衡试验后，再装入定子。

4）安装端盖和轴承外盖。对准机壳上的螺孔把端盖装上，用木锤均匀地敲打端盖四周，使端盖止口全面贴合，按对角线均匀地拧紧螺栓，这时用手转动转子，转动转子应灵活。然后装上轴承外盖。

5）安装带轮，用一块细砂布把带轮的轴孔和转轴表面打磨光滑，然后对准键槽把带轮套在转轴上，调整带轮和转轴之间的键槽位置，垫着硬木块用锤子将键轻敲入槽内。

6）再次转动转子，转子转动应均匀、灵活，无停滞或偏重现象。

三、三相异步电动机的日常检查与维护

1. 电动机起动前的检查

新安装或长期停用的电动机，起动前应进行以下检查：

1）外观检查应无裂纹，无机械损伤及破损，接线盒完整，线鼻子及其引出线压接良好，编号完整。

2）清扫安装场地及电动机外部的垃圾、灰尘，检查电动机内部有无铁屑、灰尘等杂物。

3）检查传动装置是否正常，轴承有无损伤；用双手握住前轴颈，上下或左右扳动轴有无明显位移，有无上下旷动或前后窜动；拆开轴承盖，检查轴承中的润滑脂有无变色、变质及硬化现象，油量是否过多或过少。

4）用手转动电动机转轴应灵活，不应有用力不匀的感觉，更不应有定、转子相擦的现象和异常噪声。

5）检查电动机铭牌上的技术数据，如电压、功率、极数、频率、工作制与实际要求是否相符，接法与铭牌所标是否一致。

6）检查并拧紧各紧固螺钉、地脚螺栓；检查保护接地线是否连接可靠。

7）用绝缘电阻表测量定子绕组间及绕组对地的绝缘电阻。正常情况下，低压电动机的绝缘电阻不应小于0.5MΩ；对绕线型电动机，除检查定子绝缘外，还应检查转子绕组、集电环间及集电环对地的绝缘电阻，转子绕组每1kV工作电压不得小于0.5MΩ。不符合要求者，要进行干燥处理。

8）检查控制、保护装置是否正常，指示仪表、指示灯接线是否良好。

9）检查电动机电源相序是否正确，防止不可逆的电动机转向错误。

10）对于绕线式异步电动机，除上述检查外，还应检查电刷提升装置是否灵活，电刷接触是否良好，有无火花痕迹，电刷压力是否合适，连接电刷的铜鞭子是否牢固等。

11）准备起动前，要事先通知所有在场人员。起动时，应使电动机空转一段时间，注意观察电动机转向是否正确，是否有过大噪声，铁心是否过热，轴承温度和空载电流是否正常。对于绕线式异步电动机还应检查电刷有无火花，如有异常，应立即切断电源，查明原因，排除故障后才能运行。

2. 电动机运行中的检查和维护

为了保证电动机的正常运行，日常要监视电动机的起动、运行情况，及时发现异常现象，防止事故的发生。主要检查以下内容：

1）对电动机外壳进行定期清扫，防止油污堆积，保持通风口畅通。

2）电动机内部积有灰尘时，有条件的，可用压缩空气清除，也可用打气筒吹去灰尘。对于难于清洗的油污，可用棉纱或软布沾四氯化碳或汽油擦洗，使用汽油时应注意防火。

3）用手摸电动机外壳及轴承外盖，检查有无过热现象。如果手掌不能触碰，用手指勉

强可以停留1~2s，则说明温度已超过80℃，应查原因，防止电动机烧坏。

4）检查外壳是否漏电，接地线是否正常。

5）检查轴承是否漏油，油量是否合适。

6）检查皮带是否打滑，张力是否合适。

7）通过电压表、电流表检查三相电压及电流是否稳定、平衡。正常时三相电压的波动不应超过10%，不平衡度不应超过5%。电动机的工作电流不应超过其额定电流，三相电流的不平衡度不应大于10%。

8）检查电动机有无异常气味、声音、振动，如有异常，应切断电源处理。

9）检查绕线式异步电动机的电刷与集电环是否接触良好，电刷磨损是否严重，火花是否过大等。

第四节 实用经验交流

一、三相异步电动机的常见故障及处理方法

三相异步电动机的常见故障及处理方法见表4-1。

表4-1 三相异步电动机的常见故障及处理方法

电动机不能起动	1）三相进线电源缺相 2）主电路或控制电路故障 3）负载过重 4）定子或转子回路断路、短路、接地或接线错误 5）转轴弯曲或轴承损坏	1）检查进线电源 2）检查主电路、控制电路各元件、触头是否损坏 3）应减轻负载或消除卡阻 4）应查出后修复或更换绕组 5）校正转轴或更换轴承
运行声音不正常	1）电源电压过高 2）定、转子相擦 3）轴承损坏或严重缺油 4）将“Y”形接法的电动机误接成“△”形 5）电动机缺相运行 6）定子绕组断路、短路或接线错误	1）向电力部门反映解决 2）停机解体，检查轴承、铁心片、转轴等部位，消除摩擦 3）更换轴承或清洗后加润滑油 4）应改正接线 5）应检查电源进线、断路器、接触器触点及电动机引出线等主电路 6）查出后修理或重绕
电动机振动过大	1）三相电源不正常 2）电动机过载运行 3）定子绕组断线、短路或转子断裂 4）转轴弯曲、转子不平衡 5）轴承有轴向及径向间隙，或定、转子铁心轴向位置不对，导致转子窜动 6）基础不牢固 7）负载不平衡，电动机和所带机械中心未校好	1）应检查主电路各触点、熔断器、连接导线是否损坏或接触不良 2）应减轻负载 3）检修绕组或更换转子 4）校正平衡或更换转子 5）应加弹簧垫片等补偿件，使轴承外圈受到一定的轴向力，减少轴承的轴向窜动 6）加强基础 7）应重新安装或调整

（续）

电动机温升过高	1）电源电压过高或过低	1）应查明原因，更换导线，减小电路压降，或向供电部门反映解决
	2）三相电压不对称，电动机转矩减少，电流及损耗增大，电动机温度升高，还会产生电磁噪声	2）一般由于负载不平衡引起，应查明原因后及时排除
	3）电动机单相运行	3）检查主回路熔断器内装熔体是否熔断，电源开关、接触器的主触点是否接触不良等
	4）定子绕组短路或接地	4）应查出电动机定子绕组的短路或接地处，予以修复或更换绕组
	5）电动机负载过重	5）应查明负载过重原因，减少负载至额定值
	6）定子绕组外部接线错误	6）应按照电动机铭牌接线
	7）环境温度过高	7）应降低环境温度，或降低输出功率，并选用耐高温的轴承润滑脂
	8）通风道阻塞或风扇故障，电动机散热困难	8）移开风路中的障碍物或更换风扇
	9）轴流式风扇旋转方向反向	9）应改变风扇的旋转方向
	10）定子绕组重绕时，选用了截面较细的导线或将线圈匝数减少	10）应按原参数改绕或重绕
	11）转子导条或端环断裂，电动机自身损耗增大	11）应查出断裂处，予以焊接修补或更换转子
	12）拆烧坏的绕组时，用火烧铁心，使铁心磁性能变坏	12）不应用火烧法拆绕组
	13）将频率为60Hz的电动机用于50Hz电源	13）应更换电动机
	14）短时工作制的电动机连续工作	14）应按规定时间短时工作
	15）转子铁心错位，使空气隙有效面积减少，影响电动机的正常通风	15）一般由于转子铁心压入机轴的位置不正确，应修复
三相电流不平衡	1）三相电压不平衡	1）应查明原因并消除故障
	2）绕组内部部分接反或绕组头尾端接错	2）应查出并改正
	3）绕组匝间断路、短路或接地	3）应检查修复
负载转速过低	1）电源电压过低或电压不平衡	1）应向供电部门反映解决
	2）负载过重	2）应减轻负载或检查传动机械
	3）将“△”形接法的电动机误接成“Y”形	3）应按照电动机铭牌接线
	4）定子绕组匝间断线短路或接线错误	4）应查出短路绕组，修理或更换绕组
	5）笼形转子断条	5）应修理或更换转子
	6）绕线式转子或起动变阻器一相断路	6）应查出断路处，予以修复
	7）电刷压力过小或集电环表面有污垢，电刷与集电环接触不良	7）应调整电阻压力或擦净集电环表面污垢并磨光集电环

（续）

起动时低压断路器跳闸	1）电动机单相起动 2）断路器选择不合适或调整不当 3）定子绕组短路或接地 4）将“Y”形接法的电动机误接成“△”形 5）将定子三相绕组的头尾端接反 6）绕线转子电动机的集电环被短接	1）应检查电动机主电路 2）应更换或重调断路器 3）应修复或重绕绕组 4）应改正接线 5）应分清三相绕组的头尾端，重新接线 6）查明原因，使转子串电阻或频敏变阻器起动
空载电流不合适（正常约为额定电流的20%～40%）	1）电源电压偏高或偏低 2）绕组内部接线或外部连接错误 3）修理时线圈线径不合适 4）气隙不均或过大 5）绕组断路、短路或接地	1）应调整电压至额定值附近 2）应改正错误接线 3）应用原线径绕制线圈 4）应调整气隙 5）应查出后修复
绕线式电动机火花过大	1）电刷的牌号不对或压力不合适 2）电刷在刷握内不能自由滑动 3）电刷磨损严重或新电刷未研磨 4）集电环粗糙、不圆或表面有油污 5）负载过重	1）应更换原规格电刷或调整电刷压力 2）应紧固松动的螺钉或调整刷握 3）应更换或研磨电刷，并在轻载下运行1h左右 4）应车圆集电环或用0号砂纸磨光集电环 5）应查明原因，减少负载至额定值
轴承过热	1）轴承损坏或选用不当 2）润滑脂不合格 3）轴承室内的润滑脂过多或过少 4）传动带过紧或联轴器装配不良 5）电动机长期未用，重新使用时未更换润滑脂 6）前后端盖或轴承盖装配不当，轴承承受附加的径向力和轴向力 7）回路中由于磁场不对称所产生的脉动磁通或电源中的谐波引起轴电流，使轴承运转性能恶化、发热	1）应更换原型号的轴承 2）应更换合格的新油 3）应使润滑脂占整个轴承容积的1/2～2/3，太多对散热不利，太少对润滑不利 4）应适当调整 5）润滑脂一般保存期为一年，久置不用的电动机应清洗后更换 6）将前后端盖或轴承盖装平 7）应检查转子是否偏心或消除供电电源中的谐波等
电动机机壳带电	1）电源线与接地线接错 2）引出线绝缘损坏或接头过长而接地 3）接地线松脱或接地电阻不合格 4）绕组绝缘损坏 5）长期未用，潮气浸入 6）普通电动机在潮湿腐蚀性环境中工作，使绝缘的可靠性和寿命大大降低	1）应立即改正过来 2）应改进接线工艺（套上绝缘管等）或将绝缘损坏的导线剪掉后重接 3）应将外壳可靠接地，使接地电阻不大于4Ω 4）应查出损坏处，局部修理或重绕 5）应干燥处理 6）应更换相应的专用电动机，或采取必要的防护措施

二、三相异步电动机定子绕组故障的检修

1. 绕组短路故障的检修

（1）绕组短路故障现象及其产生的原因

1）故障现象：绕组短路时，三相电流不平衡，振动和噪声加大，还会过热或冒烟；严重时电动机不能起动或起动后烧坏。

2）绕组短路的原因：电压质量不合格，如电压过高、过低、不平衡；电动机经常过载，绝缘老化，失去绝缘作用；单相运行，使电动机过热，而保护没有动作，导致绕组短路；绕组机械损伤或受潮；制造或检修时绕组的层间、相间绝缘没有垫好等。

（2）检查方法

1）探温检查法：将电动机空载运行几分钟，然后迅速拆开电动机，用手摸绕组各部位，温度高的绕组即为短路绕组。检查时如果某处有明显变色，也可判别为短路绕组。

2）电流测量法：对于笼型电动机，在电动机空载时，用钳形表分别测量三相电流，电流较大的一相即为短路绕组。为准确起见，可调换电源相序，再做一次。

3）电阻测量法：用万用表电阻档测量各相绕组的直流电阻，阻值小于正常值的即为短路绕组。具体方法如下：

① 若被测电动机有 6 个出线头，应先用万用表判别出哪两个为一相绕组。然后分别测量每相绕组的直流电阻，电阻最小的一相存在短路故障。

② 若被测电动机有 3 个出线端，如果是“丫”形联结，星点留在电动机内部，可用电桥分别测出 U、V，V、W，W、U 间的直流电阻，当 U 相短路时，则 U、V，W、U 的直流电阻小于 V、W 间的直流电阻，如图 4-16a 所示。如果是“△”形联结，则直流电阻较小的一相为短路故障相，如图 4-16b 所示。

4）短路探测器法：用短路探测器检查定子绕组匝间短路的方法如图 4-17 所示。短路探测器是一个在铁心上绕有线圈的感应器，其底部呈曲面，以便和定子内圆吻合。使用时在探测器线圈上串接一只电流表，接到 ~220V 电源上，然后将探测器的开口铁心沿各槽口移动，这样探测器的线圈相当于变压器的一次侧，被测线圈即为二次侧，如果电流表读数较小，表明被测线圈无故障；如果电流表读数明显增大，可认为此处为短路线圈。

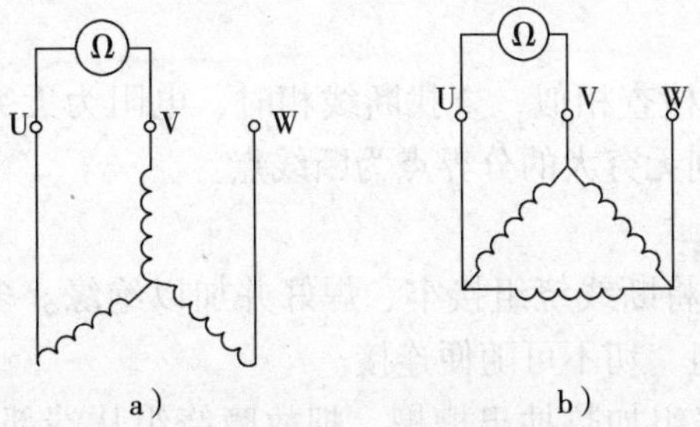

图 4-16　电阻测量法检查短路绕组

a）“丫”形联结　b）“△”形联结

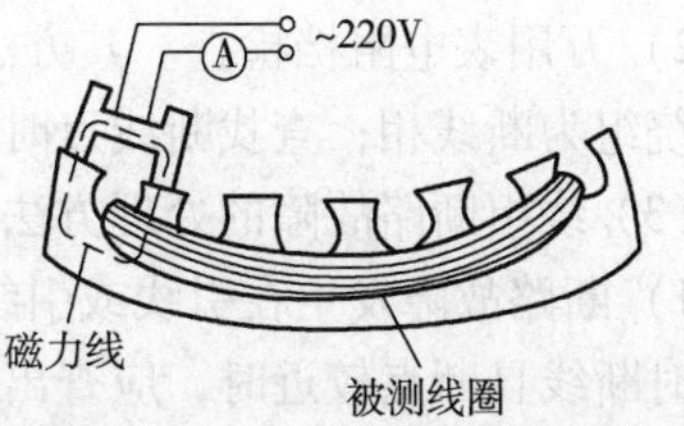

图 4-17　短路探测器检查短路绕组

用短路探测器检查时，为使绕组内无环流影响，多路并联的电动机，应将并联支路拆开，“△”形联结的电动机，应拆开一接头。

(3)绕组短路故障的处理方法

1）如果绕组大部分已烧坏，只得重绕；如果绕组没有烧坏，可重新恢复短路处的绝缘；如果是个别绕组烧坏，可局部调换绕组。

2）若短路在外部或端部且不严重，应先将绕组加热后，然后用划线板将绝缘损坏的导线撬起，用绝缘带将损坏处包扎或垫上绝缘物，再将导线复位，最后直接刷气干绝缘漆。

3）若短路在槽内，可先将绕组加热使绝缘软化后，用划线板撬出绝缘损坏的绕组，换上同等级的绝缘纸，再将撬出的绕组嵌入槽内。

4）绕组匝间短路时，可将短路的几匝导线在端部剪断，然后烘热绕组，用虎头钳将损坏的导线抽出，穿补剪去的短路绕组；如果短路匝数较少，可采用跳线法进行修理，即将故障导线的端部剪断，包好故障线匝两端头的绝缘，然后用导线将另两个接头在端部接通即可。跳线法修复短路绕组如图4-18所示。但这样处理后，电动机要降低容量使用。

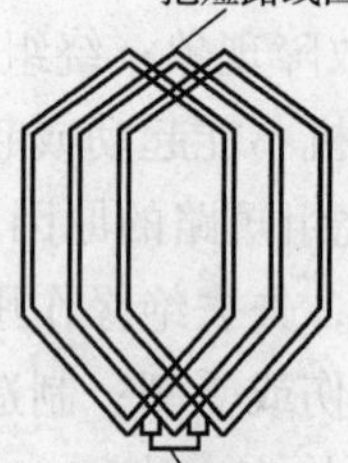

图4-18　跳线法修复短路绕组

2. 绕组断路故障的检修

(1) 绕组断路故障现象及其产生的原因

1）故障现象：绕组断路时，不断路的两相电流迅速增加，电动机发出“嗡嗡”声，起动困难或不起动；运行时电动机的带负载能力减小，转速下降；负载较大时，会很快烧坏电动机。

2）故障原因：绕组接头焊接不牢，接头受腐蚀而断开；绕组受机械应力而折断；短路或接地运行而烧断；维修时将线端碰断等。

(2) 绕组断路故障的检查方法

1）用校验灯检查。用校验灯分别串接电动机各相绕组来检查。

① 查找断线相。对于“Y”形联结的电动机，按图4-19a所示的方法直接找出断线相；对于“△”形联结的电动机，应先把三相绕组的连接线头拆开，然后按图4-19b所示的方法找出断线相。

② 查找断线点。如图4-19c所示，用校验灯的一端接于断相绕组的始端，校验灯的另一端接一钢针，依次插入该相各极相组的线芯，校验灯亮与不亮的交界点，就是所查的断线点。

2）万用表电阻档检查。其方法与用校验灯检查相似，查找断线相时，电阻为无穷大的一相绕组为断线相；查找断线点时，电阻从零到无穷大的分界点为断线点。

(3) 绕组断路故障的处理方法

1）断路故障发生在引线或引线接头处，可将断线绕组接牢、焊好并加以绝缘。多根导线同时断线且断点较近时，应查出哪两根为一组，切不可随便连接。

2）断路在槽内时，一般应更换绕组，将绕组加热抽出槽楔，把故障绕组从端部剪断，放入一根截面一样的绝缘导线，将接头引至槽口处的端部连接并做绝缘处理。如无新绕组时，也可采取应急措施，将断线绕组的始端和终端连接。

3. 绕组接地故障的检修

(1) 绕组接地故障现象及其产生的原因

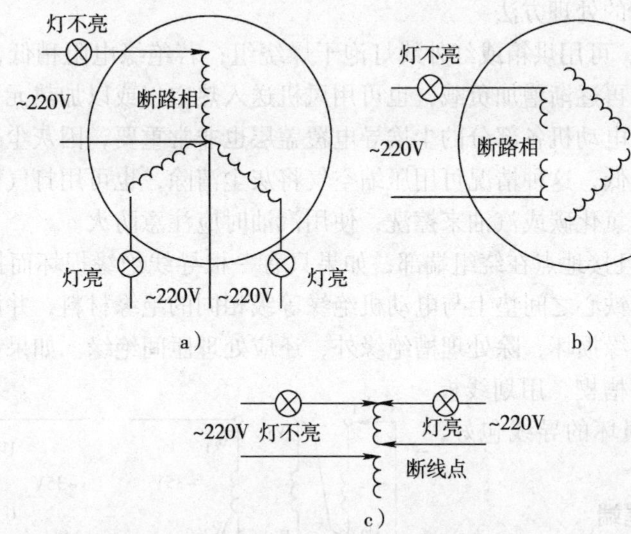

图 4-19　用校验灯检查绕组断路相和断线点

a）用校验灯检查“Y”形绕组断线相　b）用校验灯检查“△”形绕组断线相

c）用校验灯检查绕组断线点

1）故障现象：绕组接地后，绕组的有效匝数减少，电流增大，使绕组发热而短路，有时还会出现异常声响、振动；若外壳未采用保护接地或接零，会引起外壳带电，可能导致人身触电事故。

2）绕组接地的原因：电动机受潮或长期过载；铁心槽内有凸出的硅钢片或铁粉末；绕组导线与铁心相碰；槽内绝缘破损、位移等。

（2）绕组接地故障的检查方法

1）观察法。接地故障通常发生在铁心槽口附近，拆开电动机，观察槽口处有无绝缘破裂、烧焦的痕迹。

2）用绝缘电阻表检查。

① 查找接地相。将绝缘电阻表的一端接接线盒上的引出线，另一端接机壳，以 120r/min的转速摇动手柄，测量每相绕组的对地电阻，若绕组的绝缘电阻低于 $0.5\text{M}\Omega$，说明电动机受潮；若摇测某相绕组的对地电阻时，绝缘电阻表指零或指针摇摆不定，说明该相绕组接地。

② 查出接地点。将接地相绕组中间的接点断开，分别检查两段绕组，确定接地点在哪一段后，再将接地段分开，逐步检查淘汰，直至查出接地点。

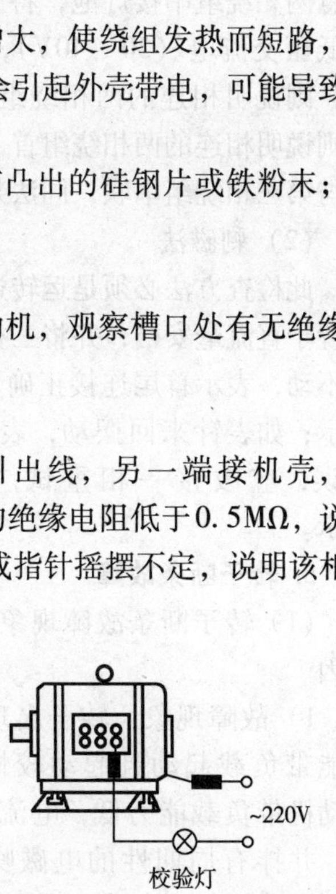

图 4-20　用校验灯检查绕组接地

3）用校验灯检查。如图 4-20 所示，将接线盒上的连接片拆开，将校验灯的一端接地，另一端分别与每相绕组的引出线相接，若测试时校验灯暗红，说明该相绕组受潮；若灯泡发亮，说明该相绕组接地。也可将校验灯的相线与接地相绕组的引出线相连，把校验灯的另一相断续地与机壳接触，如果某处产生火花或冒烟，则此处即为接地故障点。

（3）绕组接地故障的处理方法

1）如果绕组受潮，可用烘箱或红外线灯泡干燥绕组；若绝缘电阻稍低，可使电动机空载运转一段时间，然后再逐渐增加负载，也可用风机送入热空气或以加热元件加热等；若绕组表面积尘太多，清除电动机各部分的尘埃导电覆盖层也非常重要，因灰尘会吸收空气中的水分，导致绝缘电阻降低，这种情况可用压缩空气将灰尘清除，也可用打气筒吹去灰尘；对于油污，可用软布沾四氯化碳或汽油来擦洗，使用汽油时应注意防火。

2）若绕组接地，且接地点在绕组端部，如果只有一根导线绝缘损坏而接地，可加热使绝缘软化后，在导线与铁心之间垫上与电动机绝缘等级相同的绝缘材料，并涂刷绝缘漆；如果有两根以上的导线绝缘损坏，除处理槽绝缘外，还应处理匝间绝缘。如果接地点在槽底或槽内，可加热后，打出槽楔，用划线板将线匝取出，将绝缘损坏的导线包好，再将导线复位。

4. 判断绕组的首尾端

（1）用灯泡检查

先用万用表电阻档分出 3 个独立绕组（同一相绕组的电阻很小），然后将任意两相绕组串接灯泡，将第三相绕组接低压交流电（30～40V），如果灯泡亮，则说明相连的两相绕组首尾相连，否则说明相连的两相绕组首、首（或尾、尾）相连，如图 4-21a 所示；将已知首尾的一相绕组与第三相绕组串联，同法判断出第三相绕组的首尾端，如图 4-21b 所示。

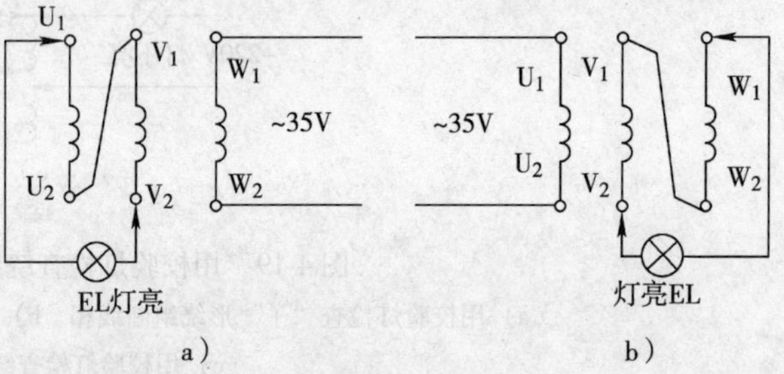

图 4-21　灯泡法检查三相绕组头尾端

（2）剩磁法

此检查方法必须是运转过的电动机，先用万用表电阻档分出 3 个独立绕组，然后将万用表置于直流毫安档，并将三相绕组并联或串联后与万用表直流毫安档串联。转动转子，如表针不动，表示首尾连接正确，如图 4-22a 所示；如表针来回摆动，表示首尾连接错误，应改接一相重试，如图 4-22b 所示。

5. 转子断条故障

（1）转子断条故障现象及其产生的原因

1）故障现象：转子出现断条故障，不能带负载起动且起动较慢，起动后，电动机带负载能力低，电流表周期性摆动，并拌有周期性的电磁噪声和振动，可以观察到转子与定子的间隙处有火花出现等。

2）故障原因：电动机在起动、运行时，转子会承受很大的离心力、电磁力

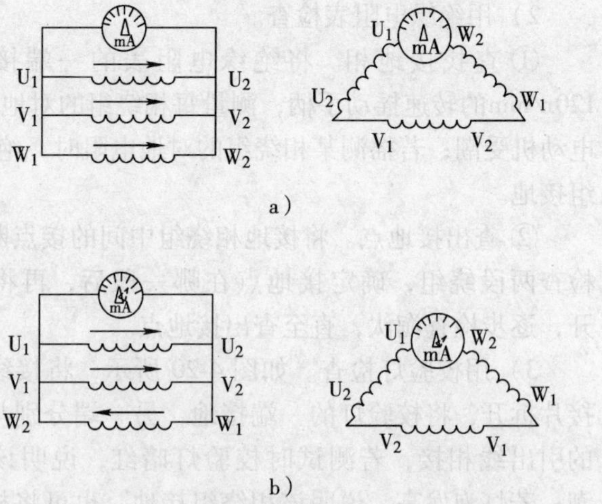

图 4-22　剩磁法检查三相绕组头尾端

a）表针不动，首尾连接正确　b）表针摆动，首尾连接错误

和热应力，如果再遇到制造质量差（如原料或工艺不符合要求，结构设计不合理）、频繁起动、受到剧烈冲击、长期过载使用等，很容易使笼条开焊、断裂。

（2）转子断条的检查方法

1）观察法。转子断条一般出现在笼条与端环的连接处。抽出转子，观察笼条和端环，如果某处出现变色或烧黑现象，一般即为断裂处。

2）探测器法。

① 查找断条。如图 4-23a 所示，在铁心槽口的一端放一根锯条，接通探测器电源后，将其跨接在铁心槽口的一端，并沿转子铁心外圆逐槽移动。根据电磁感应原理，如果转子笼条是好的，探测器将在笼条中感应出电流，锯条振动；如果锯条停振，则表明铁心槽内的笼条断裂。

② 查找断条点。如图 4-23b 所示，在笼条一端的端环上焊一根软导线，将探测器跨在断裂的笼条两边，在笼条的另一端放上锯条，然后将软导线的活动端沿断条移动，锯条振动与不振动的分界点即为断裂点。

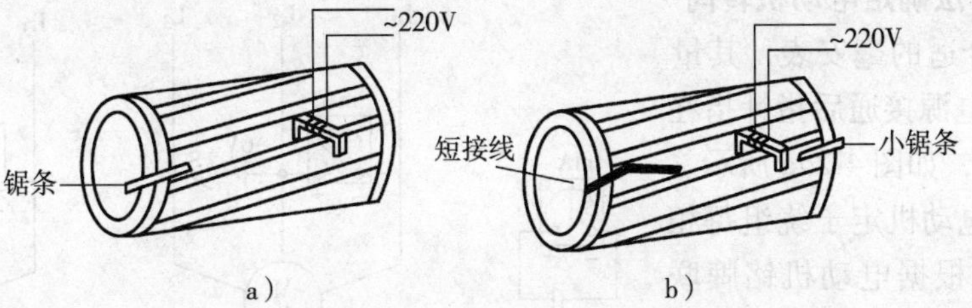

图 4-23　探测器法检查转子断条

a）检查是否断条　b）查找断条点

（3）转子断条的处理方法

一般小型转子断条时应更换。若损坏较轻时，可将断条敲出，然后用硼砂焊上相同截面的铝条或铜条；也可用一只比槽宽稍细的钻头在裂口钻孔、攻丝，然后拧上一只铝螺钉，再除掉外露部分。

6. 定转子相擦

1）故障原因：定转子相擦，又称扫膛，一般由于轴承磨损使转子下沉或转轴弯曲所致。

2）检修方法：用手缓慢转动转子，观察不同角度的间隙变化情况来判断。

① 若总是下部间隙过小，则是轴承磨损严重，应更换轴承。

② 若总是在某一角度间隙过小，则表明转轴向该方向弯曲，可拆开电动机，取出转子，将转子两端的轴承搁在 V 形垫铁上支撑起来，将弯曲转轴的高点向上，再用压力机将转子的高点压平，经过测量表明转轴不再弯曲即可重新装配。

三、保证电动机转向正确的技术措施

对于生产机械不允许逆向转动的电动机，如果转动方向错误，将引起机械设备损坏；只能按一个方向转动的电动机，改变转向后，将影响冷却风扇的工作，引起电动机过热。所以应采取必要的措施，保证电动机转向正确。

1. 空载试转

可先检查电动机转动方向，转向正确时再连接机械设备运转，这种方法较为简单。

2. 用相序表判断

将相序表通过三根绝缘导线与三相电源连接起来，按下按钮，如果铝盘按顺时针转动，与电动机箭头所示相同，则可按相序表三根导线的接线顺序与电动机的 U、V、W 接线柱连接，如图 4-24a 所示；如果相序表的转盘按逆时针转动，与电动机箭头转向相反，可将三根中的任意两根对调后接入电动机的 U、V、W 接线端（为准确起见，可用相序表重试一次），如图 4-24b 所示。

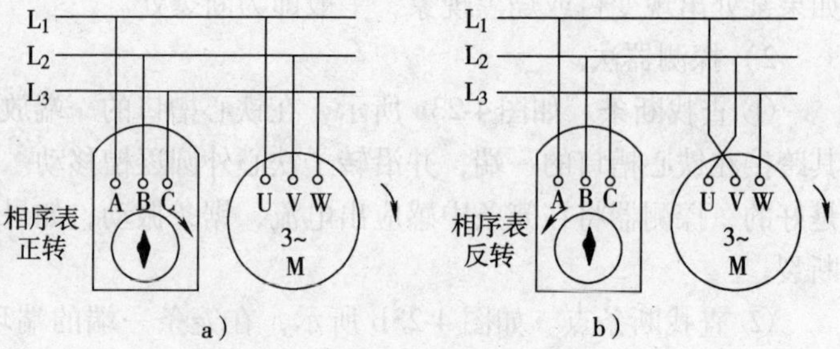

图 4-24　用相序表确定电动机的转向

a）转向一致时电动机的接法　b）转向不一致时电动机的接法

3. 毫安表法确定电动机转向

1）找一合适的毫安表，其量程以 6V 直流电源接通后指针指在中间位置为宜，如图 4-25a 所示。

2）找出电动机定子绕组每相的极性端子，根据电动机铭牌联结成星形或三角形。

3）确定电源相序。按图 4-25 接线，把 6V 直流电源的正极及毫安表的正极相连的一相定为 L_2，合上开关 S，毫安表指示在 1/2 量程处，然后按生产机械的转向转动电动机转子。如果毫安表指针向最大值方向偏转，则与毫安表负极相连的一相为 L_1，与直流电源负极相连的一相为 L_3，如图 4-25b 所示；如果表针向“0”方向偏转，则与直流电源负极相连的一相为 L_1，与毫安表负极相连的一相为 L_3，如图 4-25c 所示。

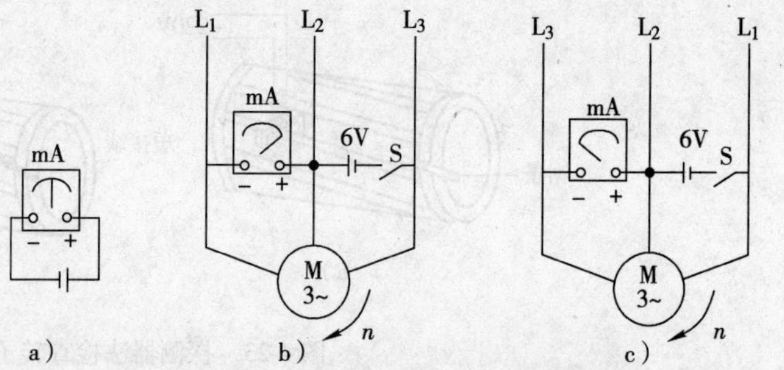

图 4-25　试验法确定电源相序及电动机转向

a）毫安表的量程　b）毫安表变大时　c）毫安表变小时

4）将电源按预测相序接至电动机接线柱。

第五节　电动机控制电路的识读

一、电动机控制电路原理图的识读

电路原理图表示电路的工作原理，不表示电路元器件之间的结构尺寸、安装位置和实际接线情况。电路原理图一般分主电路、控制电路（包括信号电路及照明电路，有时也可与控制支路分开来说）。下面以图 4-26 所示电动机连续运行电路原理图为例介绍一下原理图的识图方法和步骤，图中所用的元器件见表 4-2。

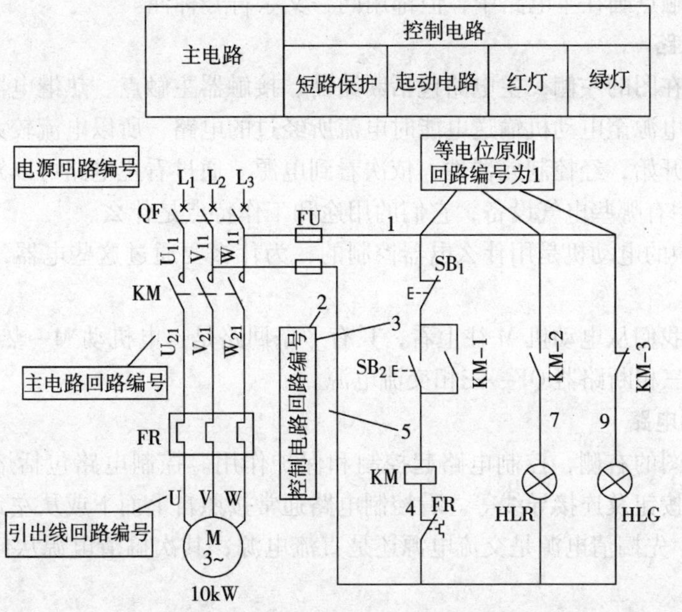

图 4-26　电动机连续运行电路原理图

表 4-2　带指示灯的电动机连续运行控制电路元器件明细表

代　号	元件名称	型　号	规　格	件　数	用　途
M	电动机	JQ2-51-2	10kW，2920r/min	1	驱动生产机械
KM	交流接触器	CJ20-63	线圈 380V	1	控制电动机
FR	热继电器	JR16-20/3D	热元件额定电流：22A	1	电动机过载保护
SB_1	按钮	LA4-22K	5A	1	电动机起动
SB_2	按钮	LA4-22K	5A	1	电动机停机
QF	断路器	DZ10-100	脱扣器额定电流：50A	1	电路短路保护
HLR	指示灯		220V	1	起动指示
HLG	指示灯		220V	1	停机指示
FU	熔断器	RL1-15	500V 配套 2A 熔芯	2	控制电路短路保护

1. 看资料

结合电路中的文字说明、技术说明，搞清电路的用途，对电路有一个大致的了解。从图中可以看到，此电路有一台电动机，此电动机起动后连续运行。

2. 弄明白电路中各符号所代表的意义

根据电气图形符号、文字符号表和元器件明细表，弄明白电路中各符号所代表的意义。看原理图时应注意以下两点：

1）图中所画开关、触点是在断开了所有电源的状态，即在线圈不带电、手柄在断位的状态。

2）为了便于阅读，同一元器件的各个部件可以不画在一起，但同一电器上的各元器件都用同一文字符号。例如，为了画图的方便，接触器 KM 的线圈和辅助触点画在控制电路中，而 KM 的主触点画在主电路中，但都用同一文字符号标注。

3. 先看主电路

主电路通常在图的左侧，主电路包括断路器、接触器主触点、热继电器、电动机及连接导线等。它是从电源至电动机输送电能时电流所经过的电路，所以电流较大。识图时通常从下面的被控设备开始，经控制元器件，依次看到电源。通过看主电路可以知道：

1）主电路中有哪些电气设备，它们的用途和工作特点是什么。

2）主电路中的电动机是用什么电器控制的，为什么要通过这些电器，这些电器设备的作用是什么。

结合此图，我们从电动机 M 往上看，只有一条回路是：电机动 M→热继电器 FR→接触器 KM 主触点→三相断路器 QF→三相交流电源。

4. 再看控制电路

控制电路在图的右侧，控制电路起控制和保护作用。控制电路包括熔断器、接触器线圈、辅助触点、按钮及连接导线等。看控制电路通常按照自上而下或从左到右的原则。

1）看电源，先搞清电源是交流电源还是直流电源，其次搞清电源从何而来，其电压是多少。

2）看各控制支路，整个控制电路可分为几条独立的小回路。

3）每个支路是由哪些元器件构成闭合回路的。

结合此图可以看到控制电路有三条支路：第一条从电源 L_3→熔断器 FU→按钮 SB_1、SB_2→接触器 KM 线圈→热继电器 FR 触点→熔断器 FU→电源 L_2；第二条从电源 L_3→熔断器 FU→KM-2 常开辅助触点→红灯 HLR→熔断器 FU→电源 L_2；第三条从电源 L_3→熔断器 FU→KM-3 常闭辅助触点→绿灯 HLG→熔断器 FU→电源 L_2。三条支路的电源都接在 L_2、L_3两相。

5. 搞清电路之间的控制关系

搞清主电路与控制电路及控制支路之间的联系和控制关系，电路中各电器元件、触点的作用是什么。

1）先看主电路，电动机 M 起动时，需要合上断路器 QF，同时还应使接触器 KM 得电吸合，再观察接触器 KM 的控制电路，平时 SB_2的触点处于断开位置。所以起动时应按下 SB_2，接通接触器 KM 线圈的控制回路，接触器 KM 线圈中有电流，接触器吸合，KM 主触点闭合，电动机主电路接通，电动机起动运行。

2）电动机运行时，总不能一直按下 SB_2吧？不会的，原来接触器吸合后，KM 常开辅助触点闭合，所以松开 SB_2后，与 SB_2并联的 KM-1 常开辅助触点保持吸合，接触器 KM 线圈可以一直得电，此触点起到自保持（自锁）的作用，所以叫自锁触点。

3）怎样使电动机停机呢？看图中的 SB_1按钮，它串联于 KM 线圈回路中，按下 SB_1，接触器 KM 线圈中就没有电流了，接触器 KM 释放，KM 各触点恢复初始状态，主电路断开，电动机停机。

4）指示灯支路。电动机起动前（或停机后），由于 KM 辅助触点处于图中的初始位置，这时与绿灯 HLG 相连的 KM-3 常闭辅助触点闭合，绿灯亮；与红灯 HLR 相连的 KM-2 常开辅助触点断开，红灯灭。起动后，接触器吸合，其常开触点闭合，常闭触点打开，所以绿灯熄灭，红灯点亮。

5）电路中断路器 QF、熔断器 FU 和热继电器 FR 起什么作用呢？结合前面的电工基础知识我们知道：断路器 QF 作电动机的过载保护和主电路的短路保护，当电动机过载或主电路中的连接导线、元器件短路时，断路器 QF 跳闸，防止事故的发生；熔断器 FU 作控制电路的短路保护；热继电器 FR 在电路中起过载保护的作用，电动机过载时，串接于控制回路的常闭触点 FR 断开，切断接触器 KM 线圈的供电，电动机保护停机。

6. 根据回路编号了解电路的走向和连接方法。

为了安装接线和维护检修，如图 4-26 所示的电路中，可以看到有各种编号，这种标号就是回路编号，回路编号是电气设备与电气设备、元件与元件间（或导线间）的连接标记。它是按等电位原则标注的，即在电气回路中连于一点的所有导线用同一数字标注。当回路经过开关或触点时，因为在触点两端已不是等电位，所以应给予不同的编号。下面简要介绍一下电动机电路的回路编号的标注方法。

（1）主电路的回路编号

1）三相电源按相序编号为 L_1、L_2、L_3，经过开关后，在出线接线端子上按相序依次编号为 U_{11}、V_{11}、W_{11}。

2）主电路各支路的编号，应从上至下（垂直画图时）或从左至右（水平画图时），每经过一个电器元件的接线端子后编号要递增。如 U_{11}、V_{11}、W_{11}，U_{21}、V_{21}、W_{21}…等顺序标号。

3）单台三相异步电动机的三根引出线按相序依次编号为 U、V、W，多台电动机引出线的编号，为防止混淆，可在字母前加数字来区别，如 1U、1V、1W，2U、2V、2W…等。

4）定子绕组首端用 U_1、V_1、W_1 编号，尾端用 U_2、V_2、W_2 编号。

（2）控制电路回路编号

控制电路回路编号应从上至下（或从左至右）逐行对主要降压元件两侧的不同线段分别按奇数和偶数的顺序编号，如一侧按 1、3、5…等顺序编号，另一侧按 2、4、6…等顺序编号。编号的起始数字，除起动支路需从数字 1 开始外，照明支路和信号支路可以接上述的数字编排，也可以依次递增 100 作起始数，如照明支路从 101 开始编号，信号支路从 201 开始编号。

二、三相异步电动机控制电路接线图的识读

控制电路接线图是表示电路连接关系的一种简图，它是根据电路原理图和各电器元件在控制箱（或控制柜）中的实际安装位置而绘制的，主要用于电气安装接线、检修，它常与电路原理图配合使用。在识读时应熟悉绘制电动机接线图的几个基本原则。

1. 安装接线图的规律

1）接线图中，电器元件及设备的大小都是根据它的外形轮廓及实际尺寸按照统一的比例绘制。

2）接线图中，各电器元件的图形符号及文字符号要与电路原理图完全一致，凡是需要接线的端子一定要标注端子编号，并与原理图上相应的线号一致，同一根导线上连接的所有接线端子的编号应相同。

3）同一个元器件的所有部件（线圈、主触头、辅助触头）都应根据它的实际结构画在一起，并用虚线框起来；在几个或很多个电气元件四周如果画上虚线，表明这几个或很多个电气元件是安装在同一块控制箱上的。

4）不同控制箱之间或同一控制箱内外电器元件之间的连线，应通过接线端子板连接，电气互联关系以线束表示，走向相同的相邻导线可以绘制成一束线，连接导线应标明导线参数（如截面积：主回路导线采用$4mm^2$绝缘铜线，控制回路采用$1.5mm^2$绝缘铜线）。

2. 接线图的识图方法

图4-27所示为电动机连续运行电路的安装接线图。

1）与原理图对照，电动机安装接线图是根据电气原理图绘制的，看接线图时，只知道电气元件的安装位置、接线方法、相互之间如何接线，但不能明显表示电气动作原理，特别是辅助电路，根本分辨不出各条小支路来，因此要搞清主电路和控制电路中由哪些元件组成，它们是怎样完成电气动作的，各个元件在电气设备中的作用是什么，就必须对照电气原理图。

2）根据具有相同标号的导线是相连的这一原则，了解主电路和辅助电路的走向和连接方法、导线截面等。

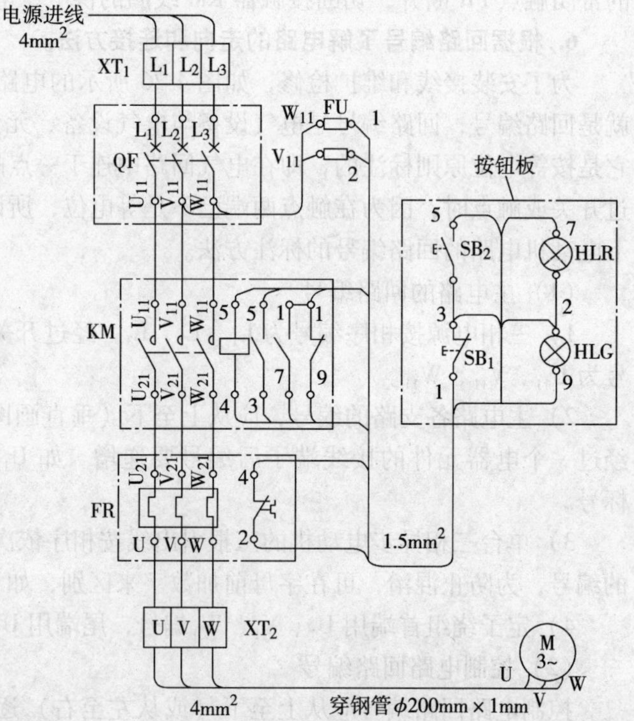

图4-27 电动机连续运行电路的安装接线图

① 先看主电路。看主电路是从引入的电源线开始，顺次往下看，直至电动机，主要目的是知道三相电源线经过哪些电气元件到达电动机。如图4-27所示的电路中，端子板XT_1上L_1、L_2、L_3分别与断路器QF入线端的L_1、L_2、L_3是相连的，顺次往下看，QF的出线端U_{11}、V_{11}、W_{11}分别与KM接线端的U_{11}、V_{11}、W_{11}也是相连的……，端子板XT_2上的U、V、W分别与电动机接线端的U、V、W也是相连的。

主电路路径为：电源L_1、L_2、L_3→端子板XT_1→断路器QF→接触器KM主触头→热继电器FR→端子板XT_2→电动机。

通过接线图还可了解：主电路所用导线为$4mm^2$绝缘铜线；端子板至电动机间的导线应穿钢管保护。

② 再看控制电路。看控制电路要从电源起始点（相线）开始，看经过哪些电气元件又回至另一相电源。如图4-27所示的电路中，从电源起始点L_1开始，由于FU的入线端W_{11}与主电路QF出线端的W_{11}具有相同的标号，既表明它们是相连的，又表明控制电路是从此与主电路分开的，同理FU的出线端与SB_1的入线端都有相同的标号1，它们也是相连的…，最后经FR触点、断路器QF回到另一相电源L_2。

控制回路为：电源L_3→断路器QF→熔断器FU→按钮SB_1→按钮SB_2→KM线圈→热继电器辅助触点FR→熔断器FU→断路器QF→电源L_2。

通过接线图还可了解：控制电路所用导线截面为$1.5mm^2$。

小知识

3. 导线的连接方法

例如，图4-27中，3号线是SB_1与SB_2的连接线。接线时，可按以下步骤：

1）先将导线剥去适当长度的绝缘层。

2）套上号码3，压在SB_1的出线端上。

3）将导线的另一端引至SB_2，截断导线。

4）剥去绝缘层后也套上线号3，并接在SB_2的入线端子上。

三、电动机控制电路实际配线图

实际配线图是表示各元件的实际位置、走线方向的图样，它对初学者实际配线作业很有帮助。图4-28所示为电动机连续运行电路的实际配线图（原理图参见图4-26，只是省去了

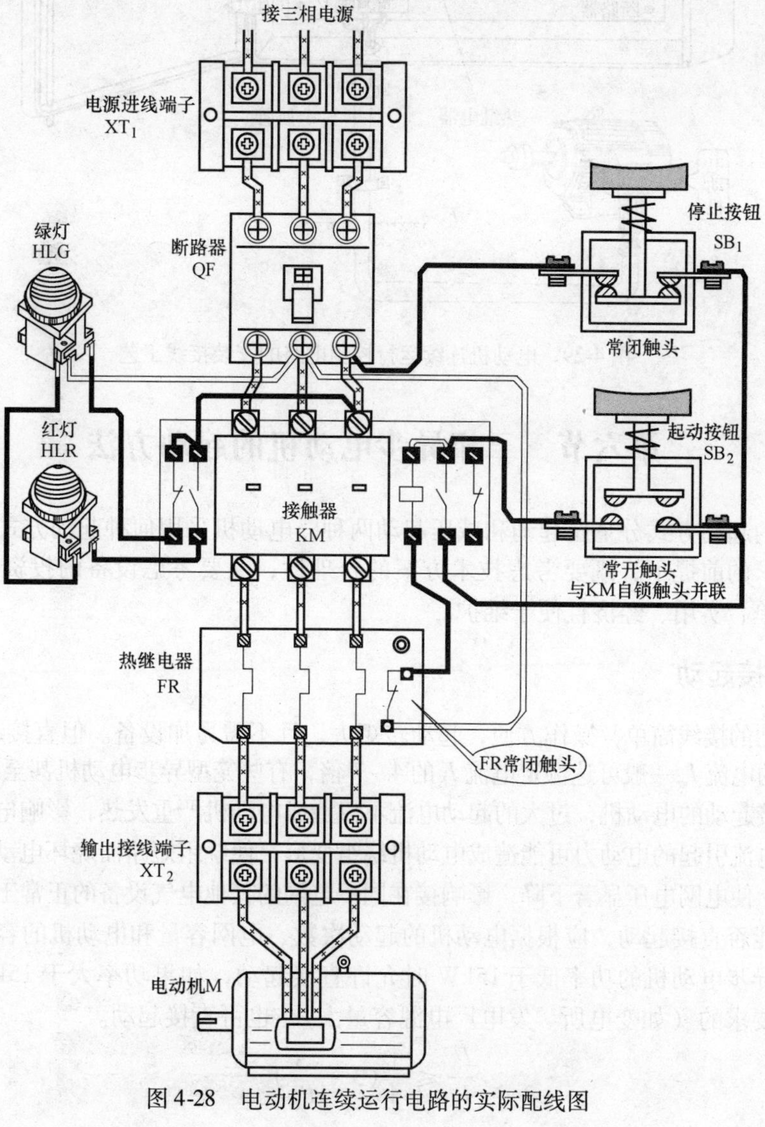

图4-28　电动机连续运行电路的实际配线图

控制电路的熔断器，这对小容量电动机是可以的）。实际配线时应注意配线工艺，如图 4-29 所示为电动机连续运行控制电路的安装接线工艺。

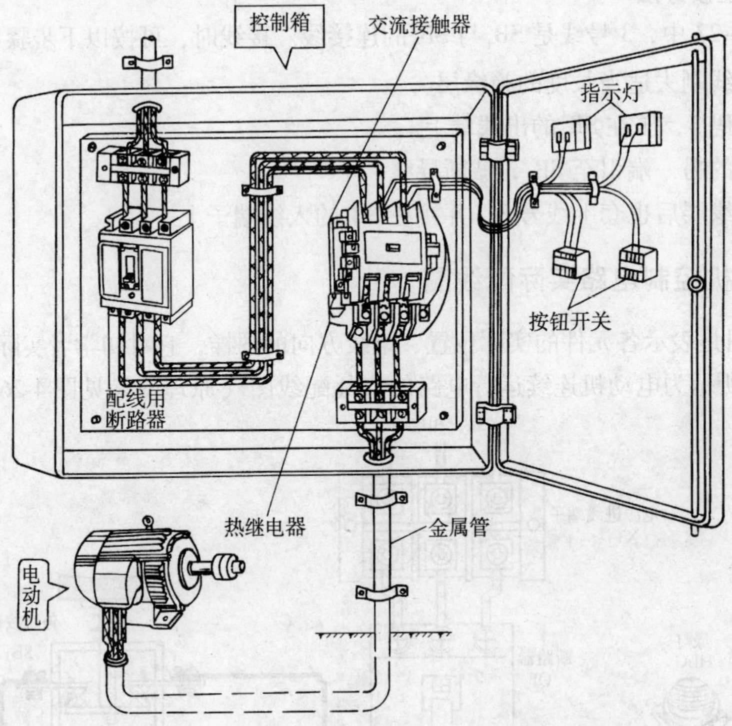

图 4-29　电动机连续运行控制电路的安装接线工艺

第六节　三相异步电动机的起动方法

电动机的起动方式分全压起动和减压起动两种，电动机采用何种起动方式，都要在满足设备起动要求的前提下，既要考虑技术方案的合理性，又要考虑设备的投资费用和维护方便，做到简单、实用、经济且便于维护。

一、直接起动

直接起动的接线简单，操作方便，起动转矩大，且不需另加设备。但直接起动的电动机，定子绕组中的电流 I_{st} 一般可达额定电流 I_N 的 4～7 倍，有些笼型异步电动机甚至高达 8～12 倍。对于经常直接起动的电动机，过大的起动电流不仅造成电动机严重发热，影响电动机的使用寿命，而且大电流引起的电动力可能造成电动机绕组变形，使绕组短路而烧坏电动机；同时过大的起动电流，使电网电压显著下降，影响接在同一电网的其他电气设备的正常工作。

电动机能否直接起动，应根据电动机的起动次数、电网容量和电动机的容量来决定。一般规定是：异步电动机的功率低于 15kW 时允许直接起动，如果功率大于 15kW，而电源容量符合下式要求的（如变电所、发电厂电源容量大），也可直接起动。

$$\frac{I_{st}}{I_N} \leqslant \frac{1}{4}\left(3 + \frac{S}{P_N}\right)$$

式中　I_{st}——电动机的起动电流（A）；

I_N——电动机的额定电流（A）；

S——供电变压器的视在功率（kVA）；

P_N——电动机的额定功率（kW）。

二、减压起动

对于较大容量的笼型异步电动机，或因电源容量限制，不能满足直接起动时，常采用定子绕组串对称电阻或电抗降压、Y/△降压、自耦变压器降压、延边三角形等减压起动方法，使起动电流限制到允许的数值。

1）串电阻起动方法，起动电流较大，而起动转矩较小，且损耗较大，电阻温升高，一般较少使用；串联电抗起动，通常用于大容量电动机及同步电动机上。

2）Y/△降压起动方法，起动电流和起动转矩小，仅为全压起动的1/3，且能频繁起动，适用于有6个接线端，正常运行时为“△”形联结的中小型笼形电动机。图4-30所示为Y/△定子绕组的联结。

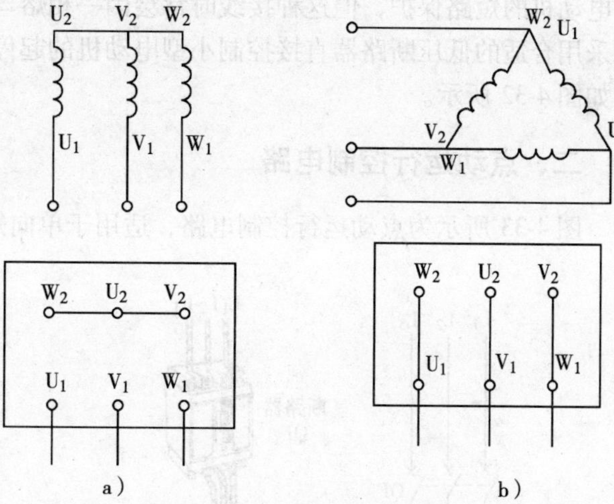

图4-30　Y/△定子绕组的联结

a）“Y”形联结　b）“△”形联结

3）自耦变压器降压起动方法，起动电流较小，起动转矩较大，但自耦变压器的体积较大，价格较贵，且不能频繁起动。这种起动方法应用较多，主要用于中载或重载笼型电动机的起动。

4）延边三角形起动方法，与自耦变压器降压起动的起动性能接近，即起动电流小，起动转矩大，且结构简单，维修方便，能频繁起动，但只适用于定子绕组为三角形联结且有9个出线端的三相笼形电动机，如J_3、JO_3等。图4-31所示为延边三角形定子绕组的连接方法。

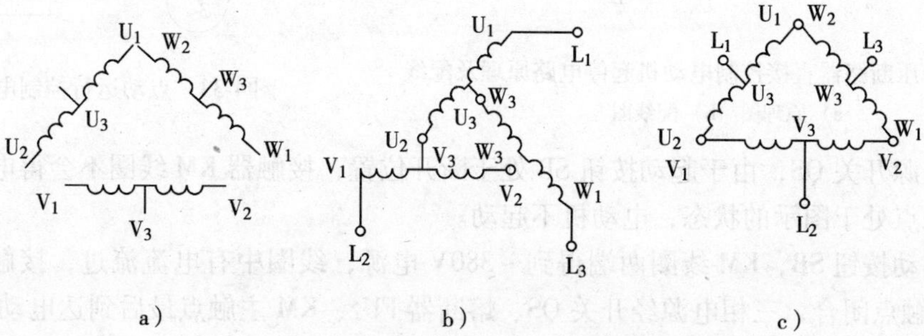

图4-31　延边三角形定子绕组的连接方法

a）绕组标号　b）起动时　c）正常运转

三、绕线转子异步电动机的起动

对于绕线转子异步电动机，常通过集电环在转子绕组中串联电阻或串接频敏变阻器两种起动方法，以达到降低起动电流，提高功率因数及增加起动转矩的目的。转子串电阻起动一般用于重载起动的场合；串频敏变阻器起动一般用于轻载或偶尔重载起动的场合。

第七节　三相异步电动机的基本控制电路

一、低压断路器直接控制的电动机起停电路

在农村，时常可见到人们使用三相刀开关直接控制三相异步电动机的起停，配以熔断器作电动机的短路保护，但这种接线时常会因一相熔丝熔断后，使电动机单相运转而烧坏。如果采用合适的低压断路器直接控制小型电动机的起停，可克服上述缺点，其电路原理及其配线如图 4-32 所示。

二、点动运行控制电路

图 4-33 所示为点动运行控制电路，适用于单向短时工作或需精确定位的生产设备。

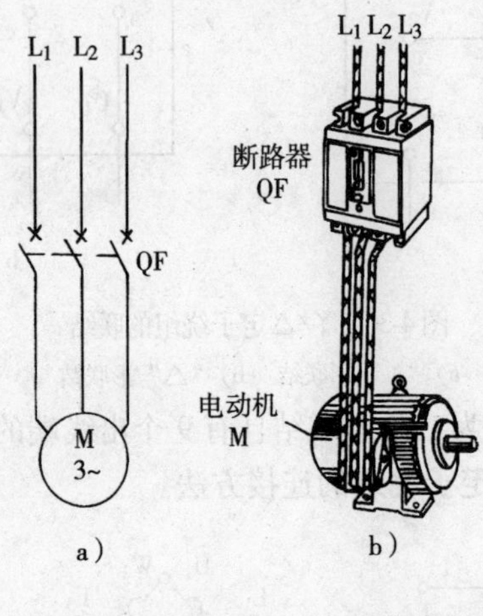

图 4-32　低压断路器直接控制电动机起停电路原理及配线

a）原理图　b）配线图

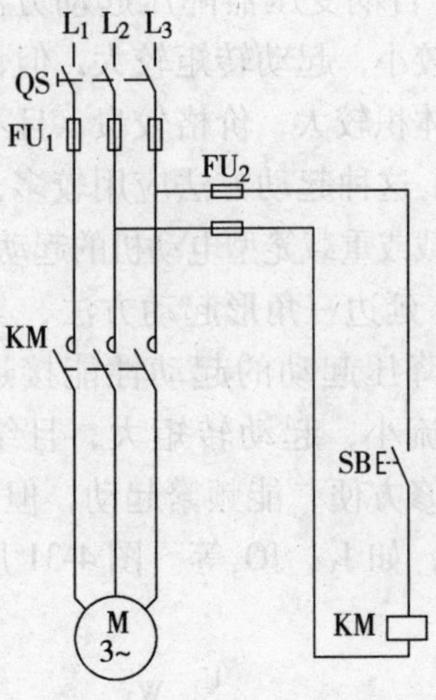

图 4-33　点动运行控制电路

合上电源开关 QS，由于起动按钮 SB 处于断开位置，接触器 KM 线圈不会得电，其主触点和辅助触点处于图示的状态，电动机不起动。

按下起动按钮 SB，KM 线圈两端得到 ~380V 电源，线圈中有电流流过，接触器 KM 吸合，KM 主触点闭合，三相电源经开关 QS、熔断器 FU_1、KM 主触点最后到达电动机 M 的接线柱，电动机得电起动运转。松开按钮 SB 时，SB 常开触点断开，KM 线圈断电释放，KM 主触点断开，电动机主电路随之断开，电动机停转。

三、连续运行控制电路

图 4-34 所示为连续运行控制电路，适用于经常单向连续运行的生产设备。

合上低压断路器 QF，在起动按钮 SB_2 按下之前，接触器 KM 触点处于图示的状态，这时停机指示灯 HLG 通过 KM-3 常闭触点点亮。

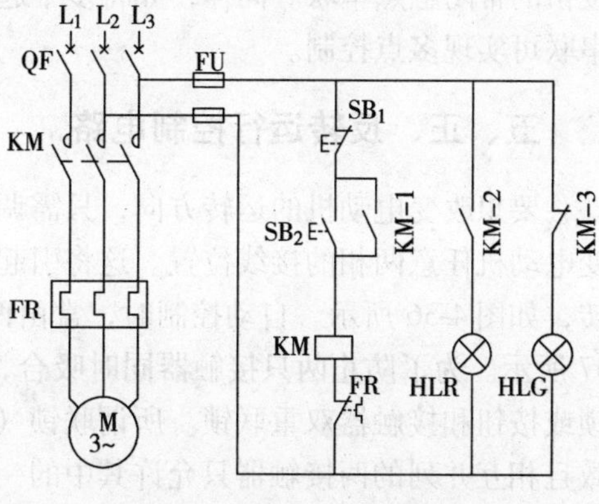

图 4-34　连续运行控制电路

起动时，按下起动按钮 SB_2，电流在接触器 KM 线圈中通过，KM 主触点闭合，电动机得电单向运转；同时，并联在按钮 SB_2 两端的 KM-1 常开辅助触点闭合，当按下 SB_2 按钮的手松开时，电路通过 KM-1 触点使接触器 KM 线圈回路继续保持通电状态，接触器继续吸合，电动机连续运行，KM-1 触点起到了自锁（自保持）的作用，叫自锁触点。与此同时，与运行指示灯 HLR 串接的 KM-2 常开触点闭合，HLR 点亮；而与 HLG 串接的 KM-3 常闭触点断开，HLG 熄灭。

停机时，按下停止按钮 SB_1，KM 线圈中不再有电流流过，接触器断电释放，KM 主触点和自锁触点同时断开，电动机断电停转；与指示灯相连的 KM 辅助触点复位，HLR 灭，HLG 亮。松开 SB_1 后，虽然 SB_1 触点闭合，但由于 KM 自锁触点已断开，KM 线圈也不会得电吸合，电动机也不会再起动，直到再次按下 SB_2。

四、多点控制电路

有时，为了操作方便，一台设备（如生产线上）需要在两个或多个地点能同时操作。要完成多点控制，只需将两个或多个起动按钮的常开触点并联，再将两个或多个停止按钮的常闭触点串接即可。

图 4-35a 所示为两点控制电路。起动时，按下起动按钮 SB_3 或 SB_4，都能使接触器 KM 线

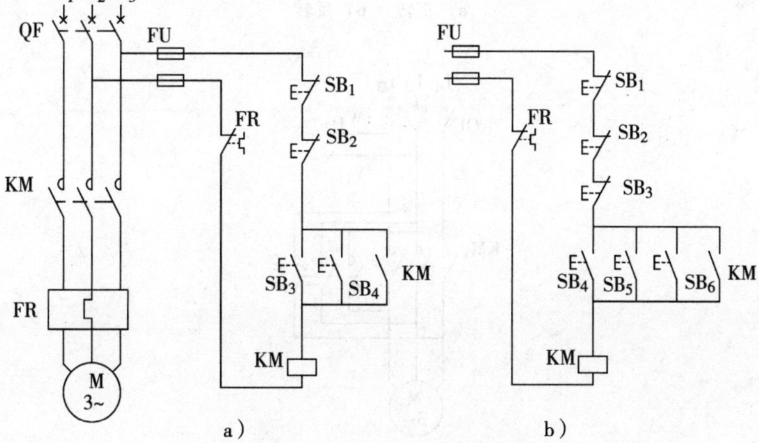

图 4-35　多点控制电路

a）两点控制电路　b）三点控制电路

圈得电，KM 主触点和辅助触点同时闭合，电动机得电单向运转。停机时，按下停止按钮 SB_1或 SB_2，都能断开 KM 线圈的控制电路，从而使电动机停机。

图 4-35b 所示为三点控制电路。三点控制是将 3 个起动按钮的常开触点并联，3 个停止按钮的常闭触点串联。同样，如将多个起动按钮的常开触点并联，多个停止按钮的常闭触点串联可实现多点控制。

五、正、反转运行控制电路

要想改变电动机的运转方向，只需调换主电路上任意两相电源的相序，具体地说就是改变电动机任意两相的接线位置。这将引起电动机旋转磁场的反向，从而使电动机转子反向旋转，如图 4-36 所示。自动控制时，常由两只交流接触器交替动作来完成，其主电路如图 4-37 所示。为了防止两只接触器同时吸合，控制电路中可通过按钮联锁、接触器互锁触点联锁或按钮和接触器双重联锁。所谓联锁（互锁），是以防止电路短路为目的，限制相序不一致且相互并列的两接触器只允许其中的一只吸合。

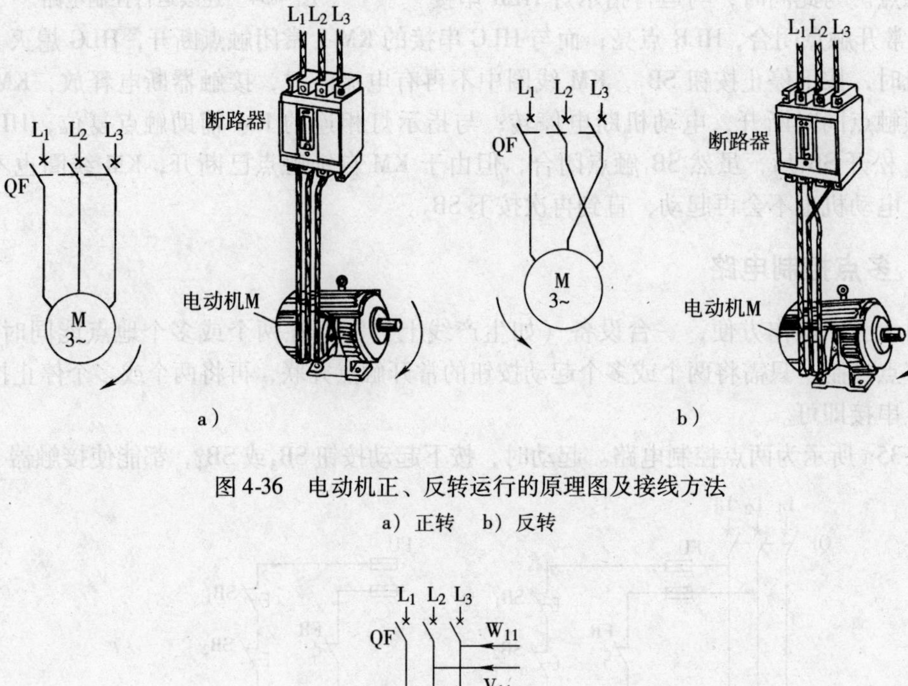

图 4-36　电动机正、反转运行的原理图及接线方法

a）正转　b）反转

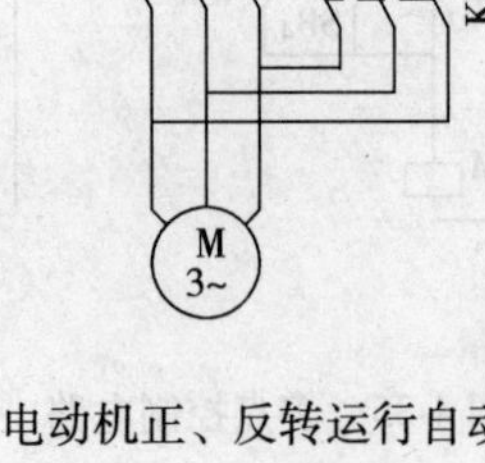

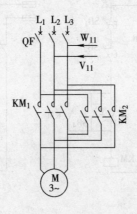

图 4-37　电动机正、反转运行自动控制主电路

图 4-38a 所示的电路中，采用了按钮联锁：即正、反转按钮采用两对触点，每一个按钮的常开触点用于本转向的起动，而常闭触点串于相反转向的控制电路中，以闭锁反转接触器的起动。当按下正转起动按钮 SB_2，SB_2 的常闭触点先切断反转接触器 KM_2 的控制电路，SB_2 的常开触点后接通正转接触器 KM_1 的控制电路，所以电动机正转起动；当按下反转起动按钮 SB_3，SB_3 的常闭触点先切断正转接触器 KM_1 的控制电路，SB_3 的常开触点后接通反转接触器 KM_2 的控制电路，电动机反转运转。

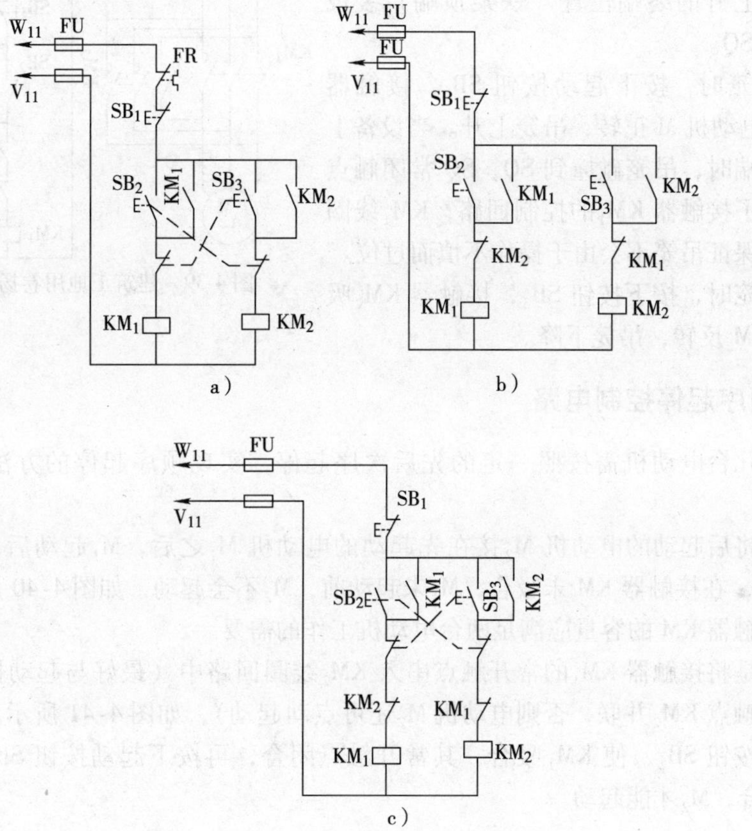

图 4-38　电动机正反转控制的控制电路部分

a）按钮联锁　b）接触器联锁　c）按钮和接触器双重联锁

图 4-38b 所示的电路中，采用了接触器联锁：即将本转向接触器的常闭触点串接于相反转向接触器的控制电路中。即正转起动时，KM_1 的常闭触点先切断反转接触器 KM_2 的控制电路，所以电动机正转起动；反转起动时，KM_2 的常闭触点先切断正转接触器 KM_1 的控制电路，电动机反转运转。

图 4-38c 所示的电路中，采用了上述的两种联锁：即按钮联锁和接触器联锁。正转起动时，SB_2 和 KM_1 的两个常闭触点同时切断反转接触器 KM_2 的控制电路，所以电动机正转起动；反转起动时，SB_3 和 KM_2 的两个常闭触点同时切断正转接触器 KM_1 的控制电路，电动机反转运转。

六、行程控制电路

为了准确停车，防止工作机械越位，要在设备的终端位置装设极限位置开关，使电动机到达规定位置时自动停机或自动返回。图 4-39 所示为建筑工地用卷扬机控制电路。

该电路为典型的按钮联锁的正、反转控制电路，只是在上升的终端位置（铁架顶端）装设了极限开关 SQ。

上升吊笼时，按下起动按钮 SB_2，接触器 KM_1 吸合，电动机 M 正转，吊笼上升。当设备上升到铁架顶端时，吊笼碰撞到 SQ，SQ 常闭触点断开，切断了接触器 KM_1 的控制回路，KM_1 线圈断电释放，保证吊笼不会由于操作不慎而过位。

下降吊笼时，按下按钮 SB_3，接触器 KM_2 吸合，电动机 M 反转，吊笼下降。

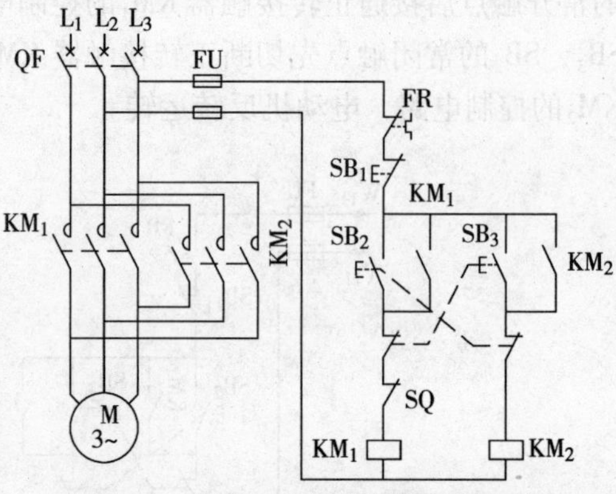

图 4-39　建筑工地用卷扬机控制电路

七、顺序起停控制电路

有时，几台电动机需按照一定的先后次序起停，实现顺序起停的方法常用的有如下两种：

一种是将后起动的电动机 M_2 接在先起动的电动机 M_1 之后，M_1 起动后，合上开关 QS，M_2 才能起动，在接触器 KM 未吸合，M_1 未起动前，M_2 不会起动，如图 4-40 所示。这种控制电路要求接触器 KM 的容量应满足两台电动机工作的需要。

另一种是将接触器 KM_1 的常开触点串入 KM_2 线圈回路中（最好与起动按钮 SB_4 串联后再与其自锁触点 KM_2 并联，否则电动机 M_2 还可点动起动），如图 4-41 所示。该电路中，只有按下起动按钮 SB_2，使 KM_1 吸合，其常开触点闭合，再按下起动按钮 SB_4 才能使接触器 KM_2 得电吸合，M_2 才能起动。

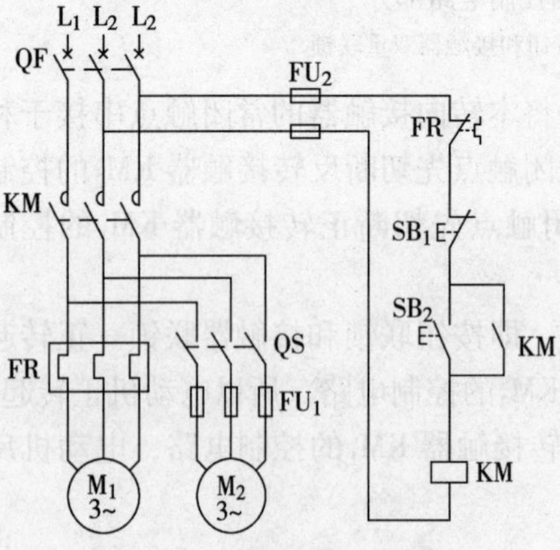

图 4-40　电动机先后起停控制电路（一）

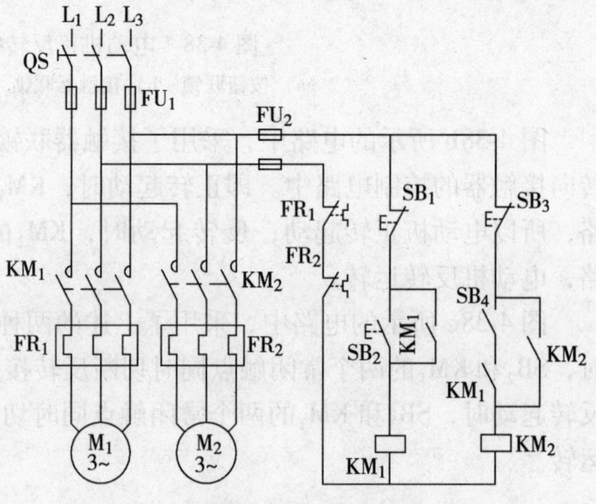

图 4-41　电动机先后起停控制电路（二）

八、延时开机控制电路

有时，需要一台电动机开机后，经过一段时间再起动另一台电动机，实现所谓的“延时开机控制”。此种控制方式也是先后起停控制电路的一种，其控制电路如图 4-42 所示。

此电路中，使用了时间继电器的延时触点来控制接触器 KM_2 的吸合，当按起动按钮 SB_2 后，KM_1 线圈得电吸合且自锁，KM_1 主触点闭合，电动机 M_1 起动，同时 KM_1 另一副常开触点闭合，时间继电器 KT 线圈得电，经一段时间，KT 延时触点闭合，接触器 KM_2 才能得电吸合，电动机 M_2 才能得电起动，从而实现延时控制。

在 KT 线圈回路中串入 KM_2 常闭触点的作用是：电动机起动后，将时间继电器切换，以延长其使用寿命。

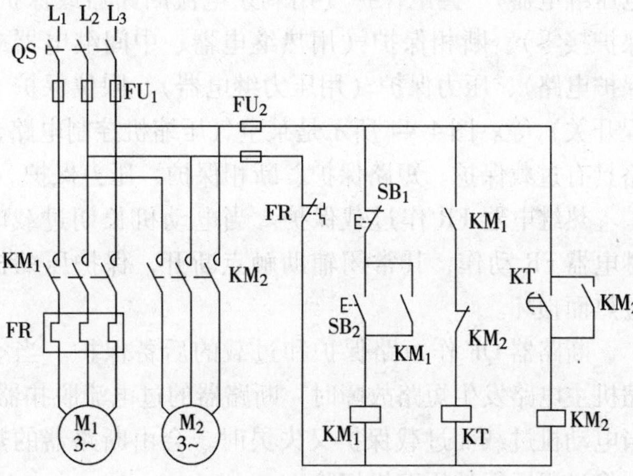

图 4-42　延时开机控制电路

九、间歇循环控制电路

有时，需要电动机开机后运行一段时间，然后自动停机一段时间，又起动运行一段时间，即开开停停，实现所谓的“间歇循环运行”，其控制电路如图 4-43 所示。

合上断路器 QF 和控制电路开关 SA，接触器 KM 和时间继电器 KT_2 线圈得电，KM 主触点闭合，电动机得电开始起动，经过 KT_2 的延时时间后，KT_2 常开触点闭合，中间继电器 KA 线圈得电，KA 常闭触点断开，切断 KM、KT_2 线圈回路，KM 主触点断开，电动机断电停机，同时 KA 常开触点闭合，时间继电器 KT_1 得电开始延时，经过一段时间，KT_1 常闭触点断开，使 KA 线圈断电释放，KA 常闭触点恢复闭合，KM、KT_2 线圈又重新得电，电动机 M 又开始起动，从而实现间歇循环运行。

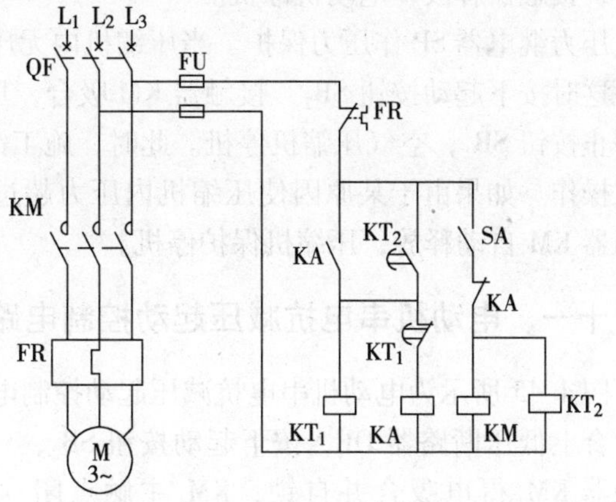

图 4-43　间歇循环运行控制电路

十、保护电路

为保证电动机的安全运行，需采取相应的保护措施，将电动机带电时的异常信号检测出来，并作用于控制电路，切断电动机的工作电源。

常用的保护方法是在电动机主电路中接入保护元器件，在控制电路中串接保护元器件的常闭触点，当保护元器件动作时，其常闭触点断开，切断控制电路，使接触器等开关电器失电释放，电动机保护停机。

常用的保护有短路保护（用熔断器、断路器、过电流继电器）、过载保护（用热继电器）、过电压保护（用过电压继电器）、欠电压保护（用欠电压继电器）、漏电保护（用剩余电流断路器或保护接地、保护接零）、断相保护（用热继电器、中间继电器或断相保护电路）、压力保护（用压力继电器）、限位保护（用行程开关）等。图4-44所示是某空气压缩机控制电路，该电路具有过载保护、短路保护、断相保护、压力保护。

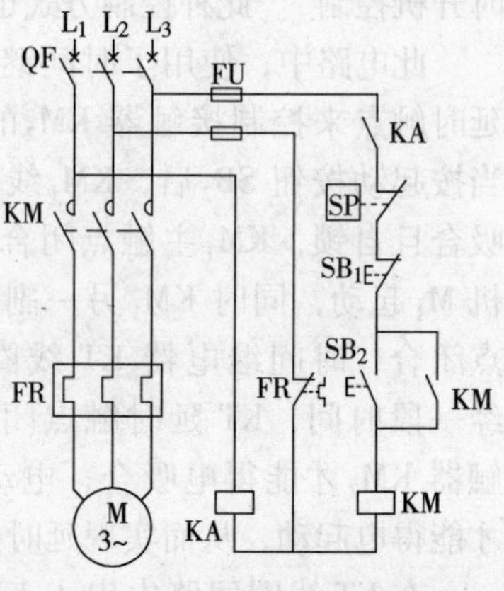

图4-44　空气压缩机控制电路

热继电器FR作过载保护。当电动机长期过载时，热继电器FR动作，其常闭辅助触点断开，保护压缩机不会过热而损坏。

断路器QF作短路保护和过载的后备保护。当空气压缩机主电路发生短路故障时，断路器的过电流脱扣器动作；当电动机过载而过载保护又失灵时，会由断路器的热脱扣器将过载运行的压缩机切除。

中间继电器KA在此作断相保护。KA、KM线圈分别接于L_1、L_2、L_3三相线中，当KA线圈所接两相电源的任一相断线时，KA线圈不能（或不能保持）吸合，KA常开触点断开，KM线圈失电；当KM线圈所接两相电源的任一相断线时，KM线圈也不能（或不能保持）吸合，接触器释放，电动机停机。

压力继电器SP作压力保护。当压缩机内无压力时，压力继电器常闭触点SP处于接通状态，这时按下起动按钮SB_2，接触器KM吸合，压缩机运转。待压力上升到一定压力时，按下停止按钮SB_1，空气压缩机停机。此时，施工人员可利用压缩空气配合施工器具进行各种施工操作。如果由于某原因使压缩机内压力超过设定值时，压力继电器常闭触点SP断开，接触器KM自动释放，压缩机保护停机。

十一、电动机串电抗减压起动控制电路

图4-45所示为电动机串电抗减压起动控制电路，适用于△/Y联结的电动机的减压起动。

合上低压断路器QF，按下起动按钮SB_2，接触器KM_1得电吸合并自锁，KM_1主触点闭合，电动机串联电抗器L起动，当电动机的转速接近额定转速时，按下运行按钮SB_3，接触器KM_2得电吸合，KM_2主触点将电抗器L短接切除，电动机进入全压运行，这时热继电器FR接入电路中，这样做可防止由于电动机起动电流过大而导致热继电器误动。

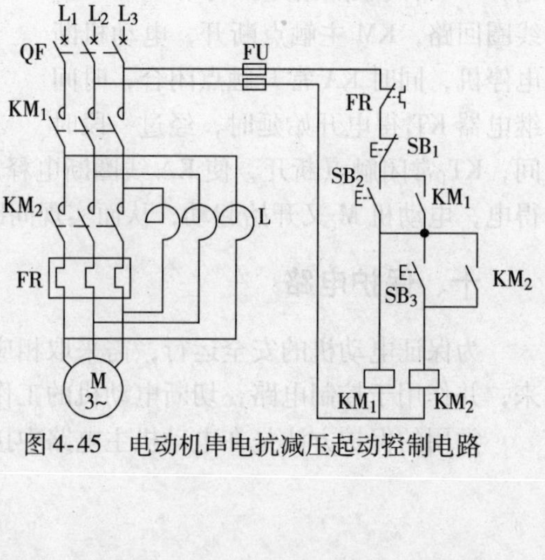

图4-45　电动机串电抗减压起动控制电路

十二、QX3系列Y/△减压起动器

图4-46所示为QX3系列Y/△减压起动器

控制电路，它是通过时间继电器自动控制电动机的起动过程，这种系列的起动器的最大控制功率为30W。

合上低压断路器QF，按下起动按钮SB_2，接触器KM_1、KM_2得电吸合，电动机三相绕组接成“Y”形减压起动，同时，时间继电器KT得电计时，经过整定的时间后，KT常闭触点打开，KM_2断电释放，解除了电动机的“Y”形起动，KT常开触点闭合，接触器KM_3得电吸合，电动机三相绕组“△”形联结，电动机转为“△”形全压运行。

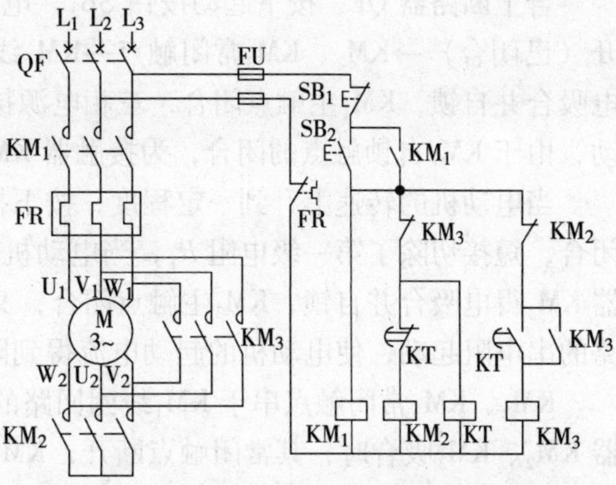

图4-46 QX3系列Y/△减压起动器控制电路

十三、延边三角形减压起动控制电路

延边三角形减压起动就是在电动机起动时，将其三相定子绕组的一部分接成“Y”形，另一部分接成“△”形，整个绕组接成延边三角形，待电动机起动完毕，三相定子绕组接成“△”形运行。图4-47所示为延边三角形减压起动控制电路。

起动时，按下起动按钮SB_2，接触器KM_1得电吸合且自锁，三相电源经KM_1主触点接至电动机的3个出线端U_1、V_1、W_1，同时接触器KM_2得电吸合，KM_2主触点闭合，分别将U_2、V_3，V_2、W_3，W_2、U_3连接成延边三角形，电动机减压起动。与此同时，KT线圈得电，经过一段时间后，KT常闭触点断开，接触器KM_2断电释放，U_2、V_3，V_2、W_3，W_2、U_3拼头断开；KT常开触点闭合，KM_3得电吸合，分别将U_1、W_2，V_1、U_2，W_1、V_2重新拼头，定子绕组转为“△”形连接，电动机进入正常运行。

十四、手动控制绕线转子异步电动机串联电阻起动

图4-48所示为手动控制绕线转子异步电动机串联电阻起动控制电路，适用于绕线式异步电动机的负载起动。

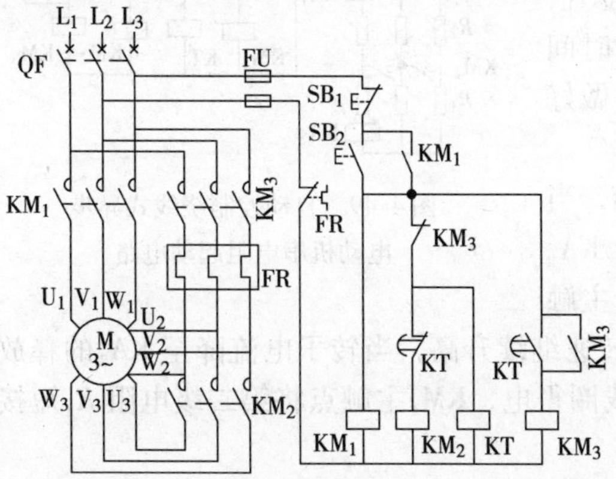

图4-47 延边三角形减压起动控制电路

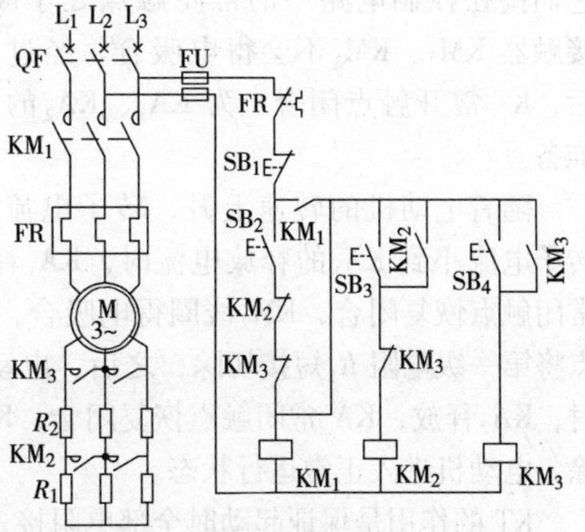

图4-48 手动控制绕线转子异步电动机串联电阻起动控制电路

合上断路器 QF，按下起动按钮 SB_2，电源 L_3→熔断器 FU→FR 触点→SB_1常闭→SB_2常开（已闭合）→KM_2、KM_3常闭触点→KM_1线圈→FU→L_2形成闭合回路，接触器 KM_1线圈得电吸合并自锁，KM_1主触点闭合，三相电源接入电动机定子绕组，转子绕组串入两级电阻起动，由于 KM_1自锁触点的闭合，为接触器 KM_2的吸合创造了条件。

当电动机的转速上升到一定程度，按下按钮 SB_3，接触器 KM_2吸合并自锁，KM_2主触点闭合，短接切除了第一级电阻 R_1，当电动机转速上升到接近额定值时，按下按钮 SB_4，接触器 KM_3得电吸合并自锁，KM_3主触点闭合，又短接切除了第二级电阻 R_2，这样通过对转子回路的串电阻起动，使电动机的起动电流得到限制。

KM_2、KM_3常闭触点串于 KM_1线圈回路的作用是保证电动机串入全部电阻起动，当接触器 KM_2、KM_3吸合时，其常闭触点断开，KM_1线圈不会得电吸合，电动机不可能起动。

转子绕组的外加电阻，常用的有铸铁电阻片和用镍铬电阻丝绕制的板形电阻。串入电阻的级数，应根据电动机的功率及负载来定，一般情况下，功率在 200kW 以下，半负载起动时，串联电阻级数取 3 ~4 级，满负载起动时再增加 1 级。

转子回路串入电阻还可以实现调速，但调速电阻与起动电阻不同，调速电阻是按长期工作制设计的，而起动电阻是按短时工作制设计的，不能长期工作，使用时要注意区别。

十五、自动控制绕线转子异步电动机串电阻起动

图 4-49 所示为自动控制绕线转子异步电动机串电阻起动电路。

该电路用两只电流继电器 KA_1、KA_2分别控制两级起动电阻 R_1、R_2，KA_1、KA_2的吸合电流一样，但释放电流不一样，KA_1的释放电流大于 KA_2。

起动时，按下起动按钮 SB_2，接触器 KM_1得电吸合，KM_1自锁触点和主触点同时闭合，三相电源接入电动机定子绕组，转子绕组串电阻 R_1、R_2起动，起动之初，转子电流很大，KA_1、KA_2都吸合，它们接在控制电路中的常闭触点处于断开位置，接触器 KM_2、KM_3不会得电吸合。经过一段时间后，KT 常开触点闭合，为 KA_1、KA_2的吸合做好准备。

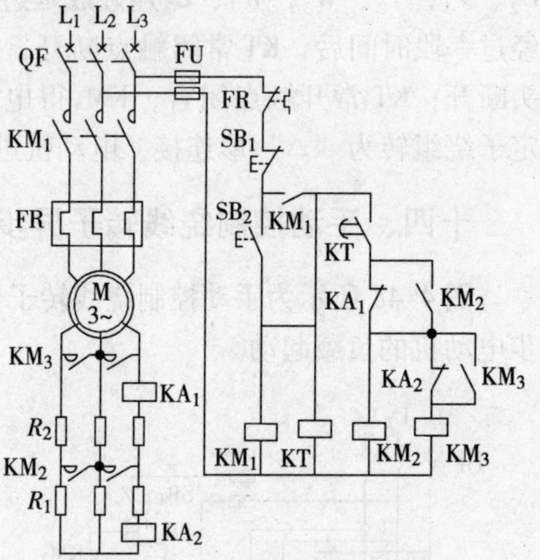

图 4-49　自动控制绕线式异步电动机串电阻起动电路

随着电动机的转速上升，转子电流减小，当转子电流小到 KA_1的释放电流时，KA_1释放，KA_1常闭触点恢复闭合，KM_2线圈得电吸合，KM_2主触点将第一级电阻 R_1短接切除；之后，电动机转速继续升高，当转子电流降至 KA_2的释放值时，KA_2释放，KA_2常闭触点恢复闭合，KM_3线圈得电，KM_3主触点将第二级电阻 R_2短接切除，电动机进入正常运行状态。

KT 的作用是保证起动时全部电阻接入转子绕组，因 KT 常开触点不闭合，接触器 KM_2、KM_3不能得电吸合。

第八节　三相异步电动机的调速方法与调速控制电路

一、调速方法

三相异步电动机的转速公式为

$$n = n_0(1 - s) = \frac{60f_1}{p}(1 - s)$$

式中　n_0——异步电动机的旋转磁场的转速（又称同步转速）；

f_1——供电电源的频率；

p——定子绕组的极对数；

s——电动机的转差率。

由上式可以看出，要改变电动机的转速，有如下三种方法：

1. 变极调速

变极调速是改变定子绕组的极对数 p，通常采用改变定子绕组的连接，使定子绕组的极对数成倍地变化，同步转速也成倍地变化。

变极调速的电动机一般为笼型转子，因为笼型转子的极对数随定子极对数而变。变极调速的电动机称为多速电动机，采用一套定子绕组可制成双速电动机，采用两套定子绕组可制成三速或四速电动机。

2. 变频调速

变频调速是改变供电电源的频率 f_1，当定子绕组的极对数 p 不变且转差率变化不大时，转速 n 正比于电源频率 f_1。变频调速需要可靠的变频电源，变频电源有两种类型，一种是由直流电动机和交流发电机组成的变频机组，通过调节直流电动机的转速，就可以改变交流发电机输出电压的大小和频率；另一种是应用晶闸管组成的变频装置，随着电子技术的发展，晶闸管变频装置的可靠性也越来越高。

3. 变转差率 s 调速

这种调速不改变旋转磁场的转速，而是改变转差率来实现调速。如绕线式电动机转子回路串电阻调速、改变定子电压调速、串级调速、滑差电动机调速等，这些调速方法除串级调速外，在调速过程中产生大量的转差功率，消耗在转子回路，调速的经济性较差。

二、单绕组双速电动机 2 Y/△联结调速控制电路

图 4-50 所示为单绕组双速电动机 2 Y/△联结，图 4-51 所示为单绕组双速电动机 2 Y/△联结控制电路。

起动时，按下起动按钮 SB_2，时间继电器 KT 线圈得电，KT 断电延时常开触点立即闭合（不延时），接触器 KM_1、KA 先后得电吸合，KM_1 主触点闭合，定子绕组接成“△”，电动机低速运行，这时低速运行灯 HLR 点亮。

由于 KA 吸合，KA 常闭触点断开，KT 失电，经过一段时间的延时后，KT 常开触点断开，接触器 KM_1 断电释放，解除了定子绕组的“△”联结，KM_1 连锁触点恢复闭合，接触器 KM_2、KM_3 得电吸合，一方面定子绕组通过 KM_3 主触点将 U_1、V_1、W_1 拼接在一起，另一方

面三相电源通过 KM_2 主触点接到 U_2、V_2、$W_2$3 个接线端，定子绕组转为“2 Y”联结，电动机转为高速运行，同时高速运行灯 HLG 点亮，HLR 熄灭。

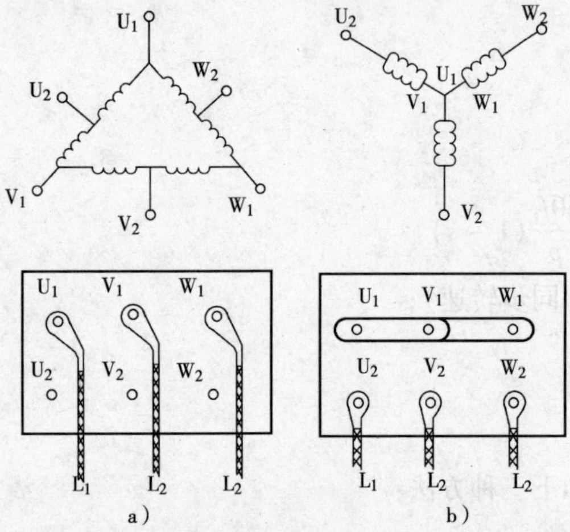

图 4-50　单绕组双速电动机定子绕组 2 Y/△联结
a）△联结　b）2 Y联结

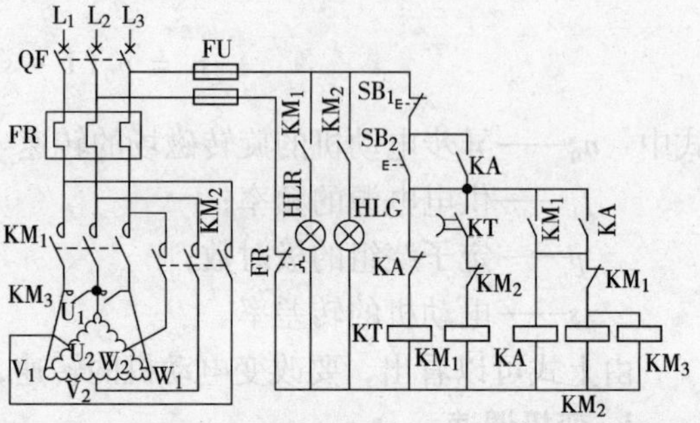

图 4-51　单绕组双速电动机 2 Y/△联结控制电路

三、单绕组双速电动机 2 Y/Y联结调速控制电路

图 4-52 所示为单绕组双速电动机 2 Y/Y联结，图 4-53 所示为单绕组双速电动机 2 Y/Y联结控制电路。

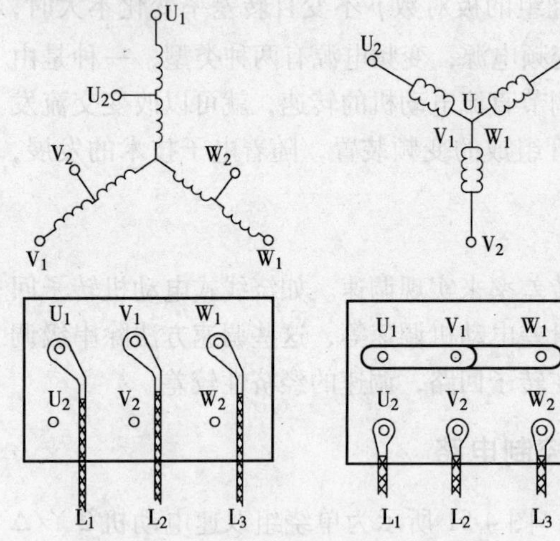

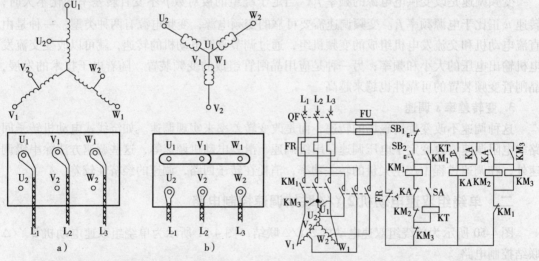

图 4-52　单绕组双速电动机 2 Y/Y联结
a）Y联结　b）2 Y联结

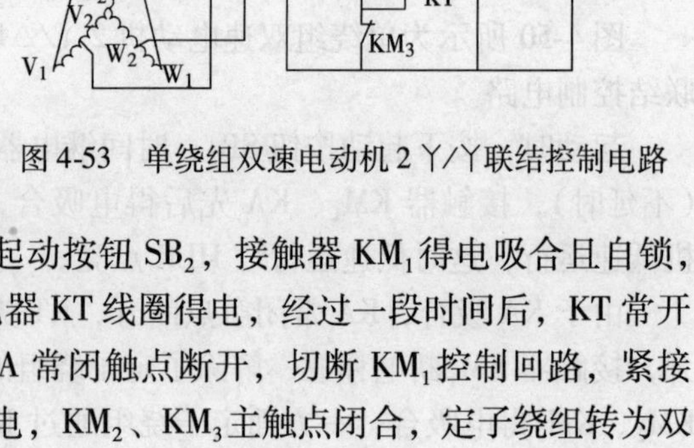

图 4-53　单绕组双速电动机 2 Y/Y联结控制电路

合上低压断路器 QF 和控制开关 SA，按下起动按钮 SB_2，接触器 KM_1 得电吸合且自锁，定子绕组“Y”接，电动机起动，同时时间继电器 KT 线圈得电，经过一段时间后，KT 常开触点闭合，中间继电器 KA 得电吸合并自锁，KA 常闭触点断开，切断 KM_1 控制回路，紧接着，KA 常开触点闭合，使接触器 KM_2、KM_3 得电，KM_2、KM_3 主触点闭合，定子绕组转为双

星形（“2Y”），电动机高速运转。

若将 SA 断开，KT、KA 不会得电，电动机只能低速运转。

四、变频调速控制电路

图 4-54 所示为常用的变频器调速控制电路。

合上电源开关 QS，起动前，先调节操作单元的电位器 RP 于较低转速位置，然后按下起动按钮 SB_2，接触器 KM 得电吸合，KM 自锁触点和主触点同时闭合，变频器得电工作。正转时，操作单元从 STF 输出，变频器 FR-COM 连接，电动机正转；反转时，操作信号从 STR 输出，变频器 RR-COM 连接，电动机反转。运行时，如调节电位器 RP，可改变输出电源的频率，从而调节电动机的转速。即频率低时，输出电压也低，电动机低速运行；频率高时，输出电压升高，电动机高速运行。

停机时，按下 SB_1 即可。

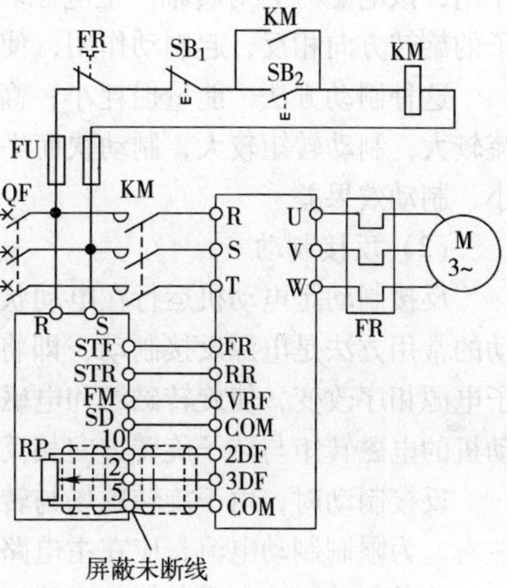

图 4-54　变频器调速控制电路

注意：电路中，不应采用变频器本身的热保护，而应采用热继电器做变频器输出与电动机的过载保护，其作用有两个，一是保护电动机，二是保护变频器。否则当电动机严重过载时，过载电流不但通过了电动机绕组，也同样流过逆变器和整流器等电子器件，易烧坏电动机和变频器。另外，变频器的速度给定屏蔽线不能断开。

第九节　三相异步电动机的制动方法与制动控制电路

电动机从切断电源到完全停止，若靠摩擦阻力停车，需要再运转一段时间。为了满足生产机械的不同工作要求，缩短停机时间，提高工作效率，防止事故的发生，需要在切断电动机电源后，采取能使电动机迅速停止运转的制动措施。

一、电动机的制动方法

电动机的制动方法可分为机械制动和电气制动。

1. 机械制动

机械制动用得最多的是电磁抱闸，其结构如图 4-55 所示，它是在电动机切断电源后，利用电磁抱闸作用在电动机传动轴上，使电动机迅速停止运转。

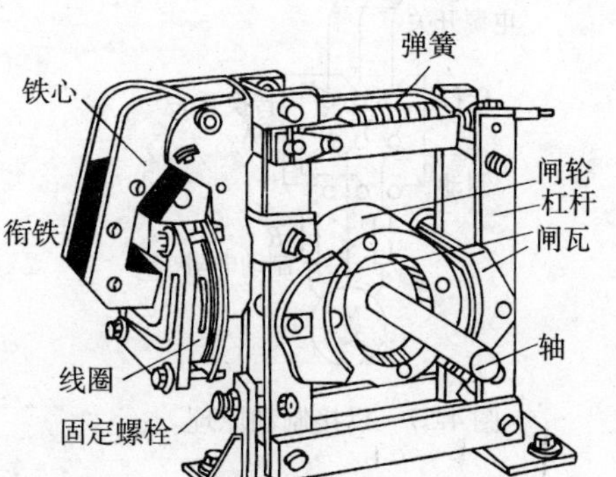

图 4-55　电磁抱闸的外形及结构

2. 电气制动

电气制动常用的有能耗制动、反接制动等。

（1）能耗制动

如图 4-56 所示，将运行中的电动机切断电源后（旋转磁场的转速 $n_0=0$），向定子绕组通入直流电源，使定子绕组中产生一个静止不动的磁场，而转子仍惯性运转（转速为 n）切割该磁场，便在转子电路中产生感应电流，这个感应电流与静止磁场相互作用，使转子在磁场中受到电磁力 F 的作用，该电磁力 F 对转轴产生电磁转矩，而该电磁转矩与转子的旋转方向相反，起制动作用，使电动机很快停止转动。

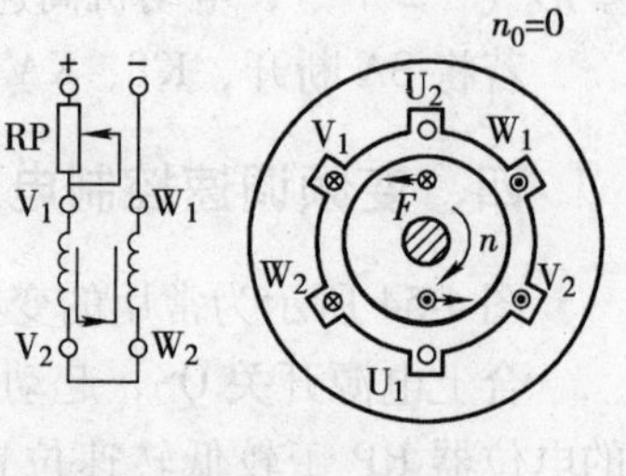

图 4-56　能耗制动原理图

这种制动方法，能量损耗小；高速时，转子中感应的电流较大，制动转矩较大，制动快而平稳，但低速时，转子中感应的电流较小，制动转矩也较小，制动效果差。

（2）反接制动

反接制动是电动机运行在电动状态，但电磁转矩与电动机的旋转方向相反。实现反接制动的常用方法是电源反接制动，即将电动机任意两相电源线对调，如图 4-57 所示。这时定子电源相序改变，使旋转磁场和电磁转矩也改变方向，由于惯性，转子仍按原方向旋转，电动机的电磁转矩与转子旋转方向相反，对转子起制动作用，使电动机转速迅速降低。

反接制动时，由于旋转磁场与转子的相对速度很高，制动电流一般为额定电流的 10 倍左右，为限制制动电流，应在主电路中串入电阻 R。

这种制动方法，设备简单、价格低、调整方便、制动迅速，但准确性差、能量损耗大、冲击强烈、易损坏传动零件，不易经常制动。适用于惯性较大、制动要求迅速、制动不频繁的设备，如洗床、镗床等。

二、电磁抱闸制动控制电路

图 4-58 所示为电磁抱闸制动电路，常用于起重机械上。

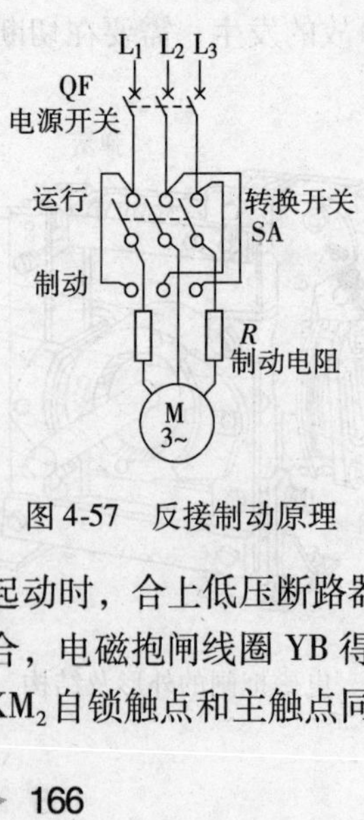

图 4-57　反接制动原理

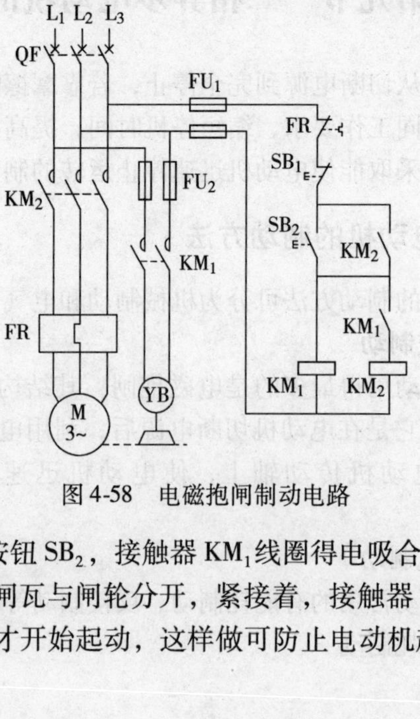

图 4-58　电磁抱闸制动电路

起动时，合上低压断路器 QF，按下起动按钮 SB_2，接触器 KM_1 线圈得电吸合，KM_1 主触点闭合，电磁抱闸线圈 YB 得电，电磁抱闸的闸瓦与闸轮分开，紧接着，接触器 KM_2 得电吸合，KM_2 自锁触点和主触点同时闭合，电动机才开始起动，这样做可防止电动机起动瞬间的阻转现象发生。

如需停机，按下停止按钮 SB_1，接触器 KM_1 和 KM_2 同时断电释放，电动机和电磁抱闸线圈断电，在弹簧的拉力作用下，闸瓦抱紧闸轮，电动机迅速制动停转。

三、半波整流能耗制动控制电路

图 4-59 所示为半波整流能耗制动电路，适用于要求平稳停车的工作设备。

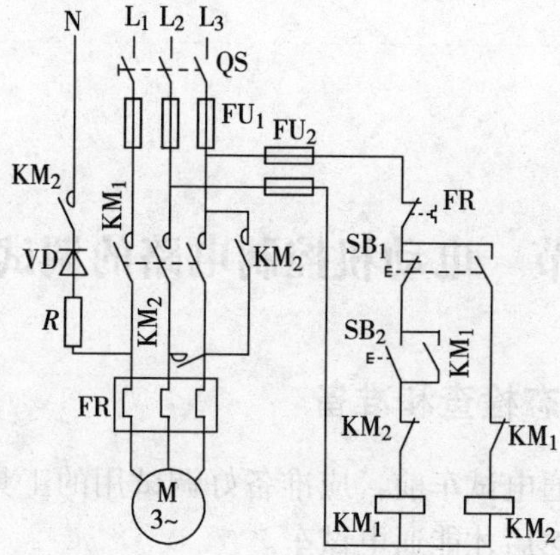

图 4-59　半波整流能耗制动电路

起动时，按下起动按钮 SB_2，接触器 KM_1 吸合，电动机得电起动运转。

停车时，按下停止按钮 SB_1，SB_1 的常闭触点切断了接触器 KM_1 的控制回路，KM_1 断电释放，KM_1 主触点断开，电动机断电后惯性运转，同时 SB_1 的常开触点接通了接触器 KM_2 的控制电路，使接触器 KM_2 得电吸合，电源 L_3→KM_2 主触点→电动机绕组→限流电阻 R→整流二极管 VD，最后回到中性线，由于定子绕组中通入直流电，对惯性运转的转子产生制动作用，使电动机迅速制动停机。停机后，松开按钮 SB_1 即可。

第五章

电动机控制电路的调试方法与调试示例

第一节　电动机控制电路的调试方法

一、通电调试前的静态检查和准备

电气设备安装完毕，在通电试车前，应准备好调试用的工具和仪表，对电路、元器件、电动机等进行全面的检查，然后才能通电试车。

1）准备好调试所需的工具、仪表，如螺钉旋具、电笔、万用表、钳形表、绝缘电阻表等。

2）对于新投入使用或停用3个月以上的电动机，应用500V绝缘电阻表测量其绝缘电阻，低压电动机绕组不得小于0.5MΩ，高压电动机不应低于1MΩ/kV，否则应查明原因并修理。

3）用绝缘电阻表测量主电路、控制电路对机壳绝缘及不同回路间的绝缘不应小于0.5MΩ。

4）对不可逆运转的机械设备，应检查电动机的转向与机械设备要求的方向是否一致。一般可通电检查；对于连接好的设备，可用相序表或自制相序判别器来测量。

5）清除安装板上的线头杂物，检查各开关、触点动作是否灵活可靠，灭弧装置有无破损。

6）检查传动设备及所带机械的安装是否牢固；轴承的油位是否正常；清洁各运动摩擦面；投入电动机及所带机械设备的润滑系统、冷却系统；打开有关的水阀门、风阀门、油阀门；如有可能，用手盘车，检查转子转动是否灵活，有无卡涩现象。对于绕线转子异步电动机，还应检查电刷的牌号是否符合要求，压力是否合适，能否自由活动，换向器是否光洁、偏心，电刷与换向器接触是否良好等。

7）电动机通电前，要认真检查其铭牌电压、频率等参数与电源电压是否一致，然后按接线图检查各部分的接线是否正确，各接线螺钉是否紧固，各导线的截面、标号是否与图样所标一致。

8）电动机的仪表齐全，配有电流互感器的，电流互感器的一、二次无开路现象。

9）检查设备机座、电线钢管保护接地或接零线是否接好。

二、保护定值的整定

1. 低压断路器

1）低压断路器分保护电动机用与保护配电电路用两种，不应选错；保护电动机时，断路器的额定电流应大于或等于电动机的额定电流。

2）对于可调式过电流脱扣器，其瞬时整定电流的调节范围根据电动机类型来定：绕线式异步电动机取（3~6）倍脱扣器的额定电流，笼形异步电动机取（8~12）倍脱扣器的额定电流。

3）长延时动作的过电流脱扣器的额定电流按电动机的额定电流的（1.0~1.2）倍整定；6倍长延时电流整定值的可返回时间应不小于电动机的起动时间。可返回时间分为1、3、5、8、15s几种。

4）瞬时动作的过电流值，应按电动机的起动电流的（1.7~2.0）倍整定。

2. 过电流继电器

过电流继电器的保护定值一般按产品有关资料来定。若无资料，对于保护三相异步电动机，一般可调整为电动机额定电流的1.7~2倍；频繁起动时，可调整为电动机额定电流的2.25~2.5倍。对于直流电动机，可调整为电动机的1.1~1.15倍最大工作电流。

3. 过电压继电器

过电压继电器一般按产品有关资料来定，如无资料，可调整为直流电动机额定输出电压的1.1~1.15倍。

4. 欠电流继电器

欠电流继电器吸合值可调整为直流电动机额定励磁电流值，释放值可调整为电动机最小励磁电流的0.8倍。

5. 热继电器的动作电流的调整

热继电器的整定电流一般应与电动机额定电流调整一致；对于过载能力差的电动机，应适当减少定值，热元件的整定值一般调整为电动机额定电流的0.7倍左右；对起动时间长或带冲击性负载的电动机，应适当增大定值，一般调整到电动机额定电流的1.1~1.2倍。此外，热继电器的动作时间应大于电动机的起动时间。

三、通电试车

1）电气设备经静态检查、保护定值整定后，可联系通电试车。

2）试车前，设备上应无人工作，周围无影响运行的杂物，照明充足。

3）通电试车的步骤一般是先试控制电路，后试主电路，因主电路故障时，可由控制电路将主电路切除。

（1）控制电路通电试车

1）断开电动机主电路，将控制、保护、信号、联锁电路的有关设备全部送电。检查各部分的电压是否正常，接触器、继电器线圈温升是否正常，信号灯是否正常。

2）操作相应（按钮）开关、试起动相应保护装置、电气联锁装置、限位装置；观察有关接触器、继电器是否正常动作，信号灯是否变化。

（2）主电路通电试车

恢复好控制电路及主电路接线后，通电试车前，有条件的应将电动机与负载机械分开，按照先空载、后负载，先点动、后连续，先低速、后高速，先单机、后多机的原则通车试车。试车过程中，要注意检查以下内容：

1）严格执行电动机的允许起动次数，严禁连续多次起动，否则电动机容易过热而烧坏。一般冷态下允许起动2次，间隔5min；热态时只允许起动1次。起动时间不超过3s的电动机，可允许多起动一次。

2）减压起动时，应掌握好减压起动切换到全压运行的时间。

3）电动机安装现场距离控制台较远时，应派专人到电动机安装现场，监视起动过程。

4）检查各指示仪表的指示，空载和负载电流是否合格（是否平衡、是否稳定、空载电流占额定电流的百分比是否过大）；电动机的转向、起动、转速是否正常；声音、温升有无异常；制动是否迅速。

5）检查轴承是否发热，检查传动带是否过紧或联轴器有无问题。

6）再次试验控制回路保护装置、联锁装置、限位装置等动作是否可靠。如有惯性越位时，应反复调整；如保护装置动作，应查明原因，处理故障后再通电试验，切不可增大保护强行送电，以免保护失灵而烧坏设备。

7）试车时应正确区分以下内容：空载试车过程中若电动机冒白烟，这时人们往往以为是电动机绕组烧坏了。其实电动机若无异常声音，用手摸电动机外壳也不发烫，这时不要以为电动机内部短路。产生这种现象的原因是，电动机绕组通电发热，将潮气排出了，待运行一段时间后，白烟就会自动消失。

8）在电动机试车时，如有如下现象应立即停机：

① 电动机不转或低速运转。

② 超过正常起动时间电流表不返回。

③ 三相电流剧增或三相电流严重不平衡。

④ 电动机有异常声音、剧烈振动、轴承过热。

⑤ 电动机扫膛或机械撞击。

⑥ 起动装置起火冒烟。

⑦ 电动机所带负载损坏、卡阻。

⑧ 人身事故等。

第二节　电动机控制电路调试实例

一、电动机点动运行控制电路调试

图5-1所示为电动机点动运行控制电路原理图。

【准备工作】

准备好检查所需的仪表和工具，常用的仪表和工具有万用表、钳形表、绝缘电阻表、螺钉旋具等，并清理现场（如配电箱上的线头杂物）。

【调试方法及调试技巧】

1. 检查接线

对照图5-2检查所有线号和接线端子的接触情况，注意检查每一对触头的上、下端子的接线有无颠倒，导线连接点是否符合工艺要求；检查电动机及保护箱是否可靠接地，接至电动机的导线是否穿钢管保护。

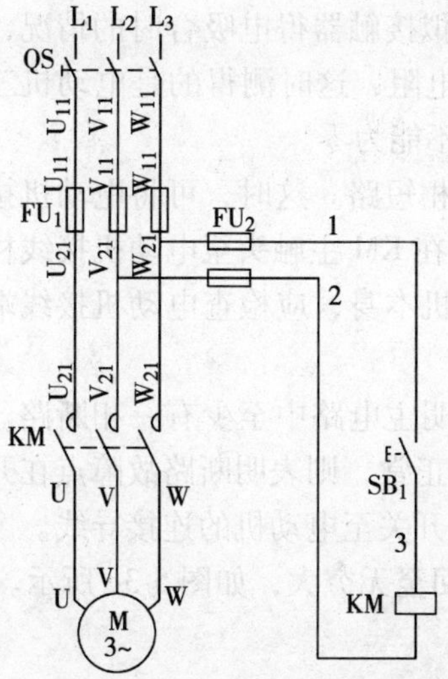

图 5-1 电动机点动运行控制电路原理图

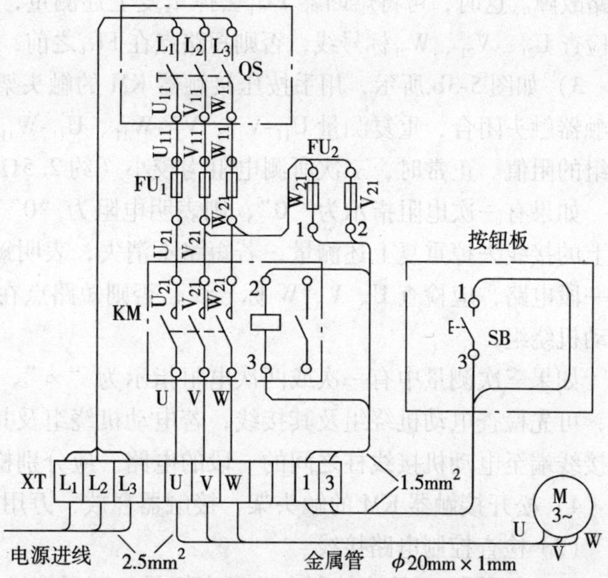

图 5-2 电动机点动运行控制电路接线图

（1）检查主电路接线

1）将万用表置于 R×1 档，并调零。

2）断开开关 QS，取下熔断器 FU_2 内装熔体，断开主电路与控制电路的联系。用万用表测量开关 QS 下接线端 U_{11}-V_{11}、V_{11}-W_{11}、U_{11}-W_{11} 间的电阻（共测三次），这时由于接触器 KM 未吸合，三相电路互不相连，表针应指向“∞”，如图 5-3a 所示。如果三次测量中有一次电阻指示为“0”，则表明电阻为“0”的两相短路；若有两次测得电阻均为“0”，则表明三相电源有

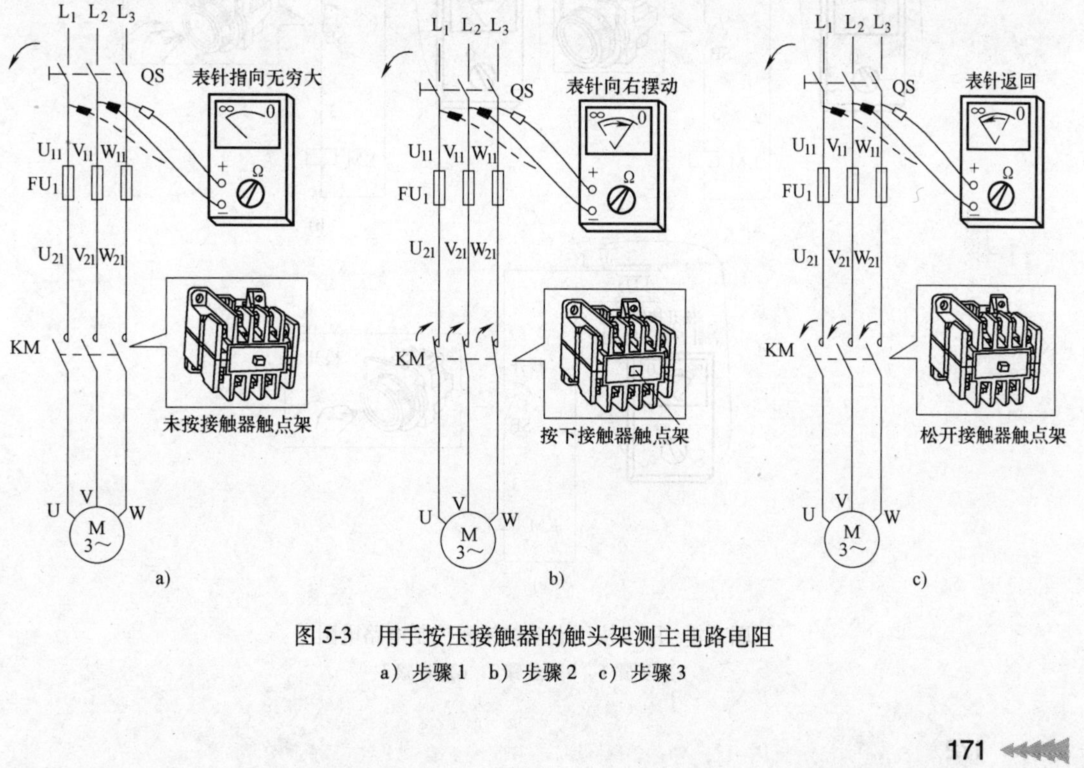

图 5-3 用手按压接触器的触头架测主电路电阻

a）步骤 1 b）步骤 2 c）步骤 3

短路故障。这时，可将熔断器 FU_1 去掉重复上述测量，若短路消失，表明短路点在 FU_1 之后，应检查 U_{21}、V_{21}、W_{21} 标号线，否则短路点在 FU_1 之前，应检查 U_{11}、V_{11}、W_{11} 标号线。

3）如图 5-3b 所示，用手按压接触器 KM 的触头架，模拟接触器得电吸合时的情况，使接触器触头闭合，重复测量 U_{11}-V_{11}、V_{11}-W_{11}、U_{11}-W_{11} 间的电阻，这时测得的是电动机三相绕组的阻值。正常时，三次所测电阻均较小（约 2.5Ω）但不能为零。

如果有一次电阻指示为“0”，则表明电阻为“0”的两相短路。这时，可将电动机接线柱上的接线去掉重复上述测量，若短路不消失，表明短路点在 KM 主触头至电动机接线柱间的一段电路，应检查 U、V、W 标号线，否则短路点在电动机本身，应检查电动机接线端和电动机绕组。

如果三次测量中有一次或两次电阻指示为“∞”，则表明主电路中至少有一相断路。这时，可先检查电动机绕组及其接线，若电动机绕组及其接线正常，则表明断路故障点在开关下接线端至电动机接线柱之间的一段的电路。应分别检查刀开关至电动机的连接导线。

4）松开接触器 KM 的触头架，接触器释放，万用表返回至无穷大，如图 5-3c 所示。

（2）检查控制电路接线

1）对照图 5-2 检查控制电路所有标号、端子接线。

2）取下熔断器 FU_2 的熔体，使控制回路与主电路分开。将万用表也置于 R×1 档，并调零。在未按点动按钮 SB 时，控制电路 1、2 两点间应为断开状态，测得的阻值应为“∞”，如图 5-4a 所示。

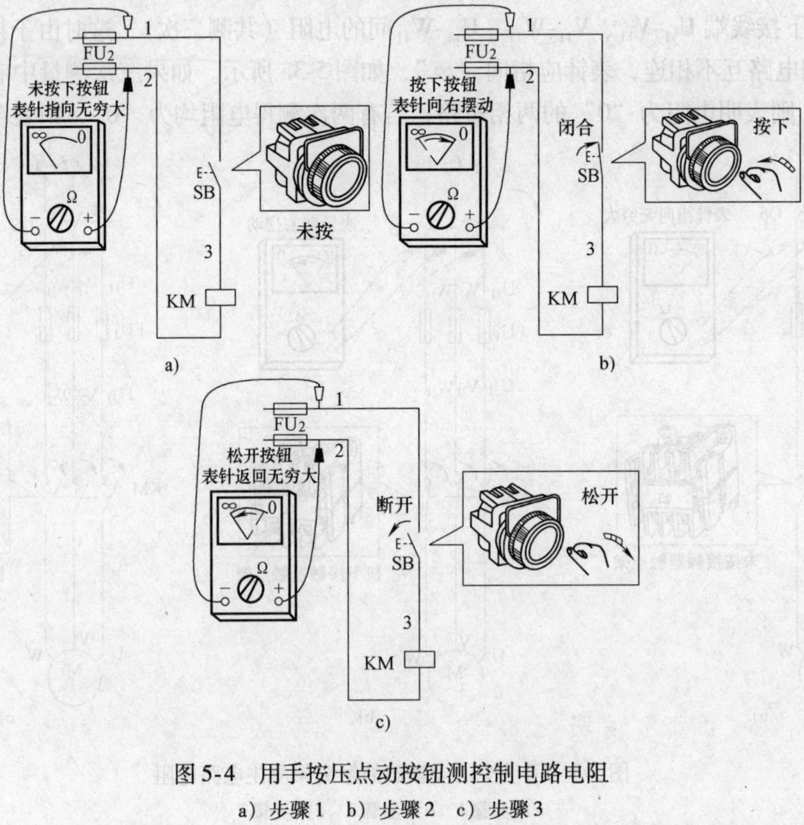

图 5-4　用手按压点动按钮测控制电路电阻

a）步骤 1　b）步骤 2　c）步骤 3

3）按下点动按钮SB，表针向右偏转，1、2两点的电阻应为接触器KM线圈的直流电阻（约600Ω），如图5-4b所示。否则如果电阻过大，表明控制回路有开路故障；如果电阻为“0”，说明控制回路有短路故障。

4）松开按钮SB，SB常开触点复位，表针应指向“∞”，如图5-4c所示。

2. 通电试车

（1）空操作试验

拆下XT到电动机接线柱上的接线，合上电源开关QS，按下点动按钮SB，能听到接触器电磁铁较响的吸合声，认真观察接触器触头闭合是否正常，仔细听接触器运行时有无异常声音，测量XT端子板上U、V、W上的电压，正常时应有三相交流电源输出；然后松开SB，接触器KM应立即释放，XT端子板上U、V、W接线端子上的电压消失。再反复试验几次。

（2）空载试车

断开电源开关QS，接上电动机M，然后重新通电试车。即按下点动按钮SB，接触器KM吸合，电动机起动；松开SB，接触器KM断电释放，电动机立即断电停机。试车过程中，注意观察电动机的运行状况，听电动机的运行声音；用钳形表测量电动机的空载电流大小是否正常，如图5-5所示；配有转速表的注意监测空载转速。

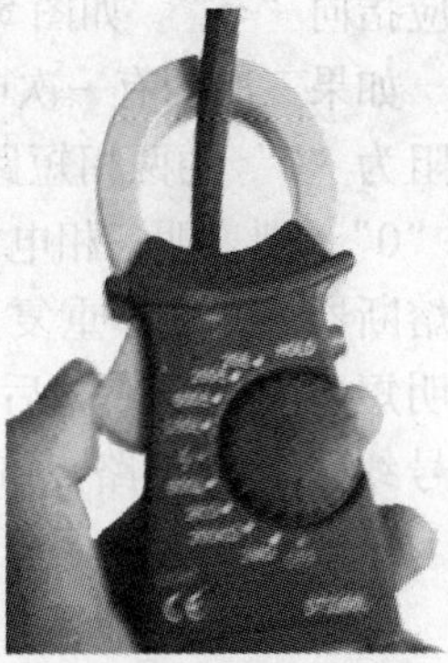

图5-5　测量空载电流

如有异常，应立即停车，重新检查电源电压是否过低、接线有无松脱、触点有无接触不良、电动机绕组有无断线等。

（3）带负载试车

空载试车正常后，断开QS，带上外部机械设备，再合上QS，重复上述检查，并用钳形表卡住电动机三根引线中的一根，测量电动机的起动电流。电动机的起动电流一般为额定电流的5～7倍，起动后用钳形表分别测量三相电流是否平衡、是否超过额定值。带负载运行一段时间后，检查电动机温升是否过高。负载试车期间，要有人监试。

二、开关控制的电动机点动与连续运行控制电路调试

图5-6所示为开关控制的电动机点动与连续运行控制电路原理图。

【工作原理】

连续运行时，闭合开关SA，按下起动按钮SB_2，接触器KM主触点闭合，电动机得电连续运转；同时，并联在按钮SB_2两端的KM常开辅助触点（自锁触点）闭合，当松开SB_2时，电路通过SA、KM自锁触点使接触器KM线圈回路继续保持通电状态。

停机时，按下停止按钮SB_1，接触器KM线圈断电释放，KM主触点和自锁触点同时断开，电动机断电停转。

点动控制时，断开点动与连续运行选择开关SA，按下按钮SB_2，由于SA触点切断了KM自锁回路，接触器KM只能断续吸合，电动机点动工作。

【调试方法及调试技巧】

1. 目测检查接线

对照图 5-7 检查所有线号和接线端子的标号是否与图一致，注意检查每一对触头的上、下端子的接线有无颠倒；轻轻拉拨端子上的接线，检查各电器元件、接线端子安装和接线是否牢固，接触是否良好。

2. 检查主电路接线

1）检查刀开关至接触器的接线情况。取下熔断器 FU_2 内装熔体，断开主电路与控制电路的联系。用万用表 R × 1 档分别测量开关 QS 下接线端 U_{11}-V_{11}、V_{11}-W_{11}、U_{11}-W_{11} 间的电阻，由于这时接触器 KM 未吸合，三相电路互不相连，表针应指向“∞”，如图 5-8a 所示。

如果三次中有一次电阻指示为“0”，则表明电阻为“0”的两相短路，若有两次测得电阻均为“0”，则表明三相电源有短路故障。这时，可将熔断器 FU_1 去掉重复上述测量，若短路消失，表明短路点在 FU_1 之后，应检查 U_{21}、V_{21}、W_{21} 标号线，否则短路点在 FU_1 之前，应检查 U_{11}、

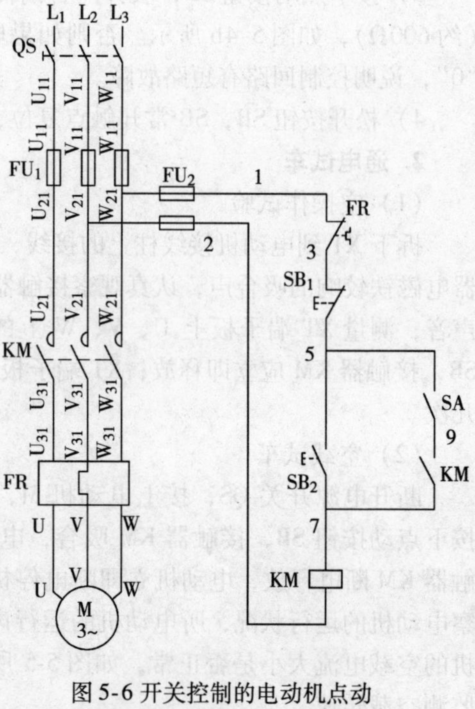

图 5-6 开关控制的电动机点动与连续运行控制电路原理图

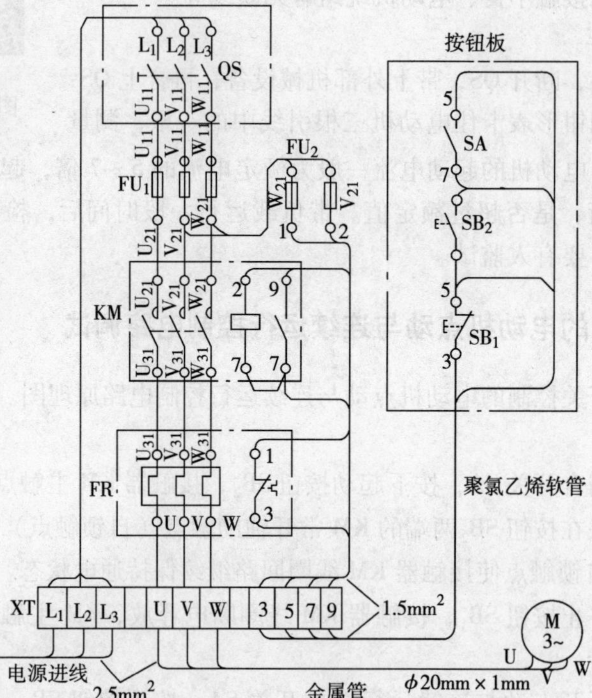

图 5-7　开关控制的电动机点动与连续运行控制电路接线图

V_{11}、W_{11}标号线。

2）检查接触器至电动机的接线情况。用手按压接触器 KM 上面的触头架，使接触器触头闭合，重复上述测量，测得的是电动机三相绕组的阻值。正常时，三次所测电阻值基本相同（电阻均较小但不能为零），如图 5-8b 所示。

若有一次电阻指示为“0”，则表明电阻为“0”的两相短路。这时，可将电动机接线柱上的接线去掉重复上述测量，若短路不消失，表明短路点在 KM 主触头至电动机接线柱间的一段电路，应检查 U_{31}、V_{31}、W_{31}和 U、V、W 标号线，否则短路点在电动机本身，应检查电动机接线端和电动机绕组。

如果三次测量中有一次或二次电阻指示为“∞”，则表明主电路中至少有一相断路。这时，可先检查电动机绕组及其接线，若电动机绕组及其接线正常，则表明断路故障点在开关 QS 下接线端至电动机接线柱之间的一段的电路。应分别检查刀开关至电动机的连接导线。

3）松开接触器 KM 的触头架，接触器释放，万用表返回至无穷大，如图 5-8c 所示。

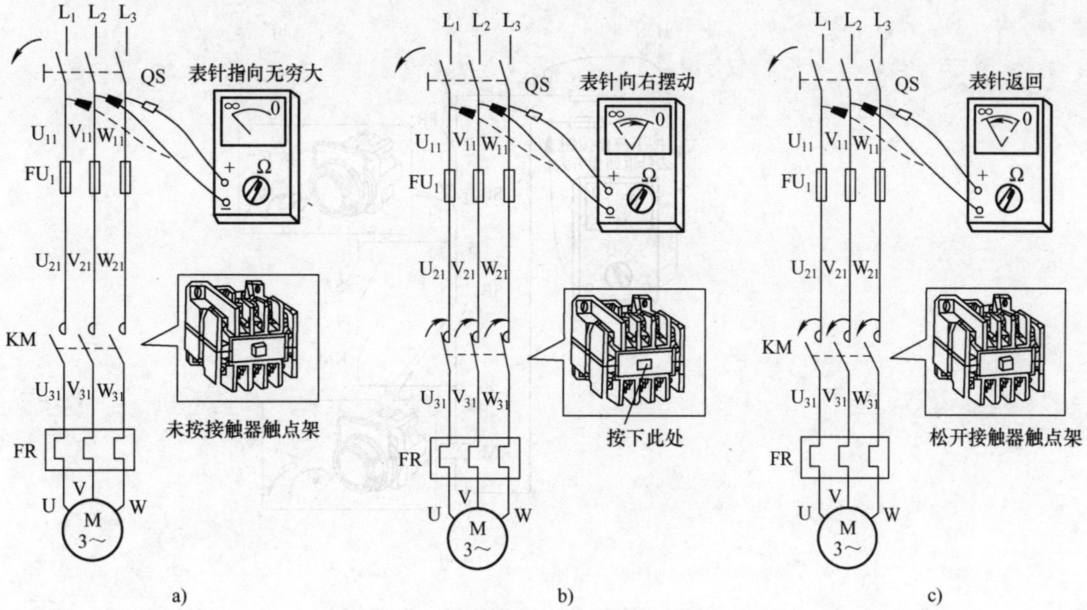

图 5-8　用手按压接触器的触头架测主电路电阻

4）检查电动机和配电箱的金属外壳是否可靠接地。

3. 检查控制电路接线

1）检查起、停控制。取下熔断器 FU_2的熔体，使控制回路与主电路分开。

① 在未按点动按钮 SB_2 时，控制电路 1、2 两点间应为断开状态，测得的阻值应为“∞”，如图 5-9a 所示。

② 按下起动按钮 SB_2，测量控制回路电阻应在 600Ω 左右（接触器 KM 线圈的电阻），如图 5-9b 所示。否则表明控制回路有开路故障。

③ 在按下起动按钮 SB_2的同时，按下停止按钮 SB_1，测得控制回路由“通”而断，否则应检查按钮 SB_1两端控制接线是否接反，如图 5-9c 所示。

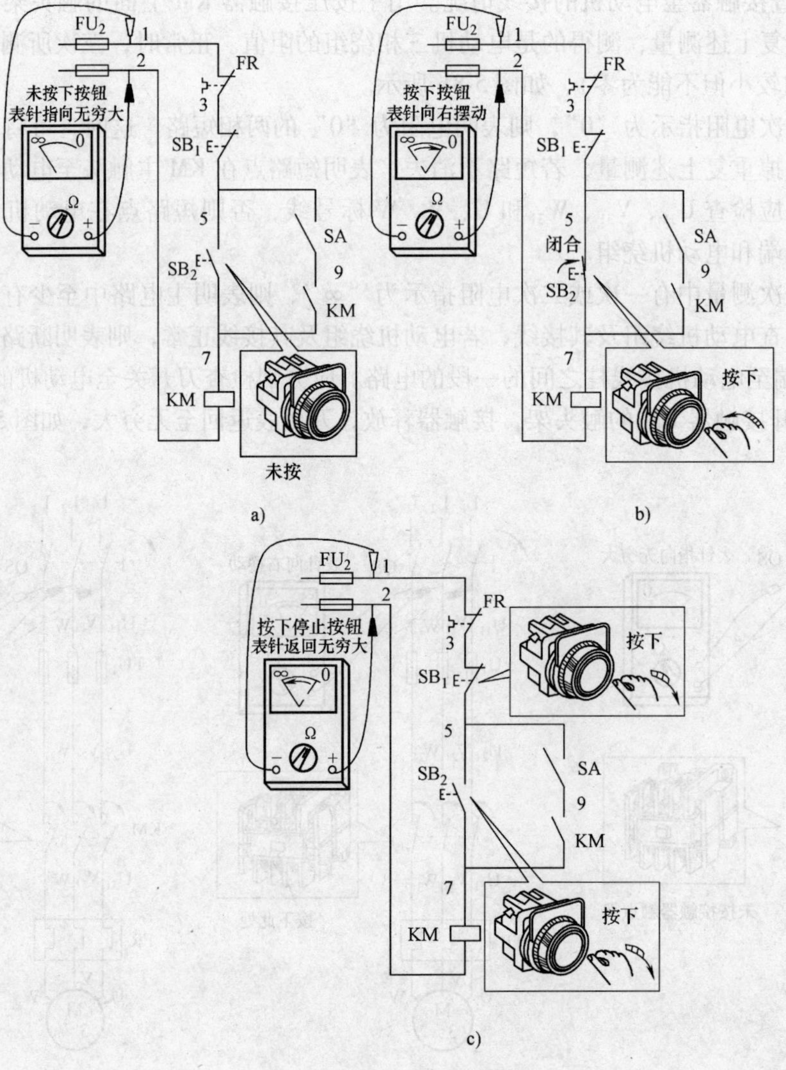

图5-9　检查起、停控制电路

a）步骤1　b）步骤2　c）步骤3

2）检查自锁回路。按压KM触头架，测量KM自锁触头应闭合；松开手后，KM自锁触头应立即断开，如图5-10所示。若按压KM触头架时，测得7-9间为“∞”，则表明KM自锁触头不通。然后闭合开关SA，测量5-7间也为“∞”，否则应检查SA开头触头是否接触不良、两端连线是否松脱。

4. 调整定值

调节热继电器的定值旋钮，使其动作电流与电动机额定电流一致，然后校验其动作电流。

5. 通电试车

1）空操作试验。拆下XT到电动机接线柱上的接线，合上电源开关QS。

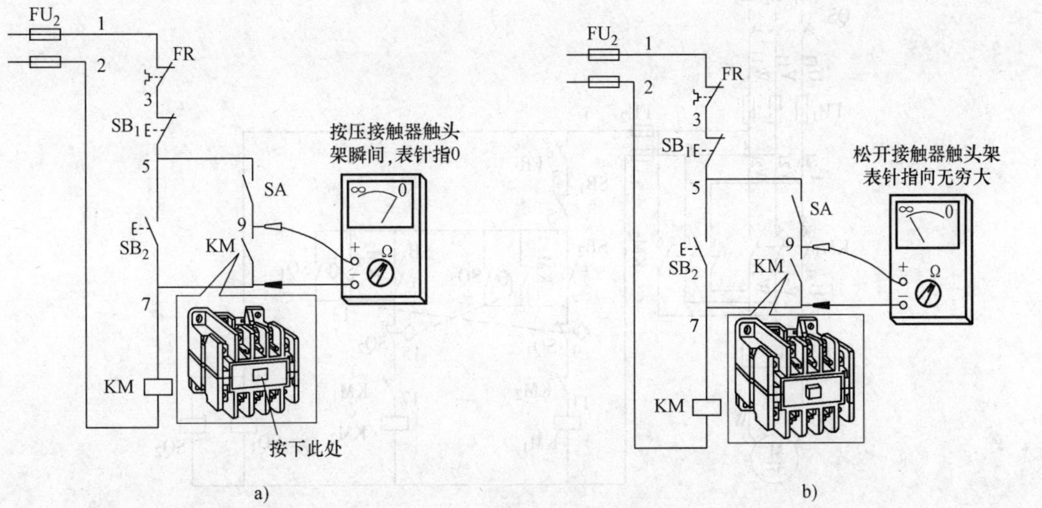

图 5-10 检查自锁回路

a）步骤 1 b）步骤 2

① 点动试验。断开开关 SA，按下起动按钮 SB_2，测量 XT 端子板上 U、V、W 的电压，正常时应有三相交流电源输出；然后松开 SB_2，接触器 KM 应立即释放，XT 端子板上 U、V、W 的电压消失。如此反复试验几次。

② 连续运行试验。闭合开关 SA，按下起动按钮 SB_2后松开，观察接触器 KM 是否吸合，松开起动按钮 SB_2后，观察接触器 KM 能否保持吸合状态，用万用表测量 XT 端子板上有无三相额定电压，然后按下停止按钮 SB_1，观察接触器 KM 能否立即释放。照上述方法反复多试几次。

2）空载试车。断开电源，接上电动机 M，合上电源开关 QS，重新通电试车：先断开 SA 空载点动试车，然后再闭合 SA，连续运行试车。试车时用钳形表卡住电动机三根引线中的一根，测量电动机的空载电流是否合格，并注意观察接触器有无噪声、触头有无燃弧、电动机有无振动、转速是否异常等。如有异常，应立即停车，重新检查电源电压是否过低、接线有无松脱、接点有无接触不良、电动机绕组有无断线等。

3）带负载试车。空载试车正常后，断开 QS，带上外部机械设备，再合上 QS，重复上述检查，并用钳形表卡住电动机三根引线中的一根，监测电动机的起动电流；起动后用钳形表分别测量三相电流，看三相电流是否平衡、是否超过额定值。带负载运行一段时间后，检查电动机温升是否过高。一切正常后即可投入正式运行。

三、自动往返控制电路调试

图 5-11 所示为自动往返运行控制电路原理图。该电路用红外线接近开关作电动机的自动往返控制，动作可靠，适用于自动往返、准确停车定位的场合。

【工作原理】

合上电源开关 QS、S，按下起动按钮 SB_2，L_3→熔断器 FU_1、FU_2→FR 常闭触点→按钮 SB_1→按钮SB_2→SQ_1常闭触点→KM_2联锁触点→KM_1线圈→熔断器 FU_1、FU_2→L_2形成闭合回

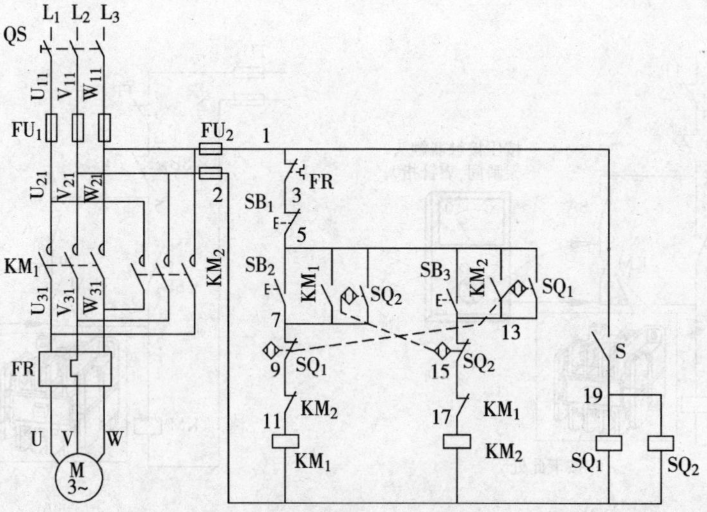

图 5-11　自动往返运行控制电路原理图

路，KM_1线圈得电吸合，KM_1自锁触点闭合自锁，KM_1主触点闭合，电动机正向运转，设备及设备上的挡铁开始正向移动，当设备接近红外线开关SQ_1的感应头时，SQ_1动作，SQ_1常闭触点断开，切断了接触器KM_1的控制电路，接触器KM_1断电释放，电动机停转，保证了设备不会越过SQ_1所在的位置；紧接着SQ_1常开触点瞬时闭合，接触器KM_2得电吸合，电动机L_1、L_3反接，电动机反向运行。

当设备离开行程开关SQ_1时，SQ_1复位，为再次正向起动创造了条件。

当设备接近红外线开关SQ_2的感应头时，SQ_2动作，SQ_2常闭触点切断了KM_2线圈的控制回路，接触器KM_2断电释放，电动机停转；与此同时，SQ_2的常开触点瞬时闭合，接通正转接触器KM_1的控制回路，电动机又正转起动，如此正、反转交替工作，实现自动往返循环运行。

所以限位开关常闭触点起到限制设备行程的作用，限位开关常开触点的作用是实现设备的自动往返运行。

【调试方法及调试技巧】

1. 检查接线

对照图 5-12 检查线号和接线端子的接触情况，重点检查接在KM_1、KM_2主触点的进线和出线，控制电路中KM_1、KM_2联锁触点，SQ_1、SQ_2接近开关触点的连线是否正确。

将万用表置于 R×1 档，并调零后做如下检查：

（1）检查主电路

因为正、反转控制的是同一台电动机，所以主电路的电器除两个交流接触器外都是公用的，正、反转的两个交流接触器的电源侧（入线端）并联在主回路中，但两个边相在负载侧（出线端）换了相，这是检查的重点。

取下熔断器FU_2内装熔体，断开主电路与控制电路的联系，用万用表测量开关 QS 下端子U_{11}-V_{11}、V_{11}-W_{11}、U_{11}-W_{11}间的电阻，正常时表针应指向“∞”；分别按压接触器KM_1、KM_2触头架，使KM_1或KM_2触头闭合，重复上述测量，测得的是电动机三相绕组的阻值；同

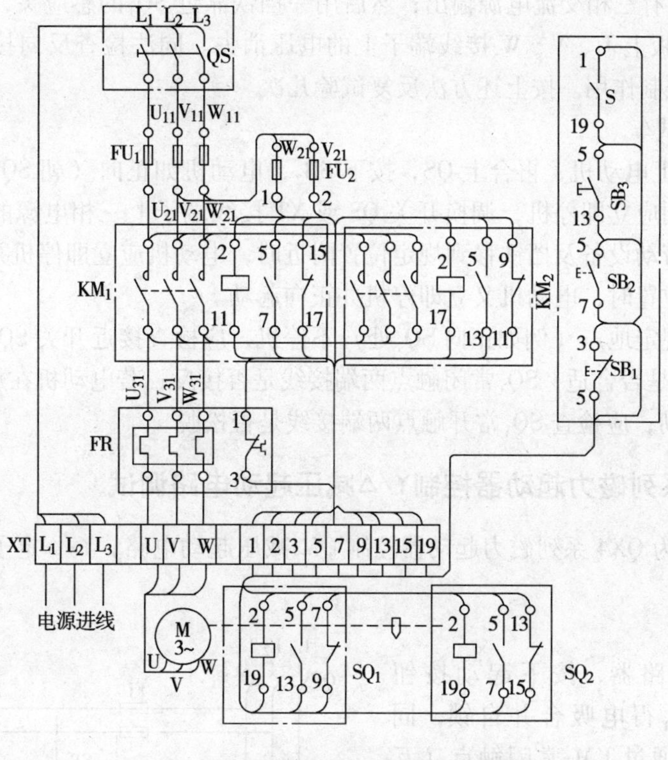

图 5-12　自动往返运行控制电路接线图

时按压 KM_1、KM_2触头架，由于正、反转时电源 L_1、L_3经 KM_1与 KM_2主触头后调相，所以测量 U_{11}-W_{11}间的电阻为“0”。

（2）检查控制电路

1）取下熔断器 FU_2的熔体，使控制电路与主电路分开。

2）检查起、停控制及自锁环节。分别按下 SB_2、SB_3，测量控制回路电阻都应在几欧至几十欧（接触器 KM_1或 KM_2线圈的电阻），否则表明控制回路有开路故障；同时按下 SB_2、SB_3，由于两控制回路并联，测得的电阻减小（KM_1、KM_2线圈并联电阻减小）；在按下起动按钮 SB_2、SB_3的同时，按下停止按钮 SB_1，测得控制回路由“通”而断，否则应检查按钮 SB_1两端控制接线是否接反。

3）检查互锁环节。先按压 KM_1触头架，用万用表测量 1-2 之间的电阻，再按下 KM_2触头架，万用表由一定值变为“∞”，表明 KM_2互锁触头接线正确，否则，应检查 KM_2互锁触头上、下端子是否接反。同法检查 KM_1互锁触头。

2. 调整定值

由于电动机频繁可逆运行，热继电器的定值电流应调整为电动机额定电流的 1.1 ~ 1.2 倍。

3. 通电试车

（1）空操作试验

1）拆开 XT 端子板到电动机接线，合上电源开关 QS、S。

2）按下正向按钮 SB_2后松开，能听到接触器 KM_1有较响的吸合声，测量 XT 端子板 U、

V、W 接线端子上有三相交流电源输出；然后用一挡铁靠近 SQ_1 的感应头，接触器 KM_1 应立即释放，XT 端子板上 U、V、W 接线端子上的电压消失。同法检查反向接触器的吸合情况及 SQ_2 对 KM_2 的控制作用。按上述方法反复试验几次。

（2）带负载试车

断开 QS，接上电动机，再合上 QS，按下 SB_2，电动机如正向（朝 SQ_1 方向）起动，说明电路正确，否则应立即停机，调换开关 QS 或 XT 接线端子上三相电源的任意两相，重新试车。当电动机带动设备及挡铁移到规定位置附近时，电动机应立即停机并反向起动；电动机反向行至规定位置时，电动机又立即停机并正向起动。

若电动机在规定地点（例如正向 SQ_1 处）不停机，应检查接近开关 SQ_1 供电电源是否正常，SQ_1 安装位置是否合适，SQ_1 常闭触点两端接线是否接反；若电动机在规定地点（如 SQ_1 处）停机后不起动，应检查 SQ_1 常开触点两端接线是否松脱。

四、QX4 系列磁力起动器控制Y/△减压起动电路调试

图 5-13 所示为 QX4 系列磁力起动器控制Y/△减压起动电路，Y/△定子绕组的接线方法参图 4-30。

【工作原理】

合上低压断路器，按下起动按钮 SB_2，接触器 KM_1 得电吸合并自锁，同时，接触器 KM_2 通过 KM_3 常闭触点（互锁触点）得电吸合，电动机绕组接成“Y”形减压起动；与此同时，时间继电器 KT 也通过 KM_3 常闭触点得电开始计时。

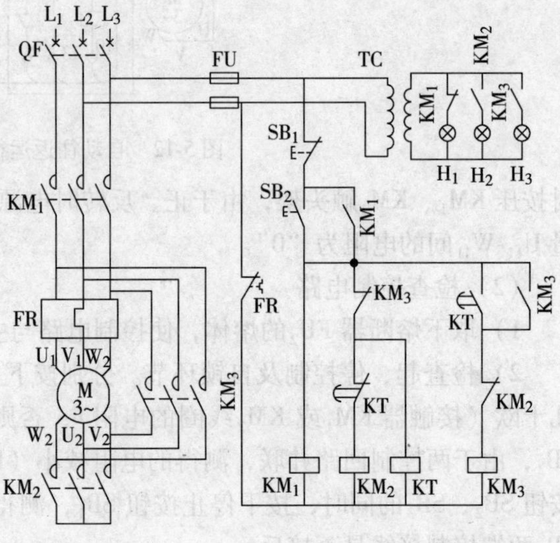

图 5-13　QX4 系列磁力起动器控制Y/△减压起动电路

经过一段时间的延时后，KT 常闭触点断开，切断了接触器 KM_2 的控制电路，解除了电动机定子绕组的“Y”形联结；KM_2 联锁触点恢复闭合，KT 常开触点闭合，接触器 KM_3 得电吸合，定子绕组由“Y”形联结转为“△”形联结，电动机转为“△”形全压运行。KM_3 吸合后，其常闭辅助触点打开，使时间继电器 KT 断电复位。

【调试方法及调试技巧】

1. 检查接线

本例重点检查主电路各接触器间的接线：“Y”形联结的封装线、“△”形联结的连接线。检查控制回路的自锁线、联锁线。检查时可按以下步骤：

（1）检查“Y”形联结

将万用表置于 R×1 档，去掉 FU，按下 KM_1、KM_2 触头架，两表笔分别测量 QF 下接线端子任两相间的电阻，测量值应为相绕组电阻值的两倍。否则表明接线错误。

（2）检查“△”形联结

按下 KM_1、KM_3触头架，两表笔分别测量 QF 下接线端子任两相间的电阻，测量值约等于相绕组的 0.7 倍（它是将两相绕组串联后再与第三相绕组并联的电阻值）。

2. 调整定值

（1）热继电器的调整

在 QX4 型Y/△起动器中，热继电器是串联在一相绕组中的（与一般电动机将热继电器接在每一条电源线中有所不同），所以热继电器的整定电流应为电动机的相电流，而Y/△联结的电动机，相电流为线电流的 $1/\sqrt{3}$，线电流一般等于额定功率 P_N（kW）数值的 2 倍。所以热元件的电流 I（A）可按下式计算：

$$I = I_N/\sqrt{3} = 2P_N/\sqrt{3} \approx 1.16P_N$$

（2）时间继电器的调整

时间继电器一般应在起动电流降至接近额定电流时或转速达到额定转速的 80% 以上时动作，不宜过长或过短。在 QX4 型Y/△起动器中，时间继电器的动作时间 t（s）可按表 5-1 所列来调整，也可根据电动机容量 P_N（kW）按下式估算：

$$t = 2\sqrt{P_N} + 4$$

表 5-1 QX4 型Y/△起动器时间继电器的调整

型号	所控电动机的功率/kW	额定电压/V	额定电流/A	热元件整定电流/A	延时时间/s
QX4-14	13	500	26	15	11
	17	380	33	19	13
QX4-30	22	500	42.5	25	15
	30	380	58	34	17
QX4-55	40	500	77	45	20
	55	380	105	61	24
QX4-75	75	380	142	85	30
QX4-125	125	380	260	100 ~ 160	14 ~ 60

3. 试车

（1）空操作试验

从接线端子上（未画其接线图，接线端子参图 5-2 中的 XT）拆下到电动机接线柱的接线，合上低压断路器 QF，按下 SB_2，这时 KM_1、KM_2吸合并自保持，经过一段时间后，KM_2失电释放（KM_1仍吸合），KM_3吸合。按下 SB_1，接触器均释放。反复试验几次以检查电路动作是否可靠。

（2）空载试车

断开断路器 QF，恢复接线后重新合上，按下 SB_2，KM_1、KM_2同时吸合，电动机起动，待电动机接近额定转速时，KT 动作，KM_2释放，KM_3吸合，观察电动机的转向。按下 SB_1，接触器 KM_1、KM_3断电释放，电动机停机。

注意：如电动机反转，应改变进线电源相序（电源的总相序），不宜在电动机接线盒内倒头，否则有可能倒乱，将定子绕组的一相短接而烧坏电动机。

（3）带负载试车

带上负载重新试车，注意电动机电流的变化及运转情况。超过正常起动时间电流表不返回，或发现电动机低速运转，应立即断开电源，查明原因。

五、反接制动控制电路调试

图 5-14 所示为反接制动控制电路。

【工作原理】

合上低压断路器，按下起动按钮 SB_2，中间继电器 KA 得电吸合，KA 常开触点闭合自锁，接触器 KM_1 得电吸合，三相电源按 L_1、L_2、L_3 接入电动机，电动机起动运行，同时，断电延时时间继电器的 KT 线圈得电，KT 常开触点闭合（闭合不延时），为接触器 KM_2 得电、电动机反接制动创造了条件。

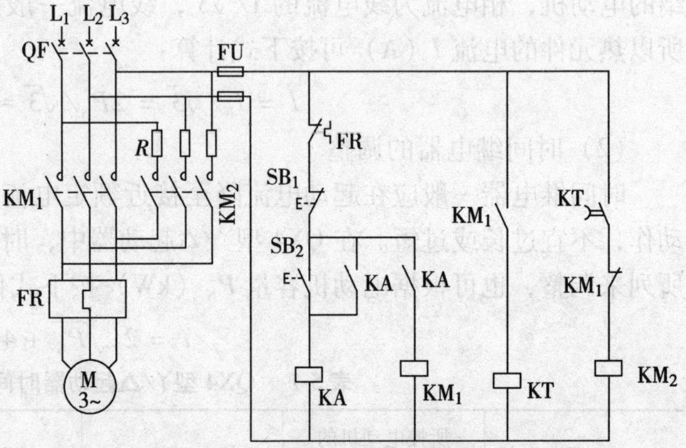

图 5-14　反接制动控制电路

停机时，按下停止按钮 SB_1，KA、KM_1 断电释放，紧接着 KT 线圈断电，KM_1 联锁触点恢复闭合，接触器 KM_2 得电吸合，三相电源经电阻 R 按 L_3、L_2、L_1 接入电动机，电动机产生一个反向电磁转矩，即制动转矩，迫使电动机转速迅速下降，经过整定的时间后，KT 常开触点打开，反接制动结束，电动机停转。

【调试方法及调试技巧】

1. 检查接线

本例重点检查接触器 KM_1、KM_2 主触点上、下接线端的相序，检查 KM_2 主触点与接线端子、限流电阻 R 之间的连线（KM_2 主触点通过端子板与电阻箱内的电阻 R 相连），防止相间短路。

1）检查起动电路时，去掉 FU，可按下 KM_1 触头架，分别测量 QF 下接线端之间的电阻，松开 KM_1 触头架，万用表显示由“通”而断。

2）检查反接制动电路时，按下再松开 KM_2 触头架，重复上述测量。

3）检查制动电阻。

① 当电源电压为 380V 时，若要求最大反接制动电流小于或等于电动机直接起动的起动电流时，每相电阻值可按下式估算：

$$R_Z = 0.13Z = 0.13 \times \frac{200}{I_q}$$

式中　R_Z——限流电阻（Ω）；

Z——电动机起动时每相阻抗（Ω）；

I_q——电动机直接起动时的起动电流（A）。

② 若要限制反接制动电流为起动电流的一半，则三相电路每相应串入的反接制动电阻

R_Z应按下式估算：

$$R_Z = 1.5 \times \frac{220}{I_q}$$

③ 若只有两相接有限流电阻，则限流电阻的电阻值可取上述计算值的1.5倍。

④ 反接制动限流电阻的功率可按下式估算：

$$P = (1/4 \sim 1/3) I_Z R_Z$$

式中　P——限流电阻的功率（W）；

I_Z——反接制动时的制动电流（A）；

R_Z——反接制动限流电阻（Ω）。

2. 调整定值

调节热继电器的定值旋钮，使其保护动作电流与电动机额定电流一致。

制动时间一般整定为1~2s。

3. 试车

（1）空操作试验

从接线端子上（未画其接线图，接线端子参图5-2中的XT）拆下至电动机接线柱的接线，合上低压断路器QF，按下起动按钮SB_2，检查接触器KM_1和中间继电器KA是否吸合，KT触点是否闭合，然后按下停止按钮SB_1，观察KM_1、KA是否释放，接触器KM_2是否能吸合后又延时（经过1~2s的制动时间）释放。

（2）带负载试车

断开断路器QF，恢复接线后重新合上，按下SB_2，观察电动机的起动情况，运转一段时间后，按下SB_1，电动机应在1~2s内制动停机。

六、绕线转子异步电动机转子回路串频敏变阻器起动电路调试

图5-15所示为绕线转子异步电动机转子回路串频敏变阻器起动电路。

【工作原理】

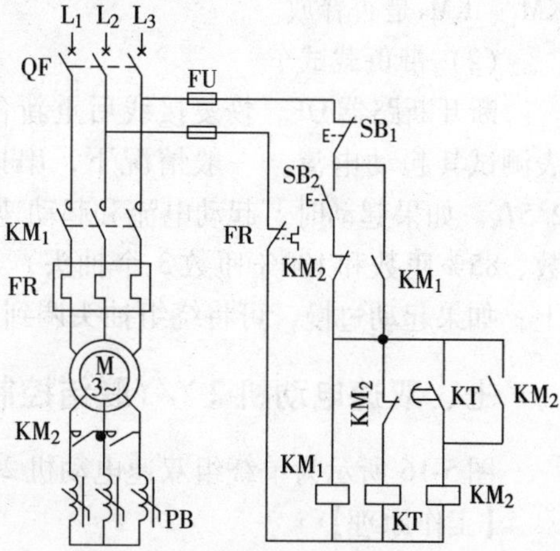

图5-15　绕线转子异步电动机转子回路串频敏变阻器起动电路

起动时，合上低压断路器QF，按下起动按钮SB_2，接触器KM_1得电吸合，KM_1自锁触点和主触点同时闭合，三相电源通入电动机定子绕组，转子绕组串频敏变阻器PB起动，由于频敏变阻器的涡流损失与转子电流的频率成正比，刚起动时，转子电流的频率等于电源频率，涡流损失较大，可以限制起动电流并增大起动转矩。随着电动机转速的升高，转子电流的频率逐渐下降，频敏变阻器的阻抗自动下降，相当于转子回路自动变阻，使电动机的转速平滑上升，与此同时，时间继电器KT线圈得电吸合，经过一段时间的延时后，KT常开触点闭合，接触器KM_2得电吸合并自锁，KM_2主触点闭合，切除频敏变阻器PB，电动机进入正常运行状态，同时与KT线圈串联的KM_2常闭触点断开，切断KT线圈回路，KT不再参加

工作。

KM_2常闭辅助触点与SB_2相串，可防止电动机不串频敏变阻器直接起动。

【调试方法及调试技巧】

1. 检查外观及接线

1）检查定子主电路。去掉 FU，按下 KM_1触点架，分别测量 QF 下接线端之间的电阻，松开 KM_1触点架，万用表显示由“通”而断。

2）检查转子回路。检查绕线转子异步电动机电刷的牌号是否符合要求、压力是否合适、接触是否良好、能否自由活动。

检查电动机转子绕组 3 个首端是否经 3 个集电环、三根导线和频敏变阻器 3 个线圈的首端连接；检查频敏变阻器 3 个线圈的首端是否与 KM_2主触点的接线柱相连，连接是否正确。

3）控制电路主要检查 KM_2常闭触点是否与 SB_2按钮串联，以确保串接频敏变阻器起动。还应检查时间继电器线圈回路中是否串有 KM_2常闭触点，以保证电动机起动后将时间继电器切除。

2. 调整定值

1）调节热继电器的定值旋钮，使其保护动作电流与电动机额定电流一致。

2）时间继电器的切换应在起动电流降至接近额定电流或者转速达到额定转速的 80% 以上时动作，如电路中无电流表，可在电动机加额定负载时用钳形表测试电动机的起动电流，来确定起动时间（从起动到接近额定电流的一段时间）。通常，起动时间一般整定为 10 ~15s。

3. 试车

（1）空操作试验

从接线端子上（未画其接线图，接线端子参图 5-2 中的 XT）拆下至电动机接线柱的接线，合上低压断路器 QF，按下起动按钮 SB_2，检查接触器 KM_1是否吸合；经一段时间后，检查接触器 KM_2是否闭合，时间继电器是否释放，然后按下停止按钮 SB_1，观察接触器 KM_1、KM_2是否释放。

（2）带负载试车

断开断路器 QF，恢复接线后重新合上，按下 SB_2，观察电动机的起动情况，并用钳形表测试其起动电流。一般情况下，串接频敏变阻器后，电动机的起动电流限制在 1.5 ~2.5I_N。如果起动时，起动电流和起动速度不合适，可调节频敏变阻器的绕组（它有 71% 匝数、85% 匝数和 100% 匝数 3 个抽头）。当起动过快时，可将绕组抽头试调到 100% 的抽头上；如果起动过慢，可将绕组抽头调到 71% 的抽头上。

七、双速电动机 2 Y/Y联结控制电路调试

图 5-16 所示为单绕组双速电动机 2 Y/Y联结控制电路。

【工作原理】

合上电源开关，按下起动按钮 SB_2，接触器 KM_1得电，电动机“Y”形低速起动，如需高速运行，按下起动按钮 SB_3，接触器 KM_2、KM_3得电，它们的主触点闭合，定子绕组转为“2 Y”（双星形），电动机高速运转。

【调试方法及调试技巧】

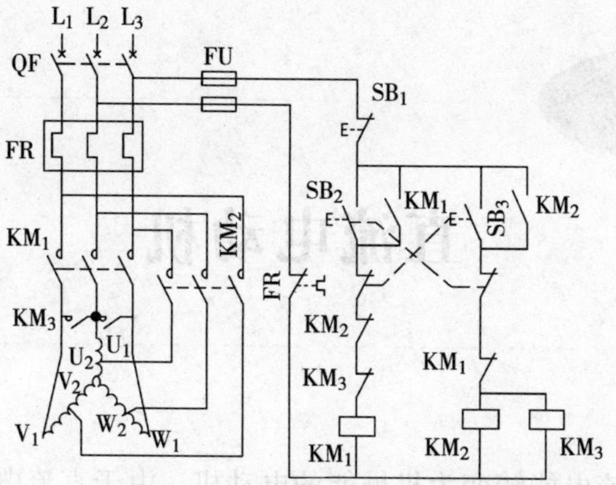

图 5-16　单绕组双速电动机 2 Y/Y联结控制电路

1. 检查接线

定子绕组的外部接法应按照铭牌上的规定接法接线。测量绕组的直流电阻时，应在各种不同极数的接线方法下分别测量。

本例重点检查接触器 KM_1、KM_2 主触点引出线的相序，防止试机时高、低速转向不一致。

2. 试车

(1) 空载试验

空载试验应在各种极数下逐一进行。为了防止高速、低速转动方向不一致损坏电动机，电动机在第一次送电或检修后，应先检查高速转动方向是否正确，待电动机停转后，再检查电动机低速转动方向是否正确。

1) 合上断路器 QF，按下高速按钮 SB_3，观察接触器 KM_2、KM_3 是否吸合。检查与 KM_1 串联的 KM_2、KM_3 互锁触点是否断开，记录电动机的转向。然后，按下停止按钮 SB_1，使电动机停机。

2) 按下低速起动按钮 SB_2，检查接触器 KM_1 是否吸合，KM_1 互锁触点是否断开，记录电动机的低速转向。运行一段时间后使电动机停机。

3) 高速、低速转动方向均正确后，做低、高速间的切换试验。

(2) 带负载试车

带上负载重新试车（此时一般从低速向高速切换），注意电动机电流的变化及运转情况。

第六章 直流电动机

直流电动机是由直流电能转变为机械能的电动机。由于直流电动机具有良好的起动性能，过载能力强，并能在宽广的范围内平滑而经济地调速等突出优点，所以它广泛用于轧钢机、电力机车、调速机床和起重设备中。

第一节 直流电动机的结构

直流电动机的结构如图 6-1 所示。它主要由定子、转子、电刷装置和端盖等组成。

一、定子

定子主要包括机座、主磁极、换向极等，它是产生磁场并构成部分磁路的部件。

1. 机座

机座多用导磁效果较好的铸钢焊成，小型机座也有用钢板焊成的。它有两个作用：一是起导磁作用，是主磁路的一部分；二是起保护和支撑作用，主磁极、换向极以及转动部分都直接或间接固定在机座上。

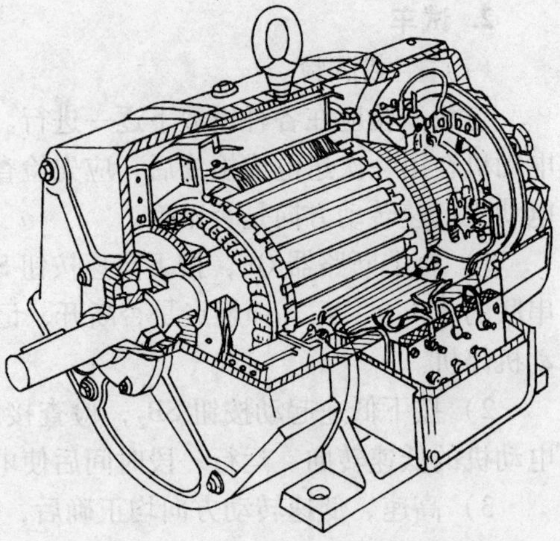

图 6-1 直流电动机的结构

2. 主磁极

主磁极由主磁极铁心和励磁线圈构成，其作用是在电枢表面的气隙中产生主磁场。主磁极铁心一般用 1 ~ 1.5mm 厚的薄钢板冲制叠压后，用铆钉铆紧制成，也有的用 0.5mm 厚的硅钢片叠压而成。励磁线圈用铜线或铝线绕制而成，有并励和串励两种。并励线圈细而匝数多，串励线圈导线粗而匝数少，励磁线圈按一定规律（相邻主磁极的极性交替出现 N、S 极）连接套装在铁心上，一起用螺钉固定在机座上。

3. 换向极

容量大于 1kW 的直流电动机，在相邻两主磁极之间的几何中心线上需加装换向极，以改善换向性能。

换向极也有换向极铁心和绕组。换向极铁心用整块钢板加工制成，换向极绕组与电枢绕组串联，电流较大，一般用较粗的圆铜线或扁线绕制。

二、转子

转子由电枢铁心、电枢绕组、换向器等组成。

1. 电枢铁心

电枢铁心是主磁路的一部分。常用相互绝缘的 0.5mm 厚的硅钢片叠压而成，以减少涡流和磁滞损耗，并在电枢铁心上开槽，以嵌放电枢绕组。

2. 电枢绕组

电枢绕组由带绝缘的导线绕制成线圈后，置于电枢铁心槽内，并按一定规律连接组成电枢绕组。它是用来感应电动势并通过电流的，以实现能量转换。

3. 换向器

换向器起换向作用，它由许多彼此绝缘的换向片组装而成，有金属套筒式和塑料套筒式两种，大中型直流电动机采用金属套筒式，小型直流电动机采用塑料套筒式。

三、电刷装置

电刷装置与换向器相配合，将电枢中旋转电路的交流电流与外部静止电路的直流电流相连，使直流流入或流出电枢绕组，其结构图如图6-2所示。

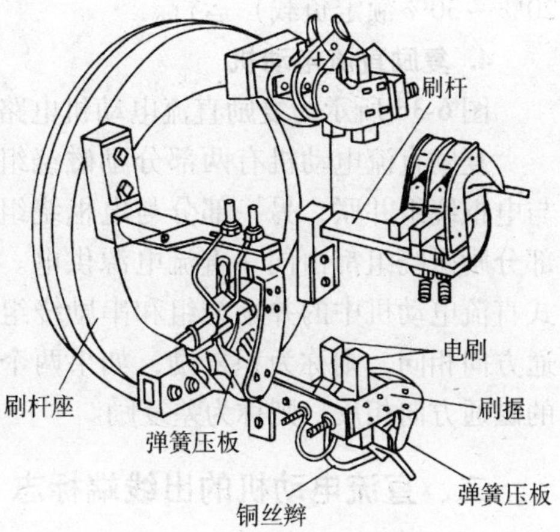

图 6-2 电刷装置结构图

第二节 直流电动机的分类和出线端标志

一、直流电动机的分类

直流电动机按励磁方式可分为他励式和自励式两大类，自励式直流电动机按励磁绕组和电枢绕组的连接方式又分为并励直流电动机、串励直流电动机和复励直流电动机。

1. 他励直流电动机

图 6-3a 所示为他励直流电动机电路原理图。

他励直流电动机的他励绕组和电枢绕组分别由两个独立的直流电源供电，励磁电流的大小与电枢的电压无关，在电动机起动时，必须接上额定励磁电压，以保证有较大的起动转矩和起动加速度。

2. 并励直流电动机

图 6-3b 所示为并励直流电动机电路原理图。

并励直流电动机的励磁绕组与电枢绕组并联，由同一直流电源供电。它和他励直流电动机电路基本一样，但并励励磁绕组匝数较多，电阻较大，励磁电流较小。

3. 串励直流电动机

图 6-3c 所示为串励直流电动机电路原理图。

串励直流电动机的励磁绕组与电枢绕组串联后，由同一直流电源供电，励磁电流和电枢电流相等，励磁绕组的导线少而粗，由于串励直流电动机在空载或轻载时，转速会上升到危险值，因此串励直流电动机不允许在空载或轻载下（小于 20% ~30% 额定负载）运行。

4. 复励直流电动机

图 6-3d 所示为复励直流电动机电路原理图。

复励直流电动机有两部分励磁绕组，一部分与电枢绕组并联，另一部分与电枢绕组串联，两部分励磁绕组都由同一直流电源供电。如果复励式直流电动机中的并励绕组和串励绕组产生的磁通方向相同，则称为积复励；如果两个绕组产生的磁通方向相反，则称为差复励。

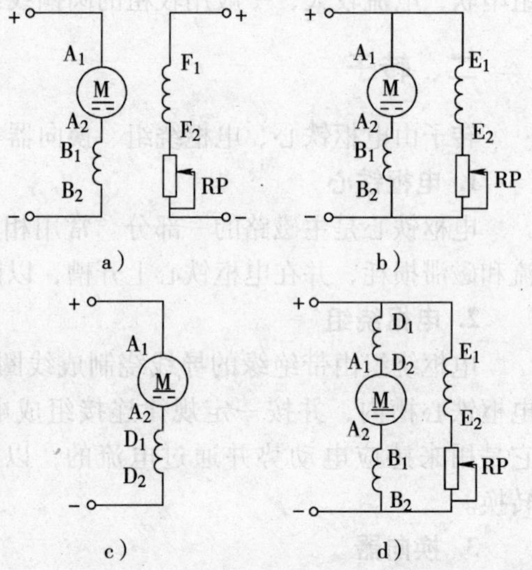

图 6-3　直流电动机电路原理图

a）他励　b）并励　c）串励　d）复励

二、直流电动机的出线端标志

直流电动机的出线端标志见表 6-1。

表 6-1　直流电动机的出线端标志

绕组名称	新国家标准	
	始端	末端
电枢绕组	A_1	A_2
换向绕组	B_1	B_2
补偿绕组	C_1	C_2
串励绕组	D_1	D_2
并励绕组	E_1	E_2
他励绕组	F_1	F_2

第三节　直流电动机的起动方法和起停步骤

一、起动方法

电动机从静止状态到稳定运行，必须经过一段时间的起动过程，以保证电动机的起动电流不超过容许值，并获得较大的起动转矩。直流电动机的起动方法有三种：

1. 直接起动

直接起动是指不采取任何限流措施，把静止的电枢直接投入到额定电压的电网上起动。由于直接起动的最大起动电流可达额定电流的 10 ~ 20 倍，不仅会使电动机受到较大的机械冲击，同时会影响电网上其他电器的运行，因此它只适用于起动电流为额定电流 6～8 倍，功率不大于 4kW 的直流电动机。

2. 电枢回路串电阻起动

对于容量稍大的直流电动机，为了限制起动时的电流，减小起动时对电网和电动机本身的冲击，必须采取相应的措施。

电枢回路串电阻起动是在电枢回路中串入分级的可变电阻，使起动电流限制在额定电流的 2～2.5 倍，并使起动转矩大于额定转矩，在转速上升的过程中，逐级切除起动电阻，使电流限制在允许的范围内，且保持波动不大的加速度，缩短起动时间。

直流电动机串接起动电阻级数见表 6-2。

表 6-2　直流电动机串接起动电阻级数

电动机功率		1～2.5	3.5～9.5	10～20	25～35	35～55	60～95	100～200
串电阻级数	他励	1	2	2～3	2～4	3～5	4～5	4～6
	并励							
	串励	1	2	2	2	2～3	3	3

这种起动方法应用较广，但对于频繁起动的大容量电动机，由于起动电阻笨重，并且在起动过程中能量消耗较大，因此一般不宜采用。

3. 减压起动

减压起动是先将电源电压降至一定值，以限制起动电流，随着转速的升高，逐步升高电压，使电动机的转速按所需加速度升高，当电源电压升高到电动机的额定电压时，电动机便进入稳定运行状态。

减压起动过程中，能量消耗较少，起动平滑，但需专用电源，设备投资大。适用于对平稳性要求较高，经常频繁起动的各类大中型直流电动机。

二、起停步骤

1. 起动

（1）空载试车

使电动机在空载下试运行 1h，以保证电刷与换向器良好的接触。但对串励直流电动机在空载或轻载时，其转速会上升到危险数值，因此串励电动机不允许在空载或小于 20%～30% 额定负载下运行或试车。如为调速电动机，应将调速电位器调到最低速位置，然后逐渐升速，直到额定转速。

试机过程中要注意以下情况：

1）观察电压表、电流表的指示是否正常。

2）检查电动机有无异常振动、发热、漏油和噪声。

3）观察电刷下的火花是否过大。

（2）负载试车

电动机空载运行正常后，切断电源，带上负载，重复上述过程。

2. 停车

1）对于他励或并励电动机，应切断电枢绕组的供电电源，然后切断励磁绕组电源，以防止电动机失去励磁电流而发生“飞车”事故。

2）应卸掉负载（串励电动机除外）。

3）如为调速电动机，应先将转速降至最低，再切断电源。

4）停机后，要认真检查定子、电枢和轴承等部位的状况和发热情况。

第四节　直流电动机的调速方法

由直流电动机的调速公式

$$n = \frac{U_a - I_a(R_a + r)}{C_e \Phi}$$

式中　U_a——电枢回路的端电压（V）；

I_a——电枢电流（A）；

R_a——电枢绕组电阻（Ω）；

r——电枢外串调速电阻（Ω）；

Φ——每极磁通（wb）；

C_e——电动势常数，由电动机的结构决定。

可知，直流电动机的调速方法有调节励磁电流来改变磁通 Φ，调节电枢端电压 U_a 或改变电枢回路外串电阻 r。

一、改变励磁磁通调速

当电枢端电压 U_a 一定时，改变串入励磁电路中的调节电阻 RP，即可改变励磁电流，从而改变磁通 Φ，如图 6-4 所示。

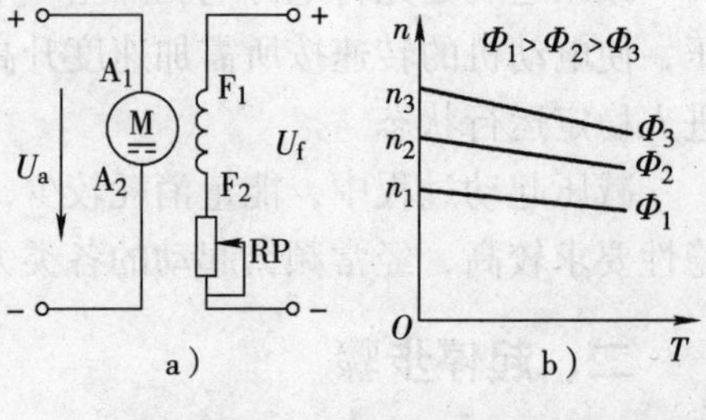

图 6-4　改变励磁磁通调速

a）电路　b）特性曲线

这种调速方法具有如下特点：

1）调速方便，消耗的功率不大。

2）可做到平滑调速，调速的稳定性较好。

3）由于电动机的磁路都接近饱和，故只能使磁通减少，转速也只能从额定转速向上调。

4）由于最高转速受到机械强度、换向、运行稳定性等条件的限制，调速范围不大。

5）由于电枢端电压及电流都不变，属于恒功率调速。

改变励磁磁通调速适用于额定转速以上的恒功率调速。

二、改变电枢回路电阻调速

在外加电压一定时，改变串联于电枢回路的电阻 r，将引起电枢端电压的变化，从而调节电动机的转速，如图 6-5 所示。

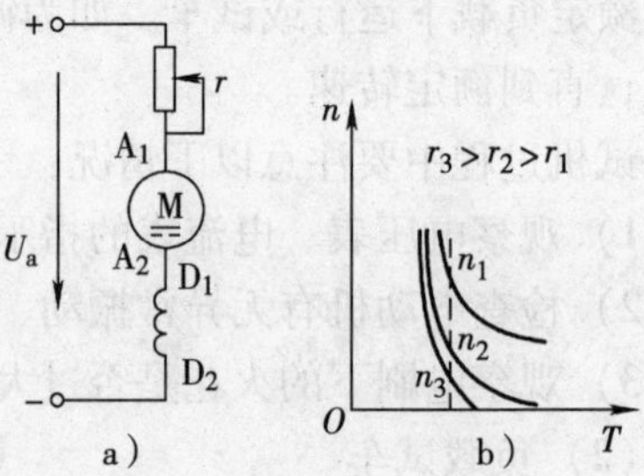

图 6-5　改变电枢回路电阻调速

a）电路　b）特性曲线

这种调速方法具有如下特点：

1）消耗的功率较大，调速的经济性较差。

2）调速的平滑性差，负载变化时对转速影响较大，使调速的相对稳定性较差。

3）只能将转速往低调，不能往高调。

4）调速范围不大。

5）由于这种调速在负载不变时，转矩不变，称为恒转矩调速。

改变电枢回路电阻调速适用于额定转速以下，不需经常调速且机械特性要求较软的场合。

三、改变电枢端电压调速

当励磁磁通 Φ 一定时，改变电枢端电压 U_a，就可以改变电动机的转速，如图 6-6 所示。

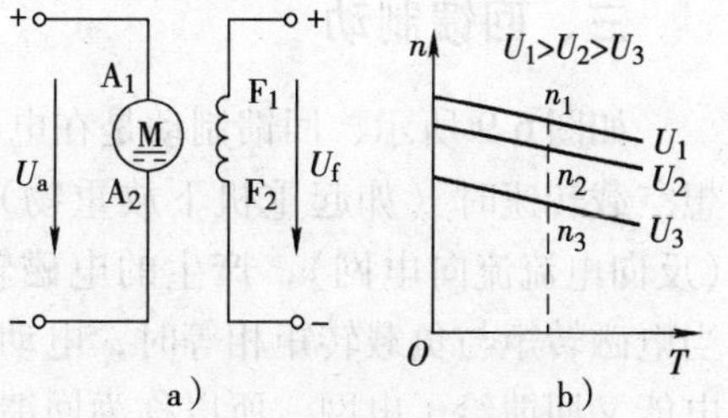

图 6-6　改变电枢端电压调速

a）电路　b）特性曲线

这种调速方法具有以下特点：

1）调速的损耗较小，经济性较好。

2）调速较为平滑，低速稳定性好。

3）由于电枢端电压不能高于额定值，所以转速只能从额定转速往下调。

4）调速范围大。

5）因为 Φ 为常数，负载不变，所以电磁转矩不变，属恒转矩调速。

改变电枢端电压调速适用于他励直流电动机，要求额定转速以下的恒转矩调速的场合，是用得最多的一种调速方法。

第五节　直流电动机的制动方法

直流电动机的制动方法除机械制动外，常用的有能耗制动、反接制动和回馈制动等。

一、能耗制动

能耗制动是保持励磁绕组的电源不变，断开电枢电源并将电枢绕组通过附加电阻 R_B 构成闭合回路，如图 6-7 所示。这时的电动机在惯性的作用下，仍按原方向转动，电枢电流反向，产生与电动机转向相反的制动转矩。能耗制动时，电动机处于发电机运行状态，把动能转变成电能，消耗在附加电阻 R_B 上。

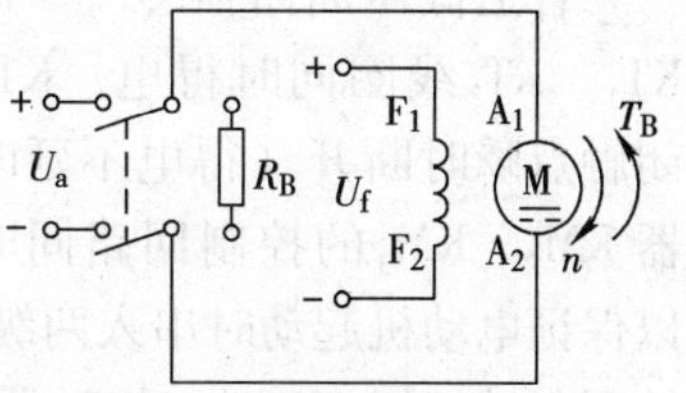

图 6-7　能耗制动原理

这种制动方法平稳、可靠，在高速时制动作用较大，且制动电路简单；但低速时效果不明显。适用于不要求反转、要求平稳停车的场合。

二、反接制动

反接制动是在保持励磁绕组极性不变的情况下，将电枢从电源上断开，然后反接，反接后的电源电压与电枢的反电动势同极性串联，在电枢回路里产生很大的反向电流，产生与电动机转向相反的制动转矩，使电动机迅速制动。为了限制制动电流，在反接制动时，应串入制动电阻 R_B 以限制制动电流。反接制动原理如图 6-8 所示。

这种制动方法制动迅速，制动转矩稳定，不会随转速的下降而减小；但制动时对设备的冲击较大，在转速降至零的瞬间，应迅速将电动机的电源断开，否则电动机将反转。适用于要求快速制动停转并反转的场合。

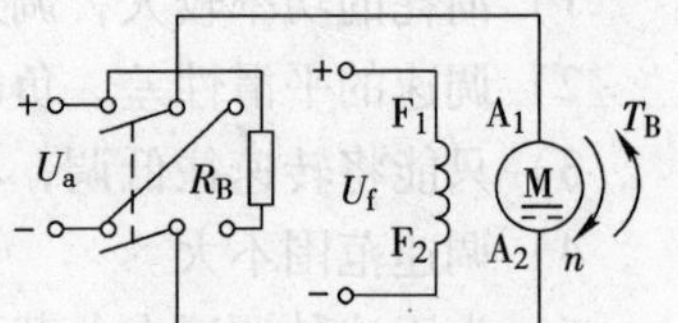

图 6-8　反接制动原理

三、回馈制动

如图 6-9 所示，回馈制动是在电动机运行过程中，保持励磁不变，当电动机转速高于理想空载转速时（如起重机下放重物），电动机进入发电机运行状态，使电枢中的电流反向（反向电流流向电网），产生的电磁转矩与电动机转动的方向相反，对电动机起制动作用；当电磁转矩与负载转矩相等时，电动机稳速运行。由于制动时电能又回馈给了电网，所以称为回馈制动。

这种制动方法不需改接电路，电枢两端仍与电源相接，超速时，即进入回馈制动状态，同时电能回馈给了电网，较为经济；但转速低于理想空载转速时，不起制动作用，更不能使转速制动到零。

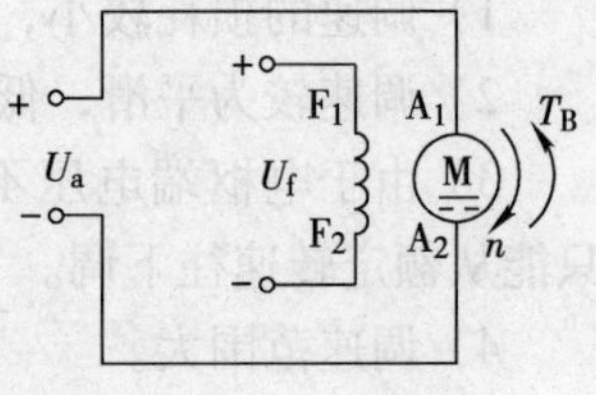

图 6-9　回馈制动原理

第六节　直流电动机典型控制电路

一、串励直流电动机起动控制电路

图 6-10 所示为串励直流电动机起动控制电路。该电路利用断电延时的时间继电器控制串励直流电动机串联两级起动电阻起动，使起动电流得到限制。适用于容量不大的串励直流电动机的起动。

合上低压断路器 QF，时间继电器 KT_1、KT_2 线圈同时得电，KT_1、KT_2 常闭触点瞬时断开（得电不延时），接触器 KM_2、KM_3 的控制回路同时被切断，以保证电动机起动时串入两级电阻。当按下起动按钮 SB_2 时，接触器 KM_1 线圈得电吸合并自锁，KM_1 主触点闭合，电动机串联两组电阻起动，同时与 KT_1、KT_2 线圈串联的 KM_1 常闭触点断开，KT_1、KT_2 线圈断电（开始延时），经过一段时间的延时后，KT_1 常闭触点恢复闭合，接触器 KM_2 得电吸合，KM_2 主触点闭合，短接电阻 R_1，电动机加速运转；又经过一段时间的延时后，KT_2 常闭触点也恢复闭合，接触器 KM_3 吸合，KM_3 主触点闭合，短接电阻 R_2，至此起动电阻 R_1、R_2 全部切除，电动机进入额定电压运行。

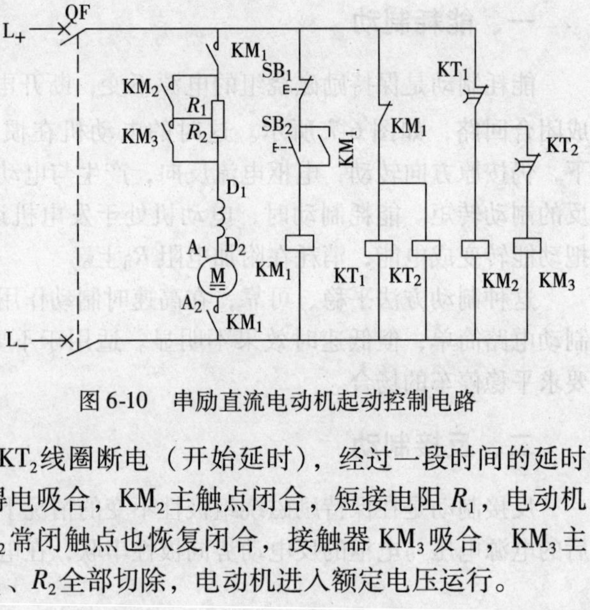

图 6-10　串励直流电动机起动控制电路

二、并励直流电动机起动、制动控制电路

图 6-11 所示为并励直流电动机起动、制动控制电路。该电动机起动时串电阻起动；停机时，制动回路自动投入，制动完毕，制动回路自动退出。适用于直流电动机稳速起动、快速停机的场合。

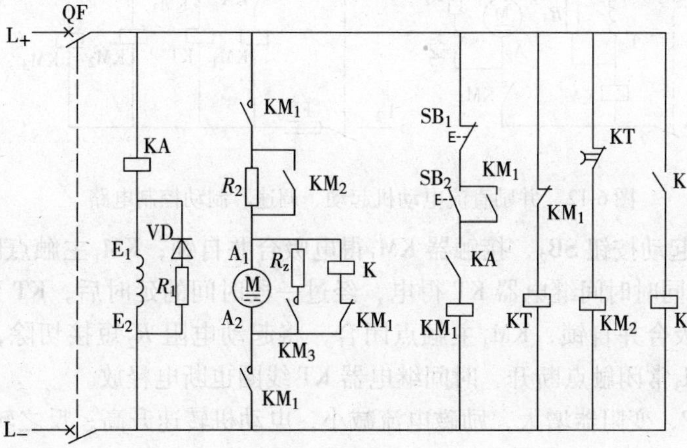

图 6-11　并励直流电动机起动、制动控制电路

起动时，合上低压断路器 QF，时间继电器 KT 得电，KT 常闭触点立即断开，以保证电动机串电阻 R_2起动，同时励磁绕组和欠电流继电器 KA 线圈得电，KA 常开触点闭合，为接触器 KM_1的吸合创造了条件。当按下起动按钮 SB_2时，接触器 KM_1吸合并自锁，KM_1主触点闭合，电动机起动，KM_1 常闭触点断开，KT 断电（开始延时）经过一段时间的延时后，KT 常闭触点恢复闭合，接触器 KM_2得电吸合，KM_2主触点闭合，短接起动电阻 R_2，电动机进入全压运行。

停机时，按下停止按钮 SB_1，接触器 KM_1断电释放，电枢绕组断电，同时 KM_1常闭触点恢复闭合，电压继电器 K 在电枢产生的反电动势的作用下立即吸合，K 常开触点闭合，接触器 KM_3得电吸合，KM_3主触点闭合，制动电阻 R_Z并联在电枢绕组两端，使电动机转速迅速降低，随着电动机转速的下降，E_a也下降，当 E_a低于 K 的释放电压时，电压继电器 K、制动接触器 KM_3先后释放，制动电阻 R_Z脱离电源，制动过程结束，电路恢复到原始状态，为下次起动做好准备。

电阻 R_1为励磁绕组停电时的放电电阻，VD 为截止二极管，保证励磁绕组正常工作时，电阻 R_1上没有电流。

KA 作励磁绕组的失磁保护，可防止励磁回路断线或接触不良引起“飞车”而发生事故。

三、并励直流电动机起动、调速、制动控制电路

图 6-12 所示为并励直流电动机起动、调速、制动控制电路。该电路采用串电阻起动，改变励磁电流调速，能耗制动，适用于小容量的直流电动机。由于接触器线圈的工作电源采用交流供电，减小了直流电源的容量。

起动时，合上低压断路器 QF 和电源开关 QS，欠电流继电器 KA 得电吸合，为起动电动

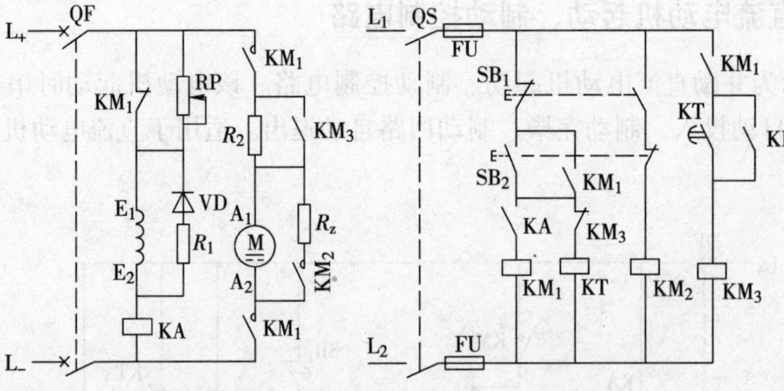

图 6-12　并励直流电动机起动、调速、制动控制电路

机做好准备。按下起动按钮 SB_2，接触器 KM_1 得电吸合并自锁，KM_1 主触点闭合，电枢绕组串联电阻 R_2 起动。同时时间继电器 KT 得电，经过一段时间的延时后，KT 延时常开触点闭合，KM_3 线圈得电吸合并自锁，KM_3 主触点闭合，将起动电阻 R_2 短接切除，电动机起动完毕，与此同时，KM_3 常闭触点断开，时间继电器 KT 线圈也断电释放。

调节变阻器 RP，变阻器增大，励磁电流减小，电动机转速升高；反之转速降低。

停机时，先调节变阻器 RP，使电动机转速降至最低，然后按下停止按钮 SB_1，接触器 KM_1、KM_3 断电释放，电枢绕组断电，KM_1 常闭触点将 RP 短接，以保证电动机在强励磁情况下进行能耗制动，同时制动接触器 KM_2 得电吸合，KM_2 常开触点闭合，制动电阻 R_Z 并联在电枢绕组两端，限制制动时的电枢电流，从而使电动机迅速平稳制动。

四、复励直流电动机可逆运行、能耗制动控制电路

图 6-13 所示为复励直流电动机可逆运行、能耗制动控制电路。复励直流电动机有电枢绕组 A_1、A_2；串励绕组 D_1、D_2；并励绕组 E_1、E_2。由于复励电动机的并励绕组从电源断开瞬间，将产生很高的自感电动势，易造成励磁绕组击穿，所以常将电枢绕组反接实现可逆运行（可逆运行时，并励和他励电动机也反接电枢绕组，而串励电动机反接励磁绕组）。

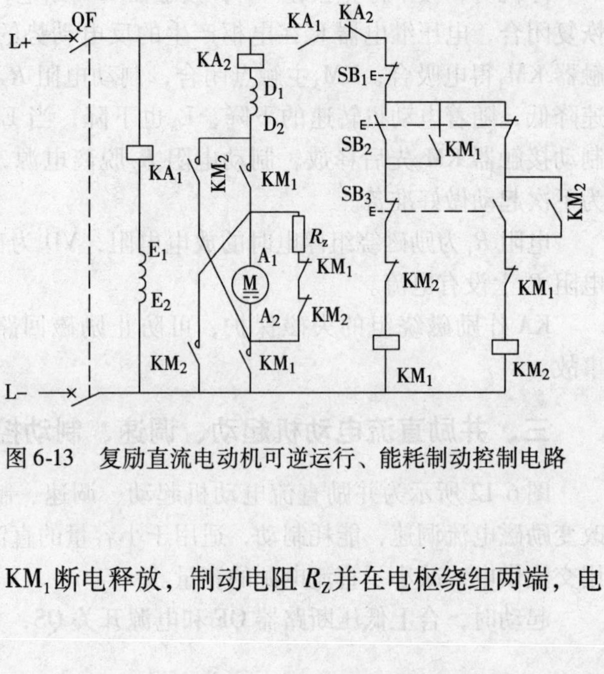

图 6-13　复励直流电动机可逆运行、能耗制动控制电路

正转时，按下正转起动按钮 SB_2，接触器 KM_1 吸合，KM_1 自锁触点和主触点同时闭合，电枢绕组 A_1 接正电源、A_2 接负电源，电动机正向起动。与此同时，KM_1 连锁触点断开，切断反转接触器 KM_2 的控制回路。

停机时，按下停止按钮 SB_1，接触器 KM_1 断电释放，制动电阻 R_Z 并在电枢绕组两端，电动机迅速能耗制动停机。

反转时，按下反转起动按钮 SB_3，接触器 KM_2 得电吸合，KM_2 自锁触点和主触点闭合，电枢绕组 A_1、A_2 反接，电动机反转。

电路中，欠电流继电器 KA_1 作励磁绕组的失磁保护，过电流继电器 KA_2 作电动机的过载和短路保护。

第七节 实用经验交流

一、电刷的维护

1. 电刷偏离中性线

如图 6-14 所示，将励磁绕组与 1 ~ 4 节干电池、开关串联，将零位在中间的毫伏表接在相邻两组电刷上，闭合、断开开关时，如果毫伏表指针来回摆动，则表明电刷不在中性线上，可在厂家标定的中性线两侧慢慢移动刷架位置，找出毫伏表摆动最小或不动的位置，然后将刷杆座上的紧固螺栓拧紧。

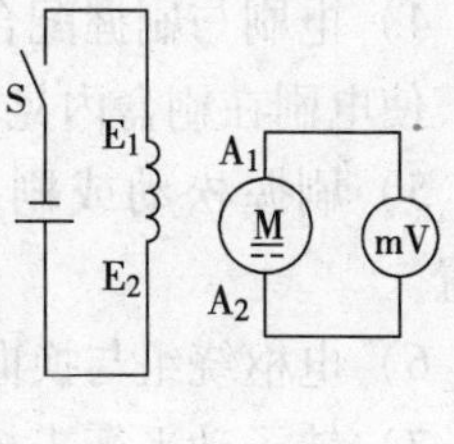

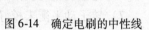

图 6-14　确定电刷的中性线

2. 电刷的研磨

新电刷或电刷与换向器的接触面小于 75% 时，就需对电刷进行研磨。

（1）单个电刷的研磨

把细砂纸背面紧靠换向器表面，砂面朝电刷，按如图 6-15a 所示的方法来回抽动砂纸，便可将电刷与换向器逐渐磨合。

（2）全部电刷的研磨

将砂纸背面绕换向器一周有余，用胶布把砂纸接头帖牢在换向器表面上，如图 6-15b 所示，然后缓慢转动电枢，将各电刷同时研磨好。

图 6-15　电刷的研磨

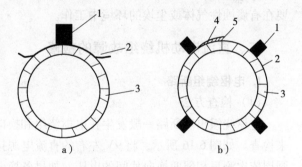

a）单个电刷的研磨　b）全部电刷的研磨

1-电刷　2-砂纸　3-换向器　4-砂布的自由端　5-胶布

3. 电刷碎裂、颤动

1）换向器表面粗糙，应用砂纸研磨不清洁处，清除电刷粉末和污垢，对凸出的云母，可用手拉刀刻去，必要时可精车。

2）换向器表面没有形成氧化膜。正常运行的换向器表面应光洁，并有一层氧化膜保护层，呈暗褐色，该保护层可改善电刷和换向器的工作条件，减小电刷和换向器的磨损。应更换合适的电刷或减少电刷数量，以提高电流密度。

3）刷握与换向器间距过大，应调整两者的间距至 1.5 ~ 3mm。

4）电刷的牌号或质量不符合要求，应更换质量合格的原用牌号电刷。

5）电动机运行中抖动或振动，应查明原因并予以消除。

6）湿度过低，应增加周围空气的湿度。

7）电刷压紧弹簧失效，应更换。

4. 电刷下火花过大

1）电刷磨损严重或新换的电刷尺寸、牌号和质量不符合要求，若电刷磨损严重，宜一次全部更换；换新电刷时，应换原用牌号电刷并重新研磨，然后将其在半负载下运行约1h，使接触面在80%以上。

2）电刷压力过大，使摩擦损耗增加，火花增大，并加快电刷的磨损；电刷的压力过小或不均匀，使电刷接触不良，也会产生火花。可找一弹簧秤，校正电刷压力，使电刷压力保持在15～25kPa，也可凭手感来调整。

3）换向器表面有炭粉、铜屑积聚或有油污侵入，在片间形成导电桥路，火花过大甚至有环火，可用砂纸研磨不清洁处，清除电刷粉末和污垢；换向器片间云母凸出，可用手拉刀刻去，必要时可精车。

4）电刷与刷握配合过紧，有卡涩现象，可用砂纸将电刷磨去些；电刷与刷握配合过松，使电刷在刷盒内晃动，应调换新电刷并研磨。

5）刷握松动或刷架中心位置不对，应紧固刷握或移动刷架座，使刷架在火花最小位置。

6）电枢绕组与换向器脱焊或断线，应找出脱焊或断路点并修复。

7）转子动平衡未校好，应重校转子动平衡。

8）电源电压过高，应调整电源电压至额定值。

9）负载过重，应减轻负载。

10）底座松动，电动机振动过大，应紧固底脚螺钉。

11）空气中有害气体破坏了换向器表面的氧化层，也会产生火花，换向困难，所以不要在有腐蚀性气体或尘埃的环境中工作。

二、直流电动机绕组故障的检修

1. 电枢绕组断路

（1）检查方法

电枢绕组出现断路一般发生在电枢绕组和换向片间的连接点，可通过测量换向片间压降来检查。如图6-16所示，将9V左右的直流电源接到对称换向片上，用直流毫伏表绕换向片圆周依次测量相邻两换向片间的电压，如果各换向片间的压降相等，则表明无断路故障；如果两换向片间电压读数突然增大，说明两相邻换向片的元件开路。

（2）修理方法

如果换向片和电枢线圈脱焊，应重新焊好；如果线圈断线，最好拆除重绕。应急修理时，可将断路线圈从换向器上拆下，将线端包扎好，然后用绝缘导线跨接在这两个换向片上，如图6-17所示。

2. 电枢绕组或换向器短路

（1）检查方法

由于电枢绕组接在换向片上，所以电枢绕组和换向器的检查通常同时进行。同电枢绕组断路的检查方法一样，参见图6-16，用直流毫伏表绕换向片圆周依次测量相邻两换向片间的

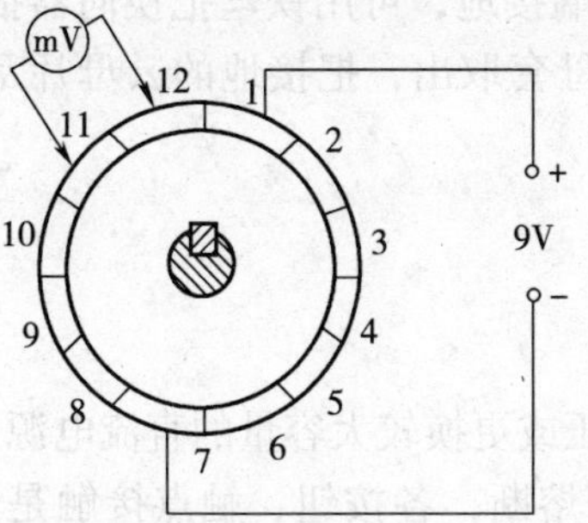

图 6-16 电枢绕组断路故障的检查

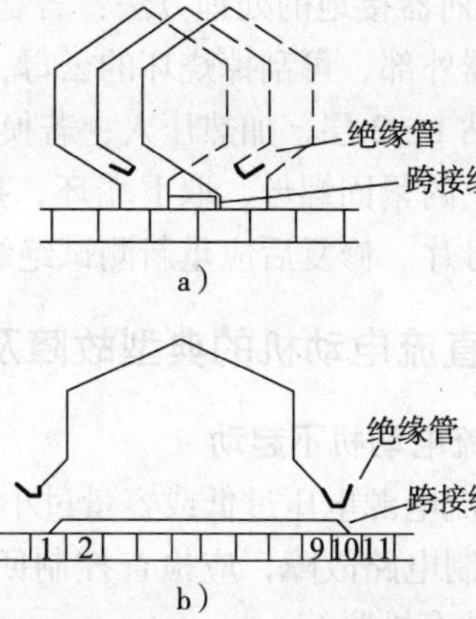

图 6-17 电枢绕组断路（短路）故障的应急修理

a）单叠绕组的跨接方法 b）单波绕组的跨接方法

电压，如果两换向片间无电压，则说明两片间完全短路；如果两片间的电压较低，则说明该两片间的线圈部分短路。要确定是换向器短路还是电枢绕组短路，可将该线圈接头从换向片上焊下，重新测试，如果短路的换向片恢复正常，则表明是线圈短路，否则是换向片短路。

（2）修理方法

电枢绕组短路故障的修理方法：应急处理线圈局部短路时，同电枢绕组断路故障一样，采用跨接法跨接（参见图 6-17），如果由于绕组受潮而引起局部短路，可进行干燥处理，无法修复的，只能重绕。

换向器片间短路的修理方法：用锯条磨成的刮刀刮掉换向器片间熔锡、铜屑、电刷粉末或其他导电异物，用吸尘器将电刷粉末清除干净，若绝缘恢复正常，可用云母粉末加胶合剂填充孔洞，沟深应为 0.5~1.5mm；若片间云母击穿而短路，应刮掉击穿的云母，直至绝缘正常，再用云母加胶合剂填补。

3. 电枢绕组或换向器接地

（1）检查方法

用绝缘电阻表测量电枢或换向器与铁心间的绝缘电阻较小，表明电枢绕组接地，若要查出接地点，可将 6~12V 直流电源接到对称的换向片上，然后用一毫伏表，使其一端通过导线与铁心或转轴相连，另一端经导线分别与各换向片相碰，同时观察毫伏表的读数，如图 6-18 所示。如果毫伏表的读数逐渐减小，说明测试中在逐渐接近接地点，当碰到某一换向片时毫伏表的读数为“0”，则表明该换向片或与它相连的绕组接地，这时可将该线圈接头从换向片上焊下，分别检查，就能确定接地故障是在该换向片还是在与它相连的绕组上。

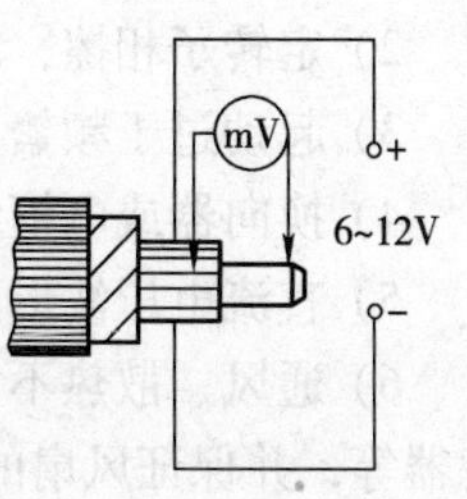

图 6-18 电枢绕组或换向器接地故障的检查

（2）修理方法

1）电枢绕组接地的处理方法：如果接地点较明显，可在接地处插入新绝缘；如果接地故障看不到，一般应拆除重绕；接地点少时，可将接地线圈的全部引线从换向片上焊开并套上绝缘管，然后在此换向片间跨接导线。

2）换向器接地的处理方法：若是云母积油污造成接地，可用汽油或酒精清洗；若接地点在换向器外部，可刮掉烧坏的云母，然后用云母粉和胶合剂填补，再用0.25mm厚的可塑云母板覆贴1~2层，加热压入；若换向器内部或绕组端接地，可用铁丝把换向器捆紧，松开换向器上的紧固螺母，取下端环，把V型压环和云母套取出，把接地的云母片刮去，换上新的云母片。修复后应重新测试绝缘。

三、直流电动机的典型故障及处理方法

1. 直流电动机不起动

1）直流电源电压过低或容量过小，应提高电源电压或更换较大容量的直流电源。

2）控制电路故障，应检查控制回路的熔断器是否熔断，各按钮、触点接触是否良好，连接导线是否松脱等。

3）负载过重或有卡阻现象，应减少负载，或检修机械设备，消除卡阻。

4）起动电流太小，应减小起动电阻，或更换合适的起动器。

5）电刷与换向器接触不良，若刷握弹簧过松，应调整或更换弹簧；若换向器表面不平滑，应重新研磨电刷或换向器，整理换向器云母槽等。

6）起动变阻器损坏，应更换。

7）励磁绕组断路或接错，应查出并修复。

2. 电动机转速不正常

1）电源电压过高、过低或不稳定，应调整电源电压至额定值附近。

2）刷架不在中性线上，可找出中性线并调整。

3）电刷接触不良，应更换并研磨电刷，调整电刷压力。

4）励磁绕组断路、短路或极性接错。例如当励磁绕组断路时，并励和他励电动机可能会出现“飞车”现象；当并励或串励绕组匝间短路时，会出现转速过大；复励电动机串励绕组接错时，会出现转速变快。应查出故障点，修理或重绕。

5）串励电动机负载过轻或空载，也可能是传动方式不当，转速过高。应调整负载，最低负载不应小于额定负载的20%~30%，且必须通过齿轮或联轴器拖动负载，不准用皮带或链条传动。

3. 电动机过热

1）电源电压过高或过低，应调整电源电压至额定值。

2）定转子相擦，应查明原因，消除摩擦。

3）起动过于频繁，应减少起动次数，增加起动间隔时间。

4）换向器或电枢绕组短路，应查出短路点，并消除短路。

5）直流电压波形不正常，应检查整流滤波电路。

6）通风、散热不良，应清除外壳油污，清扫风道，消除通风系统漏风，清理或更换过滤器等，并保证风扇的旋转方向与电枢转向一致。

7）负载过重，应减少负载或消除卡阻。

4. 电动机机壳带电

1）电源线与接地线接错，应立即改正过来。

2）接线盒内接头的绝缘损坏或接头过长而接地，应改进接线工艺（套上绝缘管等）或

将绝缘损坏的导线剪掉后重接。

3）接地线松脱或接地电阻不合格，应将外壳可靠接地，使接地电阻不大于4Ω。

4）引出线绝缘损坏后碰壳，应将引出线套上绝缘管。

5）电刷架、换向器槽内等部位有电刷粉末或导电杂质，应定期清扫。

6）电动机长期过载运行，使绝缘老化，应拆除绕组更换绝缘。

7）电动机受潮，应进行干燥处理，然后用500V绝缘电阻表摇测每相绕组对地的绝缘，500V以下的电动机，不低于0.5MΩ，500V以上的，应不低于1MΩ，否则应浸漆处理。

5. 电动机噪声过大

1）直流电源波形不好，应检修电源，调整晶闸管整流装置。

2）定、转子气隙不均匀，应测量并调整气隙。

3）转轴弯曲或轴承损坏，应更换转轴或轴承。

4）联轴器安装不当，应重新调整，使两轴在一直线上。

5）固定螺钉松动，应加弹簧垫圈后拧紧地脚螺栓。

6）电枢不平衡，应对电枢做动平衡调整。

7）电枢被堵住，应检查绕组和风扇，清除异物。

第七章

电气故障检查方法与检修示例

第一节 电路故障的检查方法

电路故障大致可分为断路、短路、接地几种。断路是指电路中某一回路的不正常断开，出现断路的电路由于无电流而不能工作；短路是指电路中不同电位或电压等级的两点被短接，由于短路时存在较大的短路电流，很容易使电路及元器件损坏；接地故障是指电路或电气设备的非正常接地，如设备绝缘击穿，在中性点接地系统，单相接地就构成了单相短路故障，对于中性点不接地系统，单相接地将使三相电压不平衡。上述几种故障，电气设备都不能正常运行，必须尽快查找。

电路检修方法很多，但各方法又是相辅相成而又互相补充的，所以检查电路故障时，应灵活运用。

一、断路故障的检查

1. 万用表检查断路故障

（1）电压测量法检查主电路断路故障

下面以某低压配电屏电路为例介绍一下电压测量法检查主电路断路故障，如图7-1所示。

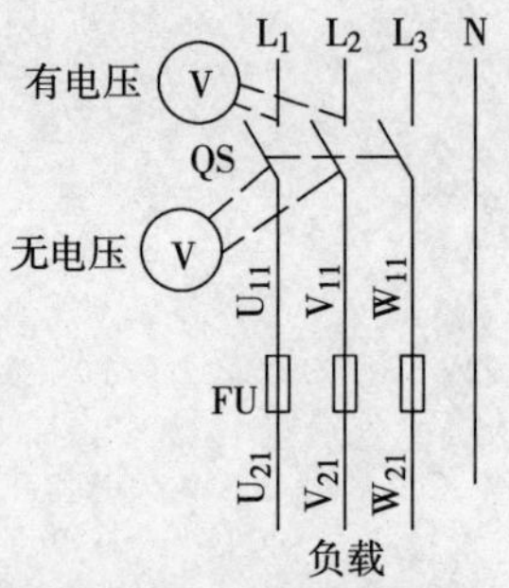

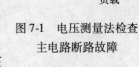

图7-1 电压测量法检查主电路断路故障

【确定故障元件】从三相电源向负载侧依次测量各元件进线端和出线端的电压，即从三相电源 L_1、L_2、L_3→三相刀开关QS的进线端（上接线端）→三相刀开关QS的出线端（下接线端）→熔断器FU的进线端→FU的出线端→负载，通过测得的电压来判断各元件、连接导线是否正常。例如测得刀开关QS的进线端三相电压正常，而QS的出线端三相电压不正常，则表明开关QS的某刀口接触不良或损坏。

【查找故障点】若测得 L_1、L_2 两点间的电压正常，而 U_{11}、V_{11} 两点间的电压不正常，这时可测量 U_{11}、L_2 两点间的电压，若电压正常，则表明刀开关 L_2 相的触刀与刀座接触不良。

（2）电压测量法检查控制电路断路故障

控制电路断路时，各降压元件不再有电压降，电源电压全部加在断路点两端，所以可以用万用表电压档测量电压判断断路故障点。电压测量法检查控制电路断路故障如图 7-2 所示。

【检查电源和熔断器】先测量 1—2 两标号点间的电压，判断电源和熔断器 FU 是否正常。若 1—2 间无 ~220V，则表明熔断器熔断或电源故障。

【查找故障点】若 1—2 间有 ~220V，可将万用表一只表笔固定于标号点 2，按下按钮 SB_3，另一只表笔逐个测量控制电路中各触点间的电压，正常时除线圈 KM 两端（2—9 两点间）有 ~220V 电压外，其余相邻各点间的电压均应为“0”，否则视为断路或接触不良。例如测得 5—7 两点间的电压为 ~220V，则表明按钮 SB_2 或其两端连线为断路故障点。

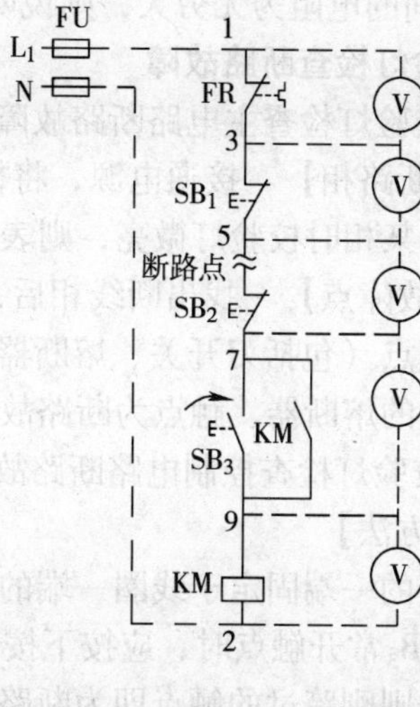

图 7-2　电压测量法检查控制电路断路故障

（3）阻抗测量法

电路出现断路故障时，断路点两端的阻抗为无穷大，负载两端的电阻为某一定值，导线两端的阻抗为零。所以可以通过电路的阻抗来检查断路故障。

阻抗测量法检查断路故障如图 7-3 所示。

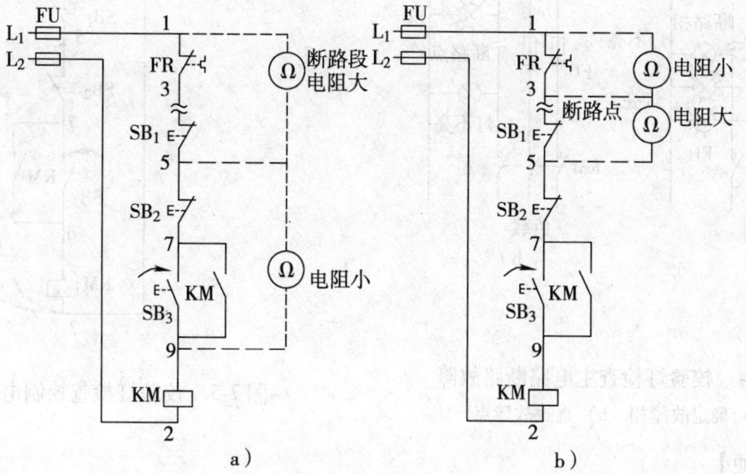

图 7-3　阻抗测量法检查断路故障

a）确定故障范围　b）查找故障点

【判断故障性质】测量前，应先切断电源，使控制电路与主电路分开；测量时，按下起动按钮 SB_3 不放，先测量 1—2 两标号点间的电阻，若阻值为“∞”，可以断定是断路故障。

【确定故障范围】可把整个电路从中间分成两段，如图 7-3a 中分为 1—5 和 5—9，按下按钮 SB_3，分别测量 1—5 和 5—9 两段的电阻，如果测得 1—5 段的电阻为“∞”，则表明断路故障在 1—5 段。

【查找故障点】如图 7-3b 所示，依次测量故障段内相邻标号 1—3、3—5 间的电阻，若测得某两标号点间的电阻为无穷大，则表明这两标号点间存在断路或接触不良故障。例如：

测得 3—5 间的电阻为无穷大，则说明按钮 SB_1 接触不良或其两端连接导线断路。

2. 校验灯检查断路故障

（1）校验灯检查主电路断路故障

【确定断路相】 接通电源，将校验灯的一端接地或接中性线，另一端分别触及三相电源，若触及某相时校验灯微亮，则表明被测相为断路相，如图 7-4a 所示。

【确定故障点】 找出断线相后，校验灯接中性线端不动，另一端从上至下分别触及断线相的各触点（包括刀开关、熔断器、接触器主触点），若测到某处校验灯微亮或不亮，则表明刚跨过的熔断器、触点为断路故障点，如图 7-4b 所示。

（2）校验灯检查控制电路断路故障

【检查方法】

将校灯的一端固定于线圈一端的 2 号线，然后从线圈的另一端依次接触各触点、连接导线（经过 SB_3 常开触点时，应按下按钮 SB_3），如图 7-5 所示。若跨接至某接线端时，校验灯突然不亮，则刚跨过的触点即为断路点。例如跨触 3 号线时灯亮，而触及 5 号线时灯灭，则表明 SB_1 触点或其两端接线断路。

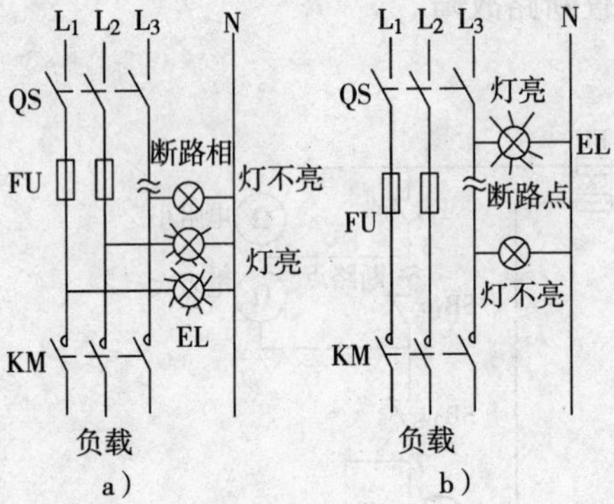

图 7-4 校验灯检查主电路断路故障

a）确定故障相 b）查找故障点

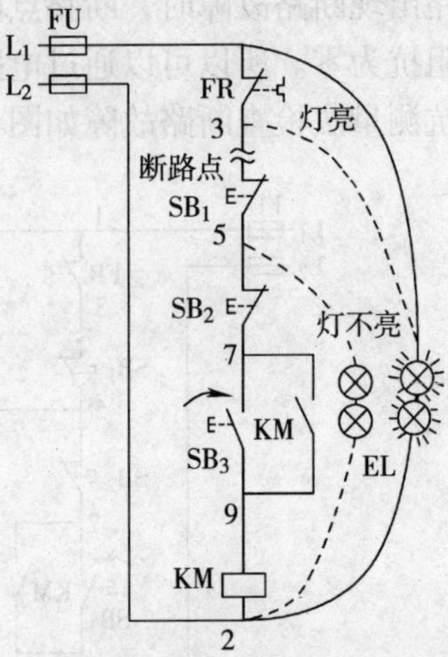

图 7-5 校验灯检查控制电路断路故障

【注意事项】

1）灯泡的额定电压与被测电压相匹配，一般检查 220V 电路时，用一只 220V 灯泡；直接测量 380V 电路时，用 2 只 220V 灯泡串联，以防电压过高，灯泡烧坏，电压过低，灯泡不亮。

2）检查断路故障时，宜用小功率的灯泡（15～60W），检查接触不良故障时，宜用大功率的灯泡（100～200W）。

3）使用时应注意安全，导线裸露部分要尽量短，以防短路。

3. 短接法检查断路故障

短接法是把电气设备的某触点或某段电路用导线短接起来，以判断断路故障是否在短接处，若短接后故障消除，则表明故障在短接部位，否则可判定故障在短接点之外。

【检查方法】

如图 7-6a 所示的电路中，继电器 KA 不吸合，可用导线分别将 1—3，3—5，5—7，7—

9 等标号点短接，若短接到某处时，继电器吸合，则表明短接处断路。也可直接先将 1—9 短接，看是否是开路故障，然后从电路的中间短接（如图中分为 1—5 和 5—9 两段），确定故障段，再分别短接故障段的触点即可，如图 7-6b 所示。

【注意事项】

短接时，一定要结合电路，搞清电路的走线，不要短接保护元器件，如图 7-6 的熔断器 FU，以防电路失去保护；也不要短接降压元器件，如图 7-6 的 KA 线圈，否则电路将出现短路故障。

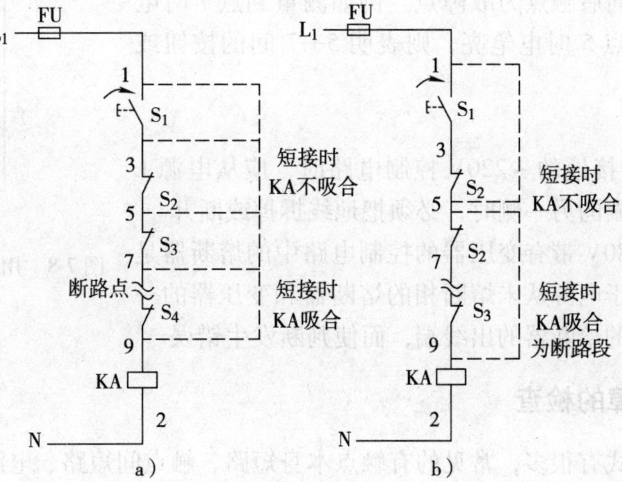

图 7-6　短接法检查控制电路断路故障

a）局部短接法　b）长短接法

4. 电池灯法检查断路故障

用电池灯检查电路通断实际上是检查电路的电阻，因电阻为零或较小时，相当于两接线端短接，所以其检查方法也同用万用表测量电阻法相似。用电池灯检查断路故障如图 7-7 所示。

检查前，先切断电源，使被测电路与其他电路切断联系。

【检查方法】

检查时，逐个检查各按钮或触点，经过按钮或常开触点时要将触点闭合，当测至某按钮或触点时，电池灯不亮，则表明电池灯两测试点所跨接的触点断路或接触不良。如图 7-7 中测 5—7 点时灯不亮，则 5—7 段存在断路故障。

【注意事项】

1）检查前，先切断电源，使被测电路与其他电路切断联系。

2）不能用电池灯检查存在较大阻值

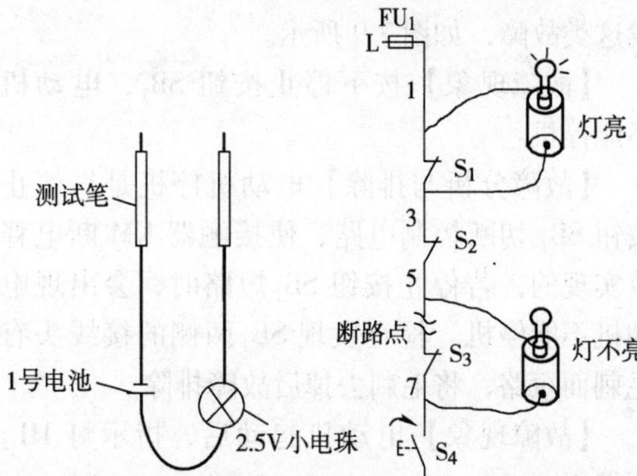

图 7-7　用电池灯检查断路故障

的元器件（如电阻、接触器线圈）的通断。

5. 试电笔检查断路故障

用试电笔检查断路故障如图 7-8 所示。

【检查方法】

正常情况下，用试电笔从电源 L_1 侧依次测量 1、3、5、7、9 标号点，电笔都应亮，若测量到哪一点时试电笔不亮，则电笔刚测量的点向后触点为故障点。例如测量到点 7 时电笔不亮，而测量到点 5 时电笔亮，则表明 5—7 间的按钮或连接导线松脱。

【注意事项】

1）测量有一端接地的 ~220V 控制电路时，应从电源 L 开始测量，测到线圈的另一侧时，必须把地线拆掉或断开。

2）在检查 ~380V 带有变压器的控制电路中的熔断器是否熔断时，防止由于电源从未熔断相的熔断器和变压器的一次绕组回到已熔断的熔断器的出线端，而使判断发生错误。

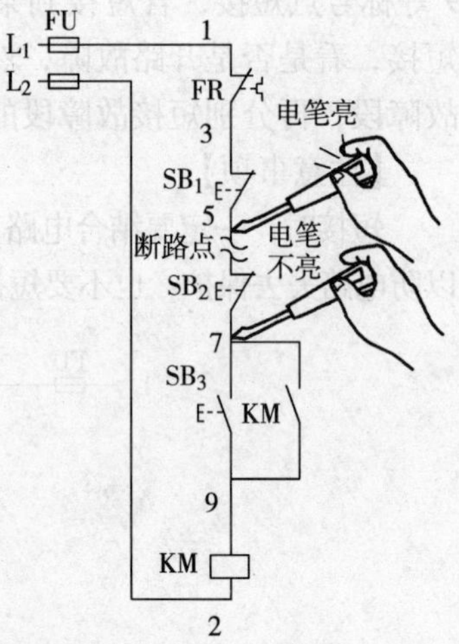

图 7-8　用试电笔检查断路故障

二、短路故障的检查

短路故障的形式有很多，常见的有触点本身短路、触点间短路、电源间短路等。无论哪种短路故障，短路点的阻抗都表现为零阻抗，所以短路故障可以通过测量电路的阻抗来检查。

1. 分析法检查触点或元器件本身短路

触点本身短路表现为电路的运行状态异常，对于较简单的电路，可以通过分析电路的工作原理，了解电路中各个元器件的作用，从而找出故障点，当然也可以用阻抗测量法检查怀疑的触点、元器件，若断开的触点的电阻为“0”，则说明此触点短路。下面介绍分析法查找这类故障，如图 7-9 所示。

【故障现象】按下停止按钮 SB_1，电动机不能停机。

【故障分析与排除】电动机停机是靠停止按钮 SB_1 切断控制电路，使接触器 KM 断电释放实现的，若停止按钮 SB_1 短路时，会出现电动机不能停机。检查发现 SB_1 两侧的接线头有毛刺而短路，将毛刺去掉后故障排除。

【故障现象】电动机起动后，指示灯 HL_1 不熄灭。

【故障分析与排除】电动机起动后，指示灯 HL_1 不熄灭，说明与 HL_1 串联的 KM 常闭触点不能断开，出现短路时，检查发现此触点损坏，更换接触器的其他备用常闭触点后故障排除。

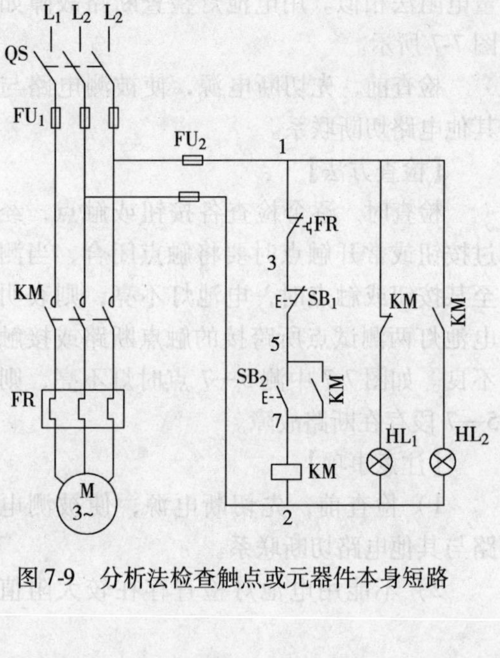

图 7-9　分析法检查触点或元器件本身短路

2. 回路分割法检查触点间短路

回路是电流流通的路径，对于较复杂的电气电路或电气设备，可把相互连接的电气电路分割成各个独立回路，以确定故障范围，然后根据故障现象，确定或缩小故障单元，把与本故障无关联的单元电路排除在外。确定了故障单元后，再将故障区域内的电路分割开来，进一步缩小故障范围，直至查出故障点。这种方法不但常用于强电控制电路（如前面介绍的开路、短路故障的检查），也常用于电子电路中。

如图 7-10 所示的电路中，接触器 KM 常开辅助触点上的 7 号线与其常闭触点上的 9 号线短路，会出现不按起动按钮 SB_2，接触器 KM 就吸合的故障现象（电源通过 9 号线上的 KM 常闭触点使线圈得电）。

【确定故障性质】切断电源，拔掉 FU 的内装熔体，将主电路与控制电路分开，用万用表测量 1—7 间的电阻为零，说明电路存在短路故障。

【检查重点部位】由于不按起动按钮，接触器 KM 就吸合，首先检查起动按钮 SB_2有无卡阻，SB_2上的接线头是否短路。经检查，起动按钮 SB_2无短路故障。

【确定故障范围】由于支路较多，短路故障可能和信号支路有关。为方便检查，可将两指示灯电路拆开，如故障排除，说明短路故障与指示灯电路有关，否则短路故障与指示灯电路无关。实际拆开后，故障排除，说明短路故障与指示灯电路有关。

【进一步缩小故障范围】将两指示灯电路中的一个复位，如果故障又恢复，说明短路的一点在恢复的电路中；如故障没有恢复，说明短路的一点在另一指示灯电路中。实际恢复 HL_1电路时，故障重现，说明短路故障的一点就在 HL_1电路中。

【查找故障点】检查与 HL_1相连的 KM 常闭触点上的接线发现，该常闭触点的引出线与其常开自锁触点的引出线由于毛刺短路，即 7—9 号线短路。改进接线工艺后故障消除。

3. 回路分割法检查电源间短路

电源间短路故障可使熔断器的熔体熔断或断路器跳闸，如果重新装入熔断器或合上断路器送电，保护装置还会动作。图 7-11 所示是回路分割法检查电源间短路故障，该电路中，合上电源开关 QS，按下起动按钮 SB_2，接触器 KM 吸合，熔断器 FU_1的熔体就熔断。

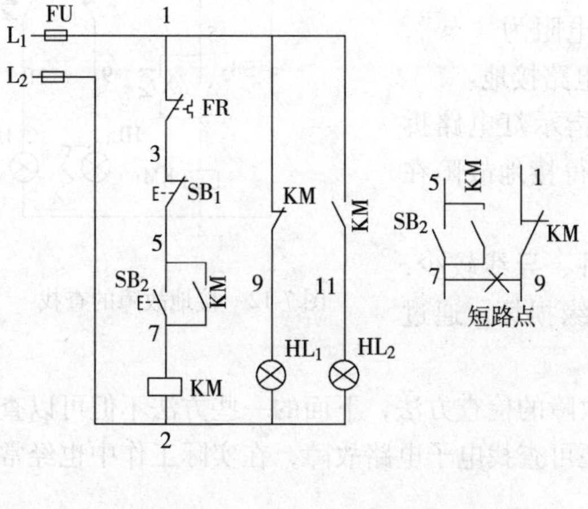

图 7-10　回路分割法检查触点间短路故障

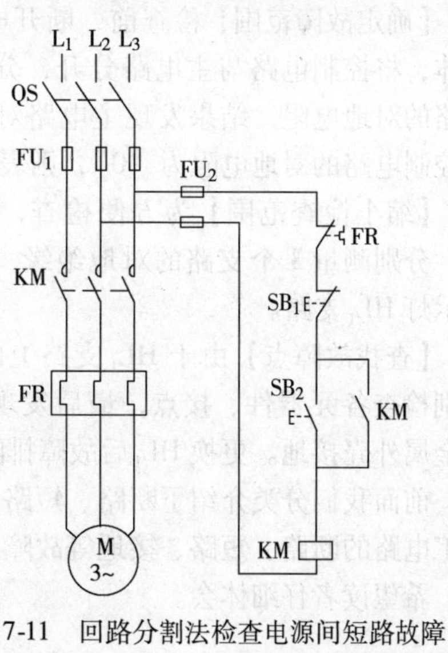

图 7-11　回路分割法检查电源间短路故障

【确定故障范围】合上电源开关 QS，按下起动按钮 SB_2，熔断器 FU_1 的熔体就熔断。说明电路存在短路故障，可能是主电路短路，也可能是控制电路短路。但控制电路有熔断器 FU_2 作短路保护，所以可以把控制电路排除在外，确定短路故障在主电路中。

由于合上开关后，熔断器 FU_1 不熔断，而是在电动机 M 起动时熔断，所以可以把 KM 主触点之前的主电路排除在外，确定故障在 KM 主触点之后的一段电路，可能是主电路，也可能是电动机。

【缩小故障范围】拆下电动机接线柱上的外部接线，用万用表分别测量电动机三相绕组的电阻、三相绕组间的电阻及三相绕组的对地电阻，经测量一切正常，从而排除了电动机本身故障的可能性。再测量拆下的三根线头间的电阻，发现有两根线间的电阻为“0”，可以确定故障就在拆下的线头至 KM 主触点之间的一段电路。

【进一步缩小故障范围】拆开热继电器 FR 输出端的三根接线，重复测量三根导线间的电阻，若电阻变为“∞”，说明短路故障在接触器主触点至热继电器间，否则若电阻为“0”，说明故障在拆下的三根导线上。实测电阻为“0”，说明短路故障点在拆下的三根导线上。

【查找故障点】检查拆下的三根导线（是一根电缆），发现电缆因扎在铁钉上而短路，故障查出。拔下铁钉，修复破损处，故障消除。

三、接地故障的检查

除了正常的工作接地和保护接地外，电路中某点因绝缘损坏、安装不当或其他原因与大地相接而形成的接地，称为故障接地。故障接地不但会导致设备损坏，还可能对人身造成危险。

接地故障常用万用表和绝缘电阻表检查。

如图 7-12 所示的电路，HL_1 的外壳接地，可用万用表或绝缘电阻表检查，现以绝缘电阻表检查为例说明其检查过程。

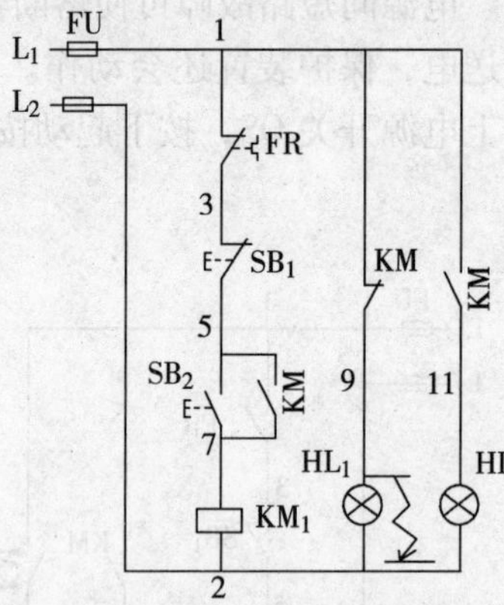

图 7-12 接地故障的查找

【确定故障范围】检查前，断开电源，取下 FU 的内装熔体，将控制电路与主电路分开，分别测量主电路和控制电路的对地电阻，结果发现主电路对地绝缘电阻为“∞”，而控制电路的对地电阻为“0”，则表明控制电路接地。

【缩小检查范围】为方便检查，可将两指示灯电路拆开，分别测量 3 个支路的对地绝缘，实际测得接地故障在指示灯 HL_1 支路。

【查找故障点】由于 HL_1 支路上的元器件、导线较少，分别检查各元器件、接点，最后发现 HL_1 绝缘损坏，通过其金属外壳接地。更换 HL_1 后故障排除。

前面我们分类介绍了断路、短路、接地故障的检查方法，下面的一些方法不但可以查找电工电路的断路、短路、接地等故障，而且还可查找电子电路故障，在实际工作中也经常用到，希望读者仔细体会。

四、感官诊断法

感官诊断法是通过人的眼、耳、口、鼻、手等器官直接或间接了解设备故障前的运行情况。

例如：某机床不能起动，应了解下列情况：

1. 问

碰到故障不要急于动手，你不妨询问使用人或故障的目击者，了解发生故障的前后情况，以利于判断发生故障的部位。一般询问内容有：机床故障前的征兆（有无异常气味、冒烟、是突然停机还是转速降低后停机）；操作人员第几次使用；故障前是否更换电源；故障前连续工作的时间；有无频繁起动；以前是否发生过类似的故障，曾做过如何处理等。

2. 看

查看熔断器的熔体是否熔断及熔断的情况；检查连接导线有无断裂脱落，绝缘是否老化；观察电气元件烧黑的痕迹；更换明显损坏的元器件。

3. 摸

电动机、变压器和电磁线圈正常工作时，一般只有微热感觉；而故障时，其外壳温度明显上升。所以可断开电源后，用手触摸温升来判断故障。如果带电触摸，最好用手背，决不可用手掌心，因为万一所接触的设备带电，手背容易自然地摆脱带电的机壳，而手心会不由自主地握住带电设备，不易脱离带电的机壳。

4. 听

因电动机、变压器等电路元器件故障运行时的声音与正常时是有区别的，所以通过听它们发出的声音，可以帮助查找故障。

五、类比法

当我们遇到一个并不熟悉的设备，手头上又无参考资料，但又可找到相同设备或在同一设备有相同功能单元时，不妨采用类比法，通过对工作状态、参数的比较，来判断或确定故障，这样可大大缩短检修速度。

例如，在电动机接线柱上按要求接通三相电源后，电动机不起动。则可能是电动机绕组断路或短路，但又不知道三相绕组的直流电阻是多少，这时可测量三相绕组的直流电阻并加以比较。若一相明显小于其他两相，则可能是电阻最小的一相绕组存在短路故障；若一相电阻为“∞”，或明显大于其他两相，则说明这相绕组断路。

又如 CJ_{12}—100/3，吸引线圈电压为380V的交流接触器不吸合，测量其线圈阻值为10Ω左右，远小于43.7Ω的正常阻值，通电后线圈发热，可以确定线圈短路。

六、排除法

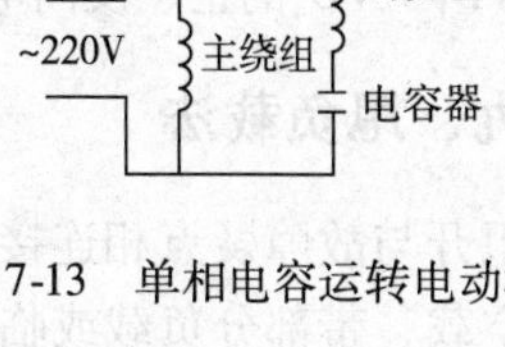

图7-13　单相电容运转电动机

根据故障现象，分析故障原因，并将引起故障的各种原因一条一条地列出，然后一个一个地进行检查排除，直至查出真正的故障为止。图7-13所示为单相电容运转电动机（常用于电风扇、洗衣机等），出现故障时就可用排除法处理。

1. 单相电容运转电动机不能起动

其故障原因可能有以下几点：

1）外部电源引线断路。

2）绕组断路。

3）电容器损坏。

4）电动机过载（轴承缺油、实际负载过重或定、转子相擦等）。

2. 单相电容运转电动机过热

故障原因可能有以下几点：

1）电源电压过低或过高。

2）绕组短路。

3）电容器损坏。

4）电动机过载。

5）环境温度过高。

七、代替法

将所怀疑的元器件用同规格、同型号的合格元器件代替（调试设备时，有时可能由于所设计元器件的性能不能满足电路工作要求，也可用其他元器件代替），从而排除可疑元器件。这种方法，对容易拆装的元器件，如带有插座的继电器、集成电路等，代替都很方便，对那些性能不稳定的电子元器件，用一般仪器检查较困难，这时也不妨用此法一试，可能带给你“山重水复疑无路，柳暗花明又一村”的感觉。

例如，某荧光灯不亮，每个元器件分别检查也没有必要，而荧光灯管、辉光启动器这些都是易损件，且容易更换，可先用同型号的元器件替换一下，如不正常，再用其他方法检查。

八、推理法

根据电路的工作原理和故障现象，分析推理故障的所在。分析推理时，可以从电源→控制电路→负载，也可从负载→控制电路→电源。

例如，桥式整流电路（参图 1-68），电源电压降为正常值的一半左右。检查时可先将负载去掉或接上相同的新负载，重新测量，如电源恢复正常，说明故障在负载，否则说明故障在电源。实际检查时更换新负载时电压仍是正常值的一半。

根据整流电路的工作原理：正半周时，VD_1、VD_3导通，负半周 VD_2、VD_4导通，如果正、负半周只有一组二极管导通，另一组二极管烧坏或虚接，电路变成了半波整流，则实际输出电压将降为正常值的一半。

结合上面的工作原理，不难考虑到，可能是一组二极管烧坏或虚接，用万用表分别检查二极管 VD_1 ~ VD_4的正、反向电阻，结果发现 VD_2的正、反向电阻都为“∞”。更换后故障排除。

九、甩负载法

甩开与故障疑点相连接的后级负载（对于多级连接的电路，可有选择地甩开后级），使电路空载、带部分负载或临时接上假负载工作，然后检查本级，如电路恢复正常，则故障在甩开部分，否则故障在开路点之前。但在设备调试时，若甩开负载后电路故障排除，这可能是由于元器件设计不合理或元器件性能不良，这一点也应引起注意。

例如：某电子校验台，出现电流波形畸变，考虑可能是后级功率放大部分故障，甩开负载后正常，检查所有电子元器件均无不良，最后更换电源变压器后故障排除。原来是电源变压器容量不足引起。

十、敲击法

对于短时间内的随机性故障，可用一只小的橡皮锤轻轻敲击工作中的元器件，从而使故障重现，为观察故障现象、测量有关数据、确定故障范围提供条件。如故障重现，则表明敲击元器件附近存在接触不良故障。

例如：某电气设备不能正常运行，电路较复杂，设备又急用，测量又不方便，拿橡皮锤轻敲设备外壳，当敲至一继电器周围时，故障时隐时现，说明故障就在继电器附近或继电器本身。经检查发现此继电器插接不牢，重新插接后，故障排除。

十一、试探法

在保证安全的前提下，通过试探的方法，例如强行使某继电器吸合或释放，观察相关电器元件的动作情况，以确定或缩小故障范围。例如，图 7-11 所示的电路中，电动机运行时突然停机，再次按下 SB_2起动按钮，接触器 KM 不吸合，手边又无仪表，说明 KM 控制回路开路，这时可试着按下热继电器 FR 上的复位按钮，看热继电器是否动作，然后再按起动按钮 SB_2，观察接触器 KM 是否吸合，若接触器吸合，说明故障的原因是热继电器过热动作。

使用试探法时应注意：

1）当发现接线不正确时，应立即断电改接，不允许长时间通电。

2）电动机控制装置如不能起动或发生异常，则应检查控制电路、主电路、电动机本身和负载，不得强行起动。

十二、加热法

当电气故障与开机时间或环境温度有一定的对应关系时，可采用加热法，加速电路温度的上升，促使故障再现。

例如，有一台电视机开机一段时间后，出现无声音故障，怀疑是伴音电路某元器件的热稳定性不好，后用电吹风，对怀疑部位的元器件加热，当加热到某电容周围时，故障重现，然后拆下该电容测量，发现该电容严重漏电，更换后故障排除。

又如，一台电动机绕组短路，有时用万用表测量不易找到短路点，这时可将电动机空载运行几分钟，然后迅速拆开电动机，用手摸绕组各部位，温度高的绕组即为短路绕组。

第二节 常用电气设备故障检修实例

一、交流电焊机电路检修

交流电焊机常用于各种焊接加工中，它具有结构简单、使用可靠、维修方便等优点。

【接线方法】图 7-14 所示为交流电焊机外形及其电路。改变不同接线方式可改变焊接电流的大小。一般电焊机供电电源为 ~380V，但也有 ~220V 电源的，使用时应注意。

【故障检修实例】交流电焊机检修实例见表 7-1。

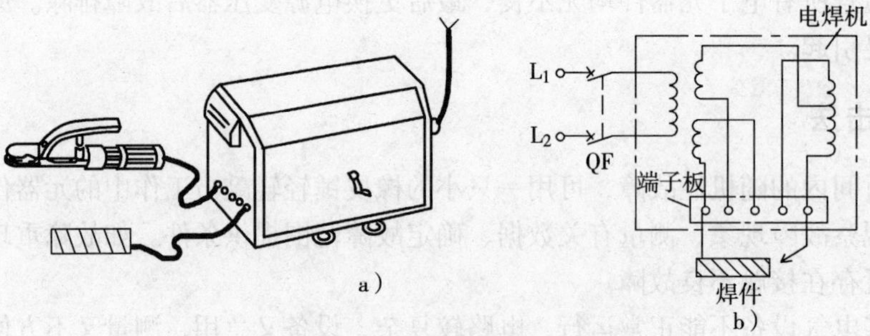

图 7-14　交流电焊机外形及其电路

a）电焊机外形　b）电焊机电路

表 7-1　交流电焊机检修实例

故障现象	可能原因	处理方法
不起弧或电流过小	1）断路器跳闸 2）电源接线错误或松脱 3）电焊机绕组短路或断路 4）电源线或焊把线过长、过细	1）应检查原因，若线圈短路应修理，若断路器过小，应更换较大容量的断路器 2）应纠正接线；如电源线松脱，应接好压牢 3）应查出后修复或重绕 4）应配用合格的电源线和焊把线，且不要将焊把线盘成圈，以防感抗增大，影响起弧
焊接电流不稳定	1）动铁心或动线圈的位置没固定牢 2）电源电压波动过大	1）应固定动铁心或动线圈 2）应查明原因，使电源稳定
绕组或铁心过热	1）电源电压过高 2）绕组短路 3）硅钢片松弛、漆层损坏 4）新绕线圈匝数不足或线径过细	1）应查明原因，使电源电压与电焊机的额定电压一致 2）应查出后予以修复或重绕 3）应紧固或拆开重新涂绝缘漆 4）应增补线圈或重新绕制
振动和异常噪声	1）铁心硅钢片未夹紧 2）一、二次绕组短路 3）手柄、螺杆、齿轮等传动机构卡死	1）应紧固硅钢片 2）应查出修复或重绕 3）应修理传动机构并润滑
外壳带电	1）电源线、绕组、端子板等绝缘损伤 2）外壳或二次线圈没有正确可靠接地（接零）	1）应检查出后予以处理 2）外壳和二次线圈应同时接地，多台放置时，不得串联接地

二、电动葫芦控制电路检修

电动葫芦是一种小型起重机械，多用于设备的吊装工作。它由提升机构（吊钩）和移动机构（行车）两部分组成，吊钩的提升和行车的行进各有一台电动机拖动。提升电动机带动滚筒转动，从而带动吊钩的提升或下降；行进电动机拖动提升机构在工字梁上水平移动，从而带动行车前进或后退。其控制电路如图 7-15 所示。

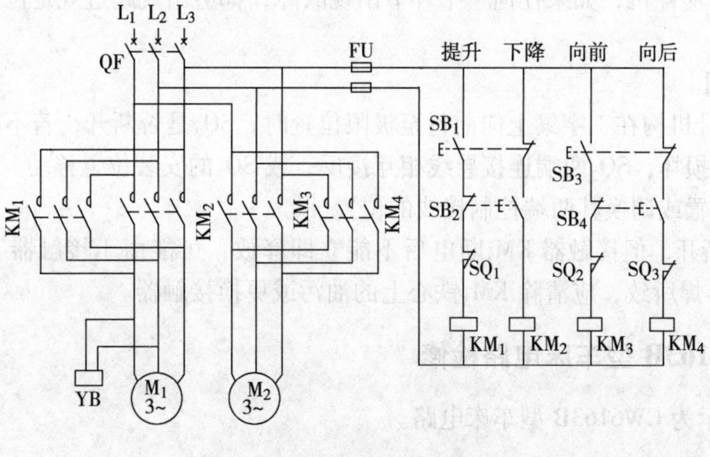

图 7-15 电动葫芦控制电路

【工作原理】主电路用断路器 QF 作短路保护，接触器 KM_1、KM_2和 KM_3、KM_4分别控制提升电动机 M_1和行进电动机 M_2的正、反向运行，它们都是靠改变施加于电动机三相电源的相序，实现正转或反转的。YB 为电磁抱闸制动器，它装在提升电动机 M_1的端部，以保证吊钩的准确定位。

控制电路属于电动机的点动控制电路，左面两条支路分别为提升、下降控制，两支路由悬挂式复合按钮 SB_1、SB_2来控制起停，SQ_1作上限位开关，用于提升的终端保护；右面两条支路分别为行车的向前、向后移动控制，它们由悬挂式复合按钮 SB_3、SB_4来控制起停，QS_2、QS_3分别是前、后移动限位开关，作水平移动的终端保护。熔断器 FU 作四条点动控制的短路保护。

前进控制。按下复合按钮 SB_3，SB_3常闭触点先断开，保证接触器 KM_4不会得电吸合，SB_3常开触点后闭合，接触器 KM_3得电吸合，行进电动机 M_2得电起动。移动至规定位置时，松开 SB_3，KM_3断电释放，M_2停机。如操作者操作失误或由于某种原因导致 SB_3触点短路，行进到终端位置时，行程开关 SQ_2触点断开，接触器 KM_3断电释放，以免超行程。

请读者参照前进控制分析一下后退控制、提升控制、下降控制的工作原理。

【故障检修实例】

【故障现象】电动葫芦只能提升，不能下降。

【检修技巧】

1）按下下降按钮 SB_2，观察接触器 KM_2是否吸合，若不吸合，则表明 KM_2控制电路故障，应检查 SB_1常闭触点和 SB_2常开触点是否接触不良，KM_2线圈是否断线，下降回路中的连接导线是否松脱。

2）按下按钮 SB_2，接触器 KM_2吸合，但电动葫芦不下降，则表明电动机 M_1主电路故障，且故障点在 KM_2主触点及其两端接线。应检查 KM_2主触点是否接触不良，两端接线是否松脱。

【故障现象】电动葫芦向前移动超过规定位置 M_2 不能停机。

【故障分析】

电动葫芦向前移动超过规定位置时，行程开关 QS_2 断开，接触器 KM_3 断电释放，M_2 才能断电，电动机才能停机，如果任何一个环节出现故障，都会出现超过规定位置不能停机的故障现象。

【检修技巧】

1）检查提升机构在工字梁上向前行至极限位置时，SQ_2 是否断开，若不能断开，可能由于行程开关 SQ_2 损坏，SQ_2 两端连接导线相互接反，或 SQ_2 的安装位置移动。应更换 SQ_2、调整 SQ_2 的安装位置或调换其两端控制接线的位置。

2）SQ_2 能断开，但接触器 KM_3 断电后不能立即释放，可能由于接触器 KM_3 铁心端面有油污或主触点熔焊所致，应清除 KM_3 铁心上的油污或更换接触器。

三、CW6163B 型车床电路检修

图 7-16 所示为 CW6163B 型车床电路。

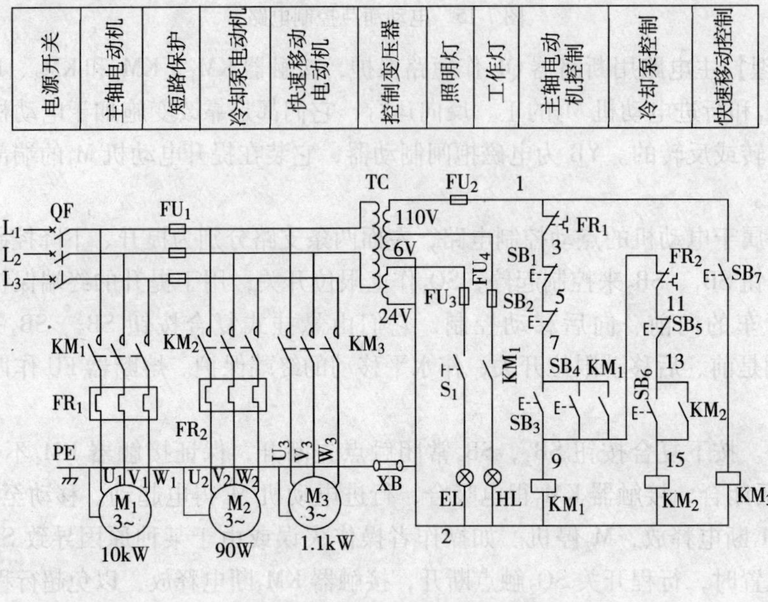

图 7-16　CW6163B 型车床电路

【工作原理】

1）主电路。CW6163B 型车床的主电路有三台电动机，M_1 为主轴电动机，它带动主轴旋转和刀架作进给运动，接触器 KM_1 控制它的起停，车床外部的断路器 QF 作短路保护，热继电器 FR_1 作过载保护；M_2 为冷却泵电动机，它为车削工件时输送冷却液，热继电器 FR_2 作它的过载保护，它通过接触器 KM_2 来控制起停；M_3 为快速进给电动机，由于它是点动工作，所以没有必要装设过载保护。

2）控制电路。整个控制电路由一台 380/110V 变压器 TC 供电，熔断器 FU_2 为控制电路的短路保护。

主轴电动机 M_1 采用两地控制。起动时，按下起动按钮 SB_3 或 SB_4，电流由变压器二次侧

→熔断器 FU_2→FR_1触点→SB_1常闭触点→SB_2常闭触点→SB_3常开触点→KM_1线圈→变压器二次侧形成闭合回路，接触器 KM_1得电吸合，KM_1主触点和自锁触点同时闭合，M_1得电起动。停止时，按下按钮 SB_1或 SB_2，就切断了 KM_1的控制回路，电动机 M_1、M_2断电停机。

由于控制接触器 KM_2接于接触器 KM_1的自锁触点之后，所以主轴电动机 M_1与冷却泵电动机 M_2为先后起动联锁控制关系，即只有 M_1先起动，M_2才能得电起动。

快速移动电动机 M_3由点动按钮 SB_7和接触器 KM_3控制，实现机床的快速移动。

3）EL 为机床的照明灯，它由变压器 TC 的 24V 绕组供电，由开关 SA 控制。HL 为 M_1工作指示灯，它由 TC 的 6V 绕组供电。

【故障检修实例】

【故障现象】主轴电动机 M_1不起动。

【检修技巧】

1）按下起动按钮 SB_3或 SB_4，接触器 KM_1不吸合且无声音，则表明 KM_1控制电路故障，可用万用表电阻档测量 KM_1线圈两端电阻，若电阻为“∞”，说明线圈断路；若线圈阻值很小，说明线圈短路；若线圈阻值正常，一般由于 TC 二次绕组→熔断器 FU_2→FR_1 触点→SB_1常闭触点→SB_2常闭触点→SB_3 常开触点→KM_1线圈→TC 二次绕组所在的回路有开路点。可分别测量各触点间的电阻或电压来查出开路故障。

2）按下起动按钮 SB_3或 SB_4，接触器 KM_1吸合，则故障原因必在主电路，这时可用万用表测量 M_1接线柱上 U_1、V_1、W_1的三相交流电压是否正常，若不正常，则表明三相电源→断路器 QF→KM 主触点→FR_1 热继电器→电动机 M_1 接线柱所在的主回路开路或接触不良。可用万用表分别测量各触点间的电压来找出故障点。

3）用万用表测量 M_1接线柱上的三相电压正常，但电动机不起动，则表明故障在电动机本身或外部设备，应查出故障点，并予以修复。

【故障现象】冷却泵电动机 M_2不起动，而 M_1起动正常。

【故障分析】上述故障可能发生在 M_2的控制支路，也可能发生在 M_2主电路。

【检修技巧】

1）按下起动按钮 SB_6，接触器 KM_2不吸合，一般由于 KM_2控制支路有开路点，可将万用表的一端固定于 2 点，另一端依次测量 9、11、13、15 标号点的电压（因 M_1起动正常，可把 1—9 段排除在外），如测至某点时电压突然消失，则刚跨过的点即为开路点。如测量 11 点时有 ~110V 电压，而测量 13 点时无电压，则表明按钮 SB_5接触不良。

2）按下起动按钮 SB_6，接触器 KM_2吸合，而电动机 M_2不起动，可分别测量 KM_2主触点进出线两端、热继电器 FR_2 的进出线两端、电动机 M_2接线端 U_2、V_2、W_2的电压来判断故障点。如果 KM_2主触点进线端电压正常，而出线端电压不正常，则表明 KM_2主触点接触不良；如果 KM_2出线端三相电压正常，而 FR_2 进线端只有二相电源，则表明 KM_2主触点至 FR_2 热元件的连线断路或松脱。

【故障现象】三台电动机都不起动。

【故障分析】上述故障一般发生在主电路和控制电路的公共部分。

【检修技巧】

1）检查熔断器 FU_1、FU_2（易损件）是否熔断。

2）检查三相断路器 QF 的进线端和出线端三相电压是否正常，判断进线电源是否故障，

QF是否损坏。

3）测量变压器一、二次的电阻，判断线圈是否存在断路或短路故障，如线圈电阻远大于或小于正常值，则表明变压器故障，应更换。

4）停电后，测量热继电器FR_1常闭触点，如果电动机过载后未复归，或其常闭触点接触不良，测量值为“∞”（测量时应与外电路分开），应复位热继电器或修复其接触不良的触点。

5）公共连接导线断路，如断路器QF到变压器TC间的连线断路，变压器TC至FU_2间的连接导线、FU_2至FR_1触点间的连接导线断路都会引起各接触器不吸合，三台电动机不起动。

第三节　电源电路故障检修实例

一、低压配电屏电路检修

图7-17所示是某低压配电屏控制电路。

【工作原理】该低压配电屏采用三相四线制供电，QS为总电源开关，总熔断器FU为低压配电屏的总保护；QS_1 ~ QS_n为各支路开关，FU_1 ~ FU_n作各支路的短路保护。

【故障检修实例】

【故障现象】生活区照明支路供电不正常，而其他支路供电正常。

【检修技巧】

1）目测法检查。断开开关QS_1，分别检查FU_1的三相熔断器是否熔断、开关QS_1和熔断器FU_1的接线螺钉是否松动或锈蚀，如某熔断器熔断，要通过检查和分析找到原因（电路短路或过负载）并消除故障后试送电，如检查无故障，可试送电一次，再次熔断时一定要查明原因，切不可再次试送电。

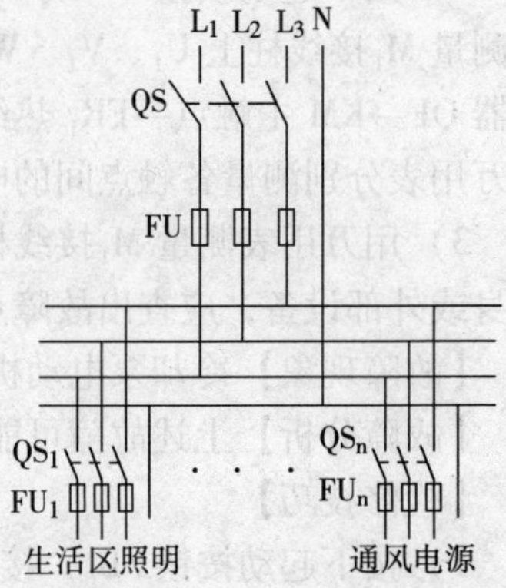

图7-17　低压配电屏控制电路

2）万用表或试电笔检查。通过以上检查没有发现故障时，可用万用表或试电笔分别测量开关QS_1、熔断器FU_1的进线端，如用万用表或试电笔测量熔断器FU_1进线端电压正常，而出线端电压不正常，则表明此熔断器FU_1接触不良或熔断。

【故障现象】所有支路供电均不正常。

【检修技巧】

因各支路同时故障的可能性极小，所以上述故障一般在三相进线电源、总开关QS、总熔断器FU及其接线。可依次检查三相进线电源，三相熔断器FU、总开关QS及相关接线。如总熔断器FU熔断，又不是总电路短路或过负载引起，应同时检查支路熔断器配置是否过大，防止越级保护。

二、双回路联锁供电控制电路检修

图 7-18 所示为双回路联锁供电控制电路。该电路正常时由 1 号主电源供电时，2 号备用电源不供电；当主电源停电时，自动投入备用电源；当主电源恢复供电时，仍由主电源供电。适用于有主电源的双回路联锁供电。

【工作原理】合上低压断路器 QF_1 和 QF_2，中间继电器 KA 得电吸合，其常开触点闭合，为接通 1 号主电源做好准备。将控制开关 S_1 置于接通位置，接触器 KM_1 线圈得电吸合，KM_1 主触点闭合，接通 1 号主电源电路，这时 1 号主电源向负载供电。同时 KM_1 联锁触点断开，切断了接触器 KM_2 的控制回路，2 号电源不会送电。这时合上控制开关 S_2，2 号电源处于备用状态。

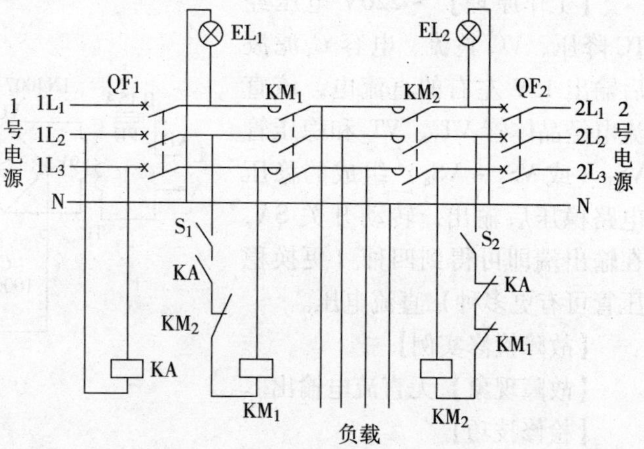

图 7-18　双回路联锁供电控制电路

当 1 号电源停电时，接触器 KM_1 断电释放，KA 也失电释放，KA 常开触点断开，KA 常闭触点闭合，同时 KM_1 联锁触点恢复闭合，接触器 KM_2 得电吸合，KM_2 主触点闭合，接通 2 号电源回路，由 2 号电源向负载供电。

当 1 号主电源恢复供电时，KA 得电吸合，KA 常闭触点断开，切断 KM_2 供电回路，同时 KA 常开和 KM_2 联锁触点都闭合，KM_1 吸合，又自动将电源转换到 1 号主电源。

EL_1、EL_2 分别为 1、2 号电源指示灯。

【故障检修实例】

【故障现象】备用电源不能投入。

【检修技巧】

1）KM_2 线圈的控制回路有开路点，应依次检查开关 S_2、KA 常闭触点、KM_1 联锁触点是否接触不良，连接导线是否松脱，排除 KM_2 控制回路开路故障。

2）接触器 KM_2 本身故障，应检查 KM_2 线圈是否断线，铁心是否卡阻，线圈电压是否与电源电压（~380V）一致。

【故障现象】备用电源供电时，主电源来电，也不能自动转换至主电源供电。

【检修技巧】

1）确定故障范围。检查中间继电器 KA 是否吸合，若不吸合，则故障在中间继电器回路；若 KA 吸合，而接触器 KM_2 不释放，则故障在接触器 KM_2 控制回路。

2）查找故障点。在 KA 不吸合时，可测量 KA 线圈两端是否有 ~380V 电压，若无电，则表明其两端接线松脱；若 KA 线圈两端电压正常而不能吸合，则表明 KA 损坏，应更换。

3）若 KA 吸合正常，而接触器 KM_2 不释放。也可用测量电压的方法测量 KM_2 线圈两端是否有 ~380V 电压。若有 ~380V 电压，可能是 KA 常闭触点两端控制接线相互接反；若电压消失，可能是接触器 KM_2 主触头熔焊、反力弹簧弹性消失或铁心端面上涂的油脂粘连。

三、多档直流稳压电源电路检修

图 7-19 所示为多档直流稳压电源电路。

【工作原理】~220V 电压经 TC 降压、VC 整流、电容 C_1 滤波后输出 15V 左右的直流电，该直流电经晶体管 VT_1、VT_2 和稳压管 VS_1（或 VS_2 ~ VS_4）组成的稳压电路稳压后输出，转动开关 SA，在输出端即可得到四种（更换稳压管可有更多种）直流电压。

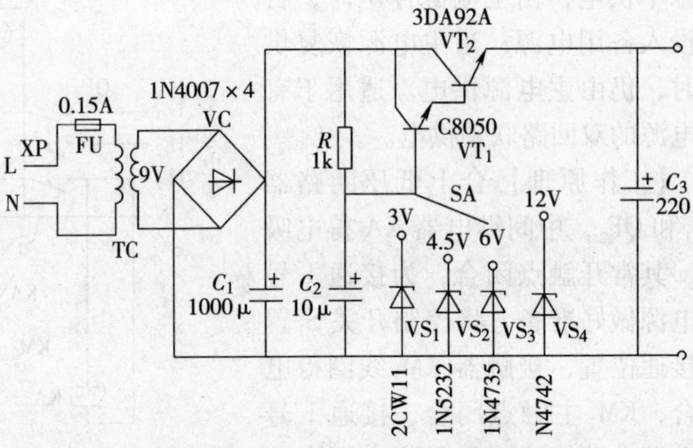

图 7-19 多档直流稳压电源电路

【故障检修实例】

【故障现象】无直流电输出。

【检修技巧】

1）检查变压器 TC 的一、二次侧绕组的电压是否正常，若一次绕组的电压不正常，则应检查电源插头 XP 是否接触不良，熔断器 FU 的熔体是否熔断，TC 一次侧接线是否牢固；如果一次绕组两端电压正常，而二次侧绕组电压不正常，则应检查变压器二次绕组是否断路或短路，电容 C_1 是否击穿。

2）TC 二次电压正常时，可检查 VC 直流端电压是否正常，若直流端无电压，应检查 VC 是否断路，变压器至 VC 交流侧的连线是否松脱。

3）VC 直流端电压正常，而输出端无电压，应主要检查晶体管 VT_1、VT_2 是否损坏。

【故障现象】某一档输出电压不正常。

【检修技巧】

1）此档所在稳压管损坏，应更换。

2）此档开关损坏或稳压管与开关 SA 的连接导线松脱，应更换开关 SA 或将松脱的导线接好焊牢。

第四节 灯光控制电路检修实例

一、光控路灯电路检修（一）

图 7-20 所示为光控路灯电路（一）。该电路只用一只电阻、一只光敏晶体管和一只晶闸管共 3 个元器件来控制路灯的开关，电路简单，运行稳定，适用于路灯，特别对单个路灯的自动控制更为方便。

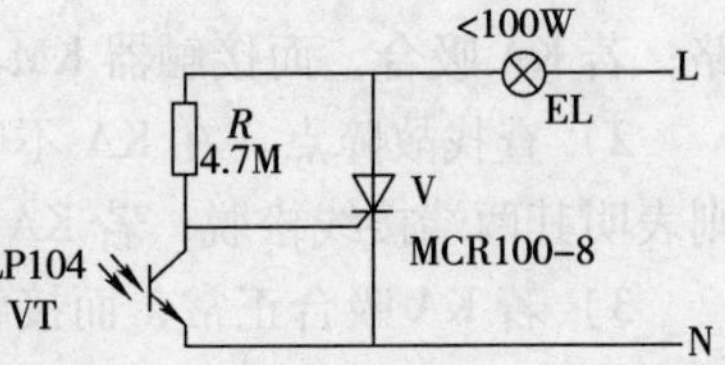

图 7-20 光控路灯电路（一）

【工作原理】在白天，光敏晶体管 VT 受光照呈低阻状态，晶闸管 V 的门极电压很低，处于正向关断状态，照明灯 EL 不亮。夜幕降临时，VT 无光照而呈高阻状态，晶闸管 V 由关断状态转为导通状态，照明灯 EL

点亮。

【故障检修实例】

【故障现象】灯泡一直不亮。

【检修技巧】

1）检查灯泡是否损坏。

2）用导线将晶闸管的阳极和阴极短接，若短接时，灯泡仍不亮，表明故障不在自动控制部分，应检查照明灯电路是否断线，灯座接线是否松脱等；若短接时灯泡点亮，则表明故障在自动控制部分，应检查光敏晶体管和晶闸管是否损坏。

检查光敏晶体管时，应将万用表调至 R×1kΩ 档，黑表笔接 c，红表笔接 e，用黑布将光敏晶体管遮严，电阻在几百千欧，移去黑布，在自然光照下，电阻应在几千欧，否则说明光敏晶体管损坏。

【故障现象】灯泡白天也不熄灭。

【检修技巧】上述故障一般是由于光敏晶体管或晶闸管损坏，应检查后更换损坏元器件。

二、光控路灯电路检修（二）

图 7-21 所示为光控路灯电路（二）。该电路利用光敏电阻、晶体管等电子元器件构成低压断路器电路，可自动控制路灯的开启与关闭，灵敏度高，运行可靠，适用于集中控制几路路灯的场合。

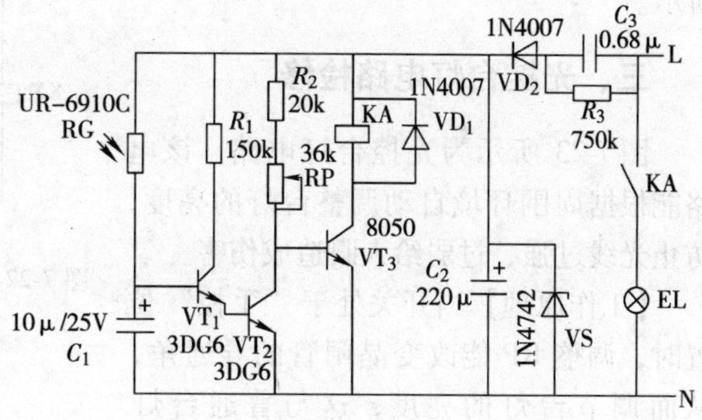

图 7-21　光控路灯电路（二）

【工作原理】~220V 电源经电容 C_3 降压、二极管 VD_2 半波整流、电容 C_2 滤波、VS 稳压后，产生 12V 直流电源供给光控电路。

白天光线较强时，光敏电阻 RG 呈低阻，使 VT_1、VT_2 导通，VT_3 截止，中间继电器 KA 不能得电吸合，其常开触点处于断开位置，路灯不亮。天黑后，光线较弱，光敏电阻无光照而呈高阻，VT_1 由于基极电流减小而截止，VT_2 随即截止，VT_2 的集电极电压上升，VT_3 导通，KA 得电吸合，KA 常开触点闭合，接通路灯电路，路灯被点亮。

【故障检修实例】

【故障现象】路灯不亮。

【检修技巧】

1）检查灯泡是否烧坏。

2）测量 ~220V 电源是否正常，若不正常，应检查电源电路是否断线。

3）测量有无 12V 直流电源，若无 12V 电源，应依次检查 C_3、VD_2、C_2、VS 等元器件是否损坏。

4）若 12V 直流电源正常，可用黑纸挡住光敏电阻 RG 的光线，这时若中间继电器 KA 不吸合，一般是由于光敏电阻 RG、中间继电器 KA 或晶体管 VT_1、VT_2、VT_3 损坏。检查光敏电阻时，可用万用表测量光敏电阻在无光照（用遮光筒照住，阻值大，表应置 R×10kΩ 档）和有光照（表置 R×1kΩ 档）时的阻值，正常时两者相差较大，否则说明光敏电阻损坏。

5）若 KA 吸合，但照明灯不亮，则表明 KA 常开触点接触不良，或两端引出线松脱。

【故障现象】路灯闪烁。

【检修技巧】

1）光敏电阻附近有不稳定光源，导致光控开关频繁起动，中间继电器 KA 动作过于频繁，应移开不稳定光源。

2）灯泡回路的连接导线接触不良，应重点检查各接点的接触情况，消除接触不良现象。

3）中间继电器 KA 常开触点接触不良，可调换到其他常开触点或将多个常开触点并联使用。

【故障现象】中间继电器易损坏。

【检修技巧】

负载过重，应减少负载，或用中间继电器驱动较大容量的交流接触器，再用接触器触点控制灯泡。其控制电路如图 7-22 所示。

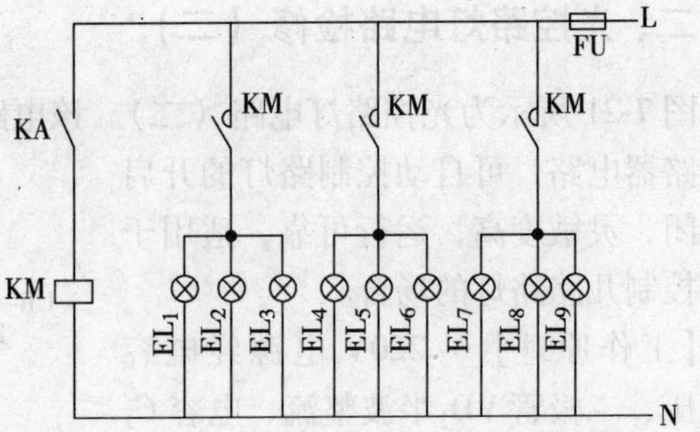

图 7-22　用中间继电器触点驱动交流接触器控制电路

三、光控台灯电路检修

图 7-23 所示为光控台灯电路。该电路能根据周围环境自动调整台灯的亮度，防止光线过强、过弱给人眼造成伤害。

【工作原理】当开关处于“手控”位置时，调整 RP 能改变晶闸管的导通角，从而调节台灯的亮度，这与普通台灯一样。

当开关处于“光控”位置时，由分压电阻 R_2 和光敏电阻 RG 分压后经二极管 VD 向电容 C 充电。周围光照强时，RG 电阻小，电容 C 的充电速度慢，晶闸管的导通角减小，照明灯 EL 的亮度由于灯泡端电压的降低而减弱；反之，照明灯 EL 亮度增加，从而实现自动调光。

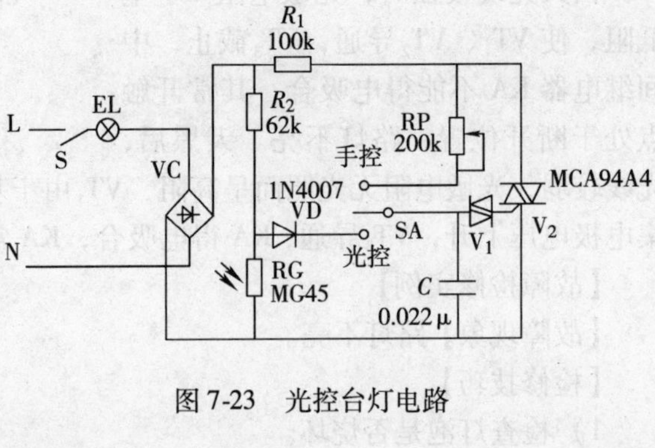

图 7-23　光控台灯电路

【故障检修实例】

【故障现象】“手控”正常，而“光控”失灵。

【检修技巧】上述故障说明弱电直流电源、晶闸管等公共电路正常，故障只在“光控”部分电路，应依次检查光敏电阻 RG、二极管 VD、电阻 R_2、开关 SA 的“光控”档位是否损坏。

【故障现象】“光控”正常，而“手控”失灵。

【检修技巧】上述故障表明故障在“手控”电路，应检查电位器 RP 是否接触不良，开关 SA 的“手控”档位是否损坏。

四、光控声控楼梯照明灯电路检修

图 7-24 为光控声控楼梯照明灯电路。该电路利用一片 CD4069（六反向器集成电路）、光敏二极管 VL、压电陶瓷片 HTD-27 等元器件做成的电子开关，自动控制灯光的开闭。这种开关具有体积小、调试方便、工作稳定、接线简单（只需将 P、Q 直接接在原开关位置）等优点，适于批量生产，常作为楼梯、走廊、公共厕所等地方的光控开关。

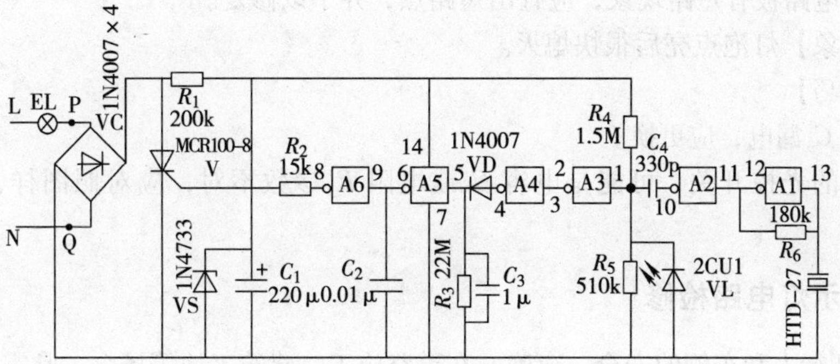

图 7-24　光控声控楼梯照明灯电路

【工作原理】~220V 电源经灯泡 EL 降压，VC 整流，电容 C_1滤波，稳压二极管 VS 稳压后，给开关电路提供工作电源。白天，光敏二极管 VL 受光照呈低阻，将 CD4069 的①脚嵌位在低电平，即使有脚步声或其他声响，声音信号也不能通过，⑧脚锁定为低电平，晶闸管 V 无触发电压而处于截止状态，灯泡 EL 不亮。

晚上，光敏二极管 VL 无光照呈高阻，嵌位电路自动解除。当有人走近该自动灯或有声响发出时，压电陶瓷片拾取微弱的声音信号，先经 A_1放大、A_2整形，再经 C_4耦合到①脚，然后经 A_3、A_4的进一步整形，使④脚瞬时输出高电平，该高电平信号经二极管 VD 向电容器 C_3充电，⑤脚变为高电平，再经 A_5、A_6和电容 C_2的整形、滤波，⑧脚输出高电平，晶闸管 V 受触发导通，点亮楼梯灯。声音消失后，④脚变为低电平，但由于隔离二极管 VD 的反偏隔离作用，C_3上的电荷经 R_3缓慢放电，使⑤脚维持高电平一段时间，在此期间，晶闸管 V 一直处于导通状态，灯泡一直工作，经过一段时间后，⑤、⑧脚先后翻转为低电平，晶闸管由导通变为截止，楼梯照明灯自动熄灭。

【故障检修实例】

【故障现象】灯泡无故障，但不能点亮。

【检修技巧】

1）测量稳压二极管 VS 两端有无直流电压，若无电压或电压很低，则故障原因一般在电源电路，应依次检查 VC、VS、C_1是否损坏，P、Q 两点接线是否松脱。

2）若 VS 两端电压正常（5V 左右），可去掉光敏二极管 VL，解除无光照这一起动条件，试验灯泡在有声音时能否点亮，若在声控下灯泡可正常开关，说明光敏二极管 VL

短路。

也可用万用表 R×1kΩ 档，测量 VL 的正、反向电阻来判断光敏二极管是否损坏：正向电阻（黑表笔接正极）应在几千欧左右，且不随光照变化；反向电阻随光照而改变，无光照时在 200kΩ 以上，有光照时降到几百欧，否则说明光敏二极管损坏。

3）去掉 VL，声控下仍不能点亮灯泡，应依次检查故障区域内的易损件（C_2、C_3、VD 等）是否损坏，如没有损坏，可更换六反向器 CD4069。

【故障现象】天亮后灯泡不能自动熄灭。

【检修技巧】

1）晶闸管 V 击穿短路，应更换。

2）印制电路板有短路现象，应查出短路点，并予以修复。

【故障现象】灯泡点亮后很快熄灭。

【检修技巧】

1）电容 C_3 漏电，应更换。

2）新焊的光控开关，可能是电容 C_3 或电阻 R_3 参数不对，应对照图样，调换焊错的元件。

五、警示灯电路检修

为了保证行人和车辆的安全，夜晚，在道路施工、建筑工地等场合，常需装设红色警示灯。该电路能在夜晚闪光，白天自动关闭，其电路如图 7-25 所示。适用于道路施工、建筑工地等场合。

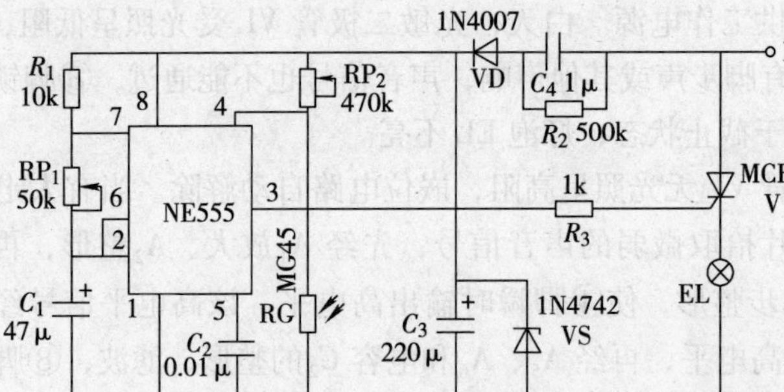

图 7-25　警示灯电路

【工作原理】合上电源开关，～220V 电源经 C_4 降压、VD 整流、电容 C_3 滤波、VS 稳压后向电路提供 12V 直流电源。

白天，光敏电阻 RG 受自然光照射呈低阻状态，NE555 的④脚电压较低，由 NE555 和有关外围元件组成的多谐振荡器不工作，其③脚保持低电平，晶闸管 V 截止，红色灯泡 EL 不亮。到了夜晚，RG 光敏电阻无光照而呈高阻，NE555 的④脚电压升高，多谐振荡器振荡工作。NE555 的③脚按一定频率间断地输出高、低电平信号。当输出为高电平时，晶闸管 V 导通，警示灯 EL 点亮；当输出变为低电平时，晶闸管 V 截止，警示灯熄灭；当输出再次变为高电平时，警示灯又点亮。如此循环，警示灯闪闪发光，提醒人们注意安全。

调节 RP_1可改变闪光频率，调节 RP_2可改变光控的灵敏度。

【故障检修实例】

【故障现象】晚上，闪光灯不工作。

【检修技巧】

1）检查灯泡是否损坏，供电电路是否停电或断线。

2）测量 12V 电压是否正常，若不正常，应依次检查 VD、C_3、C_4、VS 是否损坏。

3）在 RG 无光照射的情况下（检查时可将光敏电阻用黑纸挡严），测量 NE555 的④脚电压，若电压低于 0.5V，说明由 RP、RG 组成的分压电路不正常，应检查 RP、RG 是否损坏。

4）无光照射时，NE555 的④脚电压高于 0.5V，说明由 RP、RG 组成的分压电路基本正常，可测量 NE555 的③脚电压，观察③脚电压是否变化，若不变化，应先检查外围元件，然后更换 NE555 一试。

5）若 NE555 的③脚交替输出高、低电平信号，则表明 NE555 及其外围电路都正常，故障在晶闸管电路，应检查晶闸管是否开路，电阻 R_3是否烧坏或虚焊。

【故障现象】闪光灯一直亮，不闪光。

【检修技巧】

1）晶闸管 V 击穿，应更换。

2）NE555 损坏，应更换。

第八章

安全用电

第一节　安全用电须知

1）用电要申请，临时用电也应办理申请手续；接线修理找电工，临时接线要架高并定期检查，禁止私拉乱接。

2）室内布线。电灯线要整齐，不要过长，若使用暗线，应将塑料导线穿入预埋在墙内的 PVC 塑料管或可挠管内。

3）擦灯泡时，要先关断开关，拧下灯泡后擦净，灯泡干燥后才能接入灯头。

4）要根据电气设备的容量选择熔丝或断路器，不要用钢丝或铁丝代替熔丝。

5）电线上禁止晒衣服，树木、房屋、易燃物等不要离电路过近。

6）严禁使用一线一地制；严禁将连接线的两端都装插头；严禁接线头外露；严禁在电线旁放风筝；严禁儿童到变压器或电动机旁玩耍。

7）同一插座上不允许接插多个大功率用电器。拔电源插头时要抓住头部的坚固部位(但不要接触带电部位)，不要直接拉线，以防将插头线拉断。

8）高压落地线在人身旁时，可以一脚立地不动，等来人救援，或单腿跳离电线落地点 10m 以外。处理故障前，应有专人看管，通知有关部门解决；低压落地线不要用手去摸，应通知电工解决。

9）在雷雨时，要离开小山、小丘或湖边、河边；不要站在树下，不要走近高压电杆、铁塔、避雷针周围。

10）电视长时间不看时，不要遥控关机。天线不要触及电线，室外天线由于架设较高，容易引雷，应装设保护间隙避雷器或避雷针，一旦天线受到雷击落，雷电流经避雷器流入大地，从而保护电视，防止雷电进入室内。无避雷器时，可在电视天线引线接入电视机中间接一个双向刀开关（最好固定在室外雨水淋不到的地方），刀开关中间柱接天线馈线，上接线柱固定安装一个天线插座，再用馈线接入电视机天线插孔；刀开关下接线端头用接地线接到合格的接地体上。平时开关合到上方，可正常接收信号；雷雨天时，应将刀开关扳到下方，雷击时，雷电流会经刀开关、接地线泄入大地，从而保护了电视机。

11）维修电源开关应挂警示牌；操作带胶盖的安全开关时，一定要将胶盖盖好后再操作，以防电弧或熔丝飞溅烧伤。

12）操作前应断开电源，必须带电操作时，应有专人监护，选好工作位置，使用绝缘工具，站在干木板或绝缘垫上，用电笔或万用表分清相线与中性线，并在保证安全距离的情况下操作，拆除电线时，应从电源向负载一端拆除，单相电源应先拆除中性线，后拆除相线；搭接导线时，应先接好中性线再接相线。

13）电气设备应有接地（或接零）保护装置，绝缘损坏的电器应断开电源并及时修理。

14）发现有人触电时，应拉闸断电，用干木棒将电线或触电人挑开，或站在木板上，垫上干衣服将触电人拉离电源。绝不能不采取任何绝缘措施（比如手拉手）拉触电人；发现有电火时，应先切断电源再救火，如不能切断电源，要用干粉灭火器或沙土进行灭火，不能用水灭火（因水导电）。

第二节　保安措施

一、保护接零与保护接地

1. 保护接地的作用及应用范围

为防止电气设备绝缘损坏而使人身遭受触电的危险，用接地装置将电气设备的金属外壳、框架等与接地体可靠连接，这种接地称为保护接地。保护接地适用于中性点不接地的电网。

在中性点不接地的电网中，在电气设备的绝缘正常时，电网对地的绝缘阻抗 R_Z 可看作无穷大，设备外壳对地电压很小，但金属外壳带电时，电路与大地间的阻抗 R_Z 降低，此时若有人体接触没有采用保护接地的金属外壳时，外壳与地间的电压直接加于人体，使人体承受的电压很高，同时此漏电电压通过人体、阻抗 R_Z 形成电流通路，易造成人身触电。图 8-1a 所示为无保护接地。

若电气设备采用了保护接地，并且接地电阻很小，再有人接触到漏电外壳时，相当于人体与接地体并联，而人体电阻 R_r 与接地电阻 R_d 并联后的电阻很小，使得人体承受的电压很小，通过人体的电流也就很小了，不会造成人体触电。图 8-1b 所示为有保护接地。

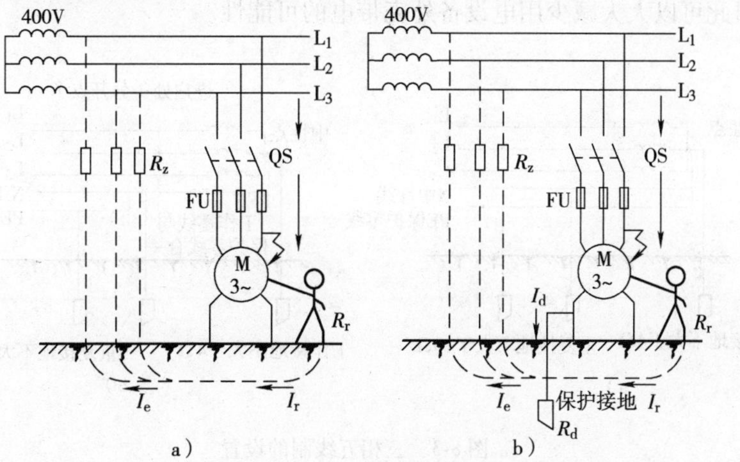

图 8-1　保护接地原理

a）无保护接地　b）有保护接地

2. 保护接零的作用及应用范围

保护接零是将电气设备的金属外壳、支架等金属部分用导线与电源的中性线（从变压器的中性点引出）可靠连接。保护接零广泛用于三相四线制或三相五线制中性点直接接地的低压配电系统。

在中性点直接接地的电网中，若设备未采用保护接零，当人碰到绝缘损坏的金属外壳时，加在人体上的电压接近于相电压，很可能造成触电；若设备采取了保护接零，当设备的任何一相发生漏电故障时，相当于故障相与中性线间短路，由于相线与中性线间的阻抗很小，短路电流会使电路上的过电流保护装置动作，切断电源，消除触电的危险。保护接零原理如图 8-2 所示。

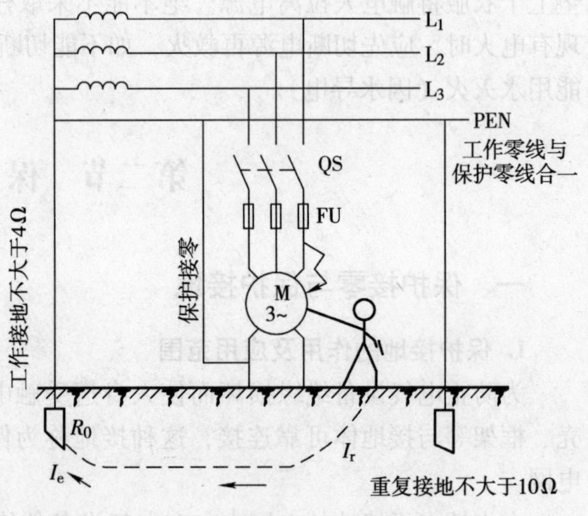

图 8-2　保护接零原理

在三相四线制系统中（见图 8-2），保护接零是将中性线 N（工作零线）与保护零线 PE 合一（简称 PEN），中性线要通过工作电流、三相不平衡电流及短路电流，容易出现断线，仍有触电的危险。为提高三相四线制低压电网的安全，工程中正逐步推广三相五线制。

三相五线制供电是将中性线 N 和保护零线 PE 分开，一根中性线，一根保护零线。其设置方法如图 8-3 所示，即从电源变压器处（如图 8-3a 所示）或电源进户处（如图 8-3b 所示，在变压器至进户前这一段电路是合用的）引出保护零线，设备的金属外壳都接在保护零线上，这样中性线只通过工作电流和三相不平衡电流，而保护零线的作用是提供绝缘损坏时的漏电或触电等非正常电流，中性线和保护零线又在规定地点重复接地，重复接地电阻不大于 10Ω。因此可以大大减少用电设备外壳带电的可能性。

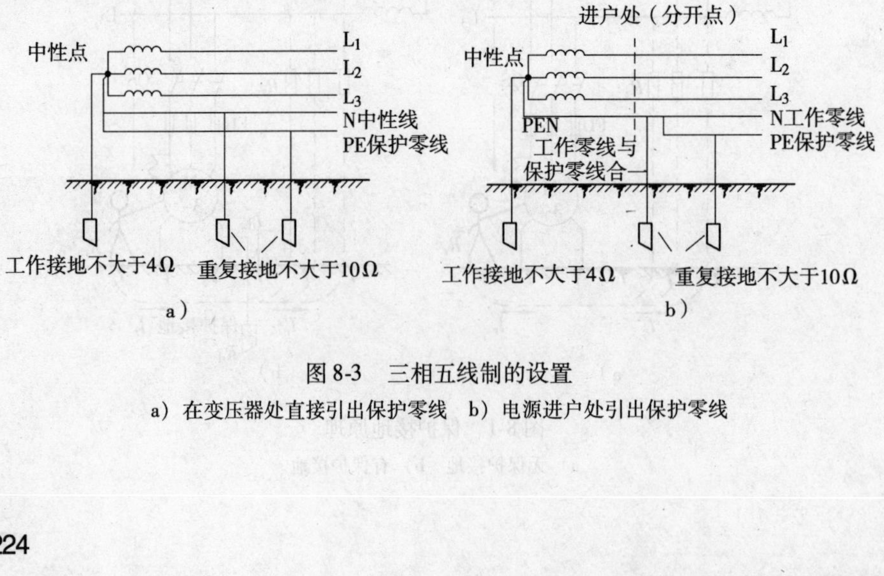

图 8-3　三相五线制的设置

a）在变压器处直接引出保护零线　b）电源进户处引出保护零线

3. 保护接零的安装要求

1）保护接零只能用于中性点直接接地的电网中，中性点的接地电阻应符合规定，且保护接零应与电路短路保护相配合，以保证有足够大的电流使过电流保护装置动作。若中性点不接地或与短路保护不配合，绝缘损坏的电气设备仍可以继续运行，还有触电的危险。

2）中性线和保护零线上严禁装设开关和熔断器，否则当熔断器熔断或开关接触不良时，相当于切断了负载零线与电源中性点之间的通路，一方面使接零保护不起作用；另一方面，若发生三相负载不对称，三相电压不平衡，可能烧毁用电设备。保护接零系统中性线和保护零线上严禁安装开关和熔断器，如图 8-4 所示。

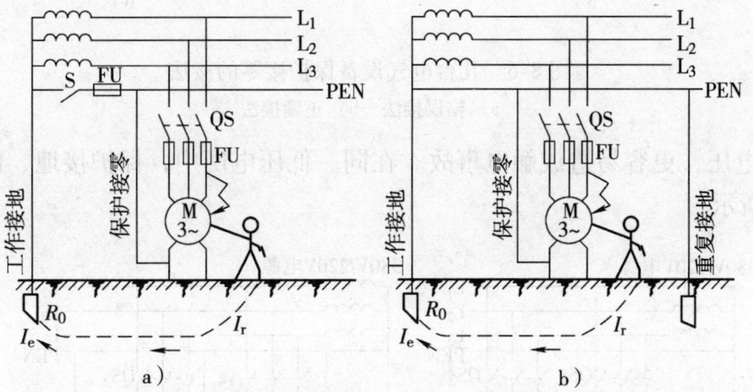

图 8-4 保护接零系统中性线和保护零线上严禁安装开关和熔断器

a）错误接法 b）正确接法

3）设备的接零线应接在保护零线的干线上，而不是支线上，以防止保护接零失去作用。保护接零设备零线的设置如图 8-5 所示。

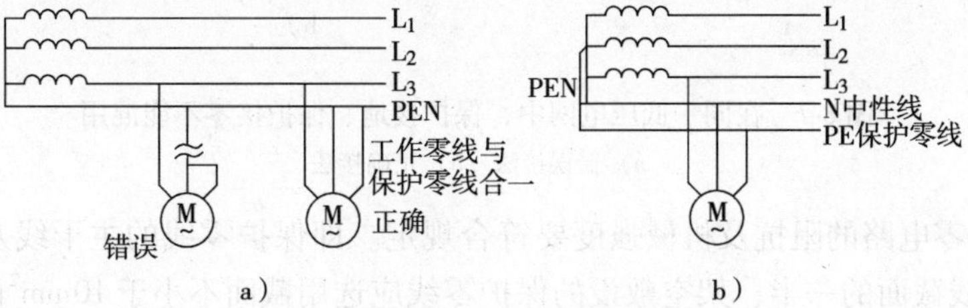

图 8-5 保护接零设备零线的设置

a）三相四线制 b）三相五线制

4）严禁电气设备的保护零线串联，如图 8-6a 所示的电路中，M_1的接零线断路或接触不良时，与其串联的另一台设备也将失去接零保护，正确的接法如图 8-6b 所示。

5）1000V 以下的同一低压电网中，由于中性点采用了直接接地，设备应采用保护接零，不允许将保护接零与保护接地混用，否则如果个别设备采用了保护接地，当接地的设备漏电，接地短路电流又未使熔断器等过电流保护装置动作时，接地电流将通过大地流回变压器的中性点，从而使电源中性线上的电位升高，使在同一供电系统中所有采用接零保护的设备

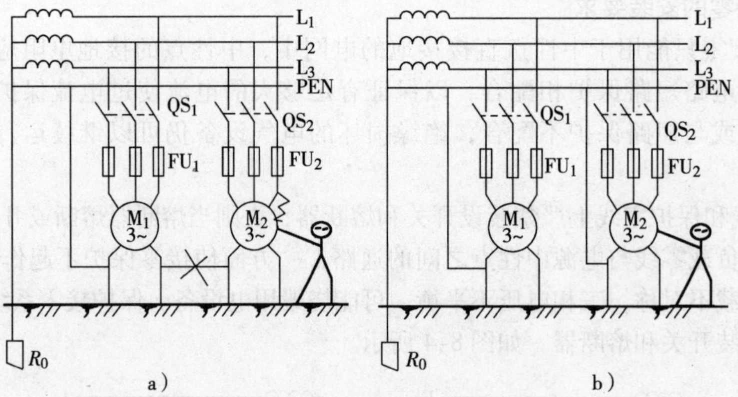

图 8-6　几台电气设备保护接零的接法

a）错误接法　b）正确接法

外壳带有危险电压，更容易造成触电事故。在同一低压电网中，保护接地、保护接零不能混用，如图 8-7 所示。

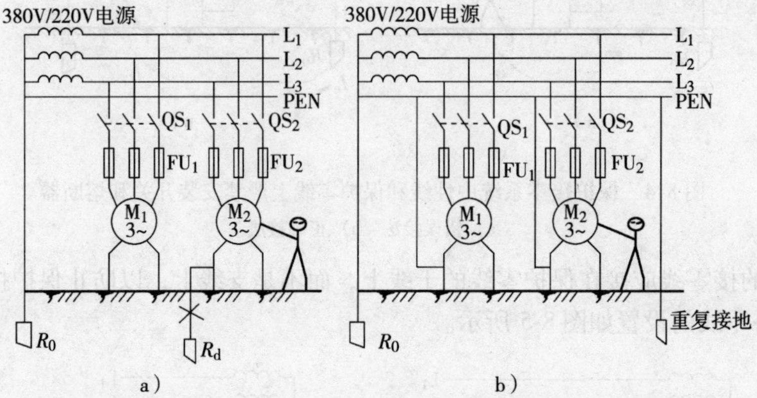

图 8-7　在同一低压电网中，保护接地、保护接零不能混用

a）错误接法　b）正确接法

6）保护接零电路的阻抗及机械强度要符合规定。即保护零线的主干线及分支线的截面积不应小于相线截面的一半；架空敷设的保护零线应选用截面不小于 $10mm^2$ 的铜线，穿管敷设的保护零线应选用截面不小于 $4mm^2$ 的铜线；若采用铝心线时，应比铜线高一等级，且不得使用独股线；与电气设备连接的保护零线，采用裸导线时，其直径不得小于 $4mm^2$；采用绝缘线时，其截面不得小于 $2.5mm^2$。

7）中性点接地系统，采用保护接零后，中性线（零线）一旦断线，采用保护接零的电气设备将失去保护，可能造成人身触电。所以中性线应在规定地点重复接地。重复接地是将工作中性线通过接地装置再次（不应少于 3 次）与大地可靠连接。例如架空电路每隔 1km 处、电源进户处均应重复接地，重复接地的电阻一般不应大于 10Ω。重复接地的作用有以下几点：

① 中性线出现断线时，带电的机壳可以通过重复接地装置与系统中性点构成回路，产

生短路电流使过电流保护装置动作。

② 降低漏电设备外壳的对地电压，增大接地时的短路电流。

③ 减轻或消除三相负载严重不平衡时，中性线上的对地电压。

4. 接地装置的结构、安装方法及要求

（1）结构及安装方法

保护接地或保护接零系统都有接地装置，接地装置包括接地体和接地引线，如图 8-8 所示。接地体是埋入地下的金属导体，接地体一般由两根或两根以上的导体组成。按其结构可分为自然接地体和人工接地体。

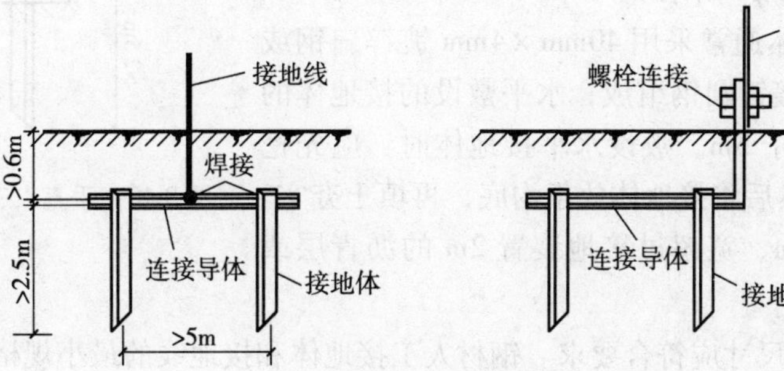

图 8-8 接地装置

1）自然接地体包括直接与大地可靠接触的各种金属构件、金属管道等。安装时，应尽量使用符合要求的自然接地体，但不能使用易燃、易爆的管道；在自然接地体不能满足要求时，再装设人工接地体，但发电厂和变配电所都必须单独安装人工接地体。

2）人工接地体。

① 人工接地体的布置。人工接地体由钢材或镀锌材料制成放射形、环形等形状，人工接地体一般应垂直敷设，如图 8-9a 所示。在多岩石地区，接地体可水平敷设，常用的水平接地体的布置如图 8-9b 所示。

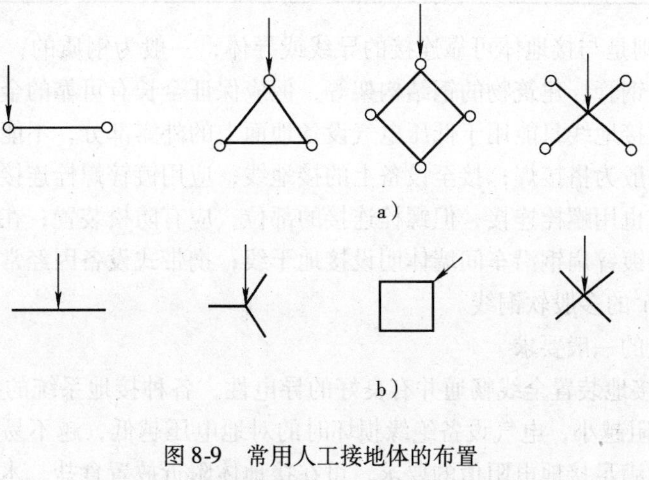

图 8-9 常用人工接地体的布置

a）垂直接地体 b）水平接地体

② 人工接地体的敷设。垂直敷设的接地体常用的规格有：直径为48～60mm、管壁不小于3.5mm的镀锌钢管，或50mm×50mm×5mm的镀锌角钢。垂直接地体的长度不应小于2.5m，间距不应小于其长度的2倍（5m）。为了提高可靠性，接地体在地中部分不可涂漆，不要埋在有垃圾、炉渣或强烈腐蚀性的土壤中，应尽量靠近潮湿或有地下水的地方。

垂直接地体埋深一般不应小于0.6m，且位于冻土层以下潮湿的土壤中。在埋设垂直接地体之前，应先挖一个深约1m的坑沟，然后将接地体打入地下，上端露出坑底约0.2m，供连接接地线。垂直人工接地体的敷设如图8-10所示。

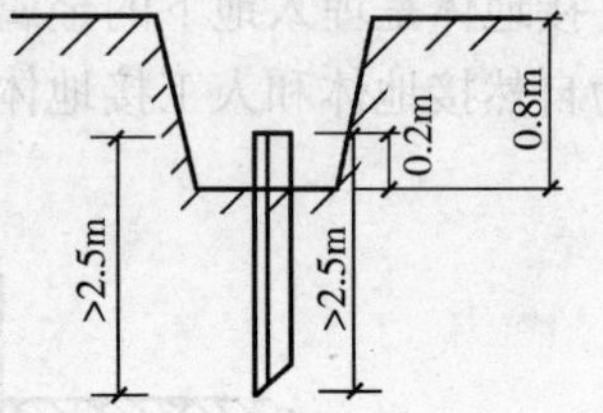

图8-10 垂直人工接地体的敷设

水平敷设的接地体通常采用40mm×4mm镀锌扁钢或直径为10～16mm的镀锌圆钢组成，水平敷设的接地体的相互间距一般不应小于5m。敷设水平接地体时，应先挖深约1m左右的坑，然后将接地体放于沟底，再填土夯实。如能铺设厚50～80mm、宽超过接地装置2m的沥青层或采用沥青碎石地面更好。

③ 人工接地体的尺寸应符合要求。钢材人工接地体和接地线的最小规格见表8-1。

表8-1 钢材人工接地体和接地线的最小规格

名称	地上		地下	
	室内	室外	交流电路	直流电路
扁钢截面/mm^2	60	100	100	100
扁钢厚度/mm	3	4	4	4
圆钢直径/mm	6	8	10	10
角钢厚/mm	2	2.5	4	6
作接地体的钢管壁厚/mm	2.5	3.5	3.5	4.5

3）接地引线则是与接地体可靠连接的导线或导体，一般为钢质的，也应尽量利用自然导体，如配线用的钢管、建筑物的钢结构架等，但应保证全长有可靠的金属性连接，中间不许有接头。铜、铝接地线只能用于低压电气设备地面上的外露部分，不能用于地下。接地线与接地体的连接一般为搭接焊；接至设备上的接地线，应用镀锌螺栓连接；有色金属接地线不能采用焊接时，也用螺栓连接，但螺栓连接的部位，应有防松装置；在车间等电气设备较多的场所，应使用镀锌扁钢沿车间墙体明设接地干线；携带式设备因经常移动，其接地线应采用不小于1.5mm^2的多股软铜线。

（2）接地装置的一般要求

1）必须保证接地装置全线畅通并有良好的导电性，各种接地系统的接地电阻符合表8-2的规定。接地电阻越小，电气设备绝缘损坏时的对地电压越低，越不易造成触电。若土壤电阻率较大，不能满足接地电阻值的要求，可在接地体附近放置食盐、木炭等并加水，来降低土壤的电阻率。

表 8-2 接地电阻规定值

接地系统名称	接地电阻 R（Ω）的要求
保护接地（低压电力设备）	≤4
交流中性点接地（工作接地）	≤4
常用低压电力设备共同接地	≤4
小容量（100kVA 以内）系统工作接地	≤10
中性线重复接地	≤10
3～10kV 电路在农户区中钢筋混凝土杆接地	≤10
防静电接地	≤100

2）保持安全距离。接地装置与其他物体的最小距离应符合安全要求。如接地体与建筑物的距离不应小于 1.5m；避雷针的接地装置埋设位置应距建筑物或道路不小于 3m；垂直接地体的间距不宜小于其长度的 2 倍，水平敷设的间距不应小于 5m；接地线沿建筑物墙壁水平敷设时，距离地面高一般为 300mm，与墙壁的间距为 10～15mm。

3）接地装置应防腐，应尽量安装在不易接触到和不易受有害物侵蚀的地方，但又必须是在明显处，以便于检查，以免受机械损伤，否则应加强防护。如接地体应采用防腐性较好的镀锌或镀铜件，焊接处应涂以沥青；明敷的裸接地线可以涂漆防腐；在公路、铁路交叉处，可用钢管或角钢加以保护；接地线穿墙壁、沿墙、沿杆敷设处，也可加装钢管或角钢保护，或涂以标志色；不使用腐蚀性较强的土壤埋设接地体等保护措施。

4）所有电气设备，都应直接与接地装置相连，也可用单独的接地线与接地干线相连，多台设备与接地干线应采用并联连接，严禁在一条接地线上串接几个需要接地的设备，否则容易使后面串联接地的设备失去接地保护。多台设备与接地干线的连接如图 8-11 所示。

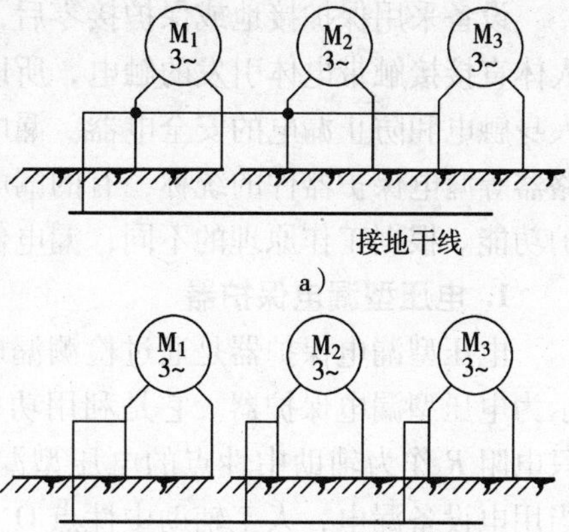

图 8-11 多台设备与接地干线的连接

a）错误接法 b）正确接法

5. 保护接零与保护接地比较

（1）不同点

1）工作原理不同。保护接零是通过中性线使漏电设备形成阻抗很小的短路回路，产生很大的单相短路电流，使短路保护装置动作，将漏电设备切除；而保护接地是限制漏电设备的对地电压，限制流过人体的电流。

2）应用范围不同。保护接零适用于三相四线制或三相五线制中性点直接接地的低压配电系统，而保护接地适用于中性点不接地的电网中，在中性点接地电网中，应采用保护接零、重复接地，而不采用保护接地。

3）电路结构不同。保护接地的保护地线是单独设立的，且无重复接地，只有相线、接地线和接地体；保护接零在三相五线制电路中有中性线 N（工作零线）、保护零线 PE、相线、接地线和接地体，工作零线只提供用电设备的电流回路，保护零线用于设备的保护回路，用电设备的金属外壳应接保护零线；在三相四线制中，中性线即是工作零线，又是保护零线，即中性线与保护零线合二为一。

（2）相同点

1）作用相同。无论采用哪种保护措施，都是为了减轻或防止电气设备漏电时发生的间接触电。

2）接线部位相同。都是将电气设备的金属外壳、框架、支架等金属部分引出接地线或接零线。必须进行接地或接零保护的设备有：

① 电动机、变压器、高低压电器、照明器具的金属底座和外壳。

② 电气设备的传动装置、机械加工设备的外壳、移动式电气设备的金属外壳和底座。

③ 互感器的二次线圈及测量仪器的外壳。

④ 室内外配电装置的金属框架、金属围栏、钢筋混凝土杆、配线用的钢索、配线用的金属管等。

⑤ 电缆头或电缆盒的外壳、金属外皮。

⑥ 装有避雷线的电力电路的杆塔、居民区内的铁塔、混凝土的构架、电杆上的开关设备和电力电容器的外壳等。

二、漏电保护器

设备采用保护接地或保护接零后，只能防止人体接触漏电设备发生的触电，而不能防止人体直接接触带电体引发的触电，所以在低压电路中，许多场合都采用漏电保护器作为防止人身触电和防止漏电的安全电器。漏电保护器是触电保安器、漏电保护断路器、剩余电流断路器等漏电保护器件的统称，有的漏电保护器还具有过载、短路、过电压、欠电压等多种保护功能。根据工作原理的不同，漏电保护器分为电压型和电流型。

1. 电压型漏电保护器

电压型漏电保护器是通过检测漏电设备外壳与地之间的电压来实现保护的。图 8-12 所示为电压型漏电保护器。它是利用功率一致的三只电阻 R 作为辅助中性点的电压型漏电保护器。当用电设备漏电，人工辅助中性点 O 与设备外壳间的电压达到灵敏电压继电器 KA 的动作电压时，继电器 KA 吸合，其常闭触点断开，切断接触器 KM 的控制回路，接触器断电释放，从而切断负载（图中为电动机）的电源。

试验按钮 SB 和电阻 R_1 组成一个试验回路。按下试验按钮 SB，继电器 KA 线圈中流过一个模拟的接地故障电流，可方便地检查漏电装置是否正常。

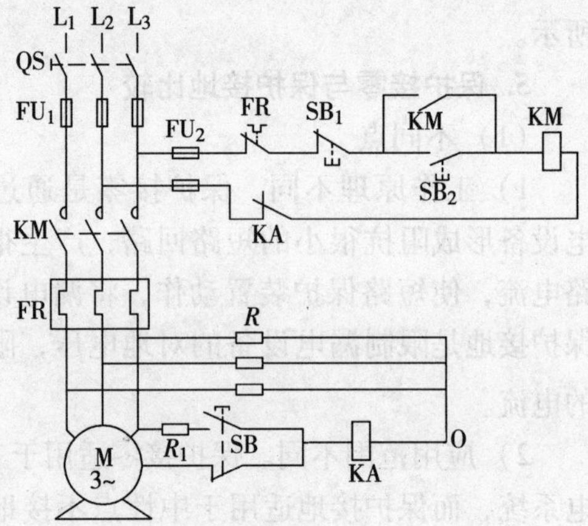

图 8-12　电压型漏电保护器

电压型漏电保护器电路简单，但它的检测性

能差，动作不稳定，已逐步被电流型漏电保护器所取代。

2. 电流型漏电保护器

电流型漏电保护器是目前用得最多、最理想的漏电保护装置。电流型漏电保护器又分为电磁式和电子式两种，这两种漏电保护器都采用零序电流互感器作为检测器件，电磁式漏电保护器采用释放式漏电脱扣器作为判断器件，低压断路器作为执行器件。灵敏度较电子式差，一般以 30mA 为限，抗振动能力也差，但绝缘耐压能力和耐雷电冲击能力强，受电源电压、环境温度影响较小。

电子式漏电保护器是在电磁式漏电保护器的基础上加以改进，将零序电流互感器检测到的微弱漏电信号经电子电路放大、比较、整形等处理后，通过电子放大电路触发脱扣机构，再驱动低压断路器断开电源。电子式漏电保护器的灵敏度较高，耐机械冲击能力强，但耐雷电冲击能力差，电源电压及环境对其特性都有一定的影响。电子式单相电流型漏电保护器典型电路如图 8-13 所示。

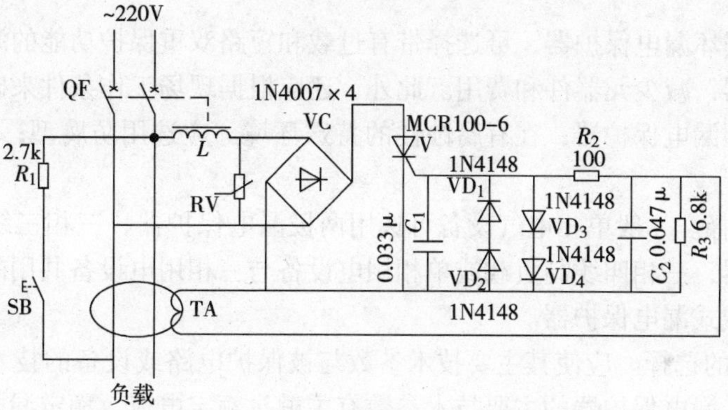

图 8-13　电子式单相电流型漏电保护器典型电路

当无漏电电流时，零序电流互感器 TA 的一次电流矢量和为零，TA 无感应电流输出，晶闸管 V 不导通，脱扣器不动作，正常向负载供电。当有漏电流出现时，TA 一次电流矢量和不再为零，TA 二次线圈中产生感应电动势，该感应电动势经脉冲触发电路形成触发电压，晶闸管 V 导通。~220V 电源经脱扣器线圈 L、VC 桥式整流电路、晶闸管 V 的阳极、阴极构成回路，线圈 L 得电吸合，带动漏电保护器上的开关 QF 动作，切断电源，从而起到了防止人身触电的保护作用，减少了设备损坏的机会。

RV 为压敏电阻，起过电压保护作用；SB 为试验按钮，它和电阻 R_1 组成试验回路，试验回路的两端接在 TA 输入端和输出端的不同相的导线上，以便按下 SB 时，在 TA 中流过一个模拟的接地故障电流，检查漏电保护器是否正常。

三极三线、四极三线、四极四线漏电保护器的工作原理与单相电流型漏电保护器的工作原理相似，其原理图如图 8-14 所示。图中 QF 为低压断路器，TA 为零序电流互感器，*L* 为脱扣器线圈，A 为由电子电路组成的控制电路。

3. 漏电保护器的选择、安装、接线注意事项

（1）选择

1）形式的选择。一般情况，为保证动作可靠，应优先选择电流型漏电保护器；为防止

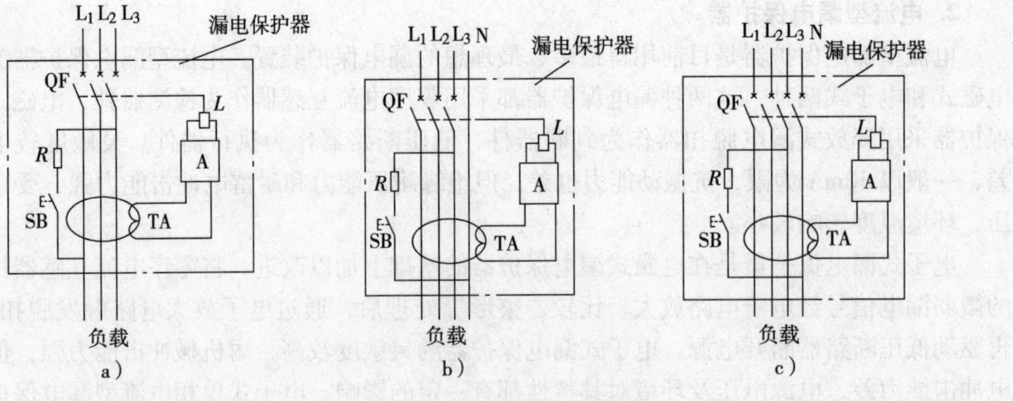

图 8-14　电流型漏电保护器原理图

a）三极三线　b）四极三线　c）四极四线

过载及短路故障损坏漏电保护器，可选择带有过载和短路双重保护功能的漏电保护器，以省去断路器、熔断器，减少元器件和费用。此外，还应根据现场工作条件来确定，在多尘的地方，应选用防尘型漏电保护器；在有腐蚀性的特殊环境，应选用防腐型；在易燃易爆场合，应选用防爆型等。

2）极性的选择。一般单相电气设备可选用两极漏电保护器，三相三线负载则选用三极三线式漏电保护器，三相四线制负载或单相用电设备与三相用电设备共用的电路，应选用三极四线或四极四线式漏电保护器。

3）技术参数的选择。应使其主要技术参数与被保护电路或设备的技术参数相配合，以防止误动或拒动。漏电保护器的主要技术参数有主触头额定电流、额定漏电动作电流、额定分断时间。

① 主触头额定电流是指主触头长期工作可以通过的电流值，它必须大于实际负载电流。

② 额定漏电动作电流是指人体触电后流过人体的电流多大时漏电保护器才动作，它反映的是漏电保护器动作的灵敏度。为保证漏电保护的灵敏度，最好采用分两级保护。上一级采用中、低灵敏度的，下一级选用高灵敏度的。作为安全防火，漏电动作电流可选用 50～100mA 的漏电保护器。作为人身安全保护用，应选用漏电动作电流不大于 30mA 的漏电保护器，如一般家庭装于配电板上的，可选用额定漏电动作电流为 15～30mA 的漏电保护器；对某一电气设备用的漏电保护器，其额定漏电动作电流应为 5～10mA。

③ 额定分断时间是指漏电保护器检测到漏电信号到切断电源的动作时间，防止人身触电时，必须选用能在 0.1s 以内动作的快速漏电保护器或具有反时限特性的漏电保护器。

④ 特殊场所的漏电保护器，如医院中的医疗设备，应选用动作电流为 6mA 的快速动作型漏电保护器；水中工作的电气设备，应选用动作电流为 6～10mA，具有反时限特性的漏电保护器，如使用 36V 以下的安全电压，应使用 15mA 以下的快速漏电保护器。

（2）安装、接线

1）安装点的确定。安装地点要远离电磁场、高温、粉尘、强烈振动、阳光直射的场所，如安装环境特殊，应采取防腐、防潮或防热等措施，或改用相应特殊场所的漏电保护器。一般安装在配电箱的总刀开关后面，如作为某一个用电器的漏电保护，则应安装在此用电器的进线电源处，作为电源开关（或电源插座）。

2）安装接线。

① 应检查系统的保安方式（接地或接零），搞清保护设备相数，搞清说明书上的接线图。

② 一般漏电保护器，应垂直安装，倾斜度不应超过 5°。

③ 不同动作方式及功能的漏电保护器，其接线也有所不同。

- 电磁式漏电保护器，由于无过载和短路保护功能，应在其前面加装熔断器或断路器，如图 8-15 所示。
- 电子式漏电保护器，如 DZL18、DLK 型，采用熔断器作其过载及短路保护时，熔断器应装在其输出端，以保证中性线上的熔断器熔断后，再有人触电时，漏电保护器仍起作用，如图 8-16。如果熔断器接于漏电保护器之前，当电路出现过载或短路故障，且只有中性线上的熔丝熔断时，漏电保护器会拒动，仍有触电的可能。

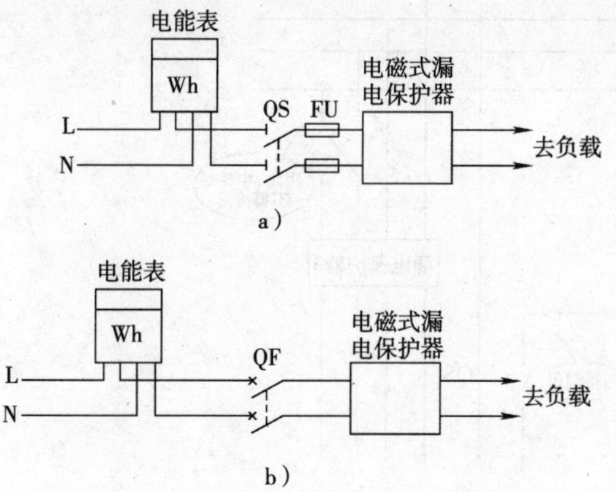

图 8-15　电磁式漏电保护器接线

a）与熔断器的配合接线　b）与断路器的配合接线

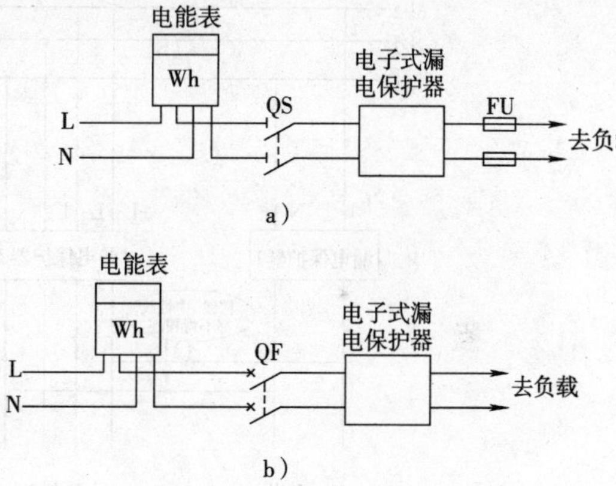

图 8-16　电子式漏电保护器接线

a）与熔断器的配合接线　b）与断路器的配合接线

- 具有过载和短路双重保护功能的漏电保护器（或漏电断路器，如 DZL30、E4EB 等系列），不用再安装过载和短路器件。其接线如图 8-17 所示。
- 单相与三相负载混用的配电电路，应尽量将各单相负载均匀分布在三相电路中，以减少三相的不平衡电流。

④ 应按规定接线，即电源进线应接在漏电保护装置的电源侧，出线应接在下方的负载侧，如果把进线、出线接反了，会影响漏电保护器的接通与分断能力。漏电保护器电源侧与负载侧的接法如图 8-18 所示。

⑤ 装在单相电路的两极漏电保护器，应将中性线和相线接入漏电保护器；装在三相四线电路上的四极漏电保护器，不管负载侧中性线是否使用，也应将三根相线和中性线一块接入，以便试验其性能。经过漏电保护器的负载，不得与未经该漏电保护器的相线、中性线有电气连接，各漏电保护器相线、中性线也不得相互连接、混用或跨接，相线与中性线不得接

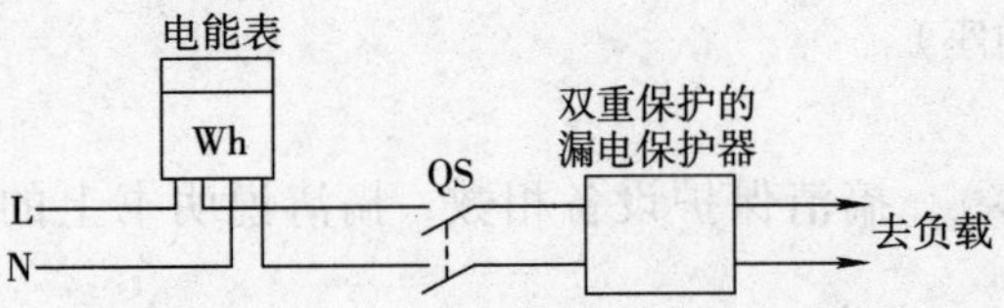

图 8-17　具有过载和短路双重保护功能的漏电保护器接线

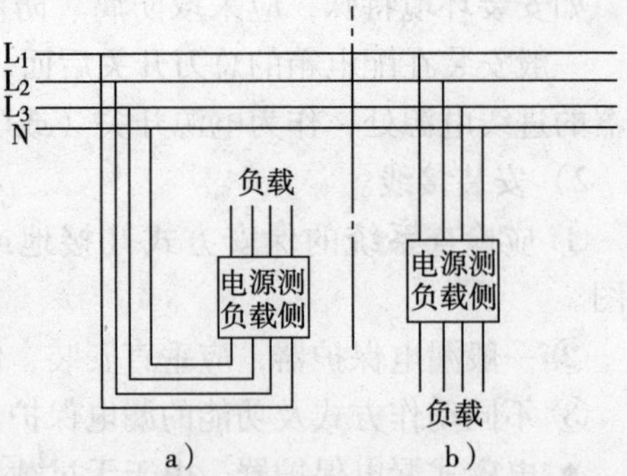

图 8-18　漏电保护器电源侧与负载侧的接法
a）错误　b）正确

反，否则会造成漏电保护器误动。经过漏电保护器相线、中性线不得相互混用如图 8-19 所示。

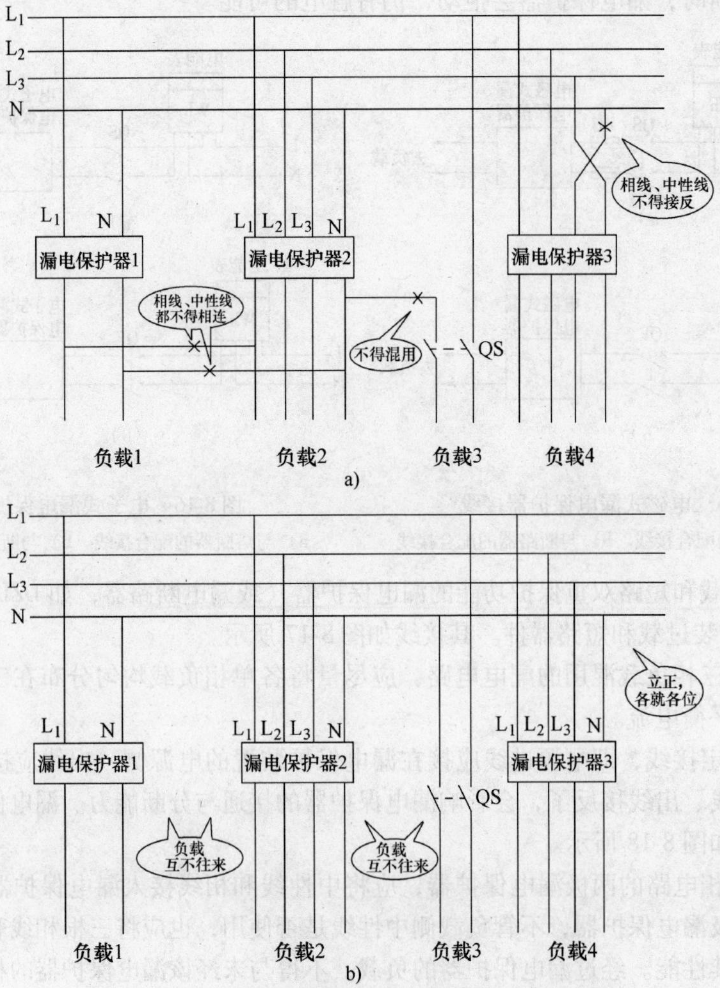

图 8-19　经过漏电保护器相线、中性线不得相互混用
a）错误接法　b）正确接法

⑥ 安装漏电保护器后，被保护设备的金属外壳，仍采用保护接地或保护接零；但专用保护线不可接入漏电保护装置，应接在设备外壳的接地点。

⑦ 在接零系统，若使用单相或三相四线的漏电保护器，经过漏电保护器后，中性线必须与大地绝缘，不得兼作保护线使用，也不可重复接地，其重复接地只能在电源侧。经过漏电保护器的中性线不可作保护线如图8-20所示。

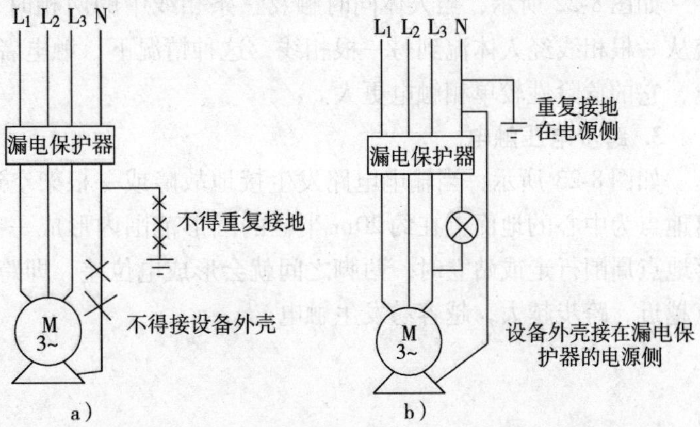

图8-20 经过漏电保护器的中性线不可作保护线

a）错误 b）正确

（3）安装、投运后的检查、试验

1）检查接线。漏电保护器按规定安装好后，对照接线图重新检查接线。

2）检查开关机构。检查开关是否灵活，有无卡涩现象。

3）测量绝缘电阻。用万用表测相间、相线与外壳（地）间的绝缘不应小于2MΩ。注意对电子式漏电保护器，不得用绝缘电阻表摇测其绝缘电阻，以免绝缘电阻表产生的高压加在漏电保护器上将其内部的电子元器件击穿。

4）空载通电检查。在空载状态下，将手柄扳在合闸位置，利用试验按钮验证漏电保护器能否正确动作，重复3次。注意不得以人体做试验，以免发生触电事故。

5）带负载通电检查。带负载分、合开关3次，不应有误动作。

投运后，应经常检查其动作功能，确保漏电保护器正常运行。

三、常见的触电形式和类型

1. 单相触电

如图8-21a所示，在中性点直接接地的电网中，当人体碰到相线时，人体将承受相电压，电流从相线经人体、大地和中性点的接地装置形成闭合回路，其危险程度取决于人体与地面的接触电阻，人体站在地面上，触电的危险性就大，人体站在绝缘垫上，触电的危险性就有所下降。

图8-21 单相触电

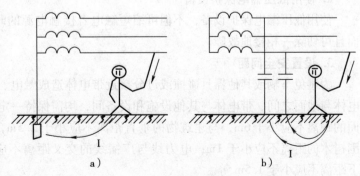

a）中性点接地电网 b）中性点不接地电网

如图8-21b所示，在中性点不接地的系统中，当人体触及一相线时，由于系统对地存在电容，所以电流经过人体和另外两相对地的电容形成回路，电压越高，对地电容电流越大，越容易造成触电。

2. 两相触电

如图 8-22 所示，当人体同时触及三条相线中的两相时，人体将承受$\sqrt{3}$倍的相电压，电流从一根相线经人体流到另一根相线，这种情况下，触电者即使站在绝缘垫上，也会造成触电，它的危险性较单相触电更大。

3. 跨步电压触电

如图 8-23 所示，当输电电路发生接地故障或一根架空通电导线断线落地时，则会在以落地点为中心的地面上在约 20m 半径的圆形范围内形成一个由高到低的分布电位，若人在落地点周围行走或站立时，两脚之间就会形成电位差，即跨步电压，电路电压越高，距落地点越近，跨步越大，越容易发生触电。

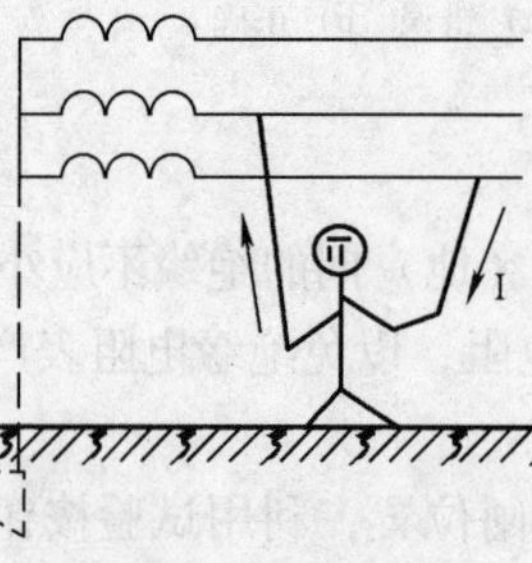

图 8-22　两相触电

图 8-23　跨步电压触电

四、防触电措施

1. 绝缘

电气设备必须有良好的绝缘，良好的绝缘是保证电气设备和供电电路正常运行的必要条件，也是防止触电的重要措施。

2. 使用低压漏电保护设备

使用低压漏电保护设备，不但可缩短触电者接触电源的时间，使触电者及时脱离电源，而且可切除一相接地故障。

3. 设置安全间距

为避免车辆或其他器具碰撞或过分接近带电体造成触电、短路等事故，在带电体间，带电体与地面之间，带电体与其他设施和设备间，均需保持一定的安全距离。一般架空线与地面的距离不应小于6m，与建筑物的垂直距离不应小于2. 5m，水平距离不应小于1m，与周围树木的距离不应小于1m；电力线与广播线的交叉距离不应小于1. 25m；同杆架设时上、下距离不应小于1. 5m等。

4. 设置安全标志

停电检修设备时，在有触电危险的场所或容易误判断、误操作的地方，设置醒目的文字或图形标志，提醒人们识别危险因素。电工常用标示牌及悬挂地点见表8-3。

表8-3 电工常用标示牌及悬挂地点

名称及式样	悬挂处所	式样	
		尺寸/mm	颜色
	一经合闸即可送电到施工设备的断路器和隔离开关操作把手上	200×100或80×50	白底红字
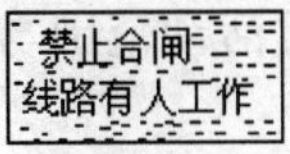	线路断路器和隔离开关把手上	200×100或80×50	红底白字
	室内和室外工作地点或施工设备上	250×250，白圆圈直径 $\phi=210$	白圆圈中为黑字，白圆圈外为绿色
	施工地点临近带电设备的围栏上；禁止通行的过道上；高压试验地点；室外构架上；工作地点临近带电设备的横梁上	250×200	白底红边黑字，电力符号用红色
	工作人员上、下的铁架、梯子上	250×250，白圆圈直径 $\phi=210$	白圆圈中为黑字，白圆圈外为绿色
	工作人员上、下的铁架，临近可能上、下的另外铁架上，运行中变压器的梯子上	250×200	白底红边黑字

5. 设备检修时，应切断总电源开关

为了防止突然来电，对拉闸后的开关要加锁或挂上“禁止合闸，有人工作”的警示牌，或一人操作，一人监护。对于低压电路，切断开关（如进户总开关，但照明灯开关不是）后，对闸刀的限位销子进行检查，用验电笔验电确实无电后才能操作；对多回路电路，还应切断其他回路开关（但应按照随时可能来电的工作对待），防止从其他回路倒送电；对于低压干线，验电后可根据情况装设短路接地线。必须带电操作时，应有专人监护，操作时使用安全用具、戴绝缘手套、垫绝缘垫等，避免人与设备带电部分直接接触，以增大人体触电回路的阻抗，降低加在人体上的电压，使通过人体的电流最小。

6. 安装屏护装置

为防止偶然接触或过分接近带电体而遭受电击或电伤的危险，根据安全规定，在电气设备上安装屏护装置（如低压断路器外壳），如果无法在设备上实施的（如室外配电变压器），可在设备周围，设置栅栏、围墙保护网等其他屏护措施。**注意：**屏护应与带电体之间保持规定的距离并安装牢固，封闭的屏护一般应设置门并上锁；被屏护的带电部位应有明显的标志，标明规定的符号和电压等级；遮栏、栅栏应与标示牌配合使用；金属材料的屏护，必须可靠接地。

7. 对于高压电器设备，要办理工作票、操作票

按照停电，验电，装设接地线（装时先装接地端，拆除时先拆接地端），悬挂标示牌和装设遮栏的步骤操作。禁止在只经高压断路器断开电源的设备上工作，禁止约时停、送电（提前预定电路停电时间或工作结束时间）。同时应使工作人员工作中的正常活动范围与带电设备保持一定的安全距离。

8. 采用保护接地和接零

根据供电系统的接地方式不同，对电气设备的金属外壳，采用保护接地或保护接零等安全措施，以降低触电时的接触电压或将漏电设备通过保护装置切除。

9. 使用安全电压

对携带式电气设备、机床照明及潮湿场合，应使用安全电压，使加在人体上的电压限制在安全范围内。不同的使用场合，其安全电压等级是不同的，使用时可参照表 8-4。

表 8-4　安全电压等级及应用场合

安全电压额定值	应用场合
42	在有触电危险场所使用的手持式电动工具等
36	机床照明灯或手提灯等
24	工作面狭窄，如金属容器内、矿井或隧道内
12	用于特别潮湿场所及金属容器内使用的照明灯
6	用于水下工作的照明灯

注：1. 当电气设备采用 24V 以上的安全电压时，还必须采取其他防止直接接触带电体的防护措施。
2. 安全电压应由隔离变压器取得，不能采用电阻降压法或用自耦变压器等方法取得。隔离变压器的外壳及一、二次间的屏蔽层，应按规定接地或接零。

五、触电急救

1. 使触电人迅速脱离电源（但应防止高处触电者脱离电源后摔伤，造成二次伤害）

（1）发现有人在低压电路上触电，可以用以下方法：

1）立即拉开与触电人有关的电源开关或熔断器，也可用短路法使电源开关掉闸或熔丝熔断。

2）用有干燥木柄的镰刀等利器切断电源线。

3）用带绝缘柄的工具、绝缘物将电源线从触电人身上移开。

4）站在干燥的木板上，或戴上手套，用一只手将触电人拉开。

(2) 高压电路

1) 立即电话通知供电部门停电。

2) 戴上绝缘手套，穿上绝缘靴，拉开有关的断路器或跌落式熔断器，或使用绝缘棒，使触电人脱离高压电。

3) 在保证安全的前提下，投掷裸金属导体使电路短路跳闸。

4) 如果触电者由于触及断落在地上的高压导线而触电，在未确认电路无电之前，救护人不可随意进入断线落地点10m以内，以防止跨步电压触电。应穿绝缘靴或双脚并拢跳跃地接近触电者，触电者脱离带电导线后，应迅速将其带到10m以外进行急救。只有在确认电路无电时，才能在触电者离开触电导线后就地急救。

2. 简单诊断

1) 将触电者迅速移至通风、干燥处，使触电者仰卧，解开触电者的领口、紧身衣扣，放松腰带。

2) 观察触电者瞳孔是否扩大，是否有呼吸，心跳是否停止，然后根据情况进行施救。

3) 若触电者有知觉，只是感到心慌，四肢发麻，应让触电者在空气流通的地方仰卧，使呼吸畅通，但不要走动，一般过一段时间可自己恢复正常，但也要注意观察，必要时请医生前来或送往医院诊治。

4) 有心跳但呼吸停止或呼吸不正常的触电者，应采取口对口人工呼吸法进行急救，如图8-24所示。具体做法是：

图8-24 口对口人工呼吸

a) 贴嘴吹气 b) 放松换气

① 把触电者的头侧向一边，用小木片掰开其嘴巴，将口腔中的血块、黏液等异物清除掉，使触电者的头部尽量后仰、鼻孔朝天，以利于呼吸。

② 救护人蹲在触电者头部的一边，用手捏紧触电者的鼻子，并将触电者颈部上抬，深吸气后，紧贴掰开的嘴巴吹气（如果无法使触电者张嘴，可把嘴捂严，用口对触电者的鼻吹气），吹气时要使触电者的胸部略有起伏（对儿童吹气量酌减），吹气2s，放松3s（每5s一次），放松时应松开触电者的鼻和嘴，让其自动呼气。

③ 在人工呼吸过程中，若发现触电者有轻微的自然呼吸，人工呼吸应与其自然呼吸一致，直至触电者苏醒。

5) 有呼吸而心脏停跳的触电者，应采用胸外心脏按压法进行急救，即用人工的方法挤压心脏，代替心脏跳动，以达到血液循环的目的，如图8-25所示。具体的作法是：

① 将触电者仰卧在比较坚实的木板或地上，松开衣服，找到正确的挤压点。

② 救护人位于触电者一边，最好能骑在触电者腰部，两手相叠，手掌根部放在触电者心口窝稍高、胸骨下1/2处，救护人用掌根用力垂直下压3~5cm，挤压后全部放松，每秒钟一次，直到触电者苏醒。对儿童应适当减轻挤压，速度可稍快些。

6) 如果心跳、呼吸同时停止，应同时采用口对口人工呼吸法和胸外心脏按压法。如果仅有一个人救护，两法应交替进行，即先吹气2次，再挤压心脏15次，如图8-26a所示；

如果是两人施救，可两法同时进行，即每 5s 吹气一次，每秒钟挤压一次，如图 8-26b 所示。由于抢救过程较长，不能中断休息，直到触电者心跳和呼吸恢复正常。

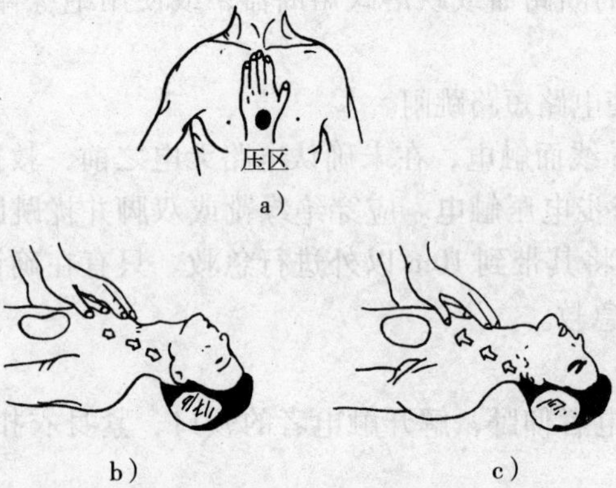

图 8-25　胸外心脏按压法

a）中指对准触电者的胸骨下一手掌

b）掌根用力慢慢压下　c）突然放松

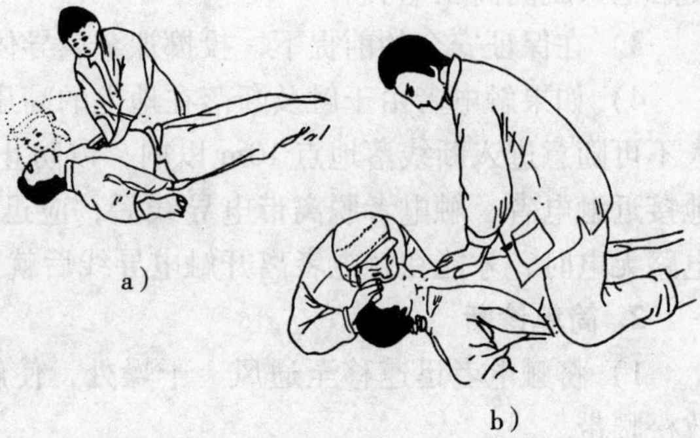

图 8-26　人工呼吸和胸外挤压结合

a）一人操作　b）两人操作

参 考 文 献

[1] 张盖楚. 电工1000个怎样办［M］. 北京：金盾出版社，1994.

[2] 大滨庄司. 电气控制线路读图与识图［M］. 宋巧苓，译. 北京：科学出版社，2005.

[3] 郑凤翼. 看图安装电气设备和电路［M］. 北京：人民邮电出版社，2002.

[4] 商福恭，商广晖. 电工实用诊断技巧［M］. 北京：中国电力出版社，2004.

[5] 郭仲礼，等. 低压电工实用技术［M］. 北京：机械工业出版社，1998.

[6] 刘光源. 电工实用手册［M］. 北京：中国电力出版社，2001.

[7] 白公. 电工安全技术365问［M］. 北京：机械工业出版社，1999.

[8] 任致程，等. 万用表测试电工电子元器件300例［M］. 北京：机械工业出版社，2003.

[9] 孙克军. 农村电工手册［M］. 2版. 北京：机械工业出版社，2002.

[10] 门宏. 图解电子技术快速入门［M］. 北京：人民邮电出版社，2002.

[11] 何利民，尹全英. 怎样查找电气故障［M］. 北京：机械工业出版社，1998.

[12] 高玉奎. 维修电工问答［M］. 北京：机械工业出版社，1999.

[13] 方大千，等. 实用电动机控制线路326例［M］. 北京：金盾出版社，2003.

[14] 张庆双，等. 实用电子电路200例［M］. 北京：机械工业出版社，2003.

[15] 机械工业职业教育研究中心组. 维修电工技能实战训练［M］. 北京：机械工业出版社，2004.

[16] 王兰君，郭少勇. 新编电工实用线路500例［M］. 郑州：河南科学技术出版社，2002.

[17] 刘修文，等. 新编电子控制电路300例［M］. 北京：机械工业出版社，2006.

[18] 李兆序，李卫东. 维修电工操作手册［M］. 北京：中国电力出版社，1998.

[19] 陈振源. 电子技术基础［M］. 北京：高等教育出版社，2001.